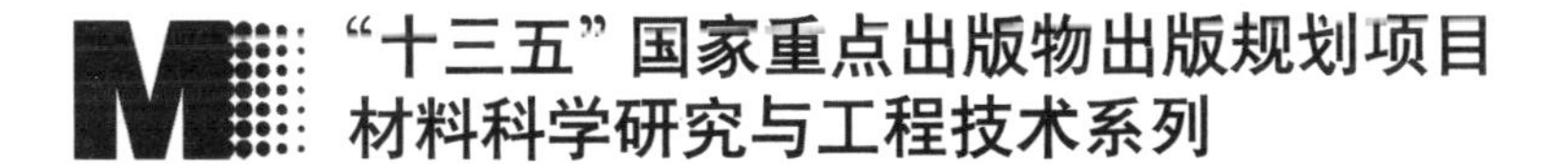

机械零件失效分析与实例

Mechanical Parts Failure Analysis and Examples

● 刘瑞堂　编

哈爾濱工業大學出版社

内 容 提 要

本书系统地介绍了机械零件的各种失效形式、失效原因及失效分析的思维方法和技术。前3章讲述失效分析的基本知识和常见失效形式的规律、失效判据及诊断技术；第4章介绍失效分析的思路和处理问题的程序、方法；第5章介绍裂纹和断口分析技术，阐明了各种常见裂纹和断口的宏观与微观形态特征及分析方法；第6,7,8章讨论了材料冶金因素、设计与选材失误引起的失效，以及各种加工工艺缺陷的产生与鉴别方法和这些缺陷引起的失效及失效分析技术。书中列举了丰富的实际零件失效分析实例，深入浅出。

本书可作为高等学校材料类和机械类各专业的教学参考书，同时也可供从事机械产品的可靠性、失效分析和质量管理工作的工程技术人员参考。

图书在版编目(CIP)数据

机械零件失效分析与实例/刘瑞堂编.—哈尔滨：哈尔滨工业大学出版社，2014.12(2024.1 重印)

ISBN 978-7-5603-4989-3

Ⅰ.①机… Ⅱ.①刘… Ⅲ.①机械元件-失效分析-高等学校-教材 Ⅳ.①TH13

中国版本图书馆 CIP 数据核字(2014)第 257409 号

材料科学与工程
图书工作室

责任编辑 张秀华
封面设计 卞秉利
出版发行 哈尔滨工业大学出版社
社　　址 哈尔滨市南岗区复华四道街 10 号 邮编 150006
传　　真 0451-86414749
网　　址 http://hitpress.hit.edu.cn
印　　刷 哈尔滨市工大节能印刷厂
开　　本 787mm×1092mm 1/16 印张 18 字数 450 千字
版　　次 2015 年 2 月第 1 版 2024 年 1 月第 4 次印刷
书　　号 ISBN 978-7-5603-4989-3
定　　价 36.00 元

前　　言

机械产品失效分析是一门关于研究机械产品质量的综合性技术学科，主要研究失效的规律与机理。机械零件的失效是在特定的工作条件下，当其所具备的失效抗力指标不能满足工作条件的要求时发生的。导致零件失效的本质原因可能是材料本身的失效抗力不足，也可能是零件存在与设计或制造等过程有关的缺陷。产品的早期失效往往是产品质量低劣或质量管理不善及科学技术水平不高的直接反映。失效发生后能否尽快作出正确的判断，确定失效原因，制定防止失效的措施，则是衡量有关科技人员技术水平的重要标志。

在国际市场剧烈竞争的今天，如何提高产品质量成为提高竞争力的关键因素。失效分析则是定量评定产品质量的重要基础，也是保证产品可靠性的重要手段。近年来，在不断高涨的"与国际接轨"的形势下，人们的质量意识不断强化，各工业部门对开展失效分析、提高产品质量以及强化质量管理的需求越来越强烈。

本书系统阐述机械零件各种失效形式的特征、判据、鉴别技术，以及零件在设计选材中的失误和冷、热加工工艺及装配等过程中产生的缺陷所引起的失效及失效分析技术。这些知识不但对高等学校材料科学与工程和机械工程等专业的学生来说是必须掌握的，而且对相关专业领域的工程技术人员及生产管理人员也具有十分重要的参考价值。希望本书能对普及失效分析的知识、提高失效分析的技术水平和培养该领域的人才，发挥一定的作用。

本书的特点是强调理论与实践相结合，每一部分内容都结合典型零件的失效分析实例进行介绍，以便于读者掌握失效分析的逻辑思维方法和开展实际失效分析的具体做法。

在本书编写过程中主要参考了涂铭旌等的《机械零件失效分析与预防》、陈南平等的《机械零件失效分析》、刘民治等的《失效分析的思路与诊断》、陈伯蠡的《焊接工程缺欠分析与对策》和美国金属学会编写的《金属手册》（第10卷，第8版）等书籍，并引用了其中的部分内容，在此向这些文献的作者致以衷心的感谢。

由于编者水平所限，书中疏漏在所难免，望读者批评指出。

编　者

2014年3月

目　　录

第1章　绪　论

1.1　失效与失效学

机械产品种类繁多,规格不一,功能千差万别。衡量机械产品的标准是多方面的,如功能、寿命、大小、重量、外观、安全性和经济性等,其中功能是最主要的,因为衡量产品质量的优劣,首先要看它能否很好地实现规定的功能。在工程实践中,由于种种原因,产品丧失其原有功能的现象经常发生。按照通常的说法,将“产品丧失其规定功能的现象”称之为失效。机械产品的失效大致可分为三种类型:

①完全丧失其规定的功能;

②部分丧失其规定的功能,虽仍能工作,但已不能圆满地完成规定的任务;

③严重损伤,再不能安全地继续工作,此时应及时调换或修补。

机械产品的失效形式主要有过量的变形、断裂和表面损伤等。

产品失效的后果是引发事故,甚至引发重大的或灾难性的事故,更为严重的是造成生命财产的巨大损失。这方面的统计数字是非常惊人的,据美国1982年统计,因机械零件断裂、腐蚀和磨损失效,每年造成的经济损失达3 400亿美元,其中断裂失效造成的损失约为1 190亿美元。1980年3月27日,北海的石油钻探船Alexander Kielland号,由于连接五条立柱的水平横梁发生腐蚀疲劳断裂而完全倾覆,损失达几千万美元。在我国,机械零部件失效率也很高,由此造成的损失也是惊人的。1979年9月7日,我国某工厂氯气车间的液氯瓶爆炸,使10 t氯液外溢扩散,波及范围达7.35 km^2,致使59人死亡,779人中毒,直接经济损失达63万元。1979年12月18日,我国某地煤气公司液化气厂发生了一起恶性爆炸事故,一台直径9.2 m、容积400 m^3的球形液化气贮罐突然爆裂,从长13.5 m、宽0.75 m的裂缝喷出的液化石油气,遇明火而爆炸燃烧,引起附近三个400 m^3的球罐和一个50 m^3的卧式贮罐以及25 m以外仓库中的5 000个民用液化气瓶先后爆炸起火。大火燃烧了19 h,共烧掉液化石油气超过700 t,烧毁机动车15辆以及罐区全部建筑,死亡33人,受伤53人,直接损失达650万元。1972年10月,一辆由齐齐哈尔开往富拉尔基的公共客车,行驶至嫩江大桥时因过小坑受到震动,前轴突然折断,致使客车坠入江中,造成28人死亡。1982年3月12日,一列火车在运行中由于车轮发生崩裂而引起列车倾覆。1979年5月30日,某发电厂2号机组在运行过程中突然发生剧烈振动和声响,经检查发现转轮上10个叶片全部断裂并脱落,叶片、叶轴碎裂成500多块。两台机组修复费用为110万元,因停机3年少发电1.2亿度。

从上述事例可以看出,失效不仅会给人们带来巨大的直接经济损失,同时也会造成惊人的间接经济损失。所谓间接经济损失,主要包括:

①由于失效迫使企业停产或减产所造成的损失;

②引起其他企业停产或减产的损失；

③对企业的信誉和市场竞争能力造成的损失。

例如，某大型化工企业因贮罐失效停产一天损失 30 万元，这样停产一个月就造成 900 万元的损失，建造一个新贮罐又需 80 万元。再如，某钢铁厂轧机的人字齿轮轴失效，修复轧机并不需巨款，而停产期间造成的间接经济损失却高达 400 余万元。据有关部门统计，我国 1973～1976 年期间运行的 209 台汽轮发电机中，仅叶片断裂失效就达 350 余起，按每次增加检修期 10 天计算，每年要少发电 10 亿多度。又如，前苏联科学院亚库茨克分院在与我国东北毗邻的西伯利亚地区进行的低温脆断问题的调查表明，1960 年冬季亚库茨克地区仅汽车车架、悬挂部件等的脆断，使运输能力减少约 1 900 万 t · km，相当于 1 万辆汽车的运输量，损失达 200 万卢布。

为了防止失效现象的重复发生，提高机械产品质量，早在 20 世纪初，人们就开始对零构件的失效现象进行比较系统的分析研究，后来随着工程力学、材料科学及交叉学科的发展和电子光学仪器测试技术的进步，在对大量工程失效现象的行为规律与机理研究的基础上，逐渐形成了一门新的分支学科，即失效学，也称为失效分析。失效学是研究机械装备的失效诊断、失效预测和失效预防的理论、技术和方法及其工程应用的一门学科。近代材料科学与工程、工程力学和疲劳学科等对断裂、腐蚀和磨损的深入研究，积累了相当丰富的具有创新意义的观点、见解和物理模型，为失效学的形成奠定了理论基础；现代检测仪器、仪表科学的迅猛发展，检测技术的不断提高，特别是断口、裂纹和痕迹分析等技术体系的建立、发展和完善，为失效学的形成和发展奠定了技术基础；数理统计学科的完善，模糊数学的突起，可靠性工程的发展与应用，以及电子计算机的广泛普及，为失效学的完善奠定了方法基础。上述三者的融会贯通，使失效学得以逐步建立、发展和完善，成为一门相对独立的和综合性的新兴学科。

1.2 失效分析的意义

引起失效的因素是复杂的，大致可归纳为两个方面，即材料方面的因素和环境方面的因素。前者为内因，包括材料品质及加工工艺方面的各种因素；后者为外因，包括受载条件、时间、温度及环境介质等因素。任何产品的失效都是在材料或零件的强度（韧性）与应力因素和环境条件不相适应的条件下发生的。失效总是从产品对服役条件最不适应的环节开始的，而且失效产品或零件的残骸上必然会保留有失效过程的信息。通过对失效残骸的研究，可查明失效的机理和过程，并对失效的原因作出判断，从而可有针对性地采取改进和预防措施，避免同类失效的再发生，达到改进产品质量、延长使用寿命、提高服役安全性和可靠性的目的。正是通过失效分析，揭示了失效的本质，找到了失效的原因，提出了防止措施和改进办法，才为工业发展扫清了障碍，同时也促进了相关学科和工程自身的发展。下面简单介绍失效分析推动科学技术发展和产品质量提高的一些实例。

1.2.1 失效分析促进科学技术发展

工业革命时期，蒸汽动力的采用，极大地促进了铁路运输业的发展。到 19 世纪中期，连续发生了多起因火车轴断裂引起的列车出轨事故。观察发现，断轴上的裂纹几乎都是从轮座内缘尖角处开始的。1852～1869年间，在机车厂工作的工程师Wohler针对火车轴断裂的特点，设计了旋转弯曲疲劳试验机，进行了大量循环应力下的疲劳试验。正是这些疲劳试验，确立了 $S-N$ 曲线和疲劳极限的概念，并在此基础上提出了机械零件抗疲劳设计的经典方法。也正是这些疲劳试验，奠定了近代疲劳研究的基础。

1954年1月10日和4月8日有两架英国彗星号喷气客机相继在爱尔巴和那不勒斯附近的地中海失事。之后，对事故进行了详尽的调查和周密的试验。为了模拟机身在飞行中所承受的载荷，将一架正在服役的彗星号飞机机身装在液压槽中周期打压，模拟飞行时的载荷（从0到56.88 kN/m^2，相当于从地面上升到12 000 m高度），同时在机翼上施加相当于上、下阵风的载荷。该飞机在试验前已经历了1 230次飞行，在加压槽中又经历了1 830次模拟飞行，总飞行次数达3 060次（相当于9 000飞行小时）。此时，压力舱突然破坏，裂纹从应急出口门框下后角处发生，起源于一个铆钉孔处。与此同时，又从海底打捞出失事飞机残骸，与试验飞机进行对照分析。综合多方面的试验和分析结果，最后得出结论：事故是由疲劳失效引起的。事后根据失效分析结果，对薄弱环节进行了加强。此后，该型机未再出现过类似失事现象。这是一次空前规模的失效分析，正是这次失效分析揭开了疲劳研究的新篇章。

在大型焊接结构断裂失效中，船舶的断裂颇受瞩目。二战期间，美国建造的4 694艘焊接船只，到20世纪50年代初，已有1 289艘发生了不同程度的失效，其中238艘因断成两截或严重损坏而报废，19艘沉没。战争结束后，美国海军实验室对船舶失效原因开展了大量研究。研究人员认识到造成船体破坏的重要原因是钢的缺口敏感性，并且注意到大多数断裂是在气温较低的情况下发生的。但当时美国船舶技术标准中没有规定对船体钢缺口敏感性和低温韧性的要求。研究还得到船体钢的脆性转变温度判据，建立了焊接船只断裂控制指南。这些研究成果为防止船舶失效起到了非常重要的作用，有些技术规则在其他工业部门也得到广泛应用。

宇航和导弹事业的高速发展，要求进一步减轻重量，促使在这些结构中应用高强度和超高强度材料，但由此而导致了大量低应力脆断事故的发生。1950年"北极星"导弹所用的固体燃料发动机壳体的爆炸事故就是其中的典型事例。该发动机壳体采用屈服强度为1 400 MPa的D6AC钢制造，其常规力学性能指标都符合规范要求，但在试发射试验时爆炸，爆炸时的应力水平远低于设计许用应力。对残骸的检查发现，断裂是由深度为0.1～1 mm的裂纹引起的，裂纹源为焊裂、咬边、夹杂或晶界开裂等既存缺陷。对此类事故的失效分析大大推动了超高强度材料的发展。也是由于对含有既存裂纹的裂纹体力学行为的研究，导致了断裂力学—— 一门新的边缘学科的产生。

现代大型化工设备中的大量不锈钢零部件的断裂失效，曾引起多方面的关注。失效分析表明，这些断裂是在腐蚀性环境和拉应力的联合作用下发生的，称为应力腐蚀开裂。对应力腐蚀失效规律和机理的研究，促进了人们对应力腐蚀的认识。这期间一个重要的事件是，1965～1966年间，美国在执行登月计划时，用Ti-6Al-4V钛合金制成的 N_2O_4 压力容器曾发生多次应力腐蚀破裂，这曾被认为是宇航技术中的严重问题。此外，锅炉钢的碱脆，黄铜弹壳的季裂，镁合金飞机构件在存放期间的开裂，应用于核反应堆冷却系统的奥氏体不锈钢的开裂等，都是由应力腐蚀造成的。正是对上述这些事故所进行的失效分析与预防，推动了应力腐蚀研究的进程。

把失效分析所得到的材料冶金质量方面的信息反馈到冶金工业部门,可促进现有材料的改进和新材料的研制。例如,高寒地区使用的工程机械和矿山机械,因其经常发生低温脆断而提出的降低脆性转变温度的要求促进了低温用钢的研制。海洋平台采用厚截面钢板建造,经常在焊接热影响区发生层状撕裂,失效分析发现,这与钢中硫化物夹杂有关,并确定了层状撕裂规律与硫化物分布的关系,由此发展了一类Z向钢。石油天然气管道曾发生过多次脆性开裂,裂纹长达十几公里,经长期探索发展了低碳针状铁素体和微珠光体类型的高强高韧钢。机械工业中常用的齿轮类零件,其主要失效形式是接触疲劳,表现为表面麻点和硬化层剥落等,为了使硬度合理分布,发展了一系列控制淬透性的渗碳钢。矿山和煤炭等工业部门的破碎和采掘机械,其最常见的失效形式是磨损,为了提高此类零构件的耐磨性,发展了一系列耐磨钢和耐磨铸铁。

此外,失效分析也促进了铸、锻、焊、热处理等工艺的改进和技术水平的提高。

1.2.2　失效分析促进产品质量提高

任何机械产品都应该保证在其寿命期内的服役功能和安全可靠性,并且技术先进、价格低廉。为此,机械产品必须遵循一套完整的生产和科学质量管理规程,即从产品设计开始,经选材、冷热加工到零件检验和装配等生产过程,最终制成质量合格的机械产品。在上述过程的每一个环节中的缺陷,都将对产品质量有影响并可能构成产品服役中失效的原因。如果产品在服役过程中发生故障,便应进行失效分析,通过失效分析,找出失效原因,提出防止失效的措施,然后将信息反馈到有关部门,使其进一步完善生产或科学管理规程,以提高产品的质量、可靠性和耐久性。这是一个完整的循环过程,如图1.1所示。由图可见,失效分析在机械产品生产中的地位是相当重要的。由失效分析结果向产品设计、制造、使用和维修及管理等部门反馈的信息,是制定防止同类失效措施最直接和有效的依据。

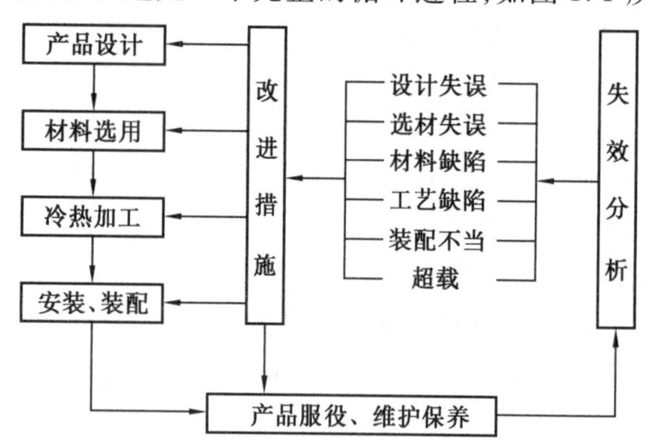

图1.1　失效分析与产品设计、制造之间的关系

(1)向设计部门反馈,可改进产品设计,完善技术规范

大量失效分析表明,在很多情况下,只要在结构设计方面作少量的改进,就会避免恶性和早期断裂事故,因此比改进材料和工艺的作用更大、更经济。但也有时为克服某种失效,要求对机械零件的结构设计方案做较大的变动,甚至制定新的设计规范。如引进的30万吨合成氨成套设备,在运行投产后,汽轮机转子叶片不断发生疲劳断裂。国内组织专家进行断裂分析,认为主要是叶片根部结构设计不合理,于是将原来的棕树形叶根改为叉形叶根,从此,叶片没有再发生过断裂事故。

(2)向制造部门反馈,可改进生产工艺,创制和推广新工艺

在后面的章节里,我们将看到大量由于工艺的不合理而造成机械失效的实例。通过失效分析,则可以判断制造工艺、质量标准及其控制方法的不合理性,同时提出克服零件

失效的工艺措施。

对某一失效案例的分析,有时能促进工艺的变革。而工艺是与材料、结构密切相关的。有时新工艺的采用,又可能造成新的失效类型。例如,用焊接代替铆接后,船舶和桥梁都发生过多起断裂事故,在某种意义上正是这些事故促使了焊接工艺和焊接材料的改进和发展。

(3)向材料部门反馈,可合理化选材,开发和研制新材料

20 世纪二三十年代,由于机械的大型化和高参数化,造成了许多用普通碳钢制造的零部件因强度或韧性不足而失效,这就促进了对合金钢的研究,及其在内燃机、汽车、锅炉、汽轮机上广泛应用。随着机械工业的发展,人们通过机械零件的失效研究,对合金结构钢的化学成分及金相组织进行了调整,同时又研究出许多高性能的、适合于复杂工况条件的新钢种,促进了新材料的发展。

应当着重指出,在国内机械零件失效分析的案例中,有些机械零件失效主要是由于选材不当而造成的;但是有些事例说明,即使选用了 A3 钢、45 钢,假若能采用合理的热处理工艺,也能够防止某些零件的断裂事故。因此,对于机械设计来说,除了应有合理的零件结构设计之外,还必须正确选材、合理用材。

(4)向用户反馈,可健全和完善使用、维修制度

通过失效分析,可以判明机器的使用、维修对失效事故是否应负责任,判明操作规程和有关参数限额的合理性,指导安全操作规程的修订。通过失效分析,还可以提供一些原则,以便制定延长机器设备寿命的措施。

上述四个方面的分析表明,正确的失效分析是解决零件失效、提高机器承载能力和使用寿命的先导及基础环节。失效分析的目的不仅在于对失效原因的分析和判断,而更重要的还在于为积极预防失效找到有效的途径。为了提高机械产品在国内外市场的竞争能力,可以说,失效分析及失效预防技术是重要的基础技术之一。这就是失效分析的目的和任务。

1.3　失效分析与机械产品可靠性的关系

从失效分析角度谈产品的可靠性,是指使用的可靠性,它既包括了在设计和制造中所保持的产品的固有可靠性,也包括了使用、维修后所体现出来的可靠性。由此看出,产品的可靠性是相对于失效而言的概念,并包含有时间的因素,反映着产品质量的时间效应。

可靠性技术一般分为三个领域:①可靠性工程,主要是系统(这里指产品)可靠性分析、系统可靠性设计和评价;②可靠性分析,包括可靠性试验、失效分析与防止;③可靠性数学。

产品的可靠度是产品在规定的条件下和规定的时间内满意地完成规定功能的概率。这个经典定义着重表达了四个方面的含义,即功能、时间、使用条件和满意地完成规定功能的概率。所谓“概率”是表示一个事件发生或不发生的可能性,取值在 0 ~ 1 之间。言外之意,这个定义还包含着“在规定的条件和规定的时间内不能满意地完成规定功能的概率”,这就是发生失效的概率(称为“失效概率”或“不可靠度”),也取值于 0 ~ 1 之间。由此可见,产品的“可靠性”是一个相对于其“失效”而言的概念,产品的可靠度与其失效

概率是“互补”的关系。设可靠度为 R,失效概率为 F,则

$$R+F=1$$

由于产品的各种性能是随时间而变化的,产品的可靠度和失效概率都是时间的函数,所以上式一般写为

$$R(t)+F(t)=1 \tag{1.1}$$

大多数机械产品和电子产品都是由许多零部件组成的系统,每一个零部件都有各自的可靠度。设机械系统(或电子系统)由 N 个零部件组成,它们的可靠度分别为 R_1, R_2,…,R_N,则系统的总可靠度为

$$R_S=R_1 \cdot R_2 \cdot R_3 \cdots R_N \tag{1.2}$$

这个关系称为“可靠性的乘法规律”(The Product Rule of Reliability),它说明,系统越复杂,导致失效的因素就越多,因而越难以保证其可靠性。

为了评价产品的可靠性,除了上述的可靠度 $R(t)$ 和失效概率 $F(t)$ 两个定量指标外,还可以用其他的定量特征指标评价,其中主要的见表1.1。

表1.1　产品可靠性的几个主要特征指标

特征指标	说　明
可靠度 $R(t)$ 失效概率 $F(t)$	系统或部件在规定时间内、规定工作条件下不发生失效的概率 $R(t)=1-F(t)$ $F(t)$ 又称“不可靠度”
失效密度函数 $f(t)$	失效概率 $F(t)$ 的时间微分 $f(t)=\dfrac{\mathrm{d}F(t)}{\mathrm{d}t}=\dfrac{-\mathrm{d}R(t)}{\mathrm{d}t}$ 即系统或部件在下一时间增量 dt 内发生失效的概率
失效率 $\lambda(t)$	系统或部件在可能发生失效的某一段时间(通常为处于工作状态的时间)内发生失效的次数
危险率 $Z(t)$	单位时间内产品失效数与同一时间内未失效数之比 $Z(t)=\dfrac{f(t)}{R(t)}=\dfrac{f(t)}{1-F(t)}=\dfrac{f(t)}{1-\int_0^t f(t)\mathrm{d}t}$ 对于指数分布而言,$f(t)=\lambda e^{-\lambda t}$,则 $Z(t)=\lambda=$ 常数
$R(t)$、$F(t)$ 及 $f(t)$、与 $Z(t)$ 的关系	$R(t)=\exp\left\{-\int_0^t Z(t)\mathrm{d}t\right\}$ $F(t)=1-\exp\left\{-\int_0^t Z(t)\mathrm{d}t\right\}$ $f(t)=Z(t)\exp\left\{-\int_0^t Z(t)\mathrm{d}t\right\}$
平均寿命 1. 平均有效时间 MTTF 2. 平均失效间隔时间 MTBF	对不可修复的产品而言,平均寿命为它在失效前的平均有效时间(MTTF = Mean Time to Failure),有时包括储存时间 对可修复的产品而言,平均寿命为它在两次相邻失效之间的平均工作时间(MTBF = Mean Time between Failure),又称“平均无故障工作时间” 当 $\lambda(t)=\lambda$(常数)时,MTBF $=\dfrac{1}{\lambda}$

续表1.1

特征指标	说　明
有效度或称有效利用率	1. 瞬时有效度 $A(t)$:产品直至某一预定时间 t 还能维持其规定功能的概率; 2. 固有有效度 A:在长时间内使用的平均有效度 $A = \frac{\mathrm{MTBF}}{\mathrm{MTBF} + \mathrm{MTTR}}$ 其中,MTTR为平均修理时间(Mean Time to Repair),即产品失效后直至修复之间的时间
边界条件	产品各项可靠性特征指标的数值都是在特定条件下观察产品失效行为时测定的。如果条件不同,它们的数值也随之改变,因此在给定可靠性特征指标数值时,均需附加说明它们的边界条件,主要有: 1. 产品的类型、结构尺寸、材料; 2. 负载条件,包括功能负载和环境负载; 3. 失效判据; 4. 可靠性特征值的测定方法; 5. 这些特征的有效期限

表1.1中的几个主要的可靠性特征指标都是以时间 t 为随机变量的统计分布函数,可具有许多种分布形式:指数分布、正态分布、威布尔分布等。这些特征指标的计算和确定,对于简单系统和单纯失效因素来说,是比较简单的;但对复杂系统和复杂失效因素来说,则往往会变得极为复杂。它们的计算和确定也已有现成方法。这里需着重指出的是:这些可靠性特征指标都是建立在以往观察各种产品失效直接或间接获得的经验与知识基础上的,它们可以用来推断新产品将来在某些使用条件下发生失效的可能性(概率)。由于失效常常是在服役中产品的某种质量发生变化的反映,而产品的可靠性是相对于失效而言的概念,并含有时间的因素,所以人们称各种可靠性特征指标为“用时间尺度来描述的质量的指标”,反映着在使用条件下产品质量的时间效应(Effect of Time),以区别于产品在交货时的“出厂质量状态”。举例来说,电视机出厂交货试看时,图像清晰、音质优美,这就是它出厂时的固有质量。然而,这种质量能保持多少小时?平均使用多少小时之后需要更换显像管或其他零部件才能恢复这种质量呢?在某种使用条件下显像管发生爆炸的概率有多大?诸如此类的含有时间因素的质量问题则属于可靠性范畴。由此可见,产品的可靠性是依附于产品某些固有质量、特别是功能质量上的,它不能脱离质量而独立存在,必须用技术措施来保持和提高产品的固有质量。由于可靠性是相对于失效而言的概念,所以针对失效原因采取技术改进措施,更是提高产品可靠性的根本途径。产品失效的原因不仅寓于产品本身的质量之中,而且还存在于使用的工况条件和环境因素之中,所以,对于要求可靠性高的产品,在技术上和管理上就要更多地考虑它的使用条件和环境因素,采取更多、更严格的措施来保证产品的某些质量指标,才能达到要求的高可靠度。失效分析的积极作用在于找出机械失效的原因,并提出预防失效的措施。

由此可见,失效分析是可靠性技术中的一个重要环节。事实上,早在1936 ~ 1945年间,美国质量管理学会(American Society for Quality Control,ASQC)在开展“失效废品检验规划”(Salvage Inspection Program)时,就号召美国企业重视产品的失效分析,要求把失效分析纳入质量管理体系。欧、美许多企业一时竞相效仿,开展失效分析,蔚为风尚,有的甚至愿意高价向用户买回失效产品的残骸进行分析。他们开展失效分析的结果,不仅提高了原有产品的质量,而且从失效分析中发现的许多新现象产生了新启示,发展了许多新产品和新技术,获得了巨大的经济利益,尝到了失效分析的甜头。特别是他们那种认真从事产品失效分析的负责作风,使用户产生了极大的信任感,不仅未因产品失效而丧失声誉,反而赢得了更大的信誉,扩大了产品的市场占有率。

在我国,机械工业是解放后才逐步建起来的。从仿制到20世纪60年代自行设计和制造这一历史阶段,除对安全性要求很高的航空、航天部门重视失效分析工作外,一般机械产品的失效分析还未引起人们的重视。尤其十年动乱期间,质量管理制度遭到严重破坏,产品质量大幅度下降,机械装备失效事故频频发生,到 70 年代才引起许多技术部门的注意。80 年代以后,老一代科学家亲自领导和组织召开了多次全国性的失效分析学术会议,逐步形成了一支失效分析专家队伍。

本书以“机械零件失效分析”为主题展开讨论。由于失效分析是一门综合性技术学科,涉及材料学、力学、摩擦学、腐蚀学及机械制造工艺学等多方面知识,所以本书从失效分析的角度对这些知识进行了较全面的阐述,为读者在系统掌握材料科学知识的基础上综合学习其他学科的基本知识,学会失效分析的基本思路和方法并能开展失效分析研究工作打下良好的基础。

第2章 机械零件失效形式及诊断

2.1 失效分类及诊断

2.1.1 失效形式的分类

零件的失效形式即失效的表现形式,可理解为失效的类型,也称为失效模式(Failure Mode)。零件在一种或几种物理的和(或)化学的因素的作用下,逐渐地发生尺寸、形状、状态或性能上的变化,并以特定的表现形式丧失其预定的功能。这里所指的特定的表现形式即失效形式或失效类型。显然,不同的物理和(或)化学过程对应着不同的失效形式。反之,具有相同失效形式的零件的失效,是相同物理和(或)化学因素作用的结果。零件的失效受多种因素影响,其失效形式也很复杂。为了揭示同类失效形式的本质,比较和鉴别各类失效形式,对各种失效形式进行科学的分类是必要的。按失效的宏观特征,可将零件失效分为变形失效、断裂失效和表面损伤失效三大类型。按失效性质和具体特征,每一类型还可以包括几个小类,如图2.1所示。

2.1.2 失效形式的诊断

失效形式诊断是开展失效分析的重要的也是首要的工作,它决定着失效分析继续工作的方向。图2.1列出的失效形式,常可分为一级、二级甚至三级失效形式。如图2.1中,断裂作为一级失效形式,疲劳断裂则可视为二级失效形式。按应力高低,疲劳失效又可分为低周疲劳失效、高周疲劳失效以及高低周复合疲劳失效等三级疲劳失效形式。按应力来源,可将疲劳断裂失效分为机械疲劳失效和热疲劳失效等三级疲劳失效形式。在机械疲劳失效中,又可有弯曲疲劳失效、扭转疲劳失效、拉-压疲劳失效和接触疲劳失效等四级疲劳失效形式。

一般说来,对某种特定的失效形式的诊断,特别是对典型的一级失效形式的诊断并不困难,只要根据单一的诊断判据,如宏观断口特征,就可以得出一级失效形式诊断的结论。但对于二级或三级甚至四级失效形式的诊断则需要选用适当的技术和方法进行一定的定量分析。例如,对断裂失效形式的诊断应依据:

① 残骸分析。根据残骸的轨迹、断口的宏观性质、断口的变形顺序等,首先寻找初始破坏件(肇事件),然后对初始破坏件的断口性质、裂纹走向、变形情况、痕迹来源、力学性能、显微组织、工艺过程、热处理状态等进行逐项的和综合的分析。

② 应力分析。包括应力的来源、性质和大小的分析和估算,特别是对初始破坏件的结构及受力的分析和计算、工况和环境分析,并与断口的定性和定量分析相对照进行综合

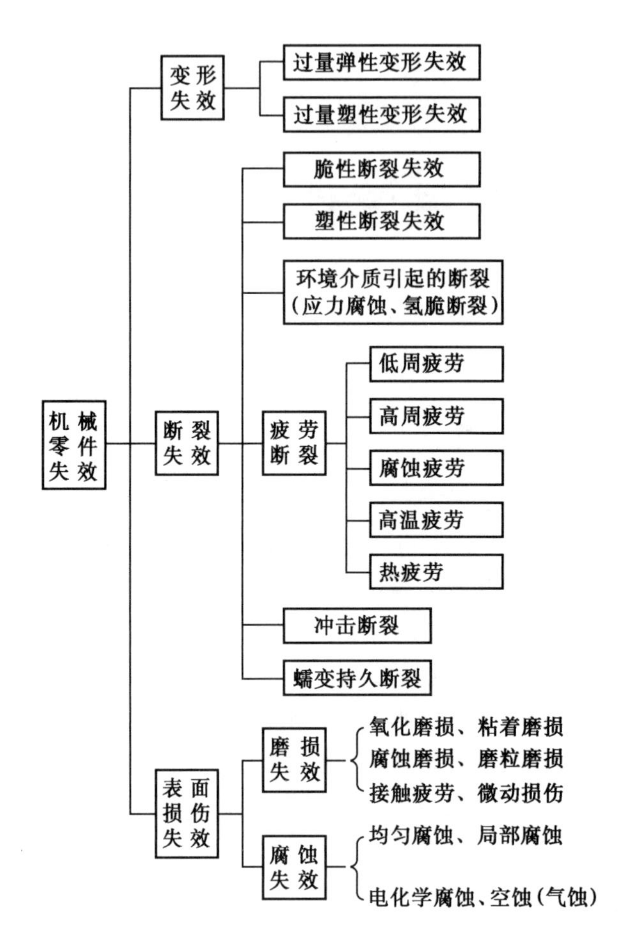

图 2.1 机械零件失效形式分类

分析。

③ 失效模拟。对主要的失效形式和主要的控制参量在实验室或现场进行模拟试验,并对模拟失效的断口与实际肇事件的断口进行对比分析。

又如,磨损失效的二级失效形式包括磨粒磨损失效、粘着磨损失效、疲劳磨损失效、氧化磨损失效、腐蚀磨损失效和微动磨损失效等六类。其中每一类又可有若干个三级磨损失效形式。磨损失效形式的诊断一般依据:

① 磨损表面的形貌和次表面组织和性能的变化。

② 磨屑形貌、磨屑成分和组织的变化。

③ 磨损系统中各参量的关系和变化等。

但是,由于磨损是一种伴随着摩擦的存在而存在的摩擦面材料逐渐丧失、迁移或变形的过程,虽然一般认为有摩擦就有磨损,但磨损并不等于磨损失效。由磨损到磨损失效是一个由量变到质变的过程,对于不同的机械,这个由量变到质变转化的分界点是不一样的。因此,进行磨损失效形式的诊断,必须首先根据零件性质具体确定磨损失效的失效点。

2.2　机械零件失效原因概述

引起零件失效的因素是多方面的,概括地可分为服役条件、材料因素、设计与工艺因素以及使用和维修等几个主要方面。

2.2.1　零件的服役条件

零件的服役条件包括受力状况和工作环境。

1. 受力状况

零件的失效通常是由于其所承受的载荷超过了零件在当时状态下的极限承载能力的结果。零件的受力状况包括:载荷类型、载荷性质,以及载荷在零件中引起的应力状态。

(1) 载荷类型

作用在零件上的载荷,可以划分为5种基本类型:

① 轴向载荷。力作用在零件的轴线上,大小相等,方向相反,包括轴向拉伸和轴向压缩载荷,见表2.1(a)。例如,受拉的绳索、受拉伸或压缩的杆件等等。

表2.1　载荷基本类型

	应力分布情况	载荷类型
(a)	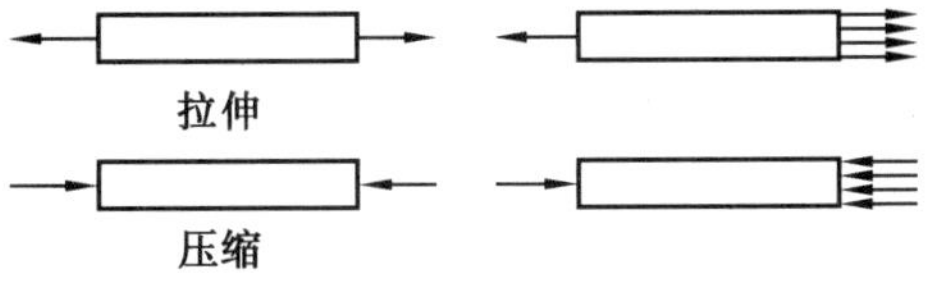 拉伸 压缩	轴向载荷
(b)	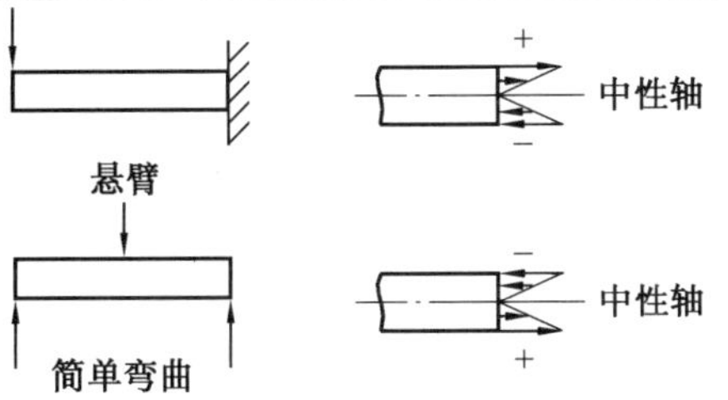 中性轴 悬臂 中性轴 简单弯曲	弯曲载荷
(c)	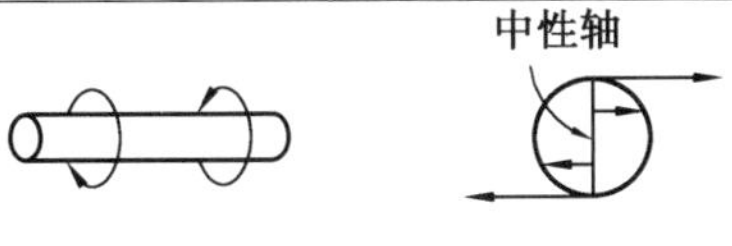 中性轴	扭转载荷
(d)	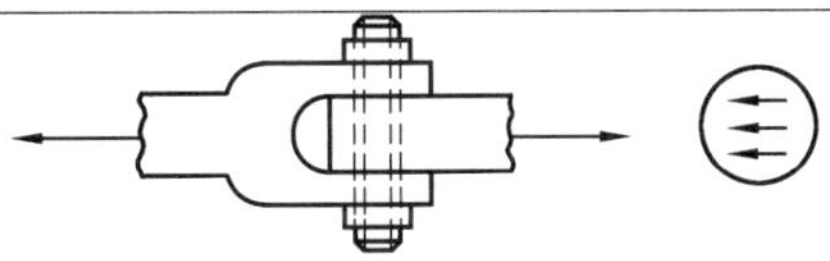	剪切载荷
(e)	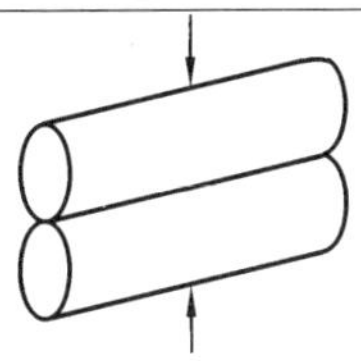	接触载荷

在轴向载荷作用下，应力沿横截面的分布是均匀的。零件上主应力与最大切应力的关系为

$$\frac{\text{主应力}(\sigma)}{\text{最大切应力}(\tau)}=2$$

② 弯曲载荷。垂直于零件轴线的载荷（有时还包括力偶），它使零件产生弯曲变形。例如，齿轮轮齿的根部、汽车的钢板弹簧等，工作中承受弯曲载荷，见表 2.1(b)。

在弯曲载荷作用下，零件横截面上主应力分布的规律是：从表面应力最大改变到中性轴线处应力为零。并且，中性轴线一侧为拉伸应力，另一侧为压缩应力。

③ 扭转载荷。作用在垂直于零件轴线平面内的力偶，它使零件发生扭转变形。例如，传递扭矩的传动轴、圆柱螺旋弹簧等，工作时承受扭转载荷见表 2.1(c)。

在扭转载荷作用下，横截面上切应力的分布规律是：从表面最大到横截面中心点处为零（这里讲的“中心点”，是指扭转中心轴线与横截面的交点）。

④ 剪切载荷。使零件内相邻两截面发生相对错动的作用力。表 2.1(d) 表示螺栓在连接接合面处受剪切，并与被连接件孔壁互压。螺杆还受弯曲，但在各接合面贴紧的情况下可以不考虑。在剪切载荷作用下，力大小沿平行于最大切应力的横截面上是均匀的。

⑤ 接触载荷。两个零件表面间的接触有点接触、线接触和面接触。零件受载后在接触部位的正交压缩载荷称接触载荷，见表 2.1(e)。例如，滚动轴承工作时，滚子与滚道之间，齿轮传动中轮齿与轮齿之间的压力都是接触载荷。

在接触载荷作用下，主应力与最大切应力之比是不定的。

实际零件工作中往往不是只受单一载荷作用的，而是同时承受几种类型载荷的复合作用。

(2) 载荷的性质

载荷的性质可以分为以下几种类型：

① 静载荷。缓缓地施加于零件上的载荷，或恒定的载荷。

② 冲击载荷。以很大速度作用于零件上的载荷，冲击载荷往往表现为能量载荷。

③ 交变载荷。载荷的大小、方向随时间发生变化的载荷，其变化可以是周期性的，也可以是无规则的。

绝大多数机器零件是在交变应力作用下工作的。交变应力的形式虽然有许多变异，但基本上可归纳为四种：

a. 对称循环应力。等值交变的拉伸、压缩和剪切应力（图 2.2(a)）。例如，弯曲载荷作用下的旋转轴。其最大应力 σ_{max} 和最小应力 σ_{min} 数值相等但符号相反，其应力比为

$$r=-1\left(=\frac{\sigma_{min}}{\sigma_{max}}\right)$$

b. 脉动循环应力。单向应力，其应力值从零变化到最大，$r=0$，如图 2.2(b) 所示。例如一对齿轮传动，转动方向不变时，轮齿的弯曲应力即为脉动循环应力。

c. 非对称循环应力。应力值由最小到最大变化，最小应力既可能是正值（图 2.2(c)），也可能是负值。例如，连杆螺栓所受的应力。

d. 随机循环应力。实际运转的机器，由于服役条件可能发生变化，例如，开车、停车，工作载荷可能有大有小，运转可能时快时慢，所以交变应力的波形、应力幅大小、方向和周期都随时间而变化，如图 2.2(d) 所示。

静载荷或冲击载荷作用下发生断裂的断口与交变载荷引起的疲劳断口特征有明显的

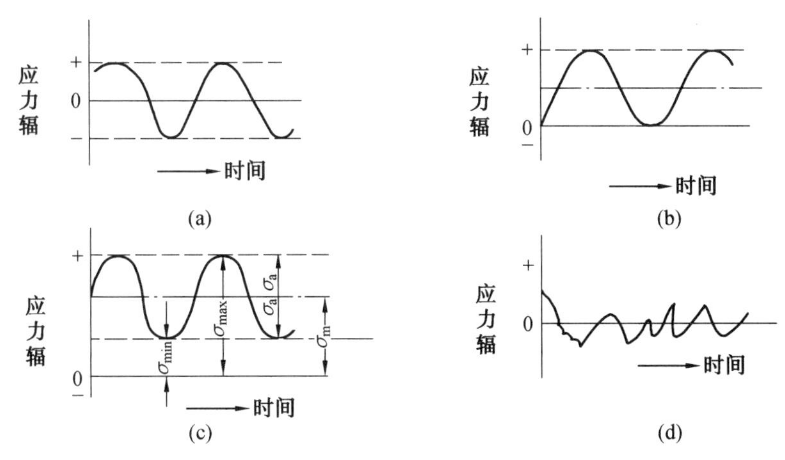

图 2.2　交变应力的类型

σ_{max}— 最大应力;σ_{min}— 最小应力;

σ_m— 平均应力,$\sigma_m = (\sigma_{max} + \sigma_{min})/2$;$\sigma_a$— 应力幅,$\sigma_a = (\sigma_{max} - \sigma_{min})/2$

不同,这将在第 5 章详细叙述。

(3) 应力状态

零件的应力状态是指通过受载零件任一点所作的各个截面上的应力状态。从不同角度分类,零件的应力状态可分为单向应力,多向应力;“软性” 应力状态、“硬性” 应力状态等。这里着重介绍“软性” 应力状态和“硬性” 应力状态对零件变形及断裂形式的影响。

零件在外加载荷作用下,对其内部的某一点而言,总可将应力分为正向分力(正应力)σ 和切向分力(切应力)τ。因加载方式的不同,在零件各点上作用着的最大切应力(τ_{max}) 和最大正应力(σ_{max}) 的比值就不同。通常用软性系数 $\alpha = \dfrac{\tau_{max}}{\sigma_{max}}$ 来表示这一比值的大小,α 是应力状态的一种标志,称为应力状态的软性系数。通常,把 $\tau_{max} > \sigma_{max}(\alpha > 1)$ 的应力状态称为“软性” 应力状态;$\tau_{max} \approx \sigma_{max}(\alpha \approx 1)$ 的应力状态称为“较软性” 应力状态;$\tau_{max} < \sigma_{max}(\alpha < 1)$ 的应力状态称之为“硬性” 应力状态。从表 2.2 可见,三向等拉伸时的应力状态最硬,单向拉伸、三向不等拉伸均属“硬性” 应力状态;单向压缩、三向不等压缩则是属于“软性” 应力状态。

表 2.2　不同加载方式下的软性系数

加载方式	主应力			软性系数
	σ_1	σ_2	σ_3	
三向等拉伸	σ	σ	σ	0
三向不等拉伸	σ	$\frac{8}{9}\sigma$	$\frac{8}{9}\sigma$	0.1
单向拉伸	σ	0	0	0.5
扭　转	σ	0	$-\sigma$	1
二向压缩	0	$-\sigma$	$-\sigma$	1
单向压缩	0	0	$-\sigma$	2
三向不等压缩	$-\sigma$	$\frac{7}{3}\sigma$	$-\frac{7}{3}\sigma$	4
三向等压缩	$-\sigma$	-2σ	-2σ	∞

零件在外载荷作用下将取何种断裂形式，决定于材料的特征及加载速度、环境温度和应力状态等。

图 2.3 示意地表示了在不同加载方式下出现正断或切断的情况（注意，这只是表示断裂开始时的情况）。图中 σ_{max} 代表最大正应力的方向，τ_{max} 表示最大切应力的方向。

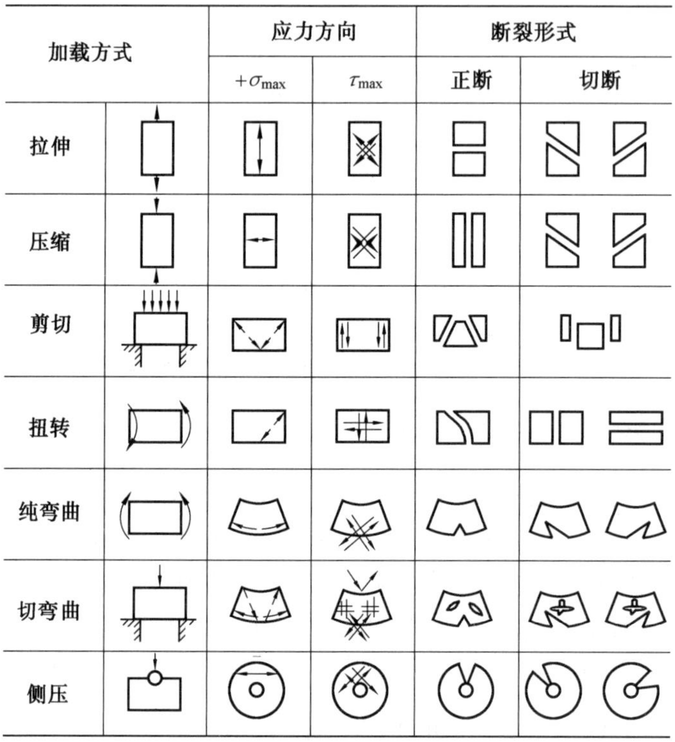

加载方式		应力方向		断裂形式	
		$+\sigma_{max}$	τ_{max}	正断	切断
拉伸					
压缩					
剪切					
扭转					
纯弯曲					
切弯曲					
侧压					

图 2.3　不同加载方式下的变形方向和宏观断裂的形式

很少见到纯粹的正断或切断，通常都是同时以不同方式的混合断裂。在不同的断裂阶段可能发生断裂形式的转化。

从图 2.4 的力学状态图可以说明，零件材料的强度指标（剪切屈服强度 τ_s、切断抗力 τ_k 和正断抗力 σ_{max}）与外加载荷所产生的应力状态如何配合，决定零件的断裂形式。

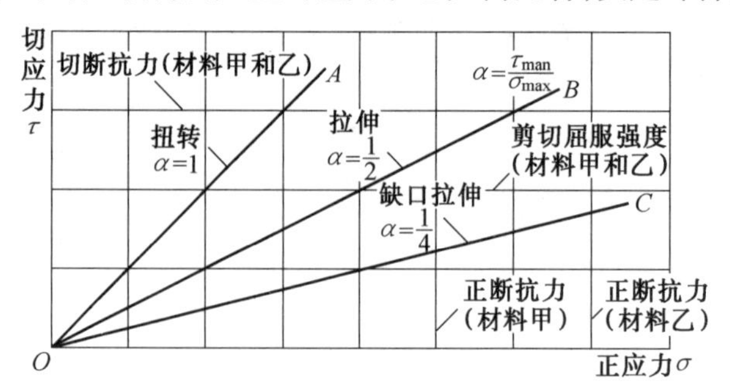

图 2.4　决定断裂形式的力学状态图

由于拉、压、弯、扭等加载方式不同，造成的应力状态也不同，反映在力学状态图上从原点出发的射线具有不同斜率。斜线 A 表示扭转状态，$\alpha = 1$；斜线 B 表示拉伸状态，

$\alpha = 0.5$；斜线 C 表示缺口拉伸状态，$\alpha = 0.25$。

如果材料不变，即在剪切屈服强度、切断抗力和正断抗力三者不变的情况下，由于加载方式不同会造成两种不同的断裂形式。材料甲拉伸时，斜线 B 与剪切屈服强度水平线相交，先产生塑性变形，随即与正断裂抗力线相交，最后以正断形式破坏。而在扭转时，斜线 A 首先与剪切屈服强度的水平线相交产生塑性变形，而后与切断抗力线相交，发生切断。

对剪切屈服强度、切断抗力相同，但其正断抗力不同的甲、乙两种材料，拉伸状态下甲材料发生正断，乙材料由于正断抗力较高，斜线 B 与剪切屈服强度线相交后，即与切断抗力线相交，故断裂方式为切断型。在有严重应力集中的缺口拉伸状态下，由于斜线 C 首先与两种材料的正断抗力线相交，因此都在尚未发生塑性变形之前即已发生正断型脆断。

这里需要特别指出的是，正断方式并不都是脆性断裂，也可能表现为延性断裂（如材料甲的拉伸状态）；而切断一定都是延性断裂。

应力状态对断裂形式的影响，概括起来表现为：较硬的应力状态容易造成正断，而较软的应力状态则引起切断；相同的应力状态下不同强度与塑性、韧性相配合的材料可能出现脆性断裂，也可能出现延性断裂。由此可知，为避免脆性断裂，对于不同应力状态，要求材料有不同的强度与塑性、韧性的最佳配合。

2. 工作环境

零件一般是在室温、大气介质的环境下运行的，然而在高温、低温或有其他腐蚀性介质等工作环境下，将产生许多特殊的失效类型。

(1) 环境介质与零件失效

环境介质包括气体、液体、液体金属、射线辐照、固体磨料和润滑剂等。它们可能引起的零件失效情况列于表 2.3 中。

表 2.3　环境介质与零件失效

介　质	可能引起的失效
气体：大气、盐雾气氛、水蒸气、气液二相流（CO，CO_2）、含 H_2S 气氛	氧化、腐蚀、氢脆、腐蚀疲劳、气液流冲蚀
液体：Cl^-、OH^-、$NaOH$、NO_2^-、H_2S、水 - 固（砂石）	腐蚀、应力腐蚀、腐蚀疲劳、气蚀和泥沙磨损
液体金属：Hg - Cu 合金；Cd、Sn、Zn - 钢、Pb - 钢，Nb、K - 不锈钢	液体汞脆、液体金属脆化，合金中的 Ni、Cr 元素在液体 Pb 中发生选择性溶解，液体金属腐蚀
中子辐照，紫外线照射	造成材料脆化，造成高分子材料老化
磨料：矿石、煤、岩石（滑润剂）、泥浆、水溶液	磨粒磨损，腐蚀磨损综合作用

对于某一零件失效原因的准确判断，必须充分考虑环境介质的影响。例如，某工厂生产的继电器，春天放进仓库贮存，到秋天就发现大批继电器的弹簧片发生沿晶界断裂，经失效分析，判定是氨引起的应力腐蚀开裂。但仓库里从来没有存放过能释放氨气的化学物质。后来查明，在仓库大门南面附近的田野里有一个大鸡粪堆，是鸡粪放出的氨气经春夏的南风送进仓库，提供了应力腐蚀必要的介质环境，引起了应力腐蚀。可见，进行失效

分析时如果不和更广阔的环境联系起来,就得不出可靠的结论来。

(2) 环境温度与零件失效

环境温度可能引起的零件失效形式及分析思路列于图2.5中。

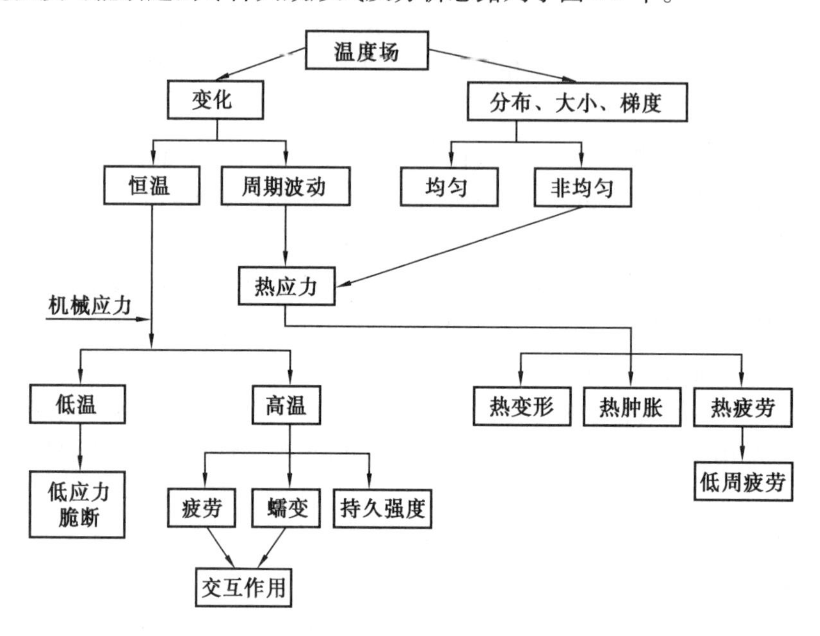

图2.5 与温度有关的零件失效的分析思路

2.2.2 设计、制造与零件失效

1. 设计与零件失效

设计不合理和设计考虑不周到是零件失效的重要原因之一。例如,轴的台阶处直角形过渡,过小的内圆角半径,尖锐的棱边等造成应力集中,这些应力集中处,有可能成为零件破坏的起源地。有些零件的截面形状是零件本身所要求的,例如,花键、键槽、油孔、销钉孔等,但是如果设计时考虑不周到,没有充分估计到这些形状特征对截面的削弱和应力集中问题,或者位置安排不妥当,都将造成零件早期破坏。另一种原因是,对零件的工作条件估计错误,如对工作中可能的过载估计不足,造成设计的零件的承载能力不够。

选材不当是导致失效的另一重要原因。虽然问题出在材料上,但责任在设计者。最常见的情况是,设计者仅根据材料的常规性能指标做出决定,而这些指标根本不能反映材料对所发生的那种类型的失效的抗力。另一种情况是,尽管预先对零件的失效形式有较准确的估计,并提出了相应的性能指标作为选材的依据,但由于考虑到其他因素(如经济性、加工性能等),采用了不很合适的代用材料,因而导致了失效。

2. 材料、制造工艺与零件失效

零件的失效原因还与材料的内在质量以及机械制造工艺质量有关。

(1) 冶金质量

材料的冶金质量是机件能否长期正常工作的重要因素,钢铁材料的冶金缺陷,例如,夹杂物、气孔、疏松、白点、残余缩孔、成分偏析等等,是零件的内伤。

(2) 机械制造工艺缺陷

每个零件都要经过一系列加工工艺而制成,无论哪一种加工工艺(铸造、锻造、焊接、热处理、切削加工、磨削等),如果操作不当,都会造成工艺缺陷,并可能成为零件失效的原因。因为制造工艺不当可能从以下几个方面影响产品的质量:① 产生工艺裂纹;② 造成高的残余内应力;③ 形成不良的表面质量;④ 不正常的组织状态;⑤ 达不到要求的机械性能。

紧配合零件的装配精度不够,机器运转时会引起松动,致使相配零件之间产生撞击和噪声,从而加速零件的失效进程。例如,紧配合零件之间因有微小的相对运动,而产生摩擦腐蚀(或叫微动损伤、咬蚀)等。

2.2.3　使用、维修与零件失效

机器的使用和维修状况也是失效分析必须考虑的一个方面。机器在使用过程中超载使用,润滑不良,清洁不好,腐蚀生锈,表面碰伤,在共振频率下使用,违反操作规程,出现偶然事故,没有定期维修或维修不当等,都会造成零件的早期破坏。

如曾经对某发动机疲劳断裂的50根曲轴进行分析,结果表明,其中40根曲轴疲劳断裂是由于修复后,轴颈圆角半径太小($R \leqslant 3$ mm,设计要求$R \geqslant 6$ mm)造成的。又如绞吸式挖泥系统齿轮箱因使用不当、润滑不良和冷却不力而失效。该齿轮组的三个齿轮均由12CrNi3A钢制造,经渗碳淬火并低温回火处理,渗层大于1 mm。该齿轮组工作1 100 h后失效,失效表现为粘着磨损和划伤;齿面烧伤和熔融;齿顶塑性变形,齿面金属沿滑动方向流动,被挤到齿顶之上达2 mm左右,以及过载折齿和疲劳折齿等。经检查表明,断齿表层金相组织为回火屈氏体加分散状或断续网状碳化物,证明齿轮工作过程中曾严重发热,模拟试验证明温度达550 ℃。该齿轮组传递载荷较高,工作条件苛刻,属重载齿轮。其失效与润滑条件和材料强度密切相关。当二啮合齿之间能形成弹性流体动压油膜时,可避免齿面金属直接接触,轮齿表面最大单位压力将大大降低,从而可明显改善齿面损伤情况。但是按润滑条件进行的计算表明,齿轮啮合时,齿面间不能形成弹性流体动压油膜,处于边界润滑状态,因此在高速重载运行条件下,产生大量摩擦热,更兼冷却不力,造成表层局部升温,极易发生粘着磨损、齿面烧伤和塑性流动等损伤。如果这种状态不能及时得到改善,损伤将继续发展、加剧,并诱发其他问题,如噪音、震动、折齿等。

上述分析表明,使用和维修不当是造成机械零件失效的重要原因。

第 3 章　常见失效形式及特征和诊断

各种失效形式均有其产生条件、特征及判据,也有相应的防止措施。近年来已归纳出非常丰富和明确的规律。本章仅就常见失效形式发生的过程、原因、特征鉴别及改进措施做简要介绍。

3.1　过量弹性变形失效

3.1.1　概　述

零件受机械应力或热应力作用产生弹性变形,应力 σ 与应变 ε 之间服从 Hooke 定律

$$\sigma = E \cdot \varepsilon \tag{3.1}$$

式中,E 为弹性模量。这种变形为弹性变形,是受力作用时的必然结果,一般不会引起麻烦。但在一些精密机械中,对零件的尺寸和匹配关系要求严格,当弹性变形超过规定的限量(在弹性极限以内)时,会造成零件的不正常匹配关系。例如,航天火箭中惯性制导的陀螺元件,如果对弹性变形问题处理不当,就会因漂移过大而失效。

热胀冷缩是人们所共知的自然现象。线膨胀系数就是表征材料这一特性的参数。不同材料具有不同的线膨胀系数。如果材料匹配不当,在温度改变时就可能引起麻烦。例如,钢的线膨胀系数约为 12×10^{-6} ℃$^{-1}$,是青铜的一半,如果用 2Cr13 不锈钢作轴套,用青铜作轴瓦,这样的结构在常温下可以很好地工作,但当温度很低时,就会因轴套的收缩远小于轴瓦的收缩而发生抱轴现象。工作载荷和(或)温度使零件产生的弹性变形量超过零件匹配所允许的数值时,就将导致弹性变形失效。

3.1.2　特征及判断

弹性变形失效的判断往往比较困难。这是因为,虽然应力或(和)温度在工作状态下曾引起变形并导致失效,但是在解剖或测量零件尺寸时,变形已经消失。为了判断是否因弹性变形引起失效,要综合考虑以下几个因素:

(1) 失效产品是否有严格的尺寸匹配要求,是否有高温或低温工作经历。

(2) 在失效分析时,应注意观察在正常工作下相互接触的配合表面上是否有划伤、擦痕或磨损等痕迹。例如,高速旋转的转子,在离心力及温度的作用下,会弹性胀大,当胀大量大于它与壳体的间隙时,就会引起表面擦伤。因此,已观察到了这种擦伤,而在不工作时却仍保持有正常的间隙,则这种擦伤就可能是由弹性变形造成的。

(3) 在设计时是否考虑了弹性变形(包括热膨胀变形)的影响,并采取了相应的措施。

(4) 通过计算来验证是否有弹性变形失效的可能。

3.1.3　防止措施

由应力和(或)温度引起的弹性变形而导致失效的责任,几乎全部在于设计者的考虑不周、计算错误或选材不当,故防止措施主要应从设计方面考虑。

1. 选择合适的材料或结构

如果由机械应力引起的弹性变形是主要问题,则可以根据具体的要求选用适当的材料。例如,宇航惯性制导的陀螺平台选用铍合金制造,就是因为其弹性模量高,不容易引起弹性变形。铍的弹性模量为铝的4倍、钢的1.5倍。如果考虑到相对密度,则铍的比刚度为铝或钢的6倍多。在空间允许的情况下,也可以采用增加截面积、降低应力水平的办法来减小弹性变形。如果热膨胀变形是主要问题,则可以根据实际需要采用热膨胀系数适合的材料。

2. 确定适当的匹配尺寸

由应力和温度引起的弹性变形量是可以计算的。这种尺寸的变化应当在设计时加以考虑。在很低温度下工作的机件,是在常温下制造、测量和装配的,因此,其间隙不仅应保证在常温下正常工作,而且还要确保在低温下尺寸变化后仍能正常工作。对于几何形状复杂、难于计算的零件可通过试验来解决。

3. 采用减少变形影响的转接件

在许多系统中,采用软管等柔性构件,可以显著减少弹性变形的有害影响。

3.2　屈服失效

3.2.1　概　述

零件受力后,应力较低时产生弹性变形,当外力增大到一定程度时,将产生不可恢复的变形——塑性变形。在零件正常工作时,塑性变形一般是不允许的,它的出现说明零件受力过大。但也不是出现任何程度的塑性变形都一定导致失效。由过量塑性变形引起的失效称为屈服失效,如某厂的洗涤塔为高20.5 m、直径3.5 m、壁厚8 mm的圆筒结构,用于精洗煤气。在输入煤气前,先用蒸汽冲洗洗涤塔约3 min,塔内温度约为70 ℃。其后,错误地关闭了放散阀,又错误地向塔内喷冷水,致使塔内冷凝加快形成负压。在外部大气压力下,塔壁收缩内陷,导致从塔顶至底部发生整体歪扭,中部呈细颈状,产生屈服失效。

3.2.2　特征及判断

屈服失效的特征是失效件有明显的塑性变形。塑性变形很容易鉴别,只要将失效件进行测量或与正常件进行比较即可确定。严重的塑性变形(如扭曲、弯曲、薄壁件的凹陷等变形特征)用肉眼即可判别。

3.2.3　过载压痕损伤——屈服失效的一种特殊形式

如果在两个互相接触的曲面之间,存在有静压应力,可使匹配的一方或双方产生局部屈服形成局部的凹陷，严重者会影响其正常工作，这称为过载压痕损伤。例如，滚珠轴承在开始运转前，如果静载过大，钢球将压入滚道，使其型面受到破坏。这样的轴承在随后的工作中就会使振动加剧而导致早期失效。过载压痕损伤，实质上是屈服失效的一种特殊形式。

应当指出，过载压痕损伤作为单独的失效形式，在失效分析实践中较少出现，它往往是作为其他失效形式如磨损、接触疲劳等的诱因而出现的。

3.2.4 防止和改进措施

1. 降低实际应力

零件所承受的实际应力包括工作应力、残余应力和应力集中三部分。

① 降低工作应力。降低工作应力可从增加零件的有效截面积和减少工作载荷两个方面考虑，要视具体情况而定。重要的是需要准确地确定零件的工作载荷，正确地进行应力计算，合理地选取安全系数，并注意不要在使用中超载。

② 减少残余应力。残余应力的大小与工艺因素有关。应根据零件和材料的具体特点和要求，合理地制定工艺流程，采取相应的措施，以便将残余应力控制在最低限度。

③ 降低应力集中。应力集中对塑性变形和断裂失效都很重要，这将在后面的章节作较详细说明。

2. 提高材料的屈服强度

零件的实际屈服强度与选用的材料、状态以及冶金质量有关，因此，必须依据具体情况合理选材，严格控制材质，正确制定和严格控制工艺过程。具体问题要具体分析，要依据失效分析的结果有针对性地采取相应的措施。

3.3 塑性断裂失效

3.3.1 概　述

如前所述，当零件所受实际应力高于材料的屈服强度时，将产生塑性变形。如果应力进一步增加，并且该零件与其他零部件的匹配关系又允许时，塑性变形将继续进行，就可能发生断裂（破裂）。这种形式的失效称为塑性断裂失效。塑性断裂的特点是在零件断裂之前有一定程度的塑性变形。塑性断裂本质上属微孔聚集型断裂，裂纹的形成与扩展有赖于微孔的形成、长大和连接。在塑性金属光滑试样的拉伸断裂中，微孔首先在颈缩部位的中心形成；缺口试样或零件受载荷作用后，塑性变形首先在应力集中部位或某些薄弱环节开始。材料组织中的夹杂物或第二相阻碍滑移，在其与基体的界面处造成应变集中，当塑性应变达到某一临界值时，基体与夹杂物或第二相间的界面开裂，或者第二相折断，形成微孔。无论哪一种情况下形成的微孔，都是材料在变形中产生的不连续因素。以后的变形在微孔附近集中进行，促使已形成的微孔长大，同时在其附近形成新的微孔并长大。相邻微孔之间的材料犹如“颈缩试样”，称为“内颈缩”。随着变形的继续进行，微孔借助于“内颈缩”而长大，至“颈缩试样”断裂时，相邻微孔便连接起来，多个微孔的连接形成微裂纹。同样，微裂纹的扩展也是借助于微孔形成、长大与连接实现的。上述微孔形成、长大与连接，以及裂纹形成与扩展都是塑性变形累积的结果，在这一过程中材料吸收了大量塑性变形功。裂纹源部位的宏观断口呈纤维状，暗灰色，无金属光泽。当裂纹亚临界扩展至临界尺寸时，裂纹失稳，快速扩展，在断口上留下放射状花样。当裂纹前沿接近试样或零件表面时，应力状态由内部的三向应力状态转变为平面应力状态，塑性变形充分、自由地发展，形成断口上的剪切唇。剪切唇与主应力成45°方向。

3.3.2　特征及判断

1. 塑性断裂的主要特征

① 在裂纹或断口附近有宏观塑性变形，或者在塑性变形（截面收缩）处有用肉眼或探伤仪能检测出的裂纹。

② 用扫描电镜观察，断口上存在大面积的韧窝。

③ 用高倍金相显微镜观察，裂纹或断口附近的组织有明显的塑性变形层。

2. 判断依据

当零件断裂或出现裂纹，同时又具有下列特征之一者，可判定为塑性断裂。

① 有肉眼可见的塑性变形特征，如扭角、挠曲、变粗，颈缩和鼓包等形状变化。

② 零件表面覆盖的脆性膜开裂。

③ 断口两侧不能拼合。

④ 裂纹源区断口粗糙，呈纤维状，色泽灰暗。

3.3.3　改进措施

塑性断裂的改进措施与屈服失效相同，但因断裂是更为严重的失效，应尽可能使塑性变形不继续发展成为断裂，可以在设计上采用变形限位装置或者增加变形保护报警系统等。

3.4　脆性断裂失效

3.4.1　概　　述

随着工业生产和科学技术的发展，工程结构向大型化、复杂化发展，工作条件向高速、高压、高温和低温等高参数化方向发展，材料的服役条件越来越苛刻。一些大型结构、设施（如舰船、桥梁、锅炉、电站设备、化工设备、核反应堆等）往往在符合设计要求、满足规定性能指标的条件下，发生突发性的断裂，这种断裂属脆性断裂失效，因事先无预兆，往往造成严重的损失。

脆性断裂是指断裂前没有明显塑性变形的断裂形式。断裂应力低于材料屈服强度，因此称为低应力脆断。低应力脆断主要包括下列几种形式。

1. 低温脆性断裂

低温脆性断裂主要发生于体心立方和密排六方金属材料中，这些材料称为低温脆性材料，低碳钢是其典型代表。图3.1表明温度对光滑试样屈服强度 σ_s 和脆性断裂强度 σ_f

的影响，可见随温度降低，σ_s 明显升高，而 σ_f 则无明显变化。σ_s 和 σ_f 对温度变化敏感性的差异造成了材料在低温条件下的脆性表现。图中 σ_s 和 σ_f 的交点对应的温度 T_K 称为光滑试样的脆性转变温度。可见 $T < T_K$ 时，$\sigma_s > \sigma_f$，材料表现为脆性断裂；当 $T > T_K$ 时，$\sigma_s < \sigma_f$，则表现为塑性断裂。当试样上含有缺口时，缺口造成应力集中效应，在缺口根部出现应力集中，即

$$\sigma_y^c = K_t \cdot \sigma \tag{3.2}$$

式中，σ 为名义应力；K_t 为理论应力集中系数。

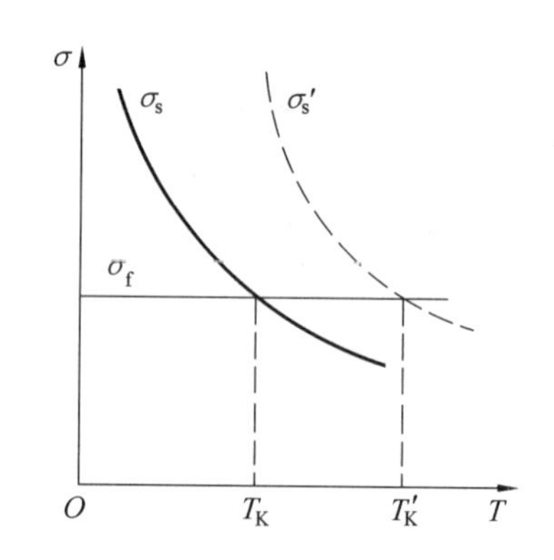

图 3.1　温度对屈服强度 σ_s 和断裂强度 σ_f 的影响，虚线为缺口试样的屈服强度 σ_s'

σ_y^c 为缺口根部的集中应力，对于脆性材料，σ_y^c 为弹性应力，当 σ_y^c 达到其脆性断裂应力时，即发生脆断。对于塑性材料，缺口截面最先达到材料的屈服应力 σ_s，但由于变形受到约束，使屈服推迟，使缺口试样的屈服强度 σ_s' 高于 σ_s，即

$$\sigma_s' = q \cdot \sigma_s \tag{3.3}$$

式中，q 为弹塑性应力集中系数，q 可达 2.5 ~ 3.0。即当 $\sigma_y^c = K_t \cdot \sigma$ 时，缺口试样进入塑性状态。σ_s' 随温度的变化，如图 3.1 中虚线所示。σ_s' 和 σ_f 的交点对应的温度为 T'_K，T'_K 为缺口试样的脆性转变温度。$T'_K > T_K$ 时，可见缺口导致材料脆性倾向增加，使脆性转变温度向高温推移。在 $T'_K \sim T_K$ 之间，光滑试样表现为塑性断裂，而缺口试样则表现为脆性断裂。试样上存在其他对变形有约束作用的因素时，或者试验时加载速率升高，都可以导致屈服应力升高，增加材料脆性倾向，其效果与缺口的影响相当。

由上述分析可见，脆性转变温度是低温脆性材料的一个非常重要的性能指标，实践也证明，所有零件的低温脆性断裂都是在低于其脆性转变温度的条件下发生的。因此，为防止低温脆性断裂，重要的是要保证零件的最低工作温度高于其脆性转变温度，即

$$T_{\text{工作}} \geqslant T_K + (20 \sim 30)\,℃ \tag{3.4}$$

2. 含裂纹试样或零件的低应力脆断

前已述及，对近代发生的大型金属结构脆性断裂的分析表明，断裂起始于结构中的既存裂纹。断裂以既存裂纹为源的事实，提出了一个重要的力学课题 —— 裂纹体力学，即断裂力学问题。断裂力学认为结构发生脆性断裂时，结构中的裂纹尺寸 a 与其断裂应力 σ_f 存在如下关系

$$\sigma_f\sqrt{a} = \text{常数} \tag{3.5}$$

此式表明结构发生脆性断裂的临界条件。结构所受应力水平越高，发生脆性断裂时的裂纹尺寸越小，反之，结构中含有的既存裂纹尺寸越大，则脆性断裂时的应力水平越低。上述关系可用图 3.2 表示之。图中曲线表示裂纹处于临界状态时应力 σ_f 与裂纹尺寸 a 的关系。曲线将坐标平面分为两个区，Ⅰ 区为安全区，Ⅱ 区为断裂

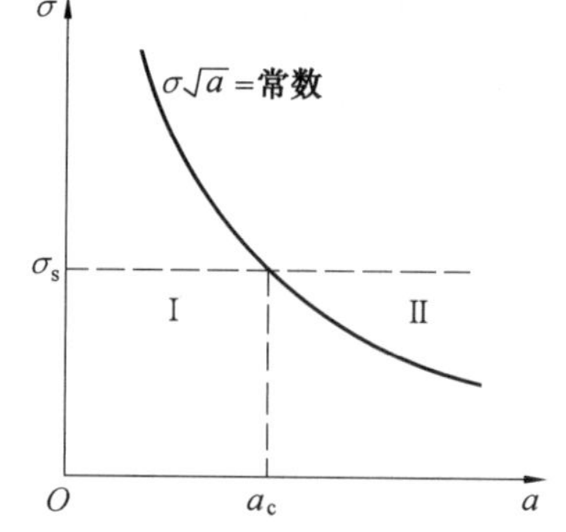

图 3.2　裂纹体断裂应力 σ_f 与裂纹尺寸 a 的关系

区。将材料的屈服强度也表示在图中，如图中水平虚线，二者交点所对应的裂纹尺寸 a_c 则是裂纹体的重要参数。当 $a < a_c$ 时，$\sigma_s < \sigma_f$，结构表现为塑性断裂；当 $a > a_c$ 时，$\sigma_s > \sigma_f$，则表现为脆性断裂。可见 a_c 是一定应力环境中裂纹体失稳的临界裂纹尺寸，裂纹体的低应力脆断都是在既存裂纹尺寸大于 a_c，使断裂应力低于材料的屈服强度的情况下发生的。

式(3.5) 中的"常数" 是一个材料常数，称为材料的平面应变断裂韧度，用 K_{IC} 表示，于是

$$K_{IC} = Y\sigma\sqrt{a} \tag{3.6}$$

式中，Y 为裂纹形状系数。对于一定形状的裂纹，Y 为常数，可在应力强度因子手册中查到。这样一来，式(3.6) 可写成下列形式

$$\sigma_c = K_{IC}/Y\sqrt{a_0} \tag{3.7}$$

$$a_c = K_{IC}^2/[Y\sigma]^2 \tag{3.8}$$

应用式(3.7) 可根据现有裂纹尺寸 a_0(由探伤可求) 计算裂纹体断裂时的应力水平 σ_c；应用式(3.8) 可根据裂纹体工作应力计算断裂时的临界裂纹尺寸 a_c，并进一步估计裂纹体的剩余强度 n_σ 和损伤容限 n_a，即

$$n_\sigma = \sigma_c/\sigma \tag{3.9}$$

$$n_a = a_c/a_0 \tag{3.10}$$

以上思想在裂纹体失效分析中经常用到。

应用上述断裂力学原理，可以说明高强度金属材料(高强度钢和铝合金等) 的裂纹敏感性本质。

3. 冶金缺陷引起的低应力脆断

金属材料在热加工过程中，有时因工艺偏差造成组织缺陷，例如，过热引起晶粒异常长大，非金属夹杂物颗粒沿晶界析出；过烧不但引起晶粒粗大而且有晶界熔化、氧化或在晶界形成低熔点共晶；回火脆性引起有害杂质元素沿晶界偏聚，减弱了晶界结合力等。含有冶金缺陷的材料在一定条件下也表现为低应力脆断。这里以粗晶组织为例说明。

大量试验证明，屈服强度 σ_s 和脆性断裂强度 σ_f 均随晶粒尺寸 d 的细化而提高，即

$$\sigma_s = \sigma_0 + K_y d^{-\frac{1}{2}} \tag{3.11}$$

$$\sigma_f = [G\gamma/d]^{\frac{1}{2}} \tag{3.12}$$

式中，σ_0，K_y，G，γ 均为材料常数。二者的关系如图 3.3 所示。二者相交，交点右侧($d < d_K$，晶粒较细小者)，$\sigma_f > \sigma_s$，应力先达到屈服强度水平，发生塑性变形，其断裂表现为塑性断裂；交点左侧，则表现为脆性断裂。试验表明，在 $d > d_K$ 所有情况下，断裂应力与屈服应力是重合的，即当 $\sigma = \sigma_s$ 时，屈服变形与脆性断裂同时发生。

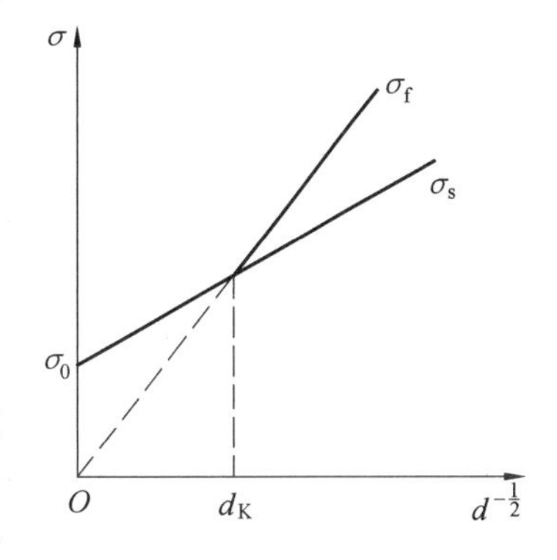

图 3.3　低碳钢 σ_s 和 σ_f 与晶粒尺寸的关系

因晶粒粗大导致脆性断裂的事例也是很多的。例如，某水电站的一台水轮机组，蜗壳外径 4.5 m，采用 30 mm 厚的 16Mn 钢板，切割后加热到 1 200 ℃ 热弯成型。弯曲变形时各部变形量约 8% ~ 10%。在工地上拼焊时严重开

裂,即使用不锈钢焊条也无法焊合。取样检验,判定组织为铁素体和珠光体组成的魏氏组织,晶粒度约为 3 ~ 5 级。室温冲击韧性 $a_K = 6 \sim 8$ J/cm^2,结晶状断口。据分析,由于晶粒粗大,脆性转变温度在室温以上。焊接时,仅在焊接应力作用下足以引起脆断。其原因在于热变形时的变形量恰处在临界变形度范围,变形后,钢板温度仍在 1 100 ℃,由于形变再结晶,引起晶粒急剧长大,冷却时形成粗大的魏氏组织,导致晶界脆化。

3.4.2　特征及判断

脆性断裂的主要特征为:

① 断裂部位在宏观上几乎看不出或者完全没有塑性变形,碎块断口可以拼合复原。

② 起裂部位常在变截面处即应力集中部位,或者存在表面缺陷或内部缺陷处。

③ 形成平断口,断口平面与主应力方向垂直。

④ 断口呈细瓷状,较光亮,对着光线转动,可看到闪光刻面,无剪切唇。

⑤ 断裂常发生于低温条件下,或受冲击载荷作用时。

⑥ 断裂过程瞬间完成,无预兆。

3.4.3　防止和改进措施

(1) 设计上采取措施

从设计上考虑,应保证工作温度高于材料的脆性转变温度,对在低温下工作的零件应选用脆性转变温度比工作温度更低的材料;尽量避免三向应力的工作条件,减缓应力集中。

(2) 工艺上采取措施

从工艺上考虑,应正确执行工艺规程,避免诸如过热、过烧、回火脆性、焊接裂纹及淬火裂纹等。热加工后需要回火的,应及时回火,消除内应力。对于电镀件应及时进行去氢处理。

(3) 操作上采取措施

从操作上考虑,应遵守设计规定的使用条件,操作平稳,尽量避免冲击载荷。

3.4.4　脆断失效实例

例 1　钢制油罐车因焊接缺陷而引起低温脆断

某铁路油罐车在 −34 ℃ 运行过程中在底梁和罩体连接处断裂,裂纹起源于底梁支撑件两侧的厚6.3 mm的前盖板和厚16 mm的侧支撑板之间的焊缝,裂纹形成后向上呈脆性扩展,穿过侧支撑板,通过厚25 mm的外罩板和侧支撑板之间的焊缝,长达20 cm多,断口上有“人”字花样,逆指向裂纹源。仔细检查裂纹源处焊缝,发现有未熔合,焊缝热影响区有表面裂纹等缺陷。材质检查表明钢的化学成分符合 ASTM A212 B 级。对外罩板和侧支撑板进行的缺口冲击试验测出 21 J 脆性转变温度分别为 −7 ~ −5 ℃ 和 −1 ~ 5 ℃,外罩板零延性转变温度 NDT = 5 ~ 10 ℃。因此得出结论认为断裂起始于焊接缺陷,属于低温脆性断裂,其原因为钢材脆性转变温度太高,结构工作温度低于钢材脆性转变温度。根据技术规范,对钢材韧性的要求,21J 脆性转变温度为 −46 ℃ 的钢材才适合该结构用钢要求,因此,应更换材料。另外,为减少焊接缺陷,应改善焊接工艺和检验方法。

3.5　疲劳断裂失效

3.5.1　概　　述

循环载荷作用下，经一定循环周次后发生的断裂称为疲劳断裂。疲劳断裂是机械产品最常见的失效形式之一。各种机器中，因疲劳造成失效的零件占失效零件总数的60% ~ 70% 以上。按引起疲劳失效的应力特点，可将疲劳分为机械应力引起的机械疲劳和热应力引起的热疲劳。前者又可分为高周疲劳和低周疲劳，依据载荷性质它们又可进一步分为拉 - 压疲劳、扭转疲劳以及弯曲疲劳等。热疲劳是指零件在交变温度场中，因热膨胀不均匀，或者热膨胀受到约束而引起热应力，在这种热应力的循环作用下产生的疲劳失效。这里应指出的是热疲劳与在高温条件下由交变的机械应力引起的疲劳失效不同，后者称为高温疲劳。

疲劳断裂失效原则上也属于低应力脆断失效，断裂时的应力水平低于材料的抗拉强度 σ_b，在很多情况下低于材料的屈服强度 σ_s。零件（或试件）在交变应力作用下，经过裂纹形成，裂纹亚临界扩展，当裂纹扩展至临界尺寸时，失稳扩展（表现为突发性断裂），所以疲劳断裂是事先没有预兆的。疲劳断口上记录着上述断裂过程的全部信息，所以，疲劳断口宏观上很容易区别裂纹形成区（疲劳源）、裂纹扩展区和瞬断区，这将在断口分析中详述。

循环载荷作用下，试件（或零件）的疲劳性能可以用应力 - 寿命曲线或应变 - 寿命曲线描述。

3.5.2　疲劳失效行为特征

1. 疲劳曲线及修正

传统的疲劳试验方法是在对火车轴断裂的失效分析中创始的，采用对称循环疲劳试验，对一组相同状态的试样，各施以不同水平的循环载荷，将所施加的最大应力 σ_{max} 和对应的断裂周次 N_f，绘制成如图 3.4 所示的疲劳曲线，即 $S - N$ 曲线（S 代表应力，此处用 σ）。由图可见，当 σ 下降时，断裂前的循环周次不断增加，当 σ 降至 σ_r 时，循环无数次后构件也不发生疲劳断裂。称此应力 σ_r 为材料的疲劳极限。对旋转弯曲的轴类零件，此值表示为 σ_{-1}。

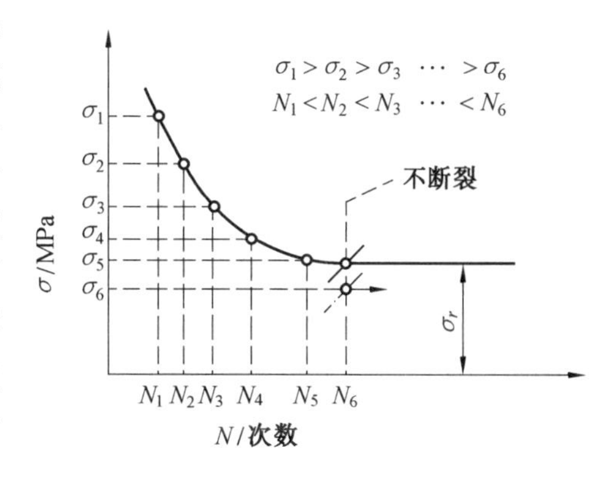

图 3.4　疲劳曲线

但对于部分有色金属（如铝合金）以及在高温或腐蚀介质中工作的黑色金属，其疲劳曲线没有水平段，一般规定循环次数 $N > (5 \times 10^7) \sim (5 \times 10^8)$ 次时的应力为“条件疲劳极限”。

在缺少材料的疲劳试验数据时,可由材料的拉伸强度极限做出近似的 $S-N$ 曲线。其方法为取 10^3 次循环的对称弯曲疲劳极限为 $0.9\sigma_b$,取 10^6 次循环作为 $S-N$ 曲线出现水平的转折点,其对称弯曲疲劳极限 σ_{-1} 为 $0.5\sigma_b$(锻钢)或 $0.4\sigma_b$(轧钢材、铸钢和铸铁),连接这两点即得出弯曲循环应力下的 $S-N$ 曲线。在拉压循环条件下,10^6 次循环时的疲劳极限取 $0.85\sigma_{-1}$,10^3 次循环时疲劳极限取 $0.75\sigma_b$。在扭转循环条件下,10^6 循环的疲劳极限取 $0.58\sigma_{-1}$,10^3 次循环的疲劳极限取 $0.9\tau_b$(钢材的 $\tau_b=0.8\sigma_b$,有色金属的 $\tau_b=0.7\sigma_b$),由此可得出估算的 $S-N$ 曲线。

根据大量实验结果,常用材料的疲劳极限与静强度之间有一定的近似关系,见表 3.1。

表 3.1　疲劳极限与静强度

材　料	变形形式	对称循环下疲劳极限	脉冲循环下疲劳极限
结构钢	弯曲	$\sigma_{-1}=0.27(\sigma_s+\sigma_b)$	$\sigma_0=1.33\sigma_{-1}$
	拉伸	$\sigma_{-1t}=0.23(\sigma_s+\sigma_b)$	$\sigma_{0t}=1.42\sigma_{-1t}$
	扭转	$\tau_{-1n}=0.15(\sigma_s+\sigma_b)$	$\tau_{0n}=1.50\tau_{-1n}$
铸铁	弯曲	$\sigma_{-1}=0.45\sigma_b$	$\sigma_0=1.33\sigma_{-1}$
	拉伸	$\sigma_{-1t}=0.40\sigma_b$	$\sigma_{0t}=1.42\sigma_{-1t}$
	扭转	$\tau_{-1n}=0.36\sigma_b$	$\tau_{0n}=1.50\tau_{-1n}$
铝合金	弯曲	$\sigma_{-1}=\sigma_{-1t}$	$\sigma_0=\sigma_{0t}$
	拉伸	$=0.167\sigma_b+75\text{MPa}$	$=1.50\sigma_{-1t}$
青铜	弯曲	$\sigma_{-1}=0.21\sigma_b$	

疲劳曲线的斜线部分,即有限寿命部分,称为过负荷持久值,该部分可用公式表示为

$$N_0=N_A(\sigma_A/\sigma_r)^{-K} \tag{3.13}$$

式中,N_0 为疲劳寿命;σ_A 为相应的应力水平幅值;N_A 为疲劳曲线转折点的疲劳寿命;σ_r 为疲劳极限;K 为疲劳曲线有限寿命部分的斜率。

疲劳极限是无限寿命设计的重要依据,而过负荷持久值则用于有限疲劳寿命的设计。多年来,对各种结构材料进行了大量疲劳试验,已积累了大量疲劳曲线的数据,如何将这些数据应用于工程实际设计或工程结构失效分析及安全评定,是我们面临的一个重要任务。这里需要注意的一个基本事实是这些疲劳曲线是在实验室条件下利用精心加工的试样在无害环境中得到的,在应力条件、环境条件和结构特征等方面与实际零件存在着很大差异。因此,将这些试验结果应用于实际设计时,必须对其进行一系列修正。

(1) 应力集中因素修正

由于工作条件或加工工艺的要求,零件常带有台阶、小孔、键槽等,使截面发生突然变化,从而引起局部的应力集中,这将显著地降低零件的疲劳极限,但是实验证明,疲劳极限降低的程度并不是与应力集中系数成正比的。为此,提出了疲劳条件下的应力集中系数 K_f,在弯曲或拉压条件下

$$K_f=\frac{\sigma_{-1}}{\sigma_{-1N}} \tag{3.14}$$

在扭转条件下

$$K_f=\frac{\tau_{-1}}{\tau_{-1N}} \tag{3.15}$$

式中，σ_{-1}，τ_{-1} 为弯曲、扭转时光滑试件对称循环的疲劳极限；σ_{-1N}，τ_{-1N} 为弯曲、扭转时缺口试件对称循环的疲劳极限。

这里 K_f 不仅与缺口锐度有关，而且还与材料性能有关。为评定材料的缺口敏感性，引入缺口敏感性系数 q，即

$$q = \frac{K_f - 1}{K_t - 1} \tag{3.16}$$

式中，K_t 为理论应力集中系数。

q 值与钢材强度关系如图3.5所示。

(2) 尺寸效应

材料的疲劳极限 σ_{-1} 值通常都是用小试样测定的，试样直径一般在 $\phi7 \sim \phi12$ mm 范围，而实际构件的截面往往大于此值。试验指出，随着试样直径的加大，疲劳极限下降。强度高的钢(合金钢) 比强度低的钢(低碳钢) 下降得更快。其原因在于试样表面拉应力相等时，对尺寸大的试样，则从表层到中心的应力梯度小，处于高应力区的体积大，在交变应力下，受到损伤的区域大，其中含缺陷的几率也大。根据链条薄弱环节先断的概念，大尺寸的疲劳极限也就降低了。

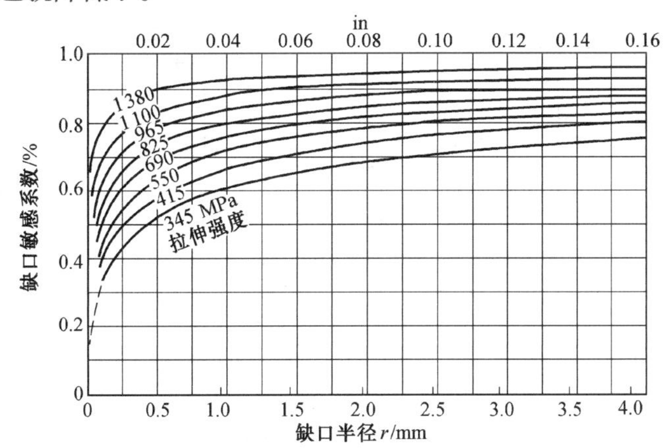

图3.5　材料拉伸强度极限和缺口曲率半径对疲劳缺口敏感度的影响

构件尺寸的影响用尺寸系数表示

$$\varepsilon_\sigma = \frac{\sigma_{-1\varepsilon}}{\sigma_{-1}} \tag{3.17}$$

$$\varepsilon_\tau = \frac{\tau_{-1\varepsilon}}{\tau_{-1}} \tag{3.18}$$

式中，$\sigma_{-1\varepsilon}$，$\tau_{-1\varepsilon}$ 为表示弯曲、扭转光滑的大尺寸试件的疲劳极限，它们分别小于标准试样的疲劳极限；ε_σ，ε_τ 为尺寸系数，均小于1，具体数值如图3.6所示。

(3) 构件表面状态的影响

构件表面的光洁度、机械加工的刀痕都会影响疲劳极限。表面损伤(刀痕、压痕记号、磨痕) 本身就是表面缺口，会产生应力集中，使疲劳极限下降。并且材料的强度越高，缺口敏感性越显著，表面加工质量对疲劳极限的影响就越大。用表面加工系数 β_1 表示表面状态对疲劳极限的影响，即

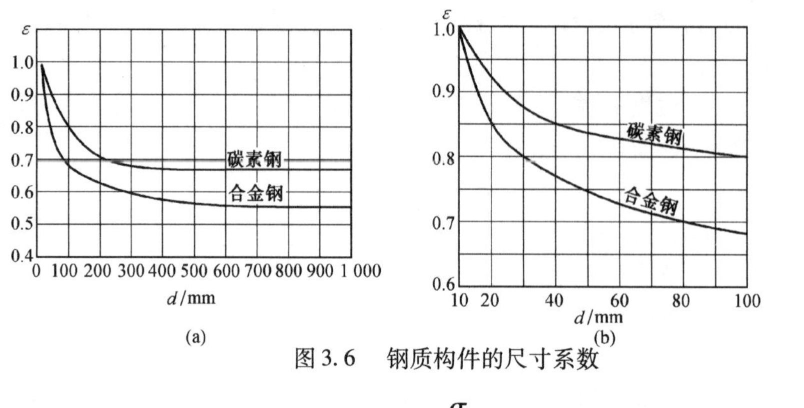

图 3.6　钢质构件的尺寸系数

$$\beta_1 = \frac{\sigma_{-1\beta}}{\sigma_{-1}} \tag{3.19}$$

式中，σ_{-1} 为经磨削加工的光滑试件的疲劳极限；$\sigma_{-1\beta}$ 为同一材料在不同表面加工条件下的疲劳极限。

β_1 的具体数值可按材料的强度 σ_b 和表面光洁度由图 3.7 查得。

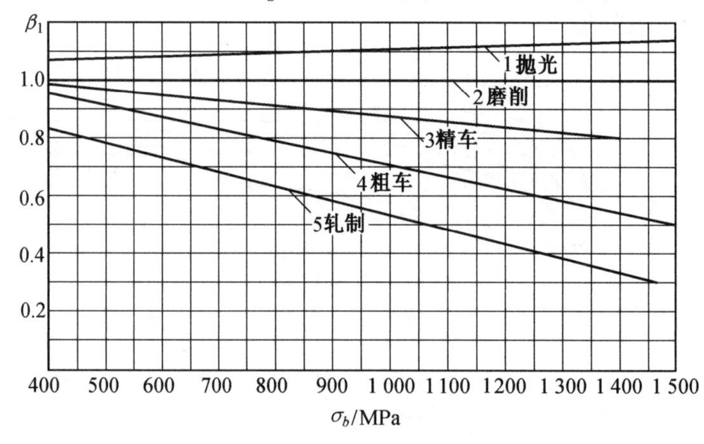

图 3.7　构件表面加工系数 β_1

(4) 环境介质的影响

金属构件在腐蚀介质（如淡水或海水等）中工作时，因腐蚀而造成表面粗糙，促使其产生疲劳裂纹而降低构件的疲劳极限。腐蚀影响用表面腐蚀系数 β_2 表示，即

$$\beta_2 = \frac{\sigma_{-1C}}{\sigma_{-1}} \tag{3.20}$$

式中，σ_{-1} 为试件在干燥空气中的疲劳极限；σ_{-1C} 为同一材料在腐蚀介质中的疲劳极限。

β_2 是小于 1 的系数，可由图 3.8 查出。

(5) 表面强化的影响

由于金属表面是疲劳裂纹核心易于产生的地方，而且承受交变弯曲或交变扭转负荷的构件，表面处应力最大，因此采用表面强化处理就成为提高疲劳极限的有效途径。常用的表面处理方法有：表面冷作变形（喷丸、滚压、滚压抛光等）；表面热处理（表面渗碳、渗氮、氰化、表面高频或火焰淬火等）以及表面镀层和涂层等。

表面处理提高疲劳极限的原理在于，表面强化后不仅直接提高了表面层的强度，从而

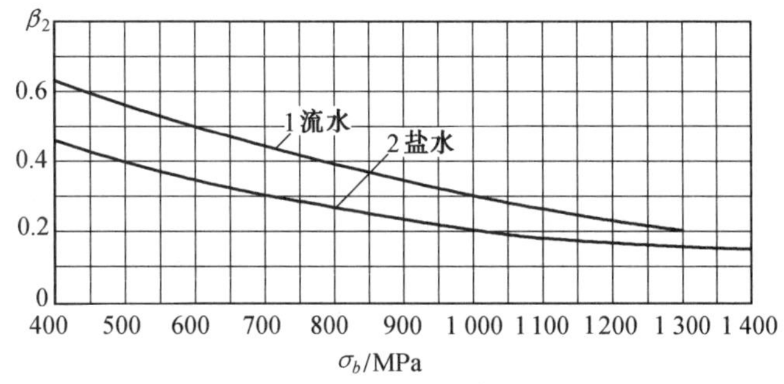

图 3.8　构件的表面腐蚀系数 β_2

提高了表面层的疲劳极限，而且由于强化层的存在，改变了表面的内应力分布，使表面层产生残余压应力，这样就降低了表面拉应力，使疲劳裂纹不易产生或扩展。

在工程计算中，表面强化的影响用表面强化系数 β_3 来表示。详见表 3.2。

表 3.2　表面强化系数 β_3

强化方法	心部强度 $\frac{\sigma_b}{MPa}$	β_3		
		光滑试件	有应力集中的试件	
			$K_\sigma \leqslant 1.5$ 时	$K_\sigma \geqslant 1.8 \sim 2$ 时
高频淬火	600 ~ 800	1.5 ~ 1.7	1.6 ~ 1.7	2.4 ~ 2.8
	800 ~ 1 000	1.3 ~ 1.55	1.4 ~ 1.5	2.1 ~ 2.4
氮化	900 ~ 1200	1.1 ~ 1.25	1.5 ~ 1.7	1.7 ~ 2.1
渗碳	400 ~ 600	1.8 ~ 2.0	3.0	3.5
	700 ~ 800	1.4 ~ 1.5	2.3	2.7
	1 000 ~ 1 200	1.2 ~ 1.3	2.0	2.3
喷丸	600 ~ 1 500	1.1 ~ 1.25	1.5 ~ 1.6	1.7 ~ 2.1
滚压	600 ~ 1 500	1.1 ~ 1.3	1.3 ~ 1.5	1.6 ~ 2.0

注：① 高频淬火的数据是由直径 10 ~ 20 mm、硬层厚度为(0.06 ~ 0.20)d 的试件实验求得；对大尺寸试件，强化系数的值有所降低。
② 氮化层厚度为 0.01d 时用小值；为(0.03 ~ 0.04)d 时用大值。
③ 喷丸强化的数据是由厚度为 8 ~ 40 mm 的试件求得，喷丸速度很低时用小值；速度高时用大值。
④ 滚压强化的数值是由直径为 17 ~ 130 mm 的试件求得。

上述表面加工系数 β_1、表面腐蚀系数 β_2 和表面强化系数 β_3 总称为表面状态系数，以 β 表示。在计算中，应根据具体情况按主要的因素选取相应的 β 值。例如，若零件仅经过切削加工，则 $\beta=\beta_1$；若构件又经过强化，则 $\beta=\beta_3$；若构件在腐蚀介质中工作，则 $\beta=\beta_2$，不必将各 β 相乘。

标准试样的疲劳极限经过上述应力集中系数、尺寸系数和表面状态系数等修正后，可得构件的疲劳极限，作为疲劳设计参量。

许多零件是以无限寿命($N_f > 10^7$) 进行设计的，因此对早期失效零件首先应核算其强度设计。假如不是设计上的问题，就应在材料质量上、工艺上或使用维护上找原因。

2. 应变 - 寿命曲线

前述的应力 - 寿命曲线是在控制应力条件下得到的，它可以很好地描述材料在低应力、长寿命条件下的疲劳行为，它所提供的疲劳极限和过负荷持久值可作为长寿命条件下零件或结构疲劳设计的依据。但工程上常有下列情况，构件存在缺口、圆孔、拐角等，其受到周期载荷后，虽然整体上尚处于弹性变形范围，但在应力集中部位的材料已进入塑性变形状态。这时，控制材料疲劳行为已不再是名义应力，而是局部的循环塑性应变。此外，对于一些受较高应力水平的结构，如高压容器，其设计寿命较短，这种情况下，也是结构上应力集中部位材料的循环塑性应变对结构的疲劳寿命起决定作用。上述这些循环塑性应变控制下的疲劳称为应变疲劳或低周疲劳。对材料低周疲劳行为的研究，采用控制应变条件的疲劳试验，对试验结果的描述则借助于应变 - 寿命曲线。

图 3.9 为用双对数坐标表示的循环应变 - 寿命曲线示意图，其中 N 和 $2N$ 分别为到破坏时的循环次数（寿命）和载荷变向次数。总应变幅 $\Delta\varepsilon_T/2$ 可以分解为弹性应变幅 $\Delta\varepsilon_e/2$ 和塑性应变幅 $\Delta\varepsilon_p/2$，即

$$\Delta\varepsilon_T/2 = \Delta\varepsilon_e/2 + \Delta\varepsilon_p/2 \tag{3.21}$$

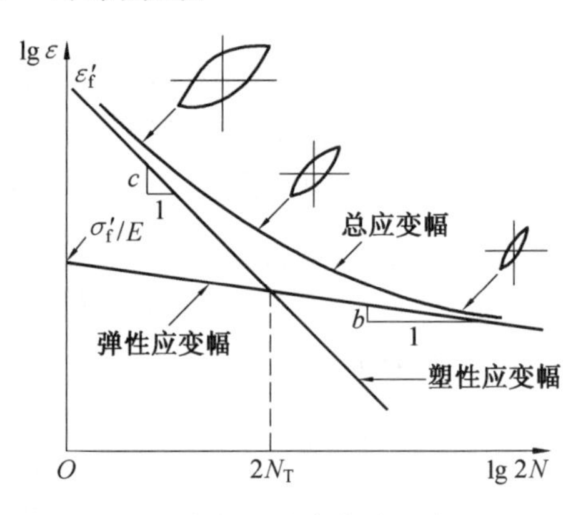

图 3.9　应变 - 寿命曲线示意图

Manson 等证明，$\Delta\varepsilon_e/2$ 和 $\Delta\varepsilon_p/2$ 与循环寿命的关系近似为直线关系，因比，应变 - 寿命曲线的方程，可表示为 $\Delta\varepsilon_e/2$ 和 $\Delta\varepsilon_p/2$ 与寿命的关系之和，即

$$\Delta\varepsilon_T/2 = \Delta\varepsilon_e/2 + \Delta\varepsilon_p/2 = \frac{\sigma'_f}{E}(2N)^b + \varepsilon_f(2N)^c \tag{3.22}$$

式中，E 为弹性模量；σ'_f 为疲劳强度系数，其值为 $2N = 1$（一个载荷循环）时应力轴上的截距，可用 σ_f 近似，即 $\sigma'_f \approx \sigma_f$（单轴拉伸时的断裂强度）；$b$ 为疲劳强度指数，$b = -n'/(1 + 5n')$，其中 n' 为循环硬化指数；ε_f 为疲劳塑性系数，其值为 $2N = 1$（一个载荷循环）时；应变轴上的截距；$\varepsilon'_f = (0.35 \sim 1.0)\varepsilon_f$（$\varepsilon_f$ 为单轴拉伸断裂真应变），作为一级近似，可取 $\varepsilon'_f = \varepsilon_f$；$c$ 为疲劳塑性指数，可由 $c = -1/(1 + 5n')$ 估计，一般情况下，$c = -0.5 \sim -0.7$。

图 3.9 中，弹性应变幅和塑性应变幅与疲劳寿命关系的两直线相交于一点，该点对应的寿命为 $2N_T$，称为过渡疲劳寿命。其含义为此时弹性应变幅与塑性应变幅相等，可以理解为二者对疲劳的贡献相等。以 $2N_T$ 为界，左侧 $2N < 2N_T$ 为低周疲劳，其特点为塑性应变幅对疲劳损伤的贡献大于弹性应变幅。反之，交点右侧，$2N > 2N_T$ 为高周疲劳，其特点为弹性应变幅对疲劳损伤的贡献比塑性应变幅大。因此，可以通过提高材料强度的方法改善材料抗高周疲劳性能；同样地，可以通过改善材料塑性的方法提高低周疲劳抗力。

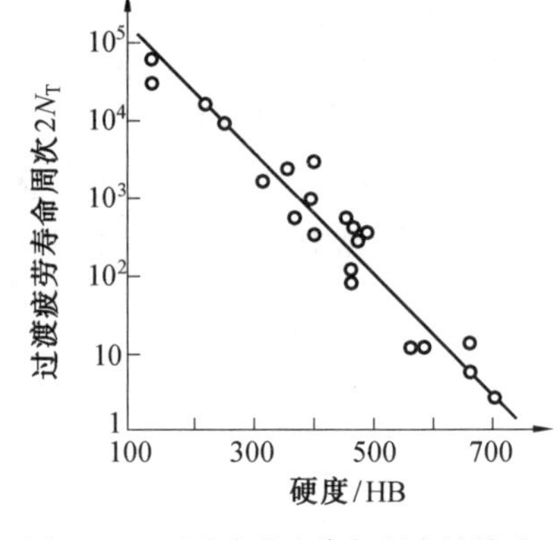

图 3.10　过渡疲劳寿命与硬度的关系

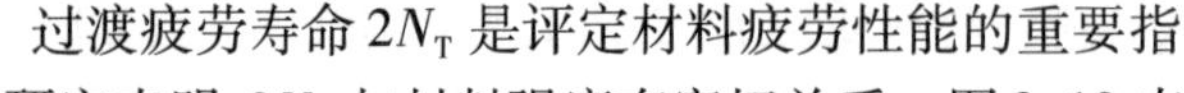
过渡疲劳寿命 $2N_T$ 是评定材料疲劳性能的重要指标，研究表明，$2N_T$ 与材料强度有密切关系。图 3.10 表明 $2N_T$ 与硬度 HB 之间的关系。在硬度很高时，$2N_T$ 很低，只有几百甚至数十周次，这意味着，对高强度状态的材料，即使寿

命并不很长，也可能已具有高周疲劳的性质，反之，对于中低强度(硬度)材料，$2N_T$ 可达 $10^4 \sim 10^5$ 周次，多数调质状态的钢材就是这种情况，因此，只有疲劳寿命很长，使 $2N_f > 2N_T$ 时，才属于高周疲劳。可见过渡疲劳寿命 $2N_T$ 提供了科学区分高周疲劳与低周疲劳的依据。

3. 含裂纹构件的疲劳行为特征

应力－寿命曲线和应变－寿命曲线都是在材料中不含缺陷和裂纹情况下对材料疲劳行为的描述。实际工程中的零件往往存在不同形式的缺陷或裂纹，它们在实际工作过程中起到裂纹源的作用，裂纹可以在很有限的循环次数后形成甚至直接进入裂纹扩展阶段。在这些情况下，裂纹扩展寿命几乎占据了全部疲劳寿命。焊缝中的焊接缺陷及带裂纹工作的零件的疲劳行为即属此类。对此类问题的分析，断裂力学提供了现成的理论基础。下面就裂纹扩展规律、裂纹扩展寿命预测及损伤容限等问题作简要介绍。

(1) 裂纹扩展速率

光滑试件疲劳断裂过程包括三个阶段：裂纹形成、裂纹扩展和瞬态断裂。断裂力学认为裂纹运动规律决定于裂纹应力强度因子，在疲劳条件下，裂纹扩展行为决定于裂纹应力强度因子幅度。疲劳裂纹扩展阶段的主要行为特征为裂纹扩展，即裂纹尺寸随循环次数增加而增大。裂纹扩展的规律可用裂纹扩展速率 da/dN 与应力强度因子幅度 ΔK 的关系描述。图3.11即为裂纹扩展的特征曲线。可见，疲劳裂纹扩展曲线分为三个阶段。

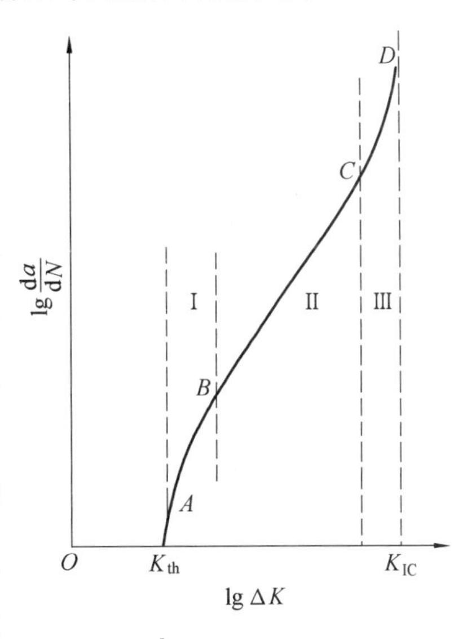

图3.11 $\frac{da}{dN}-\Delta K$ 关系曲线示意图

在第Ⅰ阶段，随 ΔK 增加，da/dN 快速增加，代表裂纹扩展初期的行为特征。该阶段上，当 $\Delta K < \Delta K_{th}$ 时，$da/dN = 0$，即裂纹不扩展。ΔK_{th} 称为疲劳裂纹扩展的门槛值。当 $\Delta K > \Delta K_{th}$ 时，da/dN 增大很快，此时，$da/dN \approx 10^{-7} \sim 10^{-6}$ mm/次，在转折点 B 时，相当于 $da/dN \approx 10^{-5} \sim 10^{-4}$ mm/次，B 点的位置对环境影响不敏感，决定于平均应力。

在第Ⅱ阶段，疲劳裂纹扩展规律可用 Paris 公式描述，即

$$da/dN = c(\Delta K)^n \tag{3.23}$$

式中，ΔK 为应力强度因子幅度，$\Delta K = K_{max} - K_{min}$；$c$，$n$ 为材料常数。

该区的裂纹扩展速率是估算裂纹件剩余寿命的依据。C 点为加速转折点，C 点以后的寿命很短，可忽略不计。

考虑到平均应力对 da/dN 的影响，Forman 对 Paris 公式进行了修正

$$da/dN = \frac{c(\Delta K)^n}{(1-r)K_c - \Delta K} \tag{3.24}$$

式中，r 为应力比，$r = \frac{\sigma_{min}}{\sigma_{max}} = \frac{K_{min}}{\sigma_{max}}$；$K_c$ 为材料的断裂韧性。

以上公式只适用于低应力条件下的高周疲劳(应力疲劳)，而对高应力条件下的低周疲劳(应变疲劳)的裂纹扩展速率有与 Paris 公式相类似的表达式

$$\frac{\mathrm{d}a}{\mathrm{d}N}=cJ^{r} \tag{3.25}$$

式中,c,r 均为材料常数,在1 ~ 2之间;J 为J积分值。

在实际失效分析中,Paris公式应用较多,但具体参数测试比较麻烦。在缺乏具体参数的情况下可采用下列公式近似。Barsom将钢材分为三种类型,总结归纳了大量疲劳裂纹扩展数据,根据试验数据分散带的上限值提出了 $\mathrm{d}a/\mathrm{d}N$ 的保守方程:

采用非法定计量单位(a/m;ΔK/(kgf · mm$^{-3/2}$))时:

$$\left.\begin{array}{ll}\text{对于马氏体钢} & \mathrm{d}a/\mathrm{d}N=1.0\times10^{-8}(\Delta K)^{2.25}\\ \text{对于铁素体 - 珠光体钢} & \mathrm{d}a/\mathrm{d}N=2.1\times10^{-10}(\Delta K)^{3.0}\\ \text{对于奥氏体钢} & \mathrm{d}a/\mathrm{d}N=1.3\times10^{-10}(\Delta K)^{3.25}\end{array}\right\} \tag{3.26}$$

采用法定计量单位((a/m;ΔK/(MPa · m$^{1/2}$))时:

$$\left.\begin{array}{ll}\text{马氏体钢} & \mathrm{d}a/\mathrm{d}N=1.35\times10^{-10}(\Delta K)^{2.25}\\ \text{铁素体 - 珠光体钢} & \mathrm{d}a/\mathrm{d}N=6.9\times10^{-12}(\Delta K)^{3.0}\\ \text{奥氏体钢} & \mathrm{d}a/\mathrm{d}N=5.6\times10^{-12}(\Delta K)^{3.25}\end{array}\right\} \tag{3.27}$$

表3.3为几种常用金属材料的疲劳裂纹扩展参数。

表3.3 常用金属材料的疲劳裂纹扩展参数

材料	试样尺寸		强度水平		试验应力		试验结果		热处理
	宽度/mm	厚度/mm	σ_s/(kg · mm^{-2})	σ_b/(kg · mm^{-2})	σ_{min}/(kg · mm^{-2})	σ_{max}/(kg · mm^{-2})	n	c	
S15C	100	4	19.7	36.8	2	10	5.05	1.01×10^{-13}	退火
S15C	100	4	19.7	36.8	2	14	4.65	4.4×10^{-13}	退火
S15C	100	4	18.6	36.4	2	12	4.45	3.6×10^{-13}	退火
SS41	150	10	26.0	47.0	1	15	3.3	5.8×10^{-11}	轧态
S38C	150	10	39.1	63.6	0	16	2.45	2.8×10^{-9}	退火
STY - N	73.5	8	41.4	87.6	2	21.4	4.00	5.2×10^{-12}	轧态
STY - R	73.4	8	41.4	87.6	2	22.7	4.05	2.5×10^{12}	退火
STY - N	73.5	8	42.6	92.8	2	25.4	2.45	2.6×10^{-9}	退火
STY - N	73.4	8	42.6	92.8	2	20.2	2.45	3.7×10^{-9}	退火
Ni - Cr - Mo钢	100	5	77.7	92.6	2	14	3.13	11.5×10^{-11}	淬火 + 回火
HT80	150	10	81.7	85.5	0	16	2.13	1.38×10^{-8}	轧态
Cr - Mo钢	100	5	85.9	101.4	2	14	3.0	2.15×10^{-10}	淬火 + 回火
Cr - Mo - V钢	100	5	97.8	127.8	2	14	2.70	6.3×10^{-9}	淬火 + 回火
SNCM8	100	4	77.9	88.0	2	14	2.55	1.75×10^{-9}	淬火 + 回火
SNCM8	100	4	77.9	88.0	2	12	2.50	1.00×10^{-9}	淬火 + 回火
Ni - Mo - V钢	100	5	80.4	97.6	2	14	2.58	1.1×10^{-9}	淬火 + 回火
13Cr钢	100	5	60.4	77.9	2	14	2.30	4.1×10^{-9}	淬火 + 回火
9% Ni钢	150	8.6	68.8	74.5	1.2	16	1.83	3.6×10^{-8}	淬火 + 回火
SUS 30_4	95	9	22.0	61.0	1.8	17.7	3.45	4.0×10^{-9}	固溶处理
9% Ni钢	150	8.6	68.8	74.5	1.2	12	1.93	2.48×10^{-8}	淬火 + 回火
9% Ni钢	150	8.6	68.8	74.5	1.2	8	2.18	6.0×10^{-9}	淬火 + 回火

由表中数据可见,Paris公式中的n值变化不大,对于多数钢材$n=2\sim7$。n值的大小与材料的屈服强度和形变强化指数有关。

(2) 疲劳裂纹扩展寿命的估算

由疲劳裂纹扩展速率$da/dN=c(\Delta K)^n$可求得疲劳裂纹扩展寿命

$$N=\int_{N_0}^{N_T}dN=\int_{a_0}^{a_c}\frac{da}{c(\Delta K)^n}$$

可见如果预先知道了起始裂纹尺寸a_0、临界裂纹尺寸a_c和零件裂纹应力强度因子表达式$K=Y\sigma\sqrt{a}$,则疲劳裂纹扩展寿命N可知。

① 初始裂纹尺寸a_0的确定可遵循下列原则。

a. 用探伤手段测出的最大缺陷尺寸可以作为a_0。

b. 用探伤手段测不出缺陷时,则取该探伤手段的灵敏度作为初始裂纹尺寸a_0,对超声波探伤而言一般可取为2 mm。

因a_0值对N值影响较大,故在确定a_0时应特别小心。

② 临界裂纹尺寸a_c的确定可根据常规力学设计和断裂力学设计的原则。

a. 当净截面上$\sigma=\sigma_b$时,零件则破坏。所以达到a_c时,净截面应力$\sigma=\sigma_b$。但是在疲劳条件下,按静载计算的净截面应力σ要乘以动载系数(一般为1.15)来进行修正,然后再利用$\sigma=\sigma_b$的关系式来求a_c。

b. 当裂纹尖端的K_I等于K_{IC}(平面应变)或K_C(平面应力)时,零件失效,故利用$K_I=K_{IC}$(或K_C)的条件来确定。同样,加载速率对K_{IC}的影响,可应用加速速率影响系数来修正K_{IC}而获得疲劳条件下$K_{IC疲劳}$值。如无适当的加载速率影响系数参考,可粗略借用1.15的动荷系数值,即$K_{IC疲劳}=\frac{K_{IC}}{1.15}$。

确定了a_0、a_c,利用式(3.23)或式(3.24),选用合适的应力强度因子幅度表达式$\Delta K=Y\cdot\Delta\sigma\sqrt{\pi a}$,积分

$$N=\int_{a_0}^{a_c}\frac{da}{c(\Delta K)^n} \tag{3.28}$$

则常幅应力σ下的寿命N可以求出。

(3) 寿命估算举例(压力容器寿命估算)

零件疲劳寿命估算的重要工作是确定ΔK,当容器有贯穿裂纹时,应力强度因子表达式为

$$\Delta K=\Delta\sigma M\sqrt{\pi a},\quad M=(1+1.61\frac{a^2}{rt}) \tag{3.29}$$

式中,$\Delta\sigma$为应力振幅;r为容器中面半径;t为壁厚;a为裂纹半长度;M为筒状壳的鼓胀系数,在贯穿裂纹和深表面裂纹时都必须考虑此系数。

因此,疲劳寿命N为

$$N=\int_{a_0}^{a_c}\frac{da}{c(\Delta K)^n}=\frac{2}{(n-2)cH^n}\left[\left(\frac{1}{a_0}^{\frac{n-2}{n}}\right)-\left(\frac{1}{a_c}^{\frac{n-2}{n}}\right)\right]\quad(n\neq2) \tag{3.30}$$

或

$$N=\frac{1}{cH^2}\ln\frac{a_c}{a_0}\quad(n=2)$$

$$H = \Delta\sigma M\sqrt{\pi}$$

式中，a_c 为初始裂纹半长度；a_0 为临界裂纹半长度，当采用断裂前渗漏原则时，$a_c = t$，一般情况下，可由下式求得

$$a_c = \frac{\pi E\delta_c}{8\delta_s} \times \frac{1}{\ln\sec\dfrac{\pi\sigma M}{2\sigma_s}} \tag{3.31}$$

式中，δ_c 为材料的临界裂纹张开位移。

（4）损伤容限设计

损伤容限设计是按照断裂控制的要求进行设计，它允许零件和结构在服役过程中出现裂纹，发生破损，但在下次检修前要保持一定的剩余强度，能继续正常使用，在下次检修时裂纹能够被发现，因此必须在结构上采取安全措施，并有一定的检修制度，以确保其安全。也就是说，对结构件必须采取措施进行断裂控制。

① 合理选材。既要考虑静强度又要考虑疲劳特性，要求材料：一是屈服强度 σ_s 和强度极限 σ_b 高；二是 K_{IC} 高，$(K_{IC}/\sigma_s)^2$ 称之为材料的裂纹长度参数；三是 da/dN 小，即 $da/dN = c(\Delta K)^n$，式中的 c、n 要小。

② 结构合理布局。损伤容限设计要求采用破损安全结构，具体的可采用如下方法：

a. 多通道受载结构，当有一结构断裂，完全丧失承载能力时，仍有其他构件来承受此载荷。

b. 采取止裂措施：一是止裂孔或止裂缝，即在裂纹预期扩展的途径上钻一小孔或设一止裂缝，当裂纹扩展到此处时，或停止扩展或扩展减速；二是止裂件，即在裂纹扩展途径上设置加强件；三是多重受力件，即一个构件由几个元件组成，使裂纹不能从一个元件扩展到另一个上去。

c. 采用断裂前自动报警的安全措施，例如，压力容器断裂前渗漏报警等。

③ 制订合理的检验程序。主要指合理的裂纹长度检测和检验周期。主要机件必须容易检测。当要求的 a_0 小于检测灵敏度时，则要改变材料或降低应力水平。对于单载荷通道设计，则要求有大的 a_0，以便易于现场检测发现。要求裂纹扩展周期（裂纹从 a_0 扩展到 a_c 的应力循环次数）大于或等于 2 倍的检修周期，即保证在破损前有两次检修机会。

4. 热疲劳

锅炉、蒸汽和燃气轮机中的某些部件（如涡轮盘、叶片）及热作模具、轧辊等，是在反复加热和冷却（温度循环）条件下工作的。温度循环变化导致材料体积循环变化。当材料的自由膨胀或收缩受到约束时，产生循环热应力或循环热应变。在这种应力或应变作用下，或者它们与机械应力的联合作用下导致疲劳裂纹形成与扩展，最后引起零部件疲劳失效的现象称为热疲劳。热疲劳失效也是塑性变形累积的结果，属低周疲劳范畴，但热疲劳过程比机械疲劳复杂些。首先，由于温度交变作用，除产生热应力外，还导致材料内部组织变化，使强度和塑性降低。其次，热疲劳条件下的温度分布是不均匀的，在温度梯度大的地方，塑性变形严重，热应变集中较大。

热疲劳裂纹从表面开始向内部扩展，方向与表面垂直。由于裂纹从表面开始，所以裂纹表面上的氧化或腐蚀严重，裂纹呈锲形，腐蚀产物充塞其中，图 3.12 为某锅炉水冷壁热疲劳裂纹的典型形貌。图 3.12(a) 为鳍片管焊缝表面热疲劳裂纹显微特征，为两端粗钝

的穿晶裂纹。这种裂纹，如果在很高的温度下，还会发生由穿晶断裂向沿晶断裂的转变。在多条热疲劳裂纹中，其中之一逐渐发展成主裂纹时，其附近的其他裂纹因热应力松弛而停止扩展。图3.12(b)为热疲劳裂纹截面形态。

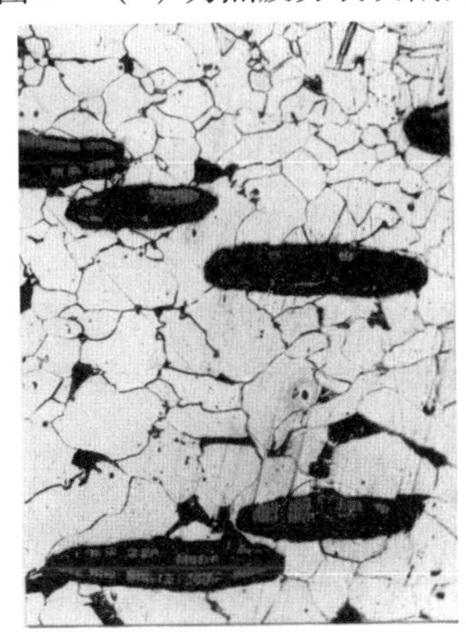
(a) 表面裂纹显微特征(200×)

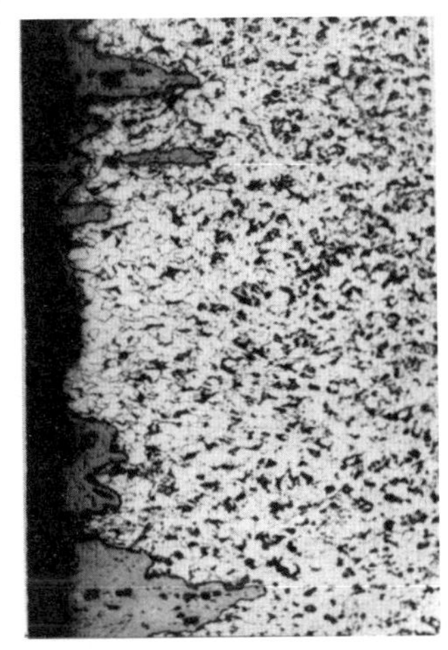
(b) 裂纹截面形貌(100×)

图3.12　CrMo钢锅炉管的热疲劳裂纹

产生热疲劳失效的原因可归纳为下列几点：① 零件热膨胀受到约束作用；② 同一零件内部存在温度梯度；③ 两组装件之间存在温差；④ 线膨胀系数不同的材料相组合或连接。

3.5.3　疲劳失效的判断

对于实际零件的疲劳失效分析，首先要进行失效形式诊断，确定失效属于疲劳失效还是其他形式的失效。在已确定为疲劳失效的情况下，再进一步确定属高周、低周抑或是热疲劳失效。

由前面对疲劳行为特征的讨论可以看出，疲劳失效与其他失效形式的重要区别在于，疲劳失效是在交变载荷作用下，经一定时间运行后发生的突发性断裂；宏观疲劳断口上可明显的区分为光滑平坦的裂纹扩展区和较粗糙的瞬断区，一般情况下在裂纹扩展区还很容易观察到贝纹线特征，又称海滩花样，并常可观察到裂纹源；在电镜下观察，断口上可观察到条纹特征。但是高强度钢，尤其超高强度钢的疲劳断裂很容易与其低应力脆断（超高强度材料的裂纹或缺口敏感性）相混淆。在这种情况下，宏观断口特征便成为区分二者的重要依据，在低应力脆断断口上不会出现裂纹扩展区和瞬断区等疲劳特征。

在确定为疲劳失效之后，尚需进一步确定该疲劳失效属于哪一种性质的疲劳。按照疲劳过程的性质，可将其分为高周和低周疲劳两类。热疲劳实质上属热应力引起的低周疲劳。

关于疲劳性质的确定，前面谈到的过渡疲劳寿命与材料硬度（强度）的关系（图3.10）可作为判断疲劳属于高周疲劳或者低周疲劳的重要依据。对于一个具体的失效零件，可根据断口附近的硬度值大致估计该材料的过渡疲劳寿命，如果实际零件的疲劳寿命大于过渡疲劳寿命，则该零件属高周疲劳失效。反之，若零件疲劳寿命小于过渡疲劳寿命，则属低周疲劳。至于机械应力引起的低周疲劳与热应力引起低周疲劳（即热疲劳）

之间的区别，则可根据工作环境，裂纹和断口形态及腐蚀产物等判断。

3.5.4　疲劳失效诊断实例

例 1　弹簧疲劳失效

某舰炮输弹弹簧是自动输弹机构的重要零件，在靶场试验时，早期断裂严重。该弹簧是由65Si2MnWA钢，ϕ 8.5 mm钢丝绕制的螺旋弹簧，长789 mm，中径94.5 mm，经850 ℃箱式炉加热，260 ℃硝盐等温淬火及回火处理。载荷13 m/s时，发射500发炮弹后开始断裂。断裂主要发生于端环，裂纹由端环平面上的钢印压痕处开始，断头约45 mm。

该弹簧断裂发生于一定循环次数后，检查断口有明显的疲劳特征，疲劳源位于钢印压痕周围，疲劳区平坦，呈半椭圆形，据此判断弹簧断裂属疲劳失效。测得钢印压痕深为0.128 mm，疲劳裂纹失稳扩展时的临界尺寸为 $a_c = 0.321$ mm。

该弹簧材料处于超高强度状态，硬度55 ~ 58 HRC，强度水平在1 800 MPa以上，将断口截面简化为矩形截面后可作为有限板表面裂纹问题处理，经自由表面影响修正后，其应力强度因子表达式为

$$K_I = 1.115\sigma\sqrt{\pi a} \tag{3.32}$$

裂纹顶端塑性区状态为

$$R_P = K_I^2/\pi\sigma_s^2 \tag{3.33}$$

$$R_P/t \ll 0.1$$

式中，R_P 为裂纹顶端塑性区尺寸；t 为简化后的截面厚度。

由此可见，裂纹处于平面应变状态。考虑到高强度材料及重载和冲击等特点，裂纹形成所占疲劳寿命的比例很小，疲劳寿命主要表现为裂纹扩展寿命，按裂纹由钢印压痕直接扩展，由 $a_0 = 0.128$ mm，扩展至 $a_c = 0.321$ mm，裂纹扩展速率在 $4 \times 10^{-4} \sim 10^{-3}$ mm/r范围。对照图3.10，可判断弹簧过渡疲劳寿命不足100次循环，由此判断弹簧断裂属于高周疲劳失效。因此，对疲劳寿命的分析可依据高周疲劳理论进行。实际上，ϕ10 mm以下的弹簧钢丝的技术条件规定表面允许划伤或凹痕深度为0.02 mm，弹簧表面质量也应以此为验收条件。

3.5.5　提高疲劳抗力的措施

由前面对高周疲劳和低周疲劳行为特征和影响因素的讨论可知，要提高零件的疲劳抗力，主要从两方面因素入手：优化设计、合理选材和设法提高零件抗疲劳品质。

1. 优化设计、合理选材

合理的结构设计和工艺设计是赋予零件优良抗疲劳品质的关键步骤。机械零件不可避免地存在圆角、孔、键槽及螺纹等应力集中因素，在不影响使用性能的情况下，应尽力选择最佳结构，使截面圆滑过渡，避免或降低应力集中。对于螺纹紧固件，应正确选择螺纹组合（螺栓和螺帽的结构形状和垫圈性能等）。结构设计确定之后，所选用的加工工艺是决定零件应力集中情况、表面状态、纤维流向和残余应力等的决定性因素。经验表明，半径太小的圆角，键槽处的尖锐棱角，螺纹的退刀槽等都是疲劳裂纹起始的地方，这往往与刀具参数和工艺方法选择不当有关。例如，曾对某发动机疲劳断裂的50根曲轴的失效分析表明，80%以上的

断裂是由于多次修复后,轴径圆角半径小于3 mm(设计要求为6 mm)而造成的。

选择优良的抗疲劳品质的材料,也是决定零件具有优良疲劳抗力的重要因素。优良的设计必须要有优良的材质作保证。在选材方面除尽量提高材料纯度,细化晶粒及选择最佳的组织状态外,注意强度、塑性和韧性的合理配合也很重要。图3.13为不同强度和韧性的几种钢的疲劳曲线,图中数据表明,材料强度、塑性和韧性对疲劳强度的贡献是不同的。因此,对于一定结构形状的零件,应根据其工作条件的不同,确定强度、塑性和韧性的最佳配合,以充分发挥材料的性能潜力。

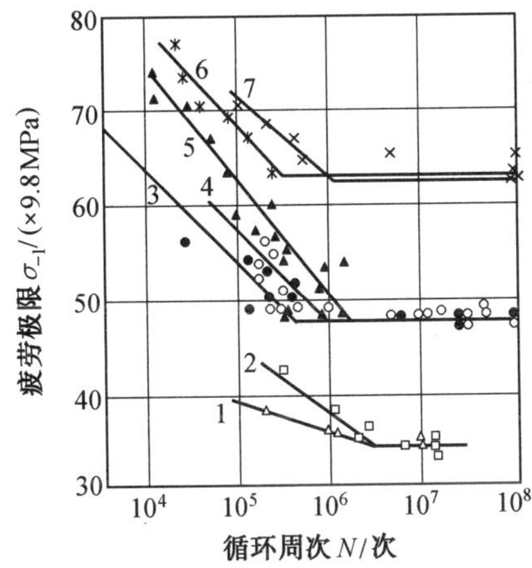

序号	标号	材　料	σ_b /(×9.8MPa)	a_K /(×10J·cm^{-2})
1	△	0.58%C钢	80.2	3.1
2	□	Cr－Mo钢	81.2	7.7
3	●	1.2%C钢	97.3	0.7
4	○	0.5%C钢	94.0	2.3
5	▲	Cr－Ni钢	97.5	12.5
6	*	1.2%C钢	126.3	0.6
7	×	3.5%Ni钢	121.3	7.0

图3.13　强度和韧性对疲劳极限的影响

2.改善和提高零件的抗疲劳品质

对于已经加工的成品零件,理论上讲,其抗疲劳能力就已经确定下来。但为了进一步提高零件的抗疲劳性能,发展了一系列后处理工艺,即表面强化工艺如表面感应热处理、化学热处理、喷丸和滚压强化等。实践表明,这些后处理工艺对提高零件抗疲劳性能的作用是非常显著的。例如喷丸强化可使55Si2弹簧钢的弯曲疲劳极限提高50%～60%。表面滚压强化可使15SiMn3WVA钢的疲劳极限提高80%以上,而对于不同组织的铸铁,则可提高110%～190%。这方面内容将在第八章详细讨论。

3.对于低周疲劳和热疲劳失效,改善材料塑性,可改善失效抗力

对承受热疲劳的零件,设法减少变形约束,减小零件的温度梯度,尽量选用热膨胀系数相近的材料进行焊接等,均可减小热疲劳损伤。

3.6　腐蚀失效

3.6.1　概　　述

金属材料受周围环境介质的化学或电化学作用而引起的损坏叫做金属的腐蚀失效。在高温和(或)环境介质的作用下,金属会和介质元素的原子发生化学或电化学反应生成金属氧化物、金属盐类及其他复杂化合物等,使许多金属被腐蚀掉。有关统计数字表明,世界上生产的钢铁约有20% ~40% 因腐蚀失效而报废。除直接经济损失外，腐蚀失效还经常诱发重大事故，导致间接的经济损失甚至人身伤亡。如由于零件或设备腐蚀而引起的停工停产，产品质量下降，大量有用物质（例如地下管道输送的油、水、气等）渗漏，环境污染，有时甚至造成火灾、爆炸等重大事故，这些总的损失比起金属本身的价值来要大得多。因此，必须采取措施，防止腐蚀的发生，以节约金属材料，并防止发生重大事故，这在国民经济和国防建设中具有重大的意义。

金属腐蚀失效类型有不同分类方法，常见的分类方法如下。

1. 金属的腐蚀

按金属与介质的作用性质来区分，可分为两大类：化学腐蚀和电化学腐蚀。

（1）化学腐蚀

化学腐蚀是金属表面与介质发生化学作用引起的，其特点是，在腐蚀过程中无电流产生。化学腐蚀又可分为两大类：

① 气体腐蚀。金属在干燥气体中发生的腐蚀，称为气体腐蚀。高温时，表现为氧化。

② 在非电解质溶液中的腐蚀。金属在不导电的液体中发生的腐蚀，例如金属在有机液体中的腐蚀。

（2）电化学腐蚀

在腐蚀过程中有电流产生的腐蚀叫电化学腐蚀。按照所接触的环境不同，可以把电化学腐蚀分成为四种：

① 大气腐蚀。在潮湿气体（如空气）中进行的腐蚀。

② 土壤腐蚀。埋设在地下的金属制品（如管道，电缆等）的腐蚀。

③ 电解质溶液中的腐蚀。天然水和大部分水溶液（如海水、酸、碱、盐的水溶液）对金属的腐蚀，这是非常普遍的一种腐蚀形式。

④ 熔融盐中的腐蚀。金属在熔融的盐中发生的腐蚀，如热处理用盐浴炉中金属电极的腐蚀。

2. 腐蚀破坏形式

按照腐蚀破坏形式也可把金属的腐蚀破坏分为两大类：均匀腐蚀和局部腐蚀。

（1）均匀腐蚀

均匀腐蚀即金属的腐蚀均匀地发生在整个金属表面上的一类腐蚀。

（2）局部腐蚀

局部腐蚀即金属的腐蚀仅局限于一定区域内的一类腐蚀。局部腐蚀一般又可分为如下几种类型。

① 斑点腐蚀。腐蚀像斑点一样分布在金属表面，占面积较大，但不很深的腐蚀形式。

② 脓疮腐蚀。金属腐蚀的部分较深较大的腐蚀形式。

③ 点腐蚀。金属某些地方被腐蚀，成为一些小而深的孔，严重时会发生穿孔的腐蚀形式。

④ 晶间腐蚀。腐蚀沿金属晶界进行的一种腐蚀形式，会导致金属机械性能的严重损失。

⑤ 缝隙腐蚀。在金属与金属、金属与非金属间的缝隙处发生的腐蚀。

⑥ 穿晶腐蚀。腐蚀破坏沿最大张应力发生的一种腐蚀形式。其特点是，腐蚀可以贯

穿晶粒本体。

⑦ 选择腐蚀。多元合金中某一组分，溶解到腐蚀介质中去，如黄铜的脱锌现象。局部腐蚀比均匀腐蚀危害性大得多。

3. 腐蚀程度的表示方法

对于不同的腐蚀形式，应用不同的参量表征。大体上可分两类：均匀腐蚀程度和局部腐蚀程度。

(1) 均匀腐蚀的腐蚀程度表征

它是用平均腐蚀速度来表示，腐蚀速度又可用如下不同方法来表示：

① 由重量的变化来评定。即根据具体情况可用重量的减少或增加来表示(即单位表面积上，单位时间内的重量变化量)，腐蚀速度的单位为 $g/(m^2 \cdot h)$。

② 由腐蚀深度来表示。上述方法的缺点是当金属密度不同时，它就不能正确说明腐蚀速度大小，因此用单位时间的腐蚀深度来表示腐蚀速度，其单位常用 *mm*/ 年。

(2) 局部腐蚀程度表征

由于此类腐蚀是局部的，所以它不能用上述方法来表示，而应根据情况用裂纹扩展速率($\mathrm{d}a/\mathrm{d}t$，$\mathrm{d}a/\mathrm{d}N$) 或材料性能降低程度来表示。

3.6.2　几种主要腐蚀失效类型的现象和特征

前面讲到金属腐蚀分为均匀腐蚀和局部腐蚀两大类。总的说来，均匀腐蚀危害性较小，而局部腐蚀是发生在金属的局部地方，预测和防止都比较困难，特别像应力腐蚀开裂那样的局部腐蚀形式，往往在没有什么预兆的情况下使设备或零件突然发生破裂，因此具有更大的危害性。三菱化工机械公司对十年中化工装置破坏事故的调查表明，均匀腐蚀破坏仅占 8.5%，应力腐蚀破坏占 45.6%，点蚀破坏占 21.6%，腐蚀疲劳占 8.5%，晶间腐蚀破坏占 4.9%，高温氧化破坏占 4.9%，氢脆破坏占 3.0%，由这些统计数字可见局部腐蚀的严重性。

1. 金属的局部腐蚀

局部腐蚀的类型很多，主要有：点腐蚀、缝隙腐蚀、晶间腐蚀、空穴腐蚀、选择腐蚀及应力腐蚀等，其中应力腐蚀将在后面介绍。

(1) 点腐蚀(以下简称点蚀)

金属大部分表面不发生腐蚀或只发生轻微的腐蚀，但局部地方出现腐蚀小孔，并向深处发展的现象称为点腐蚀，亦称孔蚀。

金属浸在溶液中或与潮湿环境(如输送油、水、气的钢管埋在地下，一些化工机械设备特别是不锈钢设备在氯离子的介质中) 接触时，常发生点蚀；金属暴露在大气中，若金属表面凝结有水滴或水膜，也可能发生点蚀。

点蚀是从表面氧化膜开始的，介质中的活性阴离子首先吸附在金属表面氧化膜的某些点上，并对膜产生破坏作用。被破坏的地方(阳极) 和未被破坏的地方(阴极) 形成钝化 - 活化电池(即局部电池)。由于阳极面积比阴极面积小得多，故阳极电流密度很大，很快就会腐蚀成小孔。同时当腐蚀电流流向小孔周围的阴极时，又使这一部分受到阴极保护，继续维持钝态。溶液中阴离子随电流流通，向小孔里迁移，在小孔内与金属正离子组成盐溶液，使小孔底表面保持活化状态，由于盐溶液的水解，使小孔内溶液的酸度增加，所以小孔进一步被腐蚀加深，如图 3. 14 所示。

许多研究工作指出，金属在介质中必须达到某一临界电位，即点蚀电位或击穿电位，才能发生点蚀。点蚀电位可通过测定阳极极化曲线来找到，如图 3. 15 所示。V_c 即为点蚀电位(或击穿电位)。当氯离子浓度增加时，点蚀电位 V_c 降低，而 pH 值和温度降低时，V_c 则提高。当在 NaCl 溶液中加入别种盐类如 Na_2SO_4、Na_2SO_3、$NaClO_4$ 等，不锈钢的点蚀电位提高。如加入量足够大时，点蚀电位可以升高到比其腐蚀电位还高，此时就不会发生点蚀了。

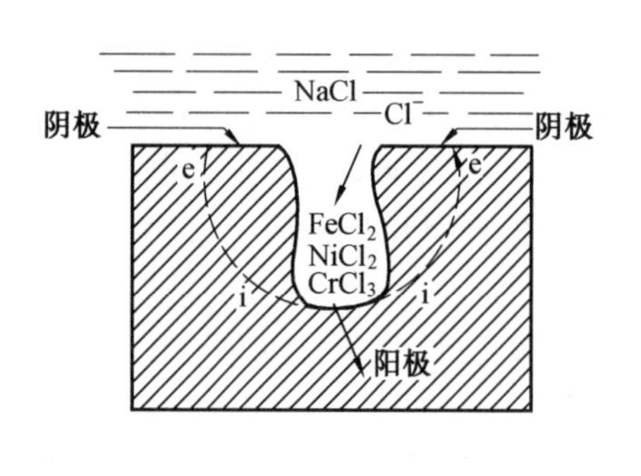

图 3. 14　不锈钢与氯化物溶液接触形成钝化活化电池发生点蚀

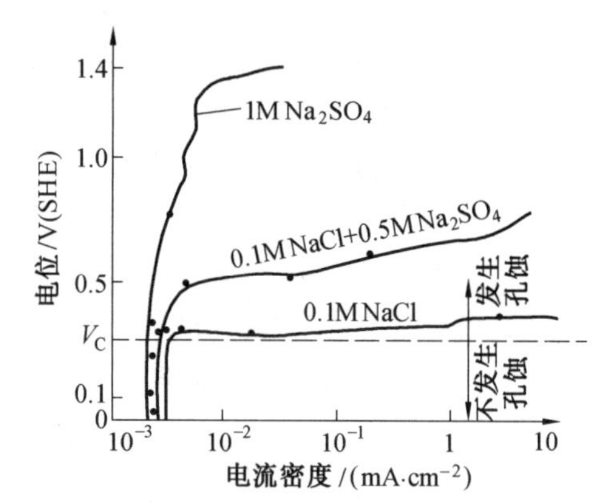

图 3. 15　18 – 8 不锈钢在不同介质中的阳极极化曲线

防止点蚀的方法有：

① 使金属电位低于临界点蚀电位的阴极保护法。

② 加缓蚀剂在含有氯化物的介质中加入别的阴离子(如 OH^- 或 NO_3^-) 作为缓蚀剂。

③ 尽可能使腐蚀体系维持在较低的温度。

④ 保证均匀的氧或氧化剂浓度，避免缝隙存在，将溶液加以搅拌、通气或循环。

⑤ 合适的合金化，提高金属的抗点蚀能力，如奥氏体不锈钢中添加一定的氮及钼，即可提高合金的耐蚀能力。

(2) 缝隙腐蚀

零部件的金属与金属或金属与非金属之间形成缝隙，且电解质可进入缝隙而在其中处于停滞状态，使缝隙内部腐蚀加剧的现象，称为缝隙腐蚀。这是钢铁零件在含有氯离子的介质(如海水) 中容易发生的一种腐蚀形式。对缝隙腐蚀形成的原因有两种解释：一种是认为缝隙内外的氧浓度差引起的；另一种则认为是缝隙内介质的阴极去极化剂(例如溶解氧)，由于进行腐蚀反应而很快地被消耗掉，但缝隙内的阳极反应却仍能依赖缝隙外的阴极反应而继续进行。结果，缝隙内溶液中的金属离子浓度增加，而缝隙外的氯离子又被腐蚀电流带进来，导致缝隙内金属盐溶液的浓度增加；金属盐的水解又导致酸度的增加(pH 值降低)，结果使在阳极表面生成的氢氧化物的溶解度增加，这又使缝隙内的金属总是处于活化状态。这样就发生一种自催化溶解过程，造成了缝隙腐蚀。

防止缝隙腐蚀的措施有：

① 设计时尽可能避免或减少缝隙。

② 在缝隙处加填料,塞进具有一定弹性、耐久性的填料,防止介质进入缝隙。

③ 采用抗缝隙腐蚀性能好的合金,如高 Ni、Cr、Mo 的特殊合金及钛合金。

④ 阴极保护。

(3) 晶间腐蚀

沿晶界或其附近发生的腐蚀称为晶间腐蚀。金属发生晶间腐蚀后,机械性能显著下降,往往造成灾难事故,危害极大。不锈钢、镍基合金、铝合金、镁合金等都存在晶间腐蚀倾向。晶间腐蚀主要是由于化学不均匀性引起的,因为晶界是原子排列较为疏松而紊乱的区域,在这个区域容易产生晶界吸附,富集杂质原子,也容易发生沉淀(叫做晶界沉淀)。这都造成了晶界区的化学不均匀性,如不锈钢的晶界腐蚀,就是由于碳化铬在晶界析出,使晶界贫铬而成为阳极(小阳极),而晶粒本身成为阴极(大阴极),组成局部电池,最后造成晶界腐蚀(晶间腐蚀)。

防止晶间腐蚀可采取如下措施:

① 减少夹杂及有害元素,如目前发展的超低碳不锈钢,就是尽量降低含碳量,消除其有害作用。

② 加入适当合金元素,以降低杂质和碳等有害元素的作用,如 18 - 8 不锈钢中加 Ti 和 Nb(加入量可按 TiC,NbC 当量计算)等,以形成稳定的 TiC、NbC,从而降低了碳的不利影响。

③ 固溶处理,将奥氏体不锈钢在 1 050 ~ 1 100 ℃ 加热,淬火,把已析出的碳化物重新溶入固溶体,可降低晶间腐蚀倾向。

④ 采用复相不锈钢,钢中含有 10% ~ 20% 的铁素体,铁素体主要沿奥氏体晶界形成,铁素体中含铬较高,同时复相钢的晶粒小,这些都降低钢的晶间腐蚀倾向。

(4) 接触腐蚀

一对相接触的异类金属(电位不等)浸入电解液中就成为一个原电池,电位较负的金属(阳极)就会受到电化学腐蚀,此称接触腐蚀,这种情况在实际机械设备,尤其是飞机、轮船等复杂的设备中是很普遍的。

防止接触腐蚀的措施主要有:在设计时不使具有不同电位的金属接触,即在满足使用性能要求的前提下,使电位相近的金属接触。其次是采用表面处理(例如钢零件镀锌,镀镉后可与进行过氧化的铝合金零件相接触)以增加腐蚀电路电阻,降低腐蚀速率,或在两个必须接触的金属间加绝缘衬垫(如纤维纸板、硬橡胶、夹布胶木、胶粘绝缘带等,但不能用毛毡等吸湿性强的材料),使之不能产生腐蚀电流,电化学腐蚀即不能进行。

2. 金属在大气中的腐蚀

金属材料和设备由于大气中氧和水等的化学作用或电化学作用而引起的腐蚀,叫大气腐蚀。据统计,大气腐蚀的损耗占整个金属腐蚀损耗的一半左右。大气腐蚀分成湿大气腐蚀(或潮大气腐蚀)和干大气腐蚀(只有几个分子层的水吸附膜,没有形成连续电解质溶液膜)。

(1) 金属大气腐蚀的过程

当金属与比其温度高的空气接触时,空气中的水气就可能在金属表面凝结成水膜,在金属表面上如果有细微的缝隙、氧化物、腐蚀产物或灰尘存在时,由于毛细管的凝聚作用,相对湿度即使低于100%，也可能优先在这些地方结露，大气中的CO_2、SO_2和NO_2或盐类溶解到金属表面的水膜中去，进而形成电解质溶液，因此就发生电化学腐蚀，由于水膜很薄，阻力很小，空气中可以不断地供给氧，所以阴极过程主要是氧的去极化作用，即

$$\frac{1}{2}O_2 + H_2O + 2e = 2OH^-$$

同样，由于液层薄，阳极过程也很缓慢，金属离子浓度增加，氧容易通过水膜而使阴极发生钝化，这些因素都是使阳极过程受到阻碍的主要控制步骤，所以大气的温度和湿度起着重要的作用。

（2）影响大气腐蚀的因素

①湿度的影响。大气相对湿度对金属腐蚀速度有很大影响，当温度一定时，在一定的相对湿度以下，金属就不发生大气腐蚀或腐蚀很轻微，当超过某一湿度时腐蚀速度大大提高，这种相对湿度叫临界湿度。对铁、钢、铜、镍和锌来说，临界湿度一般在50%～70%。当低于临界湿度时，认为金属表面无水膜存在，只发生化学腐蚀，腐蚀速度很小；高于临界湿度时，由于水膜的形成发生电化学腐蚀，所以腐蚀速度大大增加。因此，只要把大气湿度降低到临界湿度以下，就可以基本上防止大气腐蚀。

②灰尘的影响。因为灰尘具有毛细管的凝聚作用，金属表面上有灰尘的地方容易结露，形成电化学腐蚀条件，使金属易受腐蚀。大气中灰尘含量及种类因地区而异，一般城市空气中含有尘埃2 mg/m^3，但工业大气中可达1 000 mg/m^3，工业区大气中常有碳、碳化合物、金属氧化物、H_2SO_4、$(NH_4)_2SO_4$、NaCl和其他盐类的颗粒，海洋大气中则含NaCl微粒，这些微粒能够吸潮，有的可溶于水膜，生成电解质溶液，使金属发生电化学腐蚀。

③大气中有害气体的影响。工业大气中的CO_2、SO_2、H_2S、NH_3、Cl_2等气体的含量较高。在这些气体中，特别有害的是SO_2（燃烧油、煤后的产物）。铁、锌、镉的构件表面，因不耐稀硫酸，所以腐蚀更为严重。

（3）防止大气腐蚀的措施

①可采用有机的、无机的或金属的覆盖层，使金属制品与大气隔离以防止大气对金属零件的腐蚀作用。

②改变大气性质，以降低大气的有害作用。一是采用降低大气的相对湿度到50%以下，其次是应用气相缓蚀剂，如亚硝酸二环乙胺[$(C_6H_{11})_2NH_2NO_2$]、碳酸环乙胺（CHC）、亚硝酸二异丙胺（$\begin{matrix}(CH_3)_2CH \\ \quad\quad\quad\quad \searrow \\ \quad\quad\quad\quad\quad N\cdot NO \\ \quad\quad\quad\quad \nearrow \\ (CH_3)_2CH\end{matrix}$）分子式等。无论是降低相对湿度，还是使用气相缓蚀剂，均受有限空间的限制。

③适当合金化，制成耐大气腐蚀的钢材如加入少量Cu、P、Ni和Cr等元素，可有效减轻大气腐蚀。目前已有含Cu钢，Cu-P系、Cu-P-Cr系和Cu-P-Cr-Ni系耐大气腐蚀钢。

3. 金属在土壤中的腐蚀

地下管道由于长期受土壤的腐蚀，可造成很大损失。粘土的腐蚀更严重，并且受腐蚀发生穿孔的部位，大部分是在管道的下部，腐蚀速度可达6mm/年，金属的土壤腐蚀是一种情况复杂的电化学腐蚀。影响土壤腐蚀性的因素主要有孔隙度（即透气性）、导电性、

溶解的盐类、水分、酸碱性和细菌等。

(1) 土壤电阻率的影响

土壤的电阻率越高,腐蚀性越弱,而土壤的电阻率直接受土壤颗粒大小及其分布和土壤中含水量及溶解盐类的影响。粗颗粒由于孔隙大,透水能力强,土壤中不易保持水分(如砂土),而细颗粒则相反(如粘土),土壤中含水量大,可溶性盐类溶入形成电解质溶液,所以电阻小。一般说来,土壤电阻率在数千欧·厘米以上,对钢铁的腐蚀比较轻微。但在海水渗透的洼地和盐碱地,电阻率很小,为 100~300 Ω·cm,其腐蚀性则很强。

(2) 土壤中氧含量的影响

除了酸性很强的土壤外,金属在土壤中的腐蚀受阴极反应:$\frac{1}{2}O_2+H_2O+2e\rightarrow 2OH^-$的支配,故氧在金属的土壤腐蚀中起重要作用。氧主要来源于从地表渗透进来的空气(地下水中溶解的氧很有限),所以粗颗粒的干燥砂土中氧多,而细颗粒的潮湿的粘土中含氧则少。含氧较多的土壤接触的管段(阴极)与含氧较少的土壤接触的管段(阳极)间组成宏观电池如图 3.16 所示,在电化学作用下发生了严重的腐蚀。

(3)土壤 pH 值的影响

土壤的 pH 值越低,腐蚀性越大(pH 值 6~7.5为中性土壤,7.5~9.5 为盐碱性土壤,3~6为酸性土壤),当 pH=4 时,可发生氢的去极化过程即有氢在阴极上产生:$2H^++2e\rightarrow H_2\uparrow$当土壤中含有大量有机酸时,其 pH 值接近中性,但腐蚀性很强,因此用土壤的总酸度(酸性物质总含量)来反映土壤的腐蚀性。

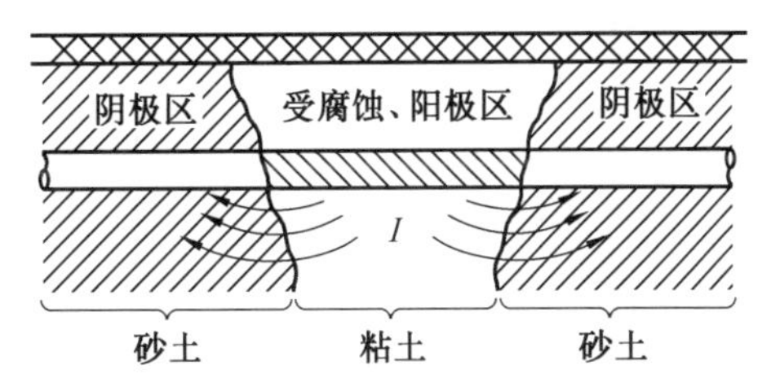

图 3.16　管道埋在不同的土壤中,发生充气不均的腐蚀

(4)土壤内细菌的影响

土壤内部的细菌使腐蚀在缺氧的土壤中能进行下去,例如硫酸还原菌能将硫酸还原为硫化物,即

$$SO_4^{2-}+8H^++8e\rightarrow S^{2-}+4H_2O$$

金属腐蚀过程中,阴极反应中产生氢原子,如果吸附在金属表面,不继续生成气泡逸出,就造成阴极极化,使腐蚀缓慢,甚至停止下来。由于硫酸还原菌的作用,使阴极去极化,加速了金属的腐蚀,最后 S^{2-}离子和 Fe^{2+}离子化合成 FeS(黑色)。中性土壤最适宜这种细菌的繁殖,但当土壤中的 pH>9 时就不容易繁殖了。

(5)土壤杂散电流的作用

地下的导电体因绝缘不良而漏失出来的电流叫杂散电流。杂散电流从土壤流进地下管道处(阴极)和杂散电流从地下管道流入土壤处(阳极)构成一宏观电池,加之阳极和阴极各居一方,其产物不能结合成不溶性物质覆盖在阳极区金属表面上,故阳极腐蚀情况更为严重。如图 3.17 为电车轨道,由于和

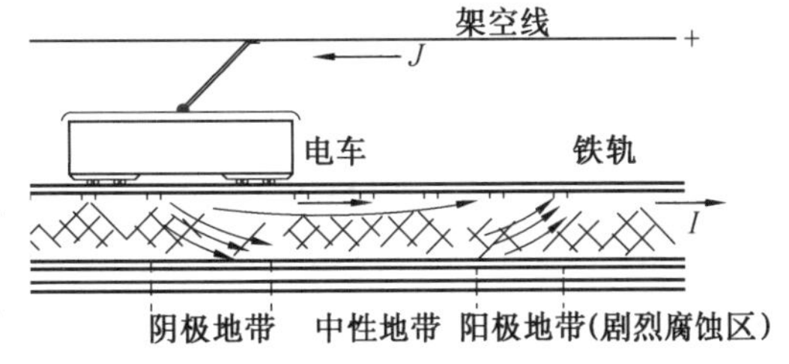

图 3.17　杂散电流对地下构筑物腐蚀的影响

地绝缘不良而产生的杂散电流对地下管道及金属构筑物的影响。

杂散电流也能引起钢筋混凝土结构腐蚀，特别是在混凝土内含氯化物盐类（如 NaCl、$CaCl_2$ 等）情况下，腐蚀就更为强烈。

4. 金属在海水中的腐蚀

海水是一种天然的电解质，常用的大多数金属和合金均受其腐蚀，因海水中含有盐类，生物，泥砂，气体和腐败的有机物，所以影响腐蚀的有化学、物理和生物因素，现简述如下：

（1）海水中盐的类型及浓度影响

海水中的盐类主要是氯化物（占 88.7%），其次是硫酸盐（占 10.8%），一般公海中表层海水中盐度（1 000 g 海水中溶解固体物质的总克数）为3.2% ~3.75%，盐度直接影响电导率。电导率是决定金属腐蚀速度的重要因素，再加上氯离子破坏金属的钝化，所以金属与海水接触容易受到严重腐蚀。

（2）海水中含氧量的影响

表层海水中含氧量达 12 mL/L，但随盐度增加和温度升高含氧量会降低，含氧低，腐蚀速度减小。

（3）海水温度的影响

海水温度越高，腐蚀速度越大，如温度上升 10 ℃，金属腐蚀速度增加一倍。

（4）海水流速的影响

随海水运动速度的增加，腐蚀速度增加。因运动促使了氧的扩散。“磨蚀”和“气蚀”则和海水运动速度的关系更直接、重大。

（5）海洋生物的影响

海洋生物附着在金属表面，在其缝隙处形成氧浓差电池，而成为阳极腐蚀。

抗海水腐蚀的材料有 $w(\mathrm{Ni}) = 30\% \sim 40\%$、$w(\mathrm{Cr}) = 20\% \sim 30\%$ 的合金钢，含 16Cr-16Mo-5Fe-4W 的镍基合金。另外，铜基合金也有较好的抗海水腐蚀性，钛合金是最理想的海洋结构材料。

3.6.3 防止金属腐蚀的措施

金属腐蚀主要是由于电化学腐蚀所致。电化学腐蚀又主要是由于金属表面的电化学不均性，在介质环境条件下形成的原电池作用所引起的。为防止金属腐蚀而采取的各种措施都是围绕着不发生原电池作用而进行的。下面分别进行简单的介绍。

1. 正确选用金属材料和合理设计金属结构

（1）正确选用金属材料

根据使用的具体情况和要求来选择合适的耐腐蚀材料，要求它既耐腐蚀，又便于加工制造，价格便宜。

（2）合理设计金属结构

设计上应尽可能降低热应力、流体停滞和聚集、局部过热等，这样可降低腐蚀速度，见表 3.4。另外设计时应尽量避免不同的金属互相接触，以防止产生接触腐蚀，在非要不同金属相接触时，应用绝缘材料（不吸潮气的）把两者隔开。设计时，如两种不同电位的金属无法避免接触，应尽可能不要使作为阴极部分的面积太大，而作为阳极部分的面积过小,否则会因阳极电流密度过大,而加速了阳极的腐蚀。

表 3.4　各种容器的不同结构的防腐性能的比较

容器部位名称	有利防腐蚀结构	易造成腐蚀结构
出口管		液体
容器底部		
液体贮存器		

2. 去除介质中有害成分和添加缓蚀剂

对腐蚀介质进行处理,以降低和消除介质对金属的腐蚀作用,主要从两方面着手:

(1)去除介质中的有害成分

如锅炉用水的去氧处理,除氧可用热法除氧或化学除氧法。前者是在减压下加热至沸腾,后者是往水中加 Na_2SO_3、N_2H_4(联胺)等,通过化学反应去除氧。

(2)加入缓蚀剂减慢腐蚀速度

缓蚀剂的加入可使电化学腐蚀的阳极或阴极过程减慢,因此,缓蚀剂又分为阳极缓蚀剂、阴极缓蚀剂和混合型缓蚀剂三种(如图3.18所示)。从图上可知,加缓蚀剂后腐蚀电流减少,即起到缓蚀或止蚀的作用。

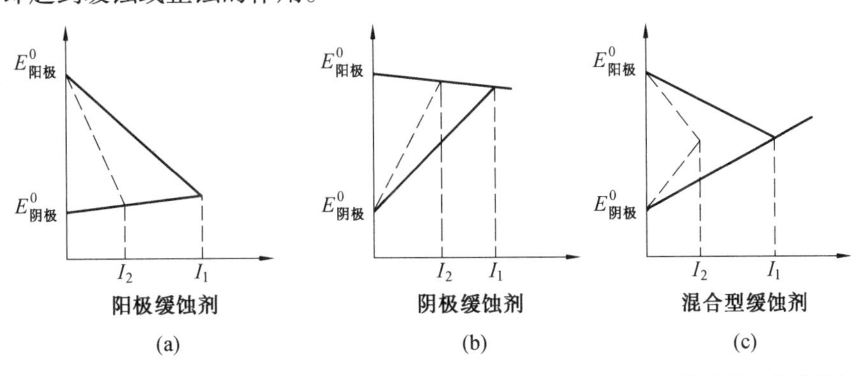

图 3.18　缓蚀剂缓蚀机理(实线为原先的极化曲线,虚线为加缓蚀剂后的极化曲线)

简单介绍几种常用的缓蚀剂。

①阳极缓蚀剂。阳极缓蚀剂又分氧化性缓蚀剂(如铬酸盐、重铬酸盐、硝酸钠、亚硝酸钠,在溶液中无氧存在时,也能起作用)和非氧化性缓蚀剂(如 NaOH,Na_2CO_3,Na_2SiO_3,Na_3PO_4,C_6H_5COONa 等,弱溶液中无氧存在时,它们不能起缓蚀作用)两种。使用阳极缓蚀剂要特别小心,因为弄不好可能反而会加速阳极的局部腐蚀。

②阴极缓蚀剂。阴极缓蚀剂有 $Ca(HCO_3)_2$,$AsCl_3$,$Bi_2(SO_4)_3$,$SbCl_3$ 等,常用于中性溶液中,缓蚀效率不如阳极缓蚀剂高。

③有机缓蚀剂。有机缓蚀剂用于酸性溶液中,有胺类、亚胺类、醛类、杂环化合物、咪唑啉类、有机硫化物等。因为有机缓蚀剂对金属与酸反应有抑制腐蚀的作用,但对金属氧化物或碳酸盐与酸的作用无大影响,这一特点使得有机缓蚀剂在酸洗工艺过程中有着广泛的应用。

④气相缓蚀剂。有些有机缓蚀剂,在常温下有一定的蒸汽压力,它的蒸汽能溶于金属表面的水膜中,因而可以控制金属大气腐蚀。常用的气相缓蚀剂有$(C_6H_{11})_2NH_2NO_2$(亚硝酸二环乙胺),CHC(碳酸环乙胺)和亚硝酸二异丙胺等。

无论是去掉介质中有害成分还是添加缓蚀剂,只能在腐蚀介质的体积量有限的条件下才能应用。

3. 隔离有害介质

如果不让金属和有害介质直接接触,金属的腐蚀也就不会发生了,为此就得把金属和有害介质隔离开,隔离的办法有下列两类:

(1)结构设计上采取措施使关键部位和有害环境隔绝开来。

(2)采用各种表面防护技术(表面覆盖层)。要使覆盖层能真正起到保护作用,就要求覆盖层:①致密,不能透过介质;②和金属结合强;③耐蚀性好;④在整个表层上分布均匀。

覆盖层种类很多,详见图 3.19 所示。

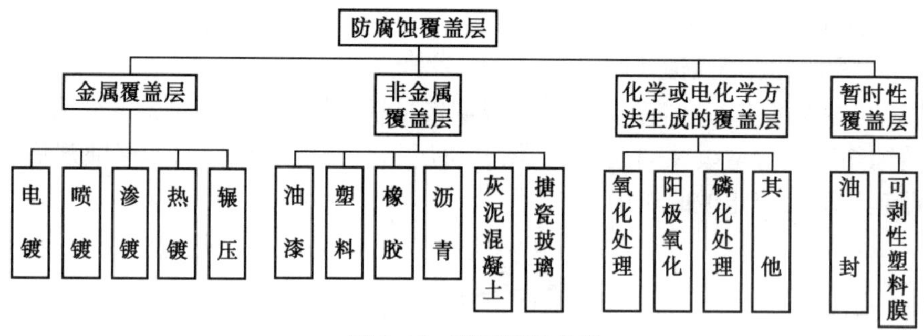

图 3.19 覆盖层的分类

4. 电化学保护

用改变金属-介质的电极电位来达到保护金属免受腐蚀的办法叫电化学保护。从 $Fe-H_2O$系的电位-pH 图可见,如把铁的电位降到 Fe/Fe^{2+}的平衡线以下,则铁不会发生腐蚀,如把铁的电位升高,达到钝化区,由于铁的表面生成了难溶的致密的 $Fe(OH)_3$ 或 Fe_2O_3 薄膜,也会大大降低铁的腐蚀速度。

电化学保护是通以电流进行极化。如把金属接到电池正极上通以电流,使其进行极化,叫做阳极保护,反之若把金属接到电池的负极上,通以电流进行极化,叫做阴极保护。阳极保护只对那些在氧化性介质中能发生钝化的金属有好的效果。

(1)阴极保护

常用于地下管道及其他地下金属设备、水中设备、冷凝器、冷却器、热交换器。阴极保护通过两种途径来实现:①利用外加电流,使整个表面部分变成阴极,这叫外加电流的阴极保护。②在要保护的金属设备上连接一个电位更负的金属或合金,这叫做牺牲阳极的阴极保护,如图3.20所示。

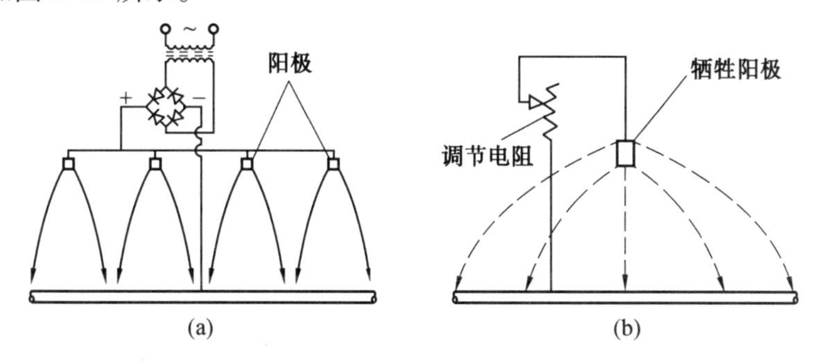

图3.20　地下管道的阴极保护示意图

(2)阳极保护

图3.21为阳极保护的示意图。阳极保护用于某些强腐蚀介质(如硫酸、磷酸等),耗电量小。但当氯离子含量较大时,一般不用阳极保护,因为它能局部破坏钝化膜,并造成严重点蚀。阳极保护不能保护设备的气相部分,对液面急剧波动的容器不能用阳极保护。

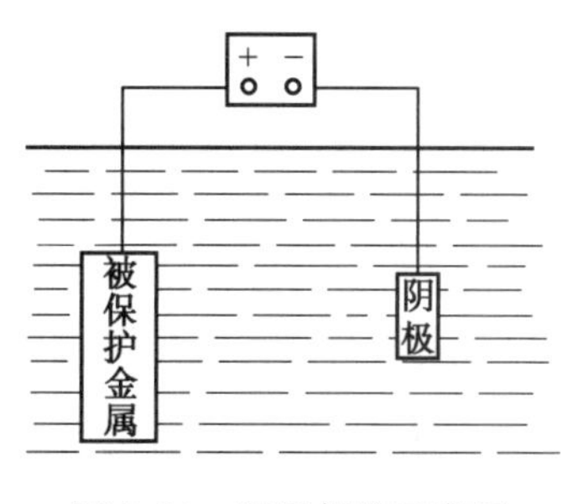

图3.21　阳极保护示意图

3.7　应力腐蚀失效

3.7.1　概　述

材料与环境相互作用,除发生前面所述的腐蚀和氧化外,在应力作用下,由于环境因素的影响,经常发生低应力的延迟断裂,导致零件失效。这类失效通常称为环境破断失效或环境诱发的开裂,主要包括应力腐蚀、氢脆、腐蚀疲劳和液态金属脆化等。这里主要介绍应力腐蚀失效。

应力腐蚀开裂是指金属材料在特定的介质条件下,受拉应力作用,经过一定时间后发生的裂纹及断裂现象。应力腐蚀开裂是普遍存在的一种失效形式,现已查明,在几乎所有的金属材料中都发生过应力腐蚀开裂问题。因此应力腐蚀与疲劳和低应力脆断并称为当今工程断裂事故的三种主要失效形式。

100多年来,虽然对应力腐蚀破坏的报道越来越多,但从科学的角度对应力腐蚀的研究却是最近几十年的事情。尤其20世纪60年代,将断裂力学的原理和方法引入到应力腐蚀研究之后，极大地促进了该领域的发展，应力腐蚀现已成为材料学、力学和化学、电化学等跨学科的一个新的研究领域。

3.7.2 应力腐蚀断裂的特点

应力腐蚀断裂的特点如下：

(1)即使是延性材料，其应力腐蚀也表现为脆性形式的断裂。

(2)应力腐蚀是一种局部腐蚀，形成的裂缝常被腐蚀产物所覆盖，不能及时被发现，所以当构件发生应力腐蚀断裂时，常常是在事先没有预兆的情况下发生，危害较大。

(3)应力腐蚀断裂属于延迟断裂，断裂的时间决定于介质条件和应力大小。应力腐蚀断裂的裂纹扩展速率，一般介于均匀腐蚀速度和快速机械断裂速度之间。以钢为例，应力腐蚀裂纹扩展速率在 1～100 mm/h 左右。

(4)引起金属构件应力腐蚀断裂的应力一定是拉应力。这种拉应力可以是外载荷引起的拉应力也可以是构件内的残余应力。构件中的残余应力，主要来源于热处理(温差应力、相变应力等)、焊接(特别是焊接热影响区)、加工及装配过程。一般说来，当金属所承受的应力超过某一应力值时，才发生应力腐蚀断裂，该值称为应力腐蚀断裂的临界应力。对于不同金属或合金，其应力腐蚀断裂的临界应力值是不同的。

(5)一定的金属材料并不是在所有的环境介质中都会发生应力腐蚀断裂，而只是在特定的活性介质中才发生应力腐蚀断裂。对一定金属而言，特定活性介质就是指有一定特殊作用的离子、分子或络合物。特定介质，即使浓度很低，也足以引起应力腐蚀断裂。相反，一定的金属材料，在某些介质中，可能对应力腐蚀完全不敏感，即具有免疫能力。表 3.5 为常用材料发生应力腐蚀的特定的材料-介质组合。

3.7.3 应力腐蚀评定方法

由于在不同材料-介质系统中，应力腐蚀表现的复杂情况，至今尚无用于评价各种应力腐蚀的通用方法，工程上的通常做法是模拟工况条件的加速试验方法。常用的应力腐蚀评价参量为恒定应力条件下的断裂时间 t_f，或者在指定时间内发生应力腐蚀断裂的最低应力 σ_{scc}，及应力腐蚀的门槛应力。评价应力腐蚀的断裂力学参量为在指定时间内发生应力腐蚀的界限应力强度因子 K_{ISCC}。

1. 光滑试样恒应力试验

恒应力试验是传统的，也是最古老的应力腐蚀试验方法，其试验装置如图 3.22 所示，由砝码通过杠杆系统加载，测定在确定载荷(起始应力)下的断裂时间 t_f，用以比较不同材料的应力腐蚀敏感性。一般认为起始应力 $\sigma \geq 0.75\sigma_s$，在较长时间内不断裂的材料为应力腐蚀不敏感材料。也可以测定 $\sigma-t_f$ 曲线，如图 3.23 所示，用 $\sigma-t_f$ 曲线的渐近线所对应的应力水平作为门槛应力 σ_{scc}，它表示在一定条件下不发生应力腐蚀断裂的最高应力值或发生应力腐蚀断裂的最低应力值。

表 3.5 发生应力腐蚀的金属材料与介质的组合

合金	介　　质
铜合金	NH_3 蒸气或 NH_3 水溶液 NH_3+CO_2 水 水蒸气 $AgNO_3$ 湿 H_2S 水银 $FeCl_3$ 含氮的有机化合物 柠檬酸 石酸
Au-Cu-Ag Ag-Rt	$FeCl_3$ 水溶液 $FeCl_3$ 水溶液
铝合金	湿空气 $NaCl+H_2O_2$ 水溶液 NaCl 水溶液 海水 工业大气 $CaCl_2+NH_4Cl$ 水溶液 水银
镁合金	Na_2SO_4 氟化物 水 氯化物+K_2CrO_4 水溶液 热带工业和海洋大气
碳钢和普通低合金钢	苛性碱溶液 氨溶液 硝酸盐水溶液 含 H_2S 水溶液 含 HCN 水溶液 湿的 $CO-CO_2$-空气 碳酸盐和重碳酸盐溶液 NH_4Cl 水溶液 海水 海洋大汽和工业大气 $NaOH+Na_2SiO_3$ 水溶液 $HCN+SnCl_2+AsCl_3+CHCl_3$ 水溶液 CH_3COOH 水溶液 $CaCl_2$ 水溶液 熔融 Zn,Li 或 Na-Pb 合金 $FeCl_3$ 水溶液 NH_4CNS 水溶液 NH_4CO_3 混合酸($H_2SO_4-HNO_3$)水溶液
镍基合金	熔融苛性碱 260 ~ 427 ℃浓 NaOH 水溶液 260 ~ 427 ℃浓缩锅炉水 HF 酸 硅氢氟酸 含氧及迹量铅的高温水 液态铅 水蒸气+SO_2 浓 Na_2S 水溶液
铬镍奥氏体不锈钢	氯化物水溶液 海水、热海水 海洋大气 高温水,高温纯水 河水 湿润空气(湿度 90%) 热 NaCl $NaCl+H_2O_2$ 水溶液 H_2S 水溶液 NaOH+硫化物水溶液 $H_2SO_4+CuSO_4$ 水溶液 Na_2CO_3+0.1% NaCl 浓缩锅炉水 H_2SO_4+氯化物水溶液 260 ℃ H_2SO_4 热浓碱 过氯酸钠 水蒸气(260 ℃) 严重污染的工业大气 湿的氯化镁绝缘物 粗苏打和硫化纸浆 明矾水溶液 25% ~ 50% $CaCl_2$ 的水溶液 酸式亚硫酸盐 硫胺饱和溶液 二氯乙烷,湿氯乙烷 粗 $NaHCO_3+NH_3$+NaCl 水溶液 邻二氯苯 体液(汗和血清) 甲基三聚氰胺 联苯和二苯醚 氯乙醇+H_2O 聚连多硫酸 $H_2S_nO_6(n=2\sim5)$
马氏体不锈钢	氯化物 海水 工业大气 酸性硫化物

续表 3.5

合金	介　　质
镍	熔融 NaOH HCN+不纯物 硫磺(>260 ℃) 水蒸气(>427 ℃)
钛及钛合金	发烟硝酸 N_2O_4(含 O_2,不含 NO,24～74 ℃) Cd(>327 ℃) 汞(室温) 银板(466 ℃) AgCl(371～482 ℃) Ag-5Al-2.5Mn(343 ℃) 湿 Cl_2(288 ℃,346 ℃,427 ℃) Br_2 蒸汽,F_2 蒸汽(-196 ℃) HCl(10%,35 ℃) H_2SO_4(7%～60%) 氯化物盐(288～427 ℃) 甲醇 甲基氯仿(482 ℃) 乙醇 乙烯二醇 三氯乙烯(室温,46 ℃,66 ℃) 三氟氯乙烯(PCA,63 ℃) 氯化二苯基(316～482 ℃) 海水 CCl_4 H_2 甲醇蒸气 甲基肼(19～40 ℃)
铁素体不锈钢	海水 海洋大气 工业大气 高温高压水,高温水 水蒸气 $MgCl_2$ 水溶液
铁素体不锈钢	NaCl 水溶液 NaCl+H_2O_2 水溶液 NaOH 水溶液 NH_3 水溶液 硝酸盐 硫酸-硝酸水溶液 硫酸 硝酸 H_2S 水溶液 高温碱 $(NH_4)H_2PO_4$ 水溶液 Na_2HPO_4 水溶液
锆及锆合金	甲醇 甲醇+HCl 含 Br_2,I_2,NaCl 的甲醇溶液 含 H_2SO_4,HCOOH 的甲醇溶液 乙醇+HCl 氟利昂 11 CCl_4 碘化物乙醇溶液 硝化苯 CS_2 氯化物水溶液(0.01%～5% NaCl,$FeCl_3$,$CuCl_2$,LiCl) 热盐(NaCl,300～350 ℃) LiCl+KCl(300～350 ℃) KNO_3+$NaNO_3$+KI(300 ℃) KNO_3 + $NaNO_3$ + KCl (KBr) (300 ℃) 卤素及卤素蒸汽 Hg Cs
Pb	Pb$(CH_3COO)_2$+HNO_3 水溶液 空气 土壤中

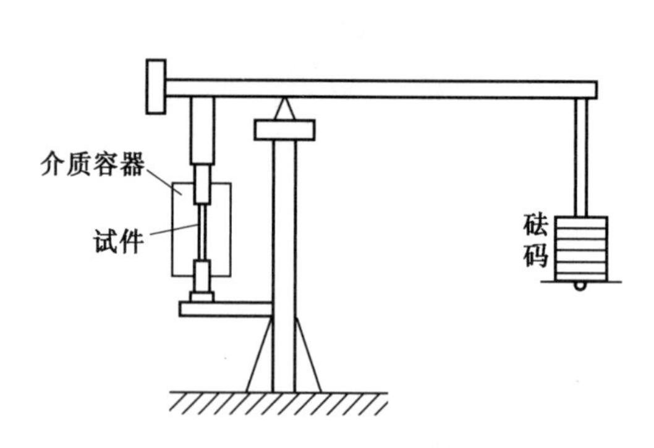

图 3.22　恒载荷应力腐蚀试验机示意图

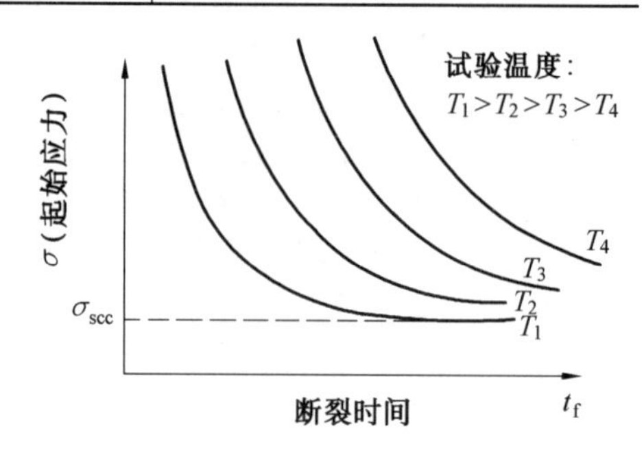

图 3.23　σ-t_f 曲线

光滑试样恒载试验的数据比较直观,它在研究不同材料的应力腐蚀敏感性或研究不同介质中材料抗应力腐蚀性能或其他因素(如温度)对应力腐蚀的影响,以及在筛选材料方面,是很有用的。但其结果不能作为工程设计的计算依据。光滑试样测得的 t_f 值中包括裂纹萌生和扩展的时间。实际工程构件中,裂纹往往起始于既存缺陷,应力腐蚀断裂过程主要表现为裂纹扩展过程。因此20世纪60年代以后,引入了断裂力学试验方法,采用预裂纹试样,测定应力腐蚀的断裂力学参量和裂纹扩展动力学参量。

2. 预裂纹试样应力腐蚀试验

研究应力腐蚀的断裂力学试验方法,最早采用的是悬臂梁试验装置,如图3.24所示。

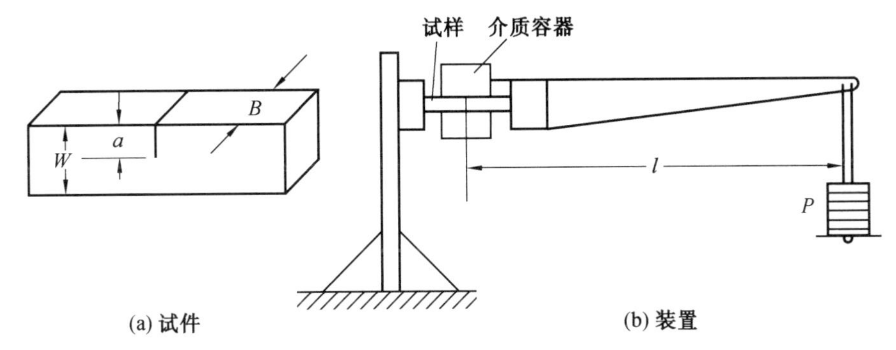

图3.24 悬臂梁试验方法示意图

试样起始应力强度因子可按下式计算

$$K_{\mathrm{I}}=\frac{4.12M(\alpha^{-3}-\alpha^{3})^{1/2}}{BW^{3/2}}\quad(\mathrm{MPa}\sqrt{\mathrm{m}})\tag{3.34}$$

式中,M 为力矩,即

$$M=Pl$$

式中,P 为悬重,N;l 为臂长度,m;B 为试样厚度,m;W 为试样宽度,m;$\alpha=1-a/W$,a 为裂纹长度,m。

用多试样法测得的 $K_{\mathrm{I}i}-t_f$ 如图3.25所示。对钢 $K_{\mathrm{I}i}-t_f$ 随 $K_{\mathrm{I}i}$ 下降而趋于平缓,一般以100 h(或1 000 h等)不发生断裂(裂纹扩展)的 $K_{\mathrm{I}i}$ 值作为应力腐蚀的应力强度因子门槛值,记作 K_{Iscc}。一般认为 $K_{\mathrm{Iscc}}/K_{\mathrm{IC}}\geq 0.6$ 即为应力腐蚀不敏感。但必须注意 K_{Iscc} 为100 h的条件值。当指定断裂时间不同时,K_{Iscc} 值不同。如4340钢(40CrNiMo)在调质到 $\sigma_s=1\ 225$ MPa时,在3.5% NaCl溶液中,100 h的为58 $\mathrm{MPa}\sqrt{\mathrm{m}}$,而10 000 h的 K_{Iscc} 值只是8.68 $\mathrm{MPa}\sqrt{\mathrm{m}}$。因此在应用 $K_{\mathrm{I}}\leq K_{\mathrm{Iscc}}$ 判据进行防止应力腐蚀断裂设计时,必须注意 K_{Iscc} 值的条件。至于对铝合金等有色金属中 $K_{\mathrm{I}i}-t_f$ 曲线没有趋向水平的阶段,更应注意 K_{Iscc} 的条件。

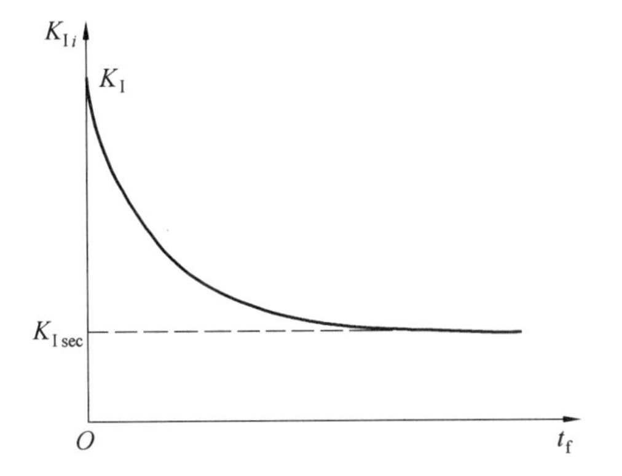

图3.25 裂纹试样应力腐蚀断裂曲线

研究应力腐蚀裂纹扩展的动力学，可由上述试验中测定裂纹长度随时间变化的 $a-t$ 曲线，取导数得到 $\mathrm{d}a/\mathrm{d}t-a$ 曲线，由(3.34)式将 a 换算成 K_I 值，即得到 $\mathrm{d}a/\mathrm{d}t-K_\mathrm{I}$ 曲线。如图3.26所示，在半对数曲线图 $\lg(\mathrm{d}a/\mathrm{d}t)-K_\mathrm{I}$ 上，随 K_I 值的变化分为三段。在第 Ⅱ 阶段 $\mathrm{d}a/\mathrm{d}t$ 不随应力强度因子变化。这是由于在这个范围发生裂纹的分枝扩展，裂纹分枝使裂纹扩展能量 G 增加，从而 K_I 增大，而 $\mathrm{d}a/\mathrm{d}t$ 是测量的主裂纹扩展速度，裂纹分枝时主裂纹扩展缓慢。

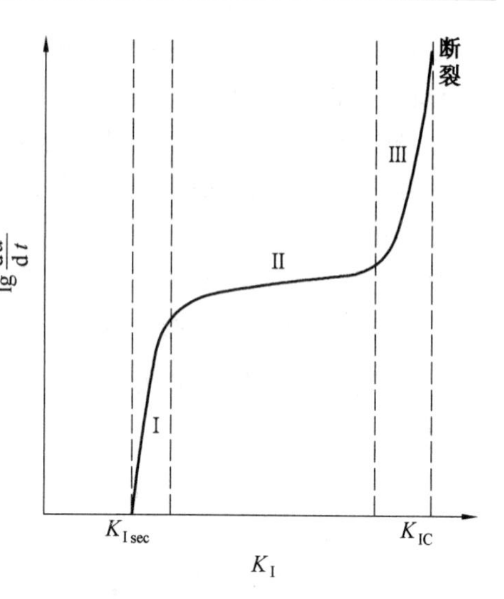

图 3.26　应力腐蚀时的关系

由图 3.26 可得到

$$\frac{\mathrm{d}a}{\mathrm{d}t}=f(K_\mathrm{I}) \tag{3.35}$$

由此可以估计裂纹寿命 t_f，由

$$\int_0^f \mathrm{d}t=\int_{a_0}^{a_\mathrm{c}}\frac{\mathrm{d}a}{f(K_\mathrm{I})}=\int_{K_\mathrm{Ii}}^{K_\mathrm{IC}}\left[f(K_\mathrm{I})\frac{\mathrm{d}K_\mathrm{I}}{\mathrm{d}a}\right]^{-1} \tag{3.36}$$

得到

$$t_\mathrm{f}=t_0+\int_{K_\mathrm{Ii}}^{K_\mathrm{IC}}\left[f(K_\mathrm{I})\frac{\mathrm{d}K_\mathrm{I}}{\mathrm{d}a}\right]^{-1}\mathrm{d}K_\mathrm{I}$$

式中，t_0 为孕育时间，为与起始应力强度因子 K_Ii 有关的常数，K_Ii 大则 t_0 小。

当粗略估算 t_f 时，只考虑第 Ⅱ 阶段并忽略 t_0，由于第 Ⅱ 阶段 $\mathrm{d}a/\mathrm{d}t=C$ 为常数，故

$$t_\mathrm{f}\approx(a_\mathrm{c}-a_0)/C \tag{3.37}$$

式(3.35)通常表达为

$$\frac{\mathrm{d}a}{\mathrm{d}t}\approx\begin{cases}C_1+C_2K_\mathrm{I} & \text{第一阶段时}\\ C & \text{第二阶段时}\\ C_3\cdot C_4K_\mathrm{I} & \text{第三阶段时}\end{cases} \tag{3.38}$$

式中，C_1，C_2，C_3，C_4 为由材料、介质、温度等因素确定的常数。

3.7.4　防止应力腐蚀开裂的措施

由前面对应力腐蚀行为特征的描述可知，要防止应力腐蚀开裂，应从合理选材，减少或消除内应力，改变介质条件和采取电化学保护等方面入手。也可以在断裂力学试验基础上提出应力腐蚀控制设计方案。

1. 防止应力腐蚀开裂的措施

(1) 合理选择材料

针对零件所受的应力和使用条件选用耐应力腐蚀的材料，这是一个基本原则。如铜对氨的应力腐蚀敏感性很高，因此，接触氨的零件应避免使用铜合金；又如在高浓度氯化物介质中，一般可选用不含镍、铜或仅含微量镍、铜的低碳高铬铁素体不锈钢，或含硅较高的铬镍不锈钢，也可选用镍基和铁 - 镍基耐蚀合金。

此外，在选材时还应尽可能选用 K_Iscc 较高的合金，以提高零件抗应力腐蚀开裂的能力。

(2) 减少或消除零件中的残余拉应力

残余拉应力是产生应力腐蚀的重要条件。为此，设计上应尽量减小零件上的应力集中。从工艺上说，加热和冷却要均匀，必要时采用退火工艺以消除内应力。或者采用喷丸或表面热处理，使零件表层产生一定的残余压应力对防止应力腐蚀也是有效的。

(3) 改善介质条件

这可从两个方面考虑：一方面设法减少或消除促进应力腐蚀开裂的有害化学离子，如通过水净化处理，降低冷却水与蒸汽中的氯离子含量对预防奥氏体不锈钢的氯脆十分有效；另一方面，也可以在腐蚀介质中添加缓蚀剂，如在高温水中加入 300×10^{-6} mol/L 的磷酸盐，可使铬镍奥氏体不锈钢抗应力腐蚀性能大大提高。

(4) 采用电化学保护

由于金属在介质中只有在一定的电极电位范围内才会产生应力腐蚀，因此采用外加电位的方法，使金属在介质中的电位远离应力腐蚀敏感电位区域，这也是防止应力腐蚀的一种措施，一般采用阴极保护法。不过，对高强度钢和其他氢脆敏感的材料，不能采用这种保护方法。有时采用牺牲阳极法进行电化学保护也是很有效的。

2. 零构件应力腐蚀控制设计

长期在腐蚀性介质中工作的零构件存在裂纹时，可用断裂力学方法进行安全分析，以给定材料的表面裂纹体为例，表面半椭圆裂纹的 K_{I} 的表达式为

$$K_{\mathrm{I}}=\frac{1.1\sigma(\pi a)^{1/2}}{\sqrt{Q}} \tag{3.39}$$

分别令 $K_{\mathrm{I}}=K_{\mathrm{Iscc}}$ 和 $K_{\mathrm{I}}=K_{\mathrm{IC}}$ 给出两种临界状态的 $\sigma-a$ 图，如图3.27所示。由图可见，裂纹行为可分为三个区。Ⅰ区为不产生应力腐蚀开裂区，Ⅱ区为应力腐蚀开裂区，Ⅲ区为空气中裂纹失稳断裂区。当零件所承受的名义应力为 σ 时，可在图中作相应水平虚线，分别得到在介质中应力腐蚀开裂和在空气中失稳开裂的临界裂纹尺寸 a'_{c} 和 a_{c}。显然，零件在应力腐蚀条件下的初始裂纹尺寸 a_0 小于 a'_{c} 时将有无限寿命。当然，在工程断裂控制中，还应注意所得到 a'_{c} 的值不应小于现场无损检测所能达到的精度。

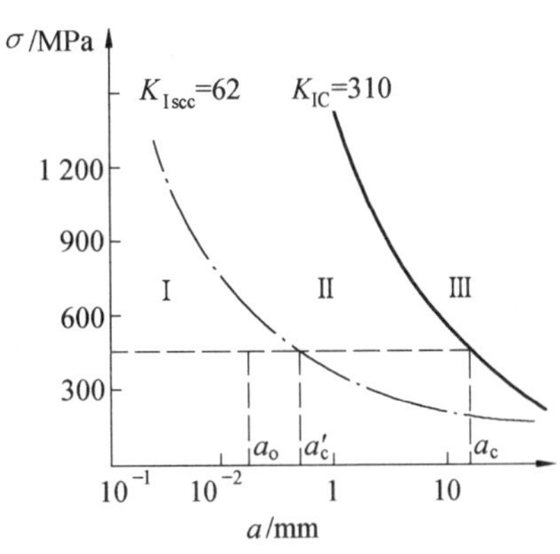

图3.27　由 K_{IC} 和 K_{Iscc} 确立的 $\sigma-a$

从理论上说，$a_{\mathrm{c}}\geqslant a'_{\mathrm{c}}$ 也还有一定的裂纹扩展寿命可以利用。由实测的 $\mathrm{d}a/\mathrm{d}t=f(K)$，即可估计 a_0 由扩展到 a_{c} 的寿命。

3.7.5　防止应力腐蚀开裂的实例

例1　关于栓焊桥梁用高强度螺栓的应力腐蚀问题

我国西南某铁路线上钢桥采用栓焊结构，焊接构件用40B钢高强螺栓连接。螺栓调质到 $\sigma_{\mathrm{b}}=980$ MPa，M24螺栓抗拉载荷应大于 3.802×10^5 N，装配时紧固力 2.459×10^5 N，

抗剪强度设计安全系数 $K=1.5$。但沿线桥梁高强螺栓的延迟破坏率达 0.1%,个别桥梁施工时紧固应力过大,破断率达 1.5%,影响铁路安全运行。

为解决此问题,首先对破断螺栓进行分析。断口分析发现,裂纹源区为沿晶断口,并有沿晶分枝裂纹,为高强钢应力腐蚀特征,估计介质为积存的雨水。

对 40B 进行应力腐蚀性能的测试(见表 3.6),在调质到 $\sigma_b = 1\ 078 \sim 1\ 176$ MPa 时,在 3% NaCl 溶液中应力腐蚀门槛值 $K_{Iscc} \approx 37.2\ \text{MPa}\sqrt{\text{m}}$,按此值计算 M24 螺栓的极限负荷为 1.578×10^5 N,因此在紧固力达 2.459×10^5 N 时,就会发生应力腐蚀延迟开裂。要防止应力腐蚀断裂的发生,可以改变螺栓的设计,如加大尺寸以减小应力,或加大螺纹沟槽曲率半径,或减少螺栓紧固力,但这样做要改变整个桥梁设计或螺栓的标准,是很困难的。若改变介质或防止与介质接触,这在螺栓服役条件下也是不可能的。最简单的办法是改变材质,见表 3.6,当采用 20MnTiB 钢,处理到同样强度级别时,20MnTiB 的 $K_{Iscc} > 93.1\ \text{MPa}\sqrt{\text{m}}$,极限负载可达 3.969×10^5 N,因此在工作条件下不会发生应力腐蚀断裂。实践证明,改变材料后,没有再发现延迟断裂现象。

表 3.6　强度级别为 σ_b1 078 ~ 1 176 MPa 时三种钢 K_{IC} 的和 K_{Iscc}

性能 \ 钢种	断裂韧度 K_{IC} /(MPa·m$^{1/2}$)	3% NaCl 溶液中 K_{Iscc} /(MPa·m$^{1/2}$)	按 K_{Iscc} 估算 M24 螺栓的性能*	
			门槛应力 σ_f /MPa	极限负载 P /N
40B	114.7	37.2	~ 490	1.587×10^5 N
35VB	139.5	46.5 ~ 55.8	~ 611.52	1.979×10^5 N
20MnTiB	165.9	≥93.1	~ 1215.2	3.969×10^5 N

* 螺栓 K_I 值按公式:$K_I = 1.122\left(\frac{\pi-\theta}{\pi}\right)\sqrt{\pi a}\sigma$ 估算

$\theta = 60°, a = 1.84 \times 10^{-3}$ m

M24 有效截面 $F = 324.3 \times 10^{-5}\ \text{m}^2$

3.8　氢脆失效

3.8.1　概　述

金属中的氢是一种有害元素,只要极少量的氢如 0.0001%(质量)即可导致金属变脆。氢脆是在应力和过量氢的共同作用下使金属材料塑性、韧性下降的一种现象。引起氢脆的应力可以是外加应力,也可以是残余应力,金属中的氢则可能是本来就存在于其内部的,也可能是由表面吸附而进入其中的。

金属,尤其是高强钢的氢脆断裂一般表现为延迟断裂。也存在发生氢脆的门槛应力 σ_{th},当应力 $\sigma < \sigma_{th}$ 时,不再发生氢脆断裂。氢脆断裂发生在一定的温度范围,对于高强钢,通常在 −100 ~ 100 ℃ 之间,其间室温附近氢脆敏感性最大。应变率越低,氢脆敏感性越大。材料中氢含量越高,氢脆现象越严重。

金属中氢的来源很多。首先,在熔炼过程中由于原料中含有水分和油垢等不纯物质,在高温下分解出氢，部分溶于液态金属中。凝固后若冷却较快，氢来不及逸出便过饱和地存在于金属中。氢还可以在机械加工过程中（如酸洗、电镀等）进入金属。此外，金属机件在服役过程中环境介质也可提供氢。例如，有些机件在高温和高氢气氛中运行容易吸氢，也有的机件与 H_2S 气氛接触，或暴露在潮湿的海洋性气氛或工业大气中，表面覆盖一层中性或酸性电解质溶液，因产生如下阴极反应而吸氢

$$H^+ + e \rightarrow H$$

$$2H \rightarrow H_2 \uparrow$$

金属中的氢可以有几种不同的存在形式。在一般情况下，氢以间隙原子状态固溶在金属中，对于大多数工业合金，氢的溶解度随温度降低而降低。氢在金属中也可能通过扩散聚集在较大的缺陷（如空洞、气泡、裂纹等）处，以氢分子状态存在。此外，氢还可能和一些过渡族、稀土或碱土金属元素作用，生成氢化物，或与金属中的第二相作用生成气体产物，如钢中的氢可与渗碳体中的碳原子作用形成甲烷等。

3.8.2　氢脆失效的类型、特征及评定

1. 类型及特征

由于氢在金属中存在的状态不同，以及氢与金属的交互作用的性质不同，氢可以不同的机制使金属脆化。关于氢脆的机制，有多种学说，这些学说都有一定的实验依据，也都能解释一些氢脆现象。如氢压理论，认为金属中的氢在缺陷处聚集成分子态，形成高压气泡，使金属脆化，可以说明钢中白点的成因，并据此制定对策，消除白点。氢化物理论认为氢与金属形成氢化物造成材料脆化。减聚理论认为固溶于金属中的氢降低金属原子间结合力，而使金属变脆，并认为氢使微观塑变局部化，造成滞后塑变，降低屈服应力导致脆性等。下面简要介绍几种主要的氢致脆化类型。

（1）白点

白点又称发裂，是由于钢中存在的过量的氢造成的。锻件（固溶体）中的氢，在锻后冷却较快时，因溶解度的减小而过饱和，并从固溶体中析出。这些析出的氢如果来不及逸出，便在钢中的缺陷处聚集并结合成氢分子，气体氢在局部形成的压力逐渐增高，将钢撕裂，形成微裂纹。如果将这种钢材冲断，断口上可见银白色的椭圆形斑点，即所谓白点。在钢的纵向剖面上，白点呈发纹状。这种白点在 Cr-Ni 结构钢的大锻件中最为严重。历史上曾因此造成许多重大事故，因此上世纪初以来对它的成因及防止方法进行了大量而详尽的研究，并已找出了精炼除气，锻后缓冷或等温退火等工艺方法，以及在钢中加入稀土或其他微量元素使之减弱或消除。

（2）氢蚀

如果氢与钢中的碳发生反应，生成 CH_4 气体，也可以在钢中形成高压，并导致钢材塑性降低，这种现象称为氢蚀。石油工业中的加氢裂化装置就有可能发生氢蚀。CH_4 气泡的形成必须依附于钢中夹杂物或第二相质点。这些第二相质点往往存在于晶界上，如用 Al 脱氧的钢中，晶界上分布着很多细小的夹杂物质点，因此，氢蚀脆化裂纹往往沿晶界发展，形成晶粒状断口。CH_4 的形成和聚集到一定的量，需要一定的时间，因此，氢蚀过程存在孕育期，并且温度越高，孕育期越短。钢发生氢蚀的温度为 300～500 ℃，低于 200 ℃时不发生氢蚀。

为了减缓氢蚀,可降低钢中的含碳量,减少形成 CH_4 的 C 供应,或者加入碳化物形成元素,如 Ti、V 等,它们形成的稳定的碳化物不易分解,可以延长氢蚀的孕育期。

(3)氢化物致脆

在纯钛、α-钛合金、钒、锆、铌及其合金中,氢易形成氢化物,使塑性、韧性降低,产生脆化。这种氢化物又分为两类:一类是熔融金属冷凝后,由于氢的溶解度降低而从过饱和固溶体中析出形成的,称为自发形成氢化物;另一类则是在氢含量较低的情况下,受外拉应力作用,使原来基本上是均匀分布的氢逐渐聚集到裂纹前沿或微孔附近等应力集中处,当其达到足够浓度后,也会析出而形成氢化物。由于它是在外力持续作用下产生的,故称为应力感生氢化物。

金属材料对这种氢化物造成的氢脆敏感性随温度降低及试样缺口的尖锐程度增加而增加。裂纹常沿氢化物与基体的界面扩展,因此,在断口上常看到氢化物。

氢化物的形状和分布对金属的脆性有明显影响。若晶粒粗大,氢化物在晶界上成薄片状,易产生较大的应力集中,危害较大。若晶粒较细小,氢化物多呈块状不连续分布,对氢脆就不太敏感。

(4)氢致延滞断裂

高强度钢或 α-β 钛合金中含有适量的处于固溶状态的氢(原来存在的或从环境介质中吸收的),在低于屈服强度的应力持续作用下,经过一段孕育期后,在内部特别是在三向拉应力区形成裂纹,并且裂纹逐步扩展,最后会突然发生脆性断裂。这种由于氢的作用而产生的延滞断裂现象称为氢致延滞断裂。目前工程上所说的氢脆,大多数是指这类氢脆而言。这类氢脆的特点是:

①只一定温度范围内出现,如高强度钢多出现在-100 ~ 150 ℃之间,而以室温下最敏感。

②提高形变速率,材料对氢脆的敏感性降低。因此,只有在慢速加载试验中才能显示这类氢脆。

③此类氢脆显著降低金属材料的延伸率,但含氢量超过一定数值后,延伸率不再变化,而断面收缩率则随含氢量增加不断下降,且材料强度越高,面缩率下降得越剧烈。

④此类氢脆的裂纹路径与应力大小有关。40CrNiMo 钢的试验表明,当应力强度因子 K_I 较高时,断裂为穿晶韧窝型;K_I 为中等大小时,断裂为准解理与微孔混合型;K_I 较低时,断裂呈沿晶型。此外,断裂类型还与杂质含量有关,杂质含量较高时,晶界偏聚杂质较多,从而可吸收较多氢,造成沿晶断裂。提高纯度,可使断裂由沿晶型向穿晶型过渡。

2. 氢脆的评定

研究氢脆的实验方法与应力腐蚀相同。可以用光滑试样或缺口试样,在一定名义应力条件下,测定断裂时间,建立应力 - 时间($\sigma - t$)曲线。也可以采用预裂纹试样,在电解阴极充氢或气体充氢条件下,测定裂纹扩展速率 da/dt 与应力强度因子 K_I 的关系曲线。图3.28 为Ti5Al2.5Sn 合金在接近一大气压氢气气氛下裂纹扩展速率 da/dt 与裂纹顶端应力强度因子 K_I 的关系。图3.28 中裂纹扩展分为三个阶段:第 Ⅰ 阶段与温度无关,受力学因素和介质因素影响较大。将第 Ⅰ 阶段外延,可得到氢致开裂的门槛值 K_{IHth};第 Ⅱ 阶段与 K_I 因子无关,K_I 在相当大范围变化,da/dt 保持为常数;第 Ⅲ 阶段,裂纹已进入非稳定扩展阶段,受力学因素及温度的影响较大。裂纹体在环境介质作用下的服役时间,可由第

Ⅱ 阶段的 da/dt 进行计算。

氢脆敏感性一般用光滑试样充氢前后拉伸试验的断面收缩率的变化衡量

$$I = \frac{\varphi_0 - \varphi_H}{\varphi_0} \times 100\% \tag{3.40}$$

其中 φ_0 和 φ_H 分别为不含氢和含氢试样的断面收缩率。

也有人认为用断裂比功（即真应力 - 应变曲线下的面积）作参量能更好地反映氢脆敏感性。材料的氢脆敏感性在设计和材料评定中只能作为参考数据，用预裂纹试样所得到的 da/dt 和 K_{IHth} 可用于定量设计计算。

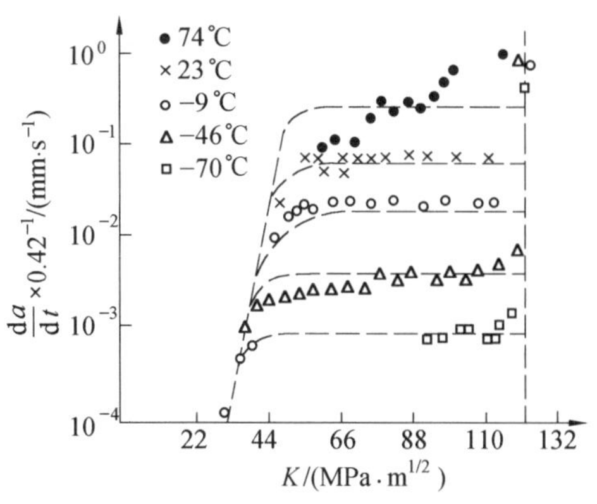

图 3.28　温度对 Ti 合金在氢气氛中裂纹扩展的影响

3.8.3　防止氢脆的措施

由前面的讨论可见，决定氢脆的因素主要有环境、力学及材料三方面，因此要防止氢脆也要从这三方面制定对策。

1. 环境因素

设法切断氢进入金属内的途径，或者通过控制这条途径上的某个关键环节，延缓在这个环节的反应速度，使氢不进入或少进入金属中。例如采用表面涂层，使机件表面与环境介质隔离。还可用在介质中加入抑制剂的方法，如在 100% 干燥 H_2 中加入 0.6% O_2，由于氧原子优先吸附于裂纹顶端阻止氢原子向金属内部扩散，可以有效地抑制裂纹的扩展。又如在 3% NaCl 水溶液中加入浓度 10^{-8} mol/L 的 N - 椰子素、β - 氨基丙酸，也可降低钢中的含氢量，延长高强度钢的断裂时间。

对于需经酸洗和电镀的机件，应制定正确的工艺，防止吸入过多的氢，并在酸洗、电镀后及时进行去氢处理。

2. 力学因素

在机件设计和加工过程中应避免各种产生残余拉应力的因素。采用表面处理，使表面获得残余压应力层，对防止氢脆有良好作用。金属材料抗氢脆的力学性能指标与抗应力腐蚀性能指标一样，可采用氢脆临界应力场强度因子门槛值 K_{IHth} 及裂纹扩展速率 da/dt 来表示。应尽可能选用 K_{IHth} 值高的材料，并力求使零件服役时的 K_I 值小于 K_{IHth}。

3. 材料因素

含碳量较低且硫、磷含量较少的钢，氢脆敏感性低。钢的强度等级越高，对氢脆越敏感。因此，对在含氢介质中服役的高强度钢的强度应有所限制。钢的显微组织对氢脆敏感性也有较大影响，一般按下列顺序递增：下贝氏体，回火马氏体或贝氏体，球化或正火组织。细化晶粒可提高抗氢脆能力，冷变形可使氢脆敏感性增大。因此，正确制定钢的冷热加工工艺，可以提高机件抗氢脆性能。

3.9　腐蚀疲劳失效

3.9.1　概　述

腐蚀疲劳是材料在循环应力和腐蚀介质的共同作用下产生的一种失效形式。与单纯的机械疲劳相比,腐蚀疲劳没有确定的疲劳极限,即使在很低的拉应力作用下,也会发生腐蚀疲劳破坏,因此,$\sigma - N$ 在曲线上,没有明确的转折点。由于环境介质的影响,与机械疲劳过程相比,裂纹形成期短,裂纹扩展速率高,所以腐蚀疲劳的 $\sigma - N$ 曲线在机械疲劳曲线的下方。

腐蚀疲劳裂纹扩展速率还受温度、频率和介质浓度等的影响。温度升高,因腐蚀作用加剧而促进裂纹扩展。加载频率降低,因在峰值应力时停留时间加长,促进介质较充分地发挥腐蚀作用而加快裂纹扩展。关于介质浓度的影响,研究认为,存在一个"临界介质浓度",当介质浓度小于该临界值时,介质浓度增加可显著地加快裂纹扩展。当介质浓度大于该临界值后,介质浓度的改变对裂纹扩展的影响不显著。

基于对腐蚀疲劳过程的认识,曾提出腐蚀疲劳裂纹扩展速率 $(da/dN)_{CF}$ 是机械疲劳裂纹扩展速率 $(da/dN)_F$ 与应力腐蚀裂纹扩展速率 $(da/dN)_{scc}$ 之和的模型,称为叠加模型,即

$$(da/dN)_{CF} = (da/dN)_F + (da/dN)_{scc} \tag{3.41}$$

此模型与钢和钛合金的试验结果符合良好。但试验表明,对于 $K_{max} < K_{Iscc}$ 的情况,因此时 $(da/dN)_{scc} = 0$,反映不出介质对疲劳的影响。实际上,此时介质的影响是存在的,所以上述叠加模型在 K_{Iscc} 附近误差较大。

后来又有人提出如下的所谓过程竞争模型,即

$$(da/dN)_{CF} = \max[(da/dN)_F, (da/dN)_{scc}] \tag{3.42}$$

该模型认为腐蚀疲劳裂纹扩展速率取决于机械疲劳与应力腐蚀二者之中的扩展速率较大者。该模型也得到很多试验结果的支持。

3.9.2　腐蚀疲劳损伤

腐蚀疲劳断裂表面均受到腐蚀破坏,破坏的程度,决定于浸泡在腐蚀介质中时间的长短,可以据此判断腐蚀疲劳与机械疲劳的差别。由于腐蚀介质的作用,腐蚀疲劳断口上存在较多二次裂纹、腐蚀坑和锈斑等特征。腐蚀疲劳断口上的疲劳条纹,因腐蚀而成模糊不清的状态,有时能观察到脆性疲劳条纹的特征。典型腐蚀疲劳断口的电镜形貌如图 3.29 所示。图中可以看出穿晶断裂特征、近似水平的疲劳条纹和二次裂纹。一般情况下,碳钢和铜合金等的腐蚀疲劳断口多为沿晶断裂,而奥氏体不锈钢和镁合金等多形成穿晶断口。此外,腐蚀疲劳电子断口上,由于受介质腐蚀作用,经常可观察到腐蚀坑,泥裂花样及腐蚀产物。

3.9.3　提高零件腐蚀疲劳抗力的措施

关于提高零件腐蚀疲劳抗力的措施,与机械疲劳相似,主要有以下几方面:

(1) 表面感应淬火，提高表面层材料强度，可显著提高钢的腐蚀疲劳抗力，而且随着介质活性的增加，强化效果增大。

(2) 喷丸和表面滚压强化，提高表层材料强度，造成表面残余压应力状态，可显著提高腐蚀疲劳抗力，详见第 8 章。

(3) 表面化学热处理如渗碳、氮化、氰化以及表面扩散渗金属如渗铬、渗碳化铬等，可显著提高钢制零件的腐蚀疲劳抗力。

(4) 电镀

表面电镀 Cr，Ni，Cu 等高熔点金属，在镀层中造成残余拉应力（300 ~ 500 MPa），而且这些金属相对于碳钢来讲是阴极，因此镀这些金属可降低钢在腐蚀介质中的疲劳强度。但是，镀 Zn 可在镀层中造成残余压应力，而且 Zn 在所有介质中相对于碳钢都是阳极，因此镀 Zn 总是提高腐蚀疲劳强度的。此外，镀 Cd 也在镀层中产生残余压应力，可提高钢件在3.5% NaCl 介质中的腐蚀疲劳抗力。

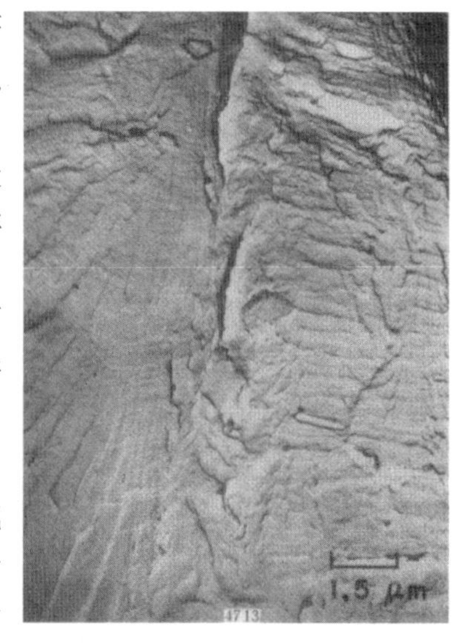

图 3.29　AE81A - T4 镁合金飞机飞轮腐蚀疲劳断口（SEM）

此外，采用涂层防护的方法，使基体金属与腐蚀介质隔离而提高腐蚀疲劳抗力的方法也是工程中经常采用的。

3.9.4　腐蚀疲劳失效的案例

例 1　蒸汽涡轮发电机上的保险阀弹簧在潮湿空气中的腐蚀疲劳断裂

该弹簧由工具钢 H21 制成。当气压达到2.45 MPa 时，保险阀开启，但在压力尚未达到 1.79 MPa 时，保险阀弹簧却破碎为 12 片。弹簧工作环境为水蒸气，其温度在 330 ~ 400 ℃ 范围变化。对碎片目视检查发现，每一断口上均有拇指状断裂源，具有典型的疲劳断口特征。弹簧断口表面特征及同时碎成 12 片的事实说明，弹簧所受均匀载荷主要为扭矩，而且疲劳裂纹在多处造成应力集中，由断口碎片穿过断裂源垂直于断口平面制成剖面试样。观察发现断口表面有腐蚀坑，并且有以腐蚀坑为核心的发散状裂纹。在其中一块试样中，在直径约 1.2 mm 的腐蚀坑边缘产生了约 0.7 mm 和 1.5 mm 的两条裂纹，裂纹面上的腐蚀产物为氧化铁。上述分析表明，弹簧断裂属腐蚀疲劳失效，其原因则是潮湿空气条件下的循环应力。

3.10　磨损失效

3.10.1　概　述

几乎每一个零件相对于另一个零件摩擦时，都要发生磨损，磨损失效在工程土方机械、矿山机械、汽车、拖拉机和农业机械中是一个很突出的失效问题。例如推土机、挖掘机和拖拉机的行走机构（履带板、销套、驱动轮、支重轮等），农具的犁铧、锄、铲，发动机中的曲轴、凸轮轴、汽门挺杆、活塞环、油嘴油泵、齿轮等,都存在磨损现象和磨损失效。但从科学研究的角度处理磨损问题,还不到半个世纪。

自从1966年Jost把摩擦、润滑和磨损这几个互相关联的领域综合成一门学科,定名为"摩擦学"(Tribology)以来,这个与人类生活与生产活动有密切关系的问题受到了人们空前的重视。当时,Jost证明英国如能广泛地应用当时的摩擦学知识,则零件更换和避免故障损失等费用每年可节约5亿英镑以上(约为当时英国国民经济总产值的1%)。后来美国、前苏联、原联邦德国、日本相继发表的类似数据表明都有涉及每年成百亿美元以上的损失问题。据统计,75%零件是由于磨损失效的,而在各类磨损造成的经济损失中,磨料磨损占50%,粘着磨损占15%,其他如冲刷磨损、微动磨损、腐蚀磨损等各将近10%。我国的初步统计,在建材、矿冶、农机、煤炭、电力五个部门,每年因磨料磨损消耗钢材就超过百万吨。目前,我国这方面的损失可能会远远超过英国当时占国民经济产值1%的水平,这不能不引起人们的注意。Rigneg最近谈到:大家公认腐蚀是一个大问题,涉及面宽,经济上损失惊人。然而摩擦学所涉及的面可能更宽而损失要比腐蚀大五倍以上,但是目前人们对摩擦学的了解比起腐蚀来要少得多。这也就是近几十年来,国际上摩擦学研究得到大力发展的重要原因,特别在能源问题提出后,这个问题就更加受到人们的重视。

应该说摩擦学是一门综合性学科,它涉及化学、物理、材料学、流体和固体力学等许多学科领域。同时,要研究的还是一个系统动态过程。因此,它是一个复杂的问题。这也就是为什么史前时期,人类就知道摩擦现象及其应用,直到上世纪60年代中期才提出这门学科的原因。

摩擦学中述及的三个问题:摩擦、润滑和磨损是互有牵连的,摩擦是两个互相接触的物体相对运动时必然会出现的现象,磨损是摩擦现象的必然结果,润滑则是降低摩擦和减少磨损的重要措施。磨损是零件失效分析要研究的主要对象之一。

关于磨损分类目前还没有统一的看法,本书根据前人的研究结果,采用B. N. Kocteukun等人的分类法,将磨损分为氧化磨损、咬合磨损(第一类粘着磨损)、热磨损(第二类粘着磨损)、磨粒磨损和表面疲劳磨损(即接触疲劳)。

3.10.2 磨损机制及行为特征

1. 氧化磨损(腐蚀磨损的形式之一)

实验证明,所有存在于大气中的金属表面都存在氧的吸附层。图3.30为经机加工后金属表面在干摩擦(图3.30(a))、边界摩擦(图3.30(b))和液体摩擦(图3.30(c))条件下氧吸附层的结构。其中第一层(氧的物理吸附层)和第二层(氧的化学吸附层)都是由于金属与周围空气中的氧交互作用的结果,这已为大量实验所证实。第三层(塑性变形层)是由于切削或磨削加工所引起的。在边界摩擦情况下,如图3.30(b)所示,由于边界膜的厚度比两摩擦表面的粗糙度之和要小,故实际上两摩擦表面之间有局部接触区。

氧化磨损是指两零件表面相对运动时(不论是滑动摩擦或是滚动摩擦),在发生塑性变形的同时,由于已形成的氧化膜在摩擦接触点处遭到破坏,紧接着在该处又立即形成新的氧化膜。这样,便不断有氧化膜自金属表面脱落,使零件表面物质逐渐损耗,这一过程称为氧化磨损。

氧化磨损在各种滑动速度和比压条件下(无论干摩擦或边界摩擦)都可以发生,只是程度不同而已。因此它是工程中普遍存在的一种磨损形式。和其他类型磨损比较,氧化

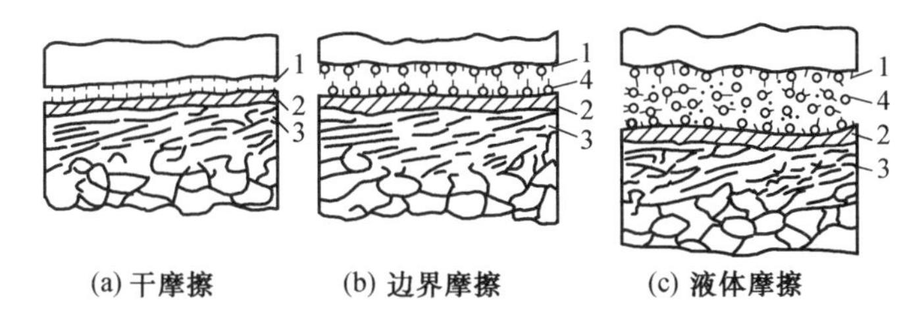

图 3.30　金属表面吸附层构造(示意图)

1— 氧的物理吸附层　2— 氧的化学吸附层

3— 塑性变形区　4— 润滑油层

磨损具有最小的磨损速度(磨损速度约为0.1 ~ 0.5 μm/h),因此它是工程中惟一允许的磨损。氧化磨损导致的零件失效可认为是正常失效。据此,和磨损做斗争的指导原则首先在零件材料选择、工艺制定、结构设计和维修使用润滑等方面创造条件使零件原来会出现的其他磨损类型转化成为氧化磨损。例如在干摩擦条件下,对非淬火钢而言氧化磨损只出现在滑动速度为 1.5 ~ 4 m/s 范围;对淬火钢而言则出现在从最小速度到 6 ~ 7 m/s 范围。若改成边界润滑条件后,则从最小速度到 20 m/s 范围都表现为氧化磨损。其次再设法减少氧化磨损的速度,从而达到延长零件使用寿命的目的。

2. 咬合磨损(第一类粘着磨损)

咬合磨损是指偶件表面某些摩擦点处氧化膜被破坏,偶件之间形成金属结合,结合点的强度分两种情况,一是比基金属强度高(即结合点处金属被强化了),则随后相对滑动时基金属屡遭破坏;二是比基金属强度低,则是结合点遭破坏。这种形式的磨损称为咬合磨损。

咬合磨损只发生在滑动摩擦条件下。当零件表面缺乏润滑、相对滑动速度很小(对钢 < 1m/s),而比压很大,超过表面实际接触点处屈服极限的时候,便发生咬合磨损。设摩擦面上有 n 个突起部相接触,其中一个如图3.31所示。在压力 $\frac{F}{n}$ 作用下,此凸起部位塑性流变,最后发生粘着,粘着处直径为 d。若材料的流变强度为 σ_d,则 $\frac{F}{n} = \frac{\pi d^2}{4} \cdot \sigma_d$,即

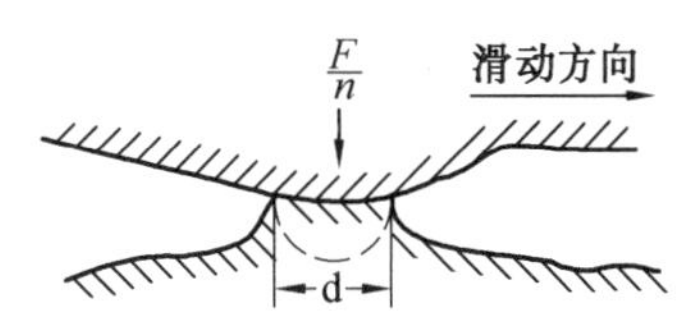

图 3.31　摩擦面上的凸起接触

$$F = n \cdot \frac{\pi d^2}{4} \cdot \sigma_d \tag{3.43}$$

由于相对滑动,直径为 d 的半球状磨损物从材质较软的零件表面拽出。若发生这种现象的概率为 K,则当滑动距离 L 后,总的被拉拽出来的磨损量为 V,即

$$V = K \cdot n \cdot \frac{1}{2} \cdot \frac{1}{6}\pi d^3 \cdot \frac{L}{d} \tag{3.44}$$

将式(3.43) 代入式(3.44) 得到

$$V = K \cdot \frac{FL}{3\sigma_d} = K\frac{FL}{\text{HB}} \tag{3.45}$$

式(3.45) 表明,磨损量 V 与载荷 F、滑动距离 L 成正比,与材料硬度成反比。式中 K 代表粘着概率,实际上反映配对材料抗粘着能力的大小,称为粘着磨损系数。例如在室温下,清洁表面铜/铜,$K = 10^{-2}$;铜/低碳钢,$K = 10^{-3}$;铜/表面淬火钢,$K = 10^{-6}$。又如在室温

下真空中,不锈钢/不锈钢,清洁表面 $K = 10^{-3}$;若表面覆以 Sn 薄膜,$K = 10^{-7}$;覆以 MoS_2,$K = 10^{-9} \sim 10^{-10}$。由此可见,防止粘着磨损的另一个措施就是在金属表面覆以薄膜,如蒸汽处理、硫化、磷化、硅化等。

上述各种措施,归纳起来都可集中到式(3.45)。合理配对和表面覆盖层的目的在于减小 K 值,减小表面粗造度也可减小 K,加载不要超过材料硬度值的1/3,目的是为了减小 F。此外就是尽可能提高材料的硬度,使 HB 增大,以减小磨损量 V。

3. 热磨损(第二类粘着磨损)

热磨损通常发生在滑动摩擦时(不论有无润滑)。当滑动速度很大(钢对钢而言,大于3 ~ 4 m/s),比压也很大的时候,将产生大量摩擦热使润滑油变质,并使表层金属加热到软化温度,在接触点处发生局部金属粘着,出现较大金属质点的撕裂脱离甚至熔化,这种形式的磨损称为热磨损。因此,热磨损在重载和高速零件中表现最多也最为明显,它是发展这类机械中遇到的重大阻碍之一。热磨损的磨损速度也较大,为1 ~ 5 μm/h。

图3.32为热磨损时摩擦点处表层结构模型。在实际接触点处氧的物理吸附层和化学吸附层均遭破坏而发生金属直接粘着。表层存在的二次淬硬层组织是在摩擦面的相对运动停止时产生的。因为摩擦时最表层处有大量的热量集中,使该处温度超过钢的相变临界点,运动停止后热量很快传递到金属表层下的深处,其冷却速度已超过淬火临界冷却速度而形成二次淬硬层。

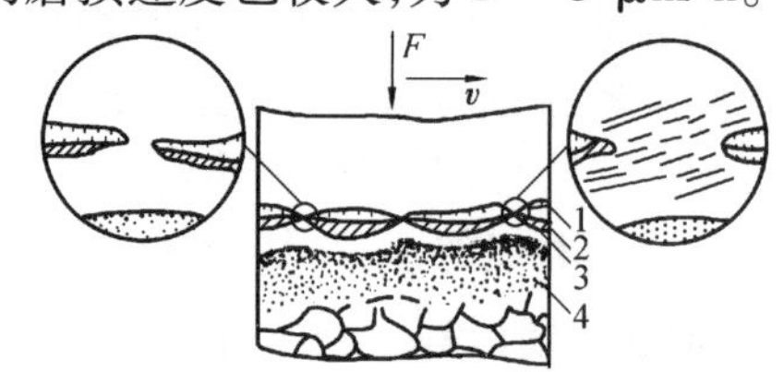

图3.32 热磨损时摩擦点处表层结构示意图
1— 氧的物理吸附层;2— 氧的化学吸附层;3— 二次淬硬层组织;4— 回火层

因为引起热磨损的原因主要是摩擦区形成的热。因此,防止热磨损有两个基本原则:一是设法减少摩擦区形成热,使摩擦区的温度低于热稳定性的临界温度和润滑油热稳定性的临界温度;二是设法提高金属热稳定性和润滑油的热稳定性。

针对第一个原则,设计上可采取在摩擦区增加水冷或气冷的结构措施,以及改变工件摩擦区的形状和尺寸,使形成的摩擦热尽可能快地传到周围介质中去,由冷却介质传走。工艺上采取在工件表面造成硫的、磷的或氯的非金属薄膜以减轻热粘着。在维护运转上注意不要过载,保证润滑正常以及在润滑油中加入能在表面强烈进行反应生成不倾向于粘着的二次组织的添加剂。

针对第二个原则,在材料选择上应选用热稳定性高的合金钢并进行正确的热处理,或采用热稳定性高的硬质合金堆焊。

4. 磨粒磨损

磨粒磨损是由于硬质点摩擦零件表面引起的。当硬质点(硬磨粒)在压力下滑过或滚过一个表面或者当一个硬表面(包含有硬质点)擦过另一个表面时,就产生磨粒磨损。

一些以土块、泥沙、岩石或矿石为工作对象的机械零部件,例如挖掘机铲头、联合掘进机刀具、搅拌机叶片、凿岩机的钎头钎杆、各种履带板,以及农机具都发生严重的磨粒磨损。泥沙和岩石尖角,像许多刀具一样,不断切割零件表面,使零件表面产生比较均匀的,但是严重的磨损。磨损速度也较大,能达0.5 ~ 5 μm/h。

一些在含有泥沙或磨粒的介质中工作的零部件,例如水轮机叶片,内河轮船螺旋桨,高速运转的零件被泥沙冲刷而磨损。

工程机械的各种开式齿轮，以及相对运动的零件或当润滑油不干净时，均会发生磨粒磨损。例如，曲轴的主轴颈可能被污染的润滑油中所含的磨粒严重切割和刮伤。

因为磨粒磨损主要与摩擦区存在磨粒有关，所以在各种滑动速度与比压下都可能发生。磨粒磨损速度主要取决于磨粒性质（主要是相对于被磨金属的硬度高低）、形状和大小。

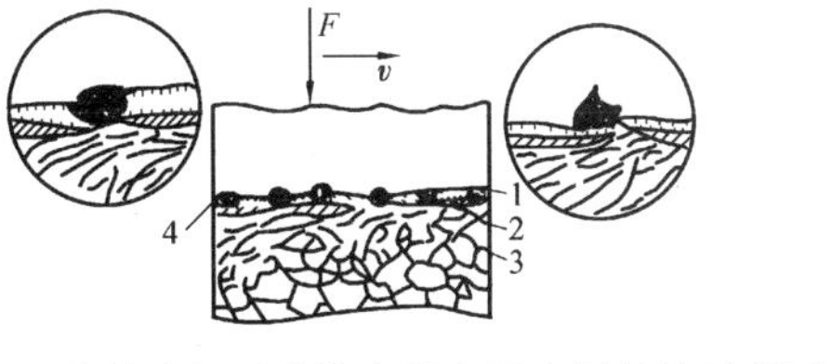

图 3.33 中左图表示磨粒的棱角并不尖锐，突出部分高度也小，此时磨粒不是切割表面，而是以较大的力沿摩擦表面滑动，造成表面较大的塑性变形（塑性变形传播到较大深度，即从 60 ~ 100 μm）。有鉴于此，一种观点认为磨损是由于磨粒使表面产生循环变形发生疲劳破坏。若磨粒的棱角尖锐且凸出较高，如图3.33 的右图所示，则当作用于其上的切应力和正应力超过被磨金属极限强度的时候，即发生微观体积范围内的金属被切割下来的现象。

图 3.33　磨粒磨损时摩擦点处金属表层结构示意图

1— 氧的物理吸附层；2— 氧的化学吸附层；3— 塑性变形层；4— 磨粒

研究表明，磨粒磨损取决于磨粒硬度 H_a 和 H_m 金属硬度之间的相对高低。于是得到图 3.34 所示的三种不同磨损状态（金属磨损体积分别对应于图中 Ⅰ、Ⅱ、Ⅲ 区）：

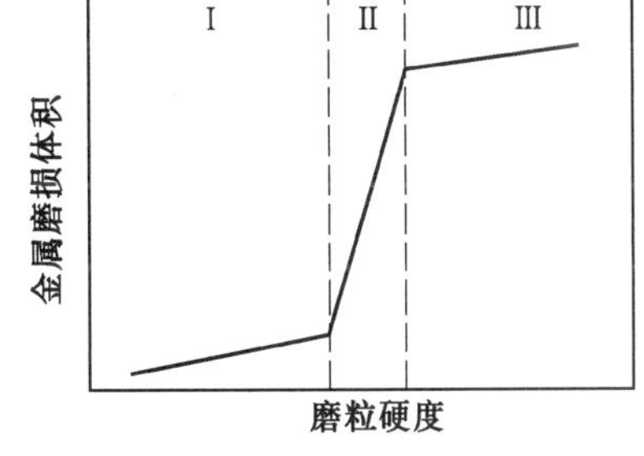

图 3.34　磨粒硬度对金属磨损量的影响

① 低磨损状态　　$H_a < H_m$

② 磨损转化状态　　$H_a \approx H_m$

③ 高磨损状态　　$H_a > H_m$

这就导致一个重要结论：为了减小磨粒磨损量，金属的硬度 H_m 应比磨粒的硬度 H_a 约高出 0.3 倍，即

$$H_m \approx 1.3H_a$$

上式可以作为低磨粒磨损率的判据。经验表明，不必将材料硬度 H_m 增加到超过 H_a，因为这样不会得到更显著的改善。

5. 接触疲劳

（1）接触应力的概念

零件表面在接触应力的反复作用下引起的表面疲劳破坏，称为接触疲劳。工程上有许多零件存在接触疲劳失效，例如齿轮、凸轮、摩擦板、滚动轴承、火车轮与钢轨等。一些在冲击接触应力下工作的零件，如锻模，铆钉窝和风动工具的失效也包含有接触疲劳问题。

若两接触物体在加载前为线接触（如圆柱与圆柱、圆柱与平面的接触），加载后因产生弹性变形，接触处即由线接触变为面接触。图 3.35 为半径为 R_1 和 R_2 的两圆柱体接触的情况，接触面宽度为 $2b$。图3.36 表示主应力 σ_x，σ_y，σ_z 和主切应力 τ_{45} =

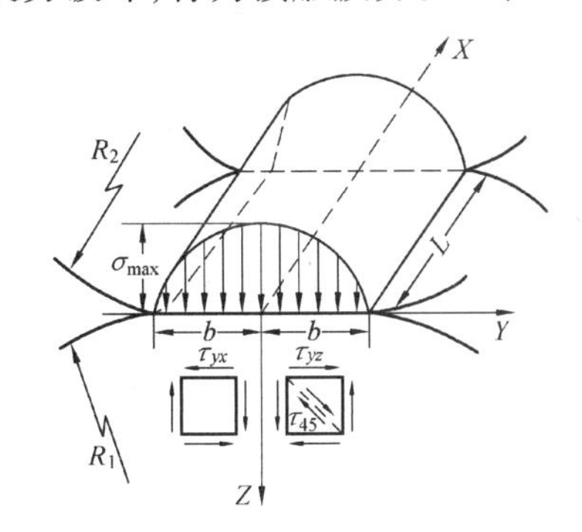

图 3.35　两圆柱体接触表面应力分布

$\frac{1}{2}(\sigma_x - \sigma_y)$ 在 yz 平面内的分布情况。由图可见，正应力(即主应力)都是在表面处最大，离表面往深度方向(即 z 方向)发展时则逐渐减小。但切应力 τ_{45} 却不是这样，在无摩擦力时，其最大值位于离表面深度 $z = 0.786\ b$ 处，即在表层下大约接触面半宽度的 $\frac{3}{4}$ 处。此处 $\tau_{45\max} = 0.3\sigma_{\max}$。图 3.37 为 τ_{yz} 沿 yz 平面分布的情况。其最大值位于离表面深度 $z = 0.5b$ 处。上述这些切应力分布特点，对研究接触疲劳问题有重要用途。

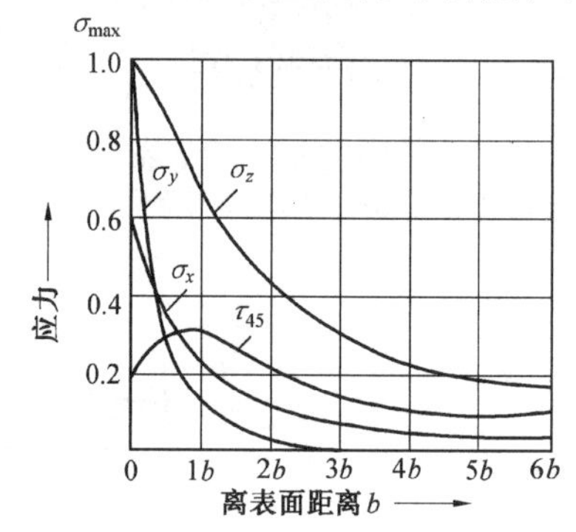

图3.36　主应力 σ_x、σ_y、σ_z 和主切应力 τ_{45} 沿图 3.35 所示 yz 平面分布情况

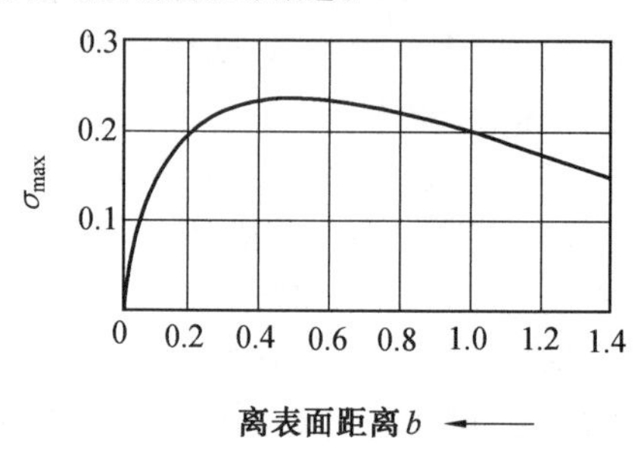

图 3.37　正交切应力 τ_{yz} 沿图 3.35 所示 yz 平面分布情况

上述讨论的都是线接触情况，至于点接触情况下的接触应力大小分布，情况与此相似，也是在距表面 0.786b 深度处主切应力最大，$\tau_{45\max} = 0.3\sigma_{\max}$ 等。

(2) 接触疲劳的类型及行为特征

① 裂纹源于次表层的麻点剥落。和其他疲劳一样，接触疲劳也有一个裂纹萌生与扩展的过程。裂纹萌生一般都是由于在切应力作用下因塑性变形而引起。从上面对接触应力的分析已知，切应力 τ_{45} 在离表面 0.786b 处最大，$\tau_{45\max} = 0.3\sigma_{\max}$。当接触件相对滚动时，脉动切应力在 $0 \sim \tau_{45\max}$ 间变化。但是按 Lundeberg-Palmgren 理论，对于接触疲劳破坏最危险的还不是主切应力的最大值 $\tau_{45\max}$，而是距表面约为 $z_0 = 0.56$ 处的平行于接触表面的对称循环切应力 τ_{yz} 的最大值 $\tau_{yz\max}$。其深度比 $\tau_{45\max}$ 的位置浅一些，$\tau_{yz\max} = \pm 0.256\sigma_{\max}$。由此可见，$2\tau_{yz\max}$ 大于 $\tau_{45\max}$，源于 z_0 处的裂纹 $\tau_{yz\max}$ 在反复作用下沿与滚动表面平行的方向扩展一段后，可能产生垂直于表面或倾斜于表面的分支裂纹，当分支裂纹发展到表面时即发生麻点剥落，留下一个比较平直的麻坑。这就是裂纹源于次表层的麻点剥落，如图 3.38 所示。显然，这种类型的疲劳失效多发生在纯滚动，或摩擦力很小，接近于纯滚动的情况下。例如，滚动轴承中滚动体与滚道之间基本上属于纯滚动，故在滚动轴承设计中采用麻点剥落起源于次表层的观点。

② 裂纹源于表层的麻点剥落。当一个零件在弹性体平面上滚动带有滑动，并在表面有滚动方向的摩擦力作用时，最大切应力的位置将发生改变。随着滑动比增加，摩擦系数增大，最大切应力的位置会向表面移动。对整体硬化材料而言，当摩擦系数增大到 0.1 以上，最大切应力位置已移到表面，这时疲劳裂纹就从表面产生。裂纹沿与表面成小于 45° 夹角的方向扩展。其倾角大小视摩擦大小而定。润滑油在这种裂纹发展过程中起着很大的作用。如图 3.39 所示，油可自裂缝挤入，裂纹不因油压力而扩展，当油楔入裂纹并被封

闭时(图3.39(a)),接触件在滚压过程中将封闭在裂纹内部的油向裂纹尖端挤,形成较大的油压,使裂纹扩展。当裂纹扩展到一定深度,裂纹上部金属形同一悬臂梁(图3.39(c)),即在随后的加载中折断,造成剥落,留下一个麻坑(图3.39(d))。这就是裂纹源于表面的麻点剥落。如果说滚动轴承基本上属于纯滚动,那么齿轮副除节圆啮合处也属纯滚动外,在齿面其他部位则是带有一定滑动的滚动。大量观察表明,齿面麻点剥落都出现在离节圆一定距离处,并且主要出现在靠近齿根一侧。因此,在齿轮设计中目前大多采用麻点剥落起源于表层的观点。

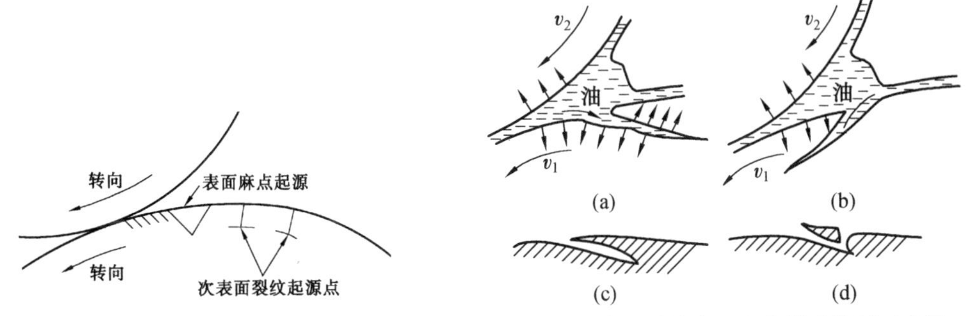

图3.38　表面麻点和次表面裂纹形成示意图

图3.39　表面裂纹发展和润滑油作用示意图

③ 裂纹源于硬化层与心部交界处的表层剥落。这种表层剥落仅发生在经过表面强化处理的工件上。与次表层麻点剥落不同,这种表层剥落的疲劳裂纹不是源于最大切应力处,而是源于硬化层与心部交界处(图3.40),这是由于该处切应力与材料的剪切强度之比超过某一数值的结果。下面分析经过表面处理或表面化学热处理后在工件表面产生的残余应力对表层下应力分布的影响。图3.41为化学热处理,如渗碳后残余应力的分布情况,最大残余压应力约在半渗碳层深的地方,而在交界处常发生由残余压应力向残余拉应力的转变。它和接触载荷所引起的应力叠加之后,形成的合成切应力如图3.42(a)所示,即出现两个极大值。图中的剪切屈服强度是从图3.41中硬度值换算过来的平均剪切屈服强度。

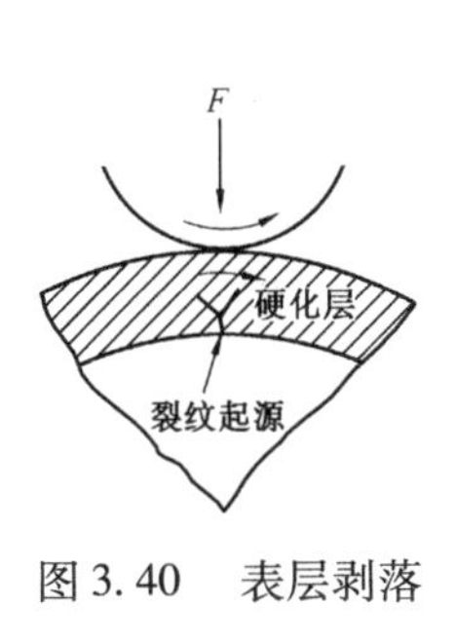

图3.40　表层剥落

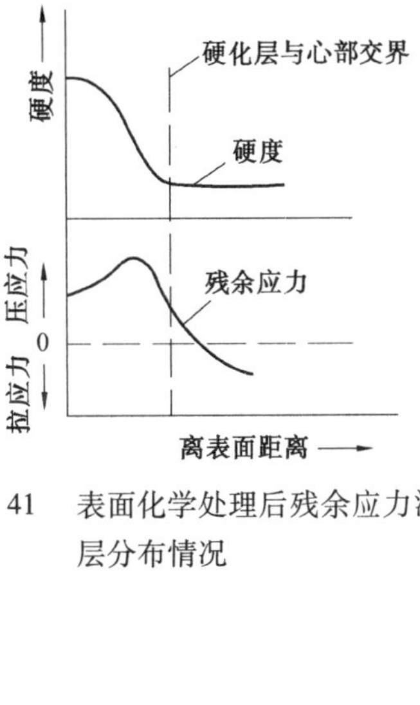

硬化层与心部交界

硬度

硬度

压应力

拉应力

0

残余应力

离表面距离

图3.41　表面化学处理后残余应力沿渗层分布情况

由图3.42(a)可作出图3.42(b)的曲线。由图可知,大约在表层与心部交界处,切应力/剪切强度这一比值达到最大。这里为零件强度的薄弱环节。表面渗碳淬火试样的试验表明,当切应力/剪切强度这一比值大于0.55时,即会产生疲劳裂纹。裂纹平行于表面扩展后,再垂直向表面发展而出现表层大块状剥落。当比值小于0.55时,则出现表层剥落和麻点剥落的混合剥落区。当比值小于0.5,则只出现麻点剥落。由此可见,在其他条件相同的情况下,比值的高低决定了疲劳裂纹源的位置、裂纹扩展方向和寿命的高低,也就决定了接触疲劳的破坏类型和特征。

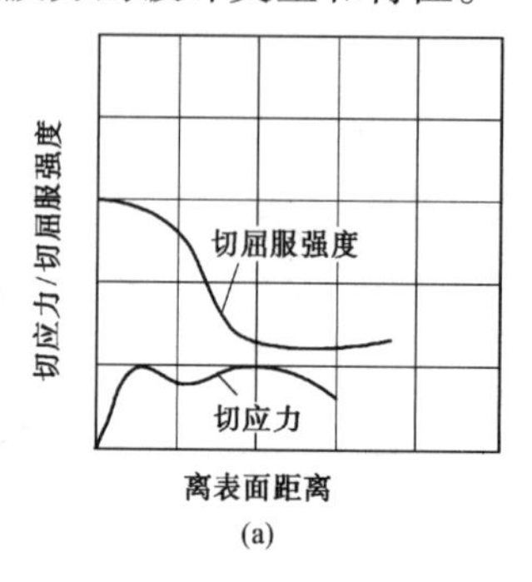

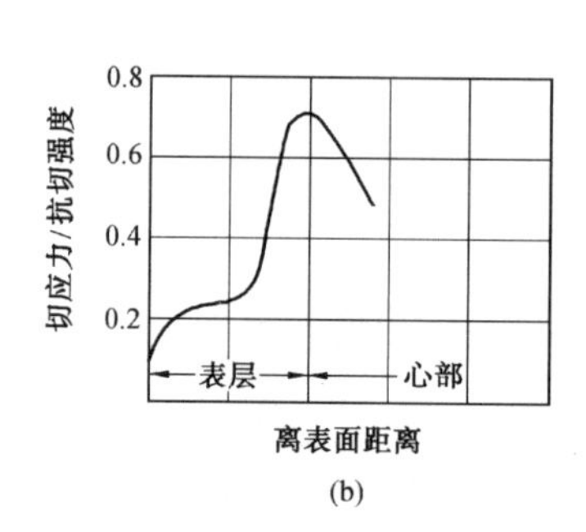

图3.42　表面化学热处理后合成切应力、材料切屈服强度和它们的比值沿渗层分布情况

6. 微动损伤(咬蚀)

微动损伤(咬蚀)是一种表面损伤,常发生在紧配合件和连接件的配合处,如嵌合联接的汽轮机叶片的叶根部分,螺栓联接、铰(耳环)连接的连接部分。当这些联接件在循环载荷作用和振动影响下,其配合面的某些局部区域(如图3.43中箭头所指处)发生相对滑动。图3.43表示紧配合轴在反复弯矩 $\pm M$ 作用下弯曲,从配合区 A 点至边缘,各点的滑动量由零增加至 $\pm dl$。试验证明,正是这种非常小的相对微量滑动(大致在微米数量级,约2 ~ 20μm)就足以产生微动损伤(咬蚀)现象,其表现为在零件配合表面损伤区颜色改变,有一定深度的磨痕和坑斑,出现许多褐红色(钢制零件表面)或黑色(铝或镁合金制零件表面)的碎屑。这些碎屑,在继续微动条件下,起到磨粒作用,受高的接触应力,使局部表面发生磨损,此即微动磨损。

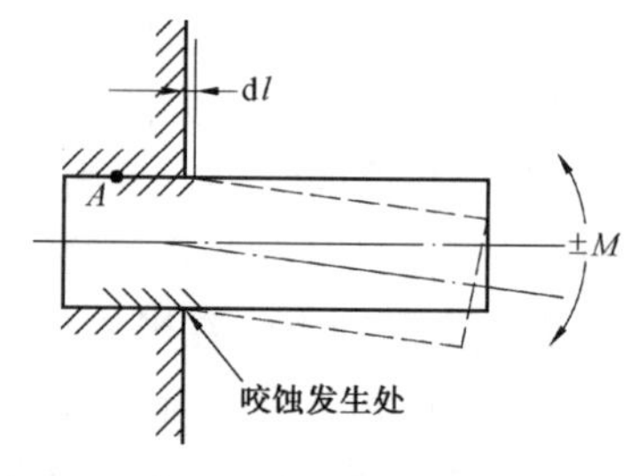

图3.43　紧配合轴微动损伤(咬蚀)发生处

由于微动磨损,使工件表面局部应力升高,在凸凹表面在微动接触条件下,可引发疲劳裂纹,或者在此表面的交变剪切应力使微动区表层材料出现分层而诱发疲劳裂纹,最终导致疲劳断裂,此称为微动疲劳。材料在微动条件下的疲劳抗力远低于一般条件下的疲劳抗力,如图3.44所示。可用疲劳强度下降比 $\beta = \sigma_{-1}^{F}/\sigma_{-1}$($\sigma_{-1}^{F}$ 为微动损伤条件下材料的疲劳强度)来表示微动条件下的疲劳性能下降程度。微动疲劳失效时有发生,而且后果严重,这也是一种重要的失效形式。

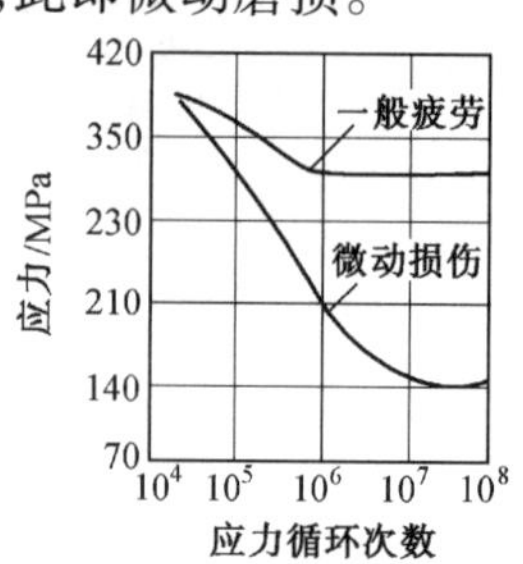

图3.44　微动损伤(咬蚀)对0.24w%C锻钢疲劳寿命的影响

因为微动磨损的起因是微振及电化学腐蚀，故防治措施首先是加强紧配合，使不出现微振。不能做到这一点时可采取在摩擦副间加绝缘层，例如充填聚四氟乙烯（套或膜），或润滑油。

3.10.3　磨损失效判断和改善耐磨性的措施

磨损失效分析的做法类似于断裂失效分析方法，与断口分析类似，主要是观察磨损表面形貌及对磨屑进行分析。表面磨损痕迹记录了磨损过程，是判断磨损机制的重要手段，根据服役条件，分析失效原因，从而提出相应的提高磨损抗力的措施。近十多年来，对磨屑的分析也日益受到重视，因为磨屑形态可更直接地说明磨损机制。为判断亚表层的组织结构变化还应辅以剖面金相观察。放大镜和立体显微镜是非常有用的工具，金相显微镜可用于观察剖面组织结构，但光学显微镜的景深不够，扫描电镜适宜于高倍观察，如配有能谱或波谱，则可对磨损表面粘附物进行区分。为进行表面微区薄层分析，还可采用俄歇谱仪等。近年来正在发展超声显微镜，利用超声的声波反射现象，虽然分辨率因受波长限制，目前只能做到光学显微镜的分辨率（0.2 μm），但也能反映近表面层的一些信息，对磨损件失效分析有特殊意义。

磨损失效分析是在收集与观察磨损实物的基础上，判断失效主要属哪一类磨损形式，如磨粒磨损，表面有顺滑动方向的沟槽，而粘着磨损则有粘着痕迹，腐蚀条件则有腐蚀产物等。同时也应与摩擦副的工作条件结合起来判断，如冲蚀磨损，微振磨损等都是在特定工况下发生的。磨料磨损一般是在硬度相差较大的偶件间发生的，硬度相差不大的金属偶件在不能完全润滑的条件下，一般只应发生粘着磨损，如失效形式是磨料磨损，那就要考虑是否有外来硬粒子（如润滑油过滤系统坏了）或是否有腐蚀条件产生了腐蚀产物（如氧化物膜破裂后形成的磨屑起了磨料作用等）。如主要失效形式为粘着磨损，那一定是油膜破坏（或建立的油膜厚度不足保证完全润滑）引起的，那就要从载荷、速度、油特性以及工件的表面光洁度和几何形状去分析油膜破坏原因并加以改进。造成不正常磨损的原因不外是原设计问题，加工制造问题，选材或材料质量问题，还有装配运行不当这四个方面，可根据失效实物观察与现场情况调查去重点分析是哪个方面的问题。例如滚珠轴承，设计选材和制造都已有成熟经验了，如在机器刚运转不久就出现噪音或温升，那主要应从轴承安装调整或运行条件中去找原因。例如径向轴承出现了这个现象，那可能是安装时发生轴向偏心，是否如此，只要把轴承拆下来，用放大镜观察轴承套的磨道形貌，如动套上磨痕很宽，而固定套上磨痕呈斜椭圆，那就肯定是轴承在轴承座中存在偏心。偏心程度与动套磨痕宽度和固定套磨痕斜椭圆的斜度成正比。

表 3.7 列出了不同磨损形式下的磨损机制，可作为失效判断的参考。同时有几种机制时，要根据实际工件条件，找出导致失效的主要机制，这样才能有针对性地采取抗磨措施。表中所列的措施，偏重在材料选用上。对于具体的磨损失效分析，应同时从结构设计，加工工艺及改善运动条件上考虑并综合治理。

表 3.7　判断磨损失效机制及对抗磨措施建议

序号	磨损类型	常见服役条件下的定义	主要磨损机制	磨损表面损伤过程及其特征	磨屑的形成及形貌	抗磨措施	应用举例
1	磨粒磨损Ⅰ	相对滑动的工作表面，由硬质点机械作用所引起的人们不希望的表面损伤并以碎片形式局部脱落	微切削 低周疲劳 脆性断裂（或崩落）	锐利磨料（$\alpha\alpha_{cs}$）切削材料表面，形成较规则的沟槽，韧性好的材料沟边产生毛刺，较硬而较脆材料沟边比较光滑，沟边有一定的塑性变形； 磨料不够锐利，不能有效地切削金属，只能将金属推挤向磨粒运动方向的两侧或前方，使表面形成沟槽，沟槽两边材料隆起，或沟槽前方材料隆起变形严重； 脆性相断裂或硬质点脱落，形成坑或孔洞	1. 切屑形磨屑形貌如同刨屑一样，与磨粒摩擦的一面上留有微细磨痕，另一面是剪切皱折；较硬材料或加工硬化指数高的材料卷曲特征明显，而铝、铜、纯铁韧性好的材料反而皱折少而不够卷曲； 2. 变形磨屑无剪切皱折，另一面磨痕也不明显，但两边中常有一边是自由变形，严重剪切开裂；另一边是撕裂特征； 3. 脆性碎屑	1. 提高材料的硬度，或采用有第二相硬质点的材料，提高材料的切削抗力。在高应力，高滑动速度条件下选择具有高温硬质材料或二次析出硬化型材料，能有较好效果； 2. 对出现脆性碎屑的情况改用韧性较好的或改善脆性相粒度；改善润滑条件及防止>1μ磨粒进入接触面； 3. 设计上防止高接触应力	例如 1. 斗轮机斗齿和挖掘机铲齿； 2. 各种配合滑动表面
2	磨粒磨损Ⅱ	硬物以一定能量压入材料表面，使之过度塑性变形，或经多次变形造成过度塑性变形；局部碎裂导致局部脱落，也可能有短程微刀削。	低周疲劳 高周疲劳 微切削	类似各种破碎机磨损件的工况条件下，硬磨粒被多次压入金属表面使材料发生多次塑性变形，加工硬化表面能有效地减低磨损，但在低周疲劳条件下，材料亚表面层或表面层出现了裂纹和裂纹扩展而形成碎片；磨粒在压下时也可能发生短程滑动出现少量微切屑	碎薄片 颗粒状碎屑	对压溃强度高的磨粒选用具有较高加工硬化指数（$\sigma_b/\sigma_s>1.4$ 或 $n>0.20$）、高硬度，或低奥氏体稳定性的材料，使之变形时易发生马氏体转变；对压溃强度低的磨料，选用高硬度材料，如高铬钢或高铬白口铸铁	腭式破碎机、锥式破碎机、辊式破碎机等
3	疲劳磨损	由交变应力的反复作用而出现的接触疲劳磨损，造成材料表面层下开裂，开裂后形成碎片脱落；或液滴冲击表面造成损伤，亚表层有同心及辐射裂纹	高周疲劳 低周疲劳	在交变应力作用下，工作表面出现点蚀坑和剥落，磨损表面上出现的深约 20 μ 的浅坑称为微观点蚀；深约 200 μ 左右称为深层剥落。宏观表面粗糙，亚表层有平行表面裂纹； 微观是细小坑，坑表面粗糙；鱼鳞坑，亚表层有同心及辐射裂纹	片状磨屑 微细碎屑	设计上增加接触面积及改善润滑条件以降低接触应力，工艺上应增加表面光洁度，材料上应防止微区域应力集中。形状正确，表面光洁度高	滚动轴承 齿轮 凸轮顶杆 泵以及水轮机叶片、过流部件通道

续表3.7

序号	磨损类型	常见服役条件下的定义	主要磨损机制	磨损表面损伤过程及其特征	磨屑的形成及形貌	抗磨措施	应用举例
4	粘着磨损	由于真实接触面积上材料间分子引力作用发生粘着，在剪应力作用下发生断裂形成磨屑或原子从一个表面转移到另一表面上去	分子吸引，物质迁移； 冷焊后脆性或韧性断裂	两个配合表面，只有真实接触面积上发生接触，局部应力很高，使之严重塑性变形并产生牢固的粘着(粘附)或焊合，在切应力作用下。粘合部位中强度较低材料被撕裂，零件表面上形成一个表面粗糙的凹坑	不规则形状碎屑(粘着下来的颗粒又被变形)，这种碎屑硬度很高可对表面形成磨料磨损，磨料磨损形成的磨屑还是硬度很高，继续发生磨料磨损，磨损方式由粘着转化为磨料磨损	1. 提高表面光洁度以降低微区接触应力； 2. 有润滑剂隔离接触表面或表面有化合物的保护膜； 3. 配对材料选用不同类材料	汽缸套 活塞 径向滑动轴承
5	冲蚀磨损	高速粒子流或液流中含有粒子对零件工作表面不断冲蚀造成宏观选择性或微观选择性磨损	微切削、反复变形导致疲劳	由于粒子的冲刷，形成短程沟槽是磨粒切削、金属变形的结果，在磨损表面上宏观粗糙，有些粒子压嵌在表面上，似浮雕山水画，粒子冲击出许多小坑，金属有一定的变形层，变形层有裂纹产生甚至形成局部熔化，软相基体首先磨损，硬相磨损速率较低	细颗粒 小片状颗粒	1. 选用硬质材料能有效地提高干磨粒的冲蚀磨损； 2. 设计上改变粒流的冲击角； 3. 降低物流速率； 4. 增大物流中流体对固体粒子的比例	风扇磨打击板； 砂泵
6	腐蚀磨损	发生化学作用或电化学作用而产生的松脆腐蚀物，又由于物体相对运动而磨掉，加速材料流失	化学反应(由于介质或高温作用)，电化学反应	表面形成一层松脆的化合物，当配合表面接触运动时被磨掉，露出新鲜表面又很快腐蚀磨掉的一种循环过程，腐蚀加速磨损，磨损加速腐蚀； 微动磨损过程产生的氧化物一类磨损本质也是化学作用，但其后果更为严重	腐蚀产物	改善介质条件，用合金化法增加材料的耐腐蚀性，或改用单相均质材料，或采用表面保护措施，去除残留拉应力等	水田耕作机械零件泵及阀体

3.11　蠕变失效

3.11.1　概　述

蠕变是金属零件在应力和高温的长期作用下,产生永久变形的失效现象。晶粒沿晶界滑动产生形变是蠕变的主要机理。当形变温度升高到0.35 ~ 0.7T_m(T_m是熔点的绝对温度)时,晶界附近的薄层区域内发生恢复而软化,形变得以进行。变形后又产生畸变,于是需要再恢复和再软化,以保持形变在这些区域中继续进行,这就是所谓的晶界滑动。由于恢复需要一定的温度和时间,因而晶界滑动要在高于某一定温度的条件下才能进行。

金属拉伸蠕变曲线如图3.45所示,图中曲线Ⅰ为典型的蠕变曲线。它分为三个阶段:

第一阶段,蠕变速率由快逐渐变缓,它与晶体缺陷的重新分布有关。

第二阶段,表明硬化与恢复这两种机理处于平衡状态,蠕变速率恒定。这一阶段在蠕变的全过程中占据较大的比例。

第三阶段,表现为蠕变速率加快,此时金属的形变硬化已不足以阻止金属的变形,而且有效截面的减小,促使蠕变速率加快,最后导致断裂。

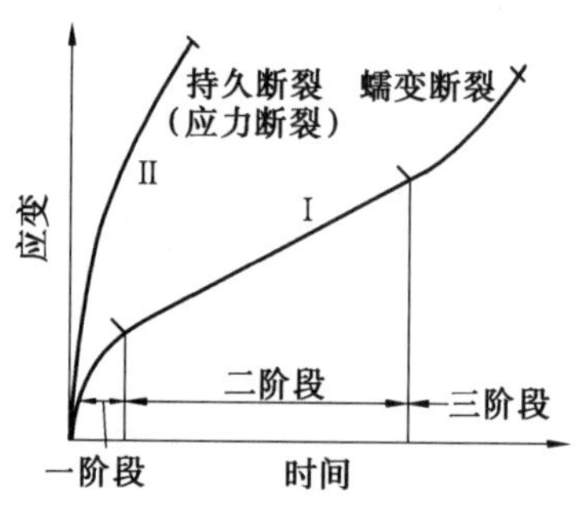

图3.45　金属拉伸蠕变曲线

并非任何材料的蠕变曲线均出现上述三个阶段,图中曲线Ⅱ几乎没有第二阶段。按曲线Ⅰ进行的断裂是蠕变断裂,而按曲线Ⅱ进行的断裂称为持久断裂。

因蠕变过程使预紧零件的尺寸产生变化而导致失效的现象称为热松弛。如用于紧固压力容器法兰盘的螺栓,在温度和应力的长期作用下,因蠕变而伸长,导致预紧力减小,因此可能造成压力容器的泄漏。

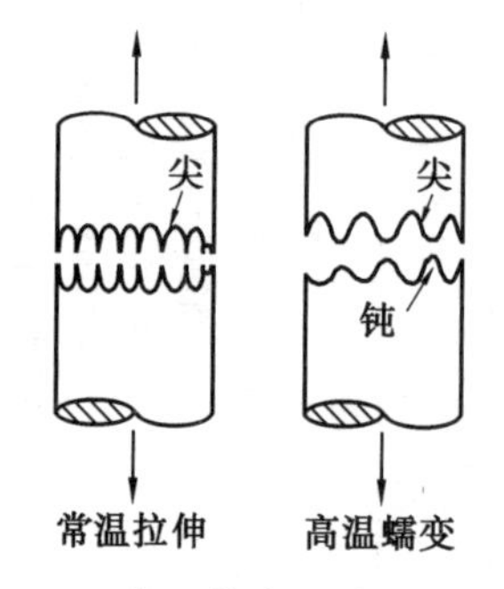

图3.46　常温拉断和高温蠕变断裂的宏观形貌

3.11.2　特征及判断

蠕变的最主要特征是永久变形的速度很缓慢。可以根据零件的具体工况来分析,是否存在产生蠕变的条件(温度、应力和时间)。没有适当的温度和足够的时间,不会发生蠕变或蠕变断裂。

在蠕变断口的最终断裂区上,撕裂岭不如常温拉伸断口上的清晰,如图3.46所示。在扫描电镜下观察,蠕变断口附近的晶粒形状往往不出现拉长的情况,而在高倍下,有时能见到蠕变空洞。

3.11.3　蠕变失效的鉴别方法

热松弛与塑性变形,从宏观上均有残余变形容易混淆。塑性断裂与持久断裂(或蠕变断裂）容易混淆，因为从宏观上看，断裂前均有永久变形，断口附近均有缩颈。其区别可从下列几方面考虑。

1. 在工况上的差别

众所周知，塑性变形和塑性断裂是在拉应力作用下发生的，过程进行较快，温度较低。热松弛和持久断裂是温度和时间两个因素起重要作用的失效过程，较高的工作温度和较长的服役时间，是这种失效模式的必要条件。对于工况的了解除了查阅文字资料外，直接查看残骸上有无高温的遗痕，如氧化色等。分析工况时要很慎重，例如某高温压力容器有很长时间处于较低的压力下工作，突然压力升高，使连接螺栓发生断裂，对此只有在具体地了解有关压力、温度及在不同工况下的服役时间，才能具体判别是否属于蠕变失效。

2. 断口形貌的差别

塑性断口上韧窝非常清晰，微孔聚合的部位比较尖锐，在扫描电镜下观察这些地方呈现白亮线条。蠕变断口上，微孔聚合的地方比较钝，在扫描电镜下观察，这些地方没有明显的白亮线。蠕变断口上，有可能看到氧化色，有时还能见到蠕变孔洞。

3. 断口附近的金相组织

蠕变多为沿晶断裂，而塑性断裂多为穿晶型断裂。经蠕变的样品中，有可能看到蠕变孔洞。此外，碳钢长时间在高温下停留，碳化物会发生一定程度的石磨化。

3.11.4 提高蠕变抗力的措施

1. 设计方面

根据产品的特点，正确地选择材料和确定零件尺寸至关重要。近年来为适应产品的使用温度和负载不断提高的要求，研制出不少新材料，但是能够提供给设计人员使用的蠕变性能数据却不够充分。在这种情况下，一方面有可能出现由于设计的应力水平偏高而导致早期失效。另一方面也可能设计过于保守，而造成不必要的浪费。例如，热电站的设计寿命一般为10万h。在我国有很多540℃、10MPa(100atm)电站高压锅炉的主蒸汽管道已相继达到设计寿命，但根据最近的寿命估算指出，可以有把握将这些锅炉的使用寿命延长到20万h。

一般说来，这种失效形式需要较长的时间，因此反应速度迟缓，有效的措施是根据材料蠕变性能的测试和积累，进一步研究决定。

2. 制造方面

严格质量管理，避免不符合技术规范的零件装配产品，这对失效周期较长的产品，尤为重要。当然，具体的措施应在产品服役中的失效分析基础上形成。

3. 使用上采用措施

超负荷使用是产生蠕变失效的常见原因，因此在使用中严格控制使用条件，是提高产品寿命和可靠性的最为重要的措施。加强对正在服役的产品，以及关键零件的质量状况进行监控，是保证产品可靠性的有效措施。

第4章　失效分析的思路与方法

导致机械零件或系统失效的因素很多,零件之间的互相作用也很复杂,更兼外界因素的影响,致使失效分析任务非常繁琐。此外,大多数失效分析中,关键性试样很有限,在失效零件的残骸上基本上只容许一次取样,一次观察和测量。因此,确立一个正确的失效分析思路,制定正确的失效分析程序,对保证失效分析的顺利进行具有重要意义。本章讨论失效分析的思路、程序以及步骤方法等问题。

4.1　失效分析的常规思路

4.1.1　以失效抗力指标为主线的失效分析思路

零件失效是由于其失效抗力与服役条件这一对矛盾的因素相互作用的结果,当零件的失效抗力不能胜任服役条件时,便造成零件失效。

零件的服役条件主要包括载荷(如载荷性质、水平等)和环境(如温度、介质等)两方面的因素。不同的服役条件要求零件具有不同的失效抗力指标,而零件的失效抗力指标一方面决定于材料因素如成分、组织和状态等,一方面与零件的几何细节有关。以零件失效抗力指标为主线进行失效分析的思路,如图4.1所示,其中粗箭头表示思路中的主干。

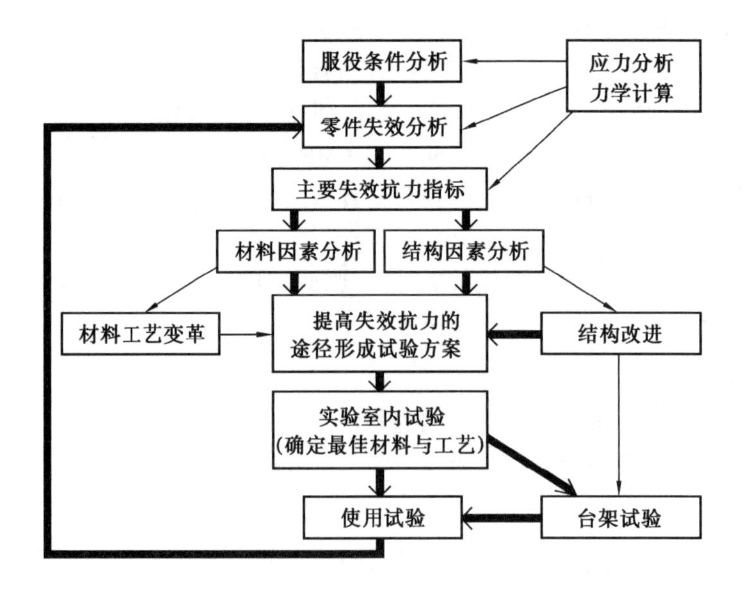

图4.1　失效分析思路图示

1. 失效分析思路的要点

① 对具体服役条件下的零件作具体分析，从中找出主要的失效方式及主要失效抗力指标。表 4.1 是典型机械零件的服役条件、常见的失效形式及主要的失效抗力指标。

表 4.1　典型机器零件的服役条件、常见失效形式及材料选择的一般标准

零件类型	服役条件													常见失效形式											材料选择的一般标准（主要失效抗力指标）
	负荷种类及速度			应力状态						磨损	温度	介质	振动	过量变形	塑断	脆断	表面文化	尺寸变化	疲劳	咬蚀	腐蚀疲劳	蠕变	腐蚀	应力腐蚀	
	静	疲劳	冲击	拉	压	弯	扭	切	接触																
紧固螺栓	△	△		△		△		△						△	△	△			△	△			△		疲劳、屈服及剪切强度
轴类零件		△	△			△	△			△				△	△		△	△							弯、扭复合疲劳强度
齿　　轮		△	△		△	△			△	△				△	△	△	△								弯曲和接触疲劳、耐磨性心部屈服强度
螺旋弹簧		△					△							△		△			△				△		扭转疲劳、弹性极限
板 弹 簧		△					△							△		△			△				△		弯曲疲劳、弹性极限
滚动轴承		△	△		△				△	△	△	△				△	△	△	△				△		接触疲劳、耐磨性、耐蚀性
曲　　轴		△	△			△	△			△			△			△	△	△	△	△					扭转、弯曲、疲劳、耐磨性、循环韧性
连　　杆		△	△	△	△											△									拉压疲劳

② 运用金属学、材料强度学和断裂物理、化学、力学的研究成果，深入分析各种失效现象的本质：主要失效抗力指标与材料成分、组织和状态的关系，提出改进措施。

③ 根据“不同服役条件要求材料强度与塑性、韧性的合理配合”这一原则，分析研究失效零件现行的选材、用材技术条件是否合理，是否受旧的传统学术观念束缚。在失效分析中常遇到一些“合法而不合理”的技术条件和规定，如果把它当成金科玉律，则失效分析难以进行，不能得出科学的结论，对防止失效不利。

④ 用局部复合强化，克服零件上的薄弱环节，争取达到材料的等强度设计。

2. 克服失效措施的几个结合

在进行失效分析和提出克服失效的措施时，还应做到几个结合：

① 设计、选材和工艺相结合，即对零件形状、尺寸、材料、成形加工和强化工艺统一考虑。

② 结构强度（力学计算、实验应力分析）与材料强度相结合，试棒试验与实际零件台架模拟试验相结合。

③ 宏观规律与微观机理相结合；宏观断口分析与微观断口分析相结合；宏观与微观的显微组织分析相结合。

④ 试验室规律性试验研究与生产考验相结合。

断口是断裂过程中形成的，记载着断裂过程的重要信息，可以根据断口的颜色、变形情况以及宏观与微观形貌特征，断裂源和裂纹扩展路径与材料成分、组织结构的关系等来分析断裂的性质和原因。关于断口分析的技术将在第 5 章中述及。

4.1.2　以制造过程为主线的失效分析思路

任何零件都要经历设计、选材、热加工（铸、锻、焊）、冷加工、热处理、精加工、装配等工序，如果业已确定零件失效纯系制造过程中的问题，则可对上述诸工序展开分析。以热处理工序为例，因热处理不当造成零件失效的原因有：① 过热或过烧；② 淬火裂纹；③ 淬火变形；④ 奥氏体化温度不当造成显微组织不合理；⑤ 脱碳或增碳；⑥ 回火脆化；⑦ 残余应力过高；⑧ 未及时回火等。其中的每一项还可以继续分解。如对淬火裂纹形成原因的分析见表 4.2。

表 4.2　导致淬火开裂的因素

材料因素	1. 原材料已有缺陷 ① 宏观偏析；② 原有裂纹；③ 疏松；④ 夹渣；⑤ 缩孔残余等； 2. 原材料组织不良 ① 晶粒粗大；② 魏氏组织；③ 锻造流线；④ 碳化物带状组织； 3. 轧制缺陷或锻造缺陷如折叠； 4. 焊接缺陷； 5. 选材失误
工艺因素	1. 机加工不良 ① 打印压痕；② 刀痕； 2. 零件外形不合理、不对称； 3. 没有预热；加热速度太快； 4. 奥氏体化温度过高； 5. 保温时间过长； 6. 表层脱碳； 7. 渗碳淬火处理中渗碳量过多； 8. 淬火冷却速度太快； 9. 加热或冷却不均匀； 10. 淬火后未及时回火，容许温度降得太低； 11. 掉入油槽底部，因底部有水淬裂； 12. 冷却介质选择失误

4.1.3　以零件或设备为类别的失效分析思路

机械产品按其类别可分为基础零件和成套设备。对于同类零件或设备，尽管其功能各不相同，服役条件也有很大差别，但在其工作性质上仍有诸多相同或相通之处，因此其失效形式以及造成失效的因素也有相同或相通之处。现以齿轮为例，列表说明。见表 4.3。

表 4.3　齿轮失效的形式、形貌和原因

失效形式		损伤形貌	导致失效原因
齿断裂	强制性断裂	1. 脆性断裂的断口粗糙，露出晶粒； 2. 韧性断口平滑	1. 配对齿轮损坏造成突然超载； 2. 操作不正确引起撞击； 3. 掉进异物卡住掰断； 4. 电力切换扭矩过大
	疲劳断裂	1. 细晶粒断口有贝壳花样； 2. 有褐色微振磨损特征	1. 重载荷加振动或冲击； 2. 齿面载荷分布不合理； 3. 材料缺陷或组织不合理； 4. 中心轴线调整误差； 5. 异物卡死

续表 4.3

<table>
<tr><th colspan="2">失效形式</th><th>损伤形貌</th><th>导致失效原因</th></tr>
<tr><td rowspan="16">齿面损伤</td><td>麻点</td><td>齿面多孔状凹坑</td><td>1. 载荷过大,振动;
2. 啮合不正确齿面载荷分布不合理;
3. 材料选用不当;
4. 机加工缺陷;
5. 热处理缺陷</td></tr>
<tr><td>齿面剥落</td><td>大鳞片状剥落</td><td>1. 接触疲劳;
2. 齿面有残余应力;
3. 材料缺陷;
4. 热处理缺陷;
5. 机加工缺陷</td></tr>
<tr><td>氮化层剥落</td><td>棱边锋利的片状剥落</td><td>超载加振动</td></tr>
<tr><td>正常磨损</td><td>齿面光滑</td><td>润滑剂不足或选用不当</td></tr>
<tr><td>磨料磨损</td><td>齿面有擦痕,磨耗显著</td><td>润滑剂中有硬粒子杂质</td></tr>
<tr><td>不正确啮合磨损</td><td>齿根或齿顶发生挤压、刮削</td><td>两中心线距离太小</td></tr>
<tr><td>波状磨损</td><td>齿面有波纹</td><td>振动、冲击</td></tr>
<tr><td>咬接</td><td>擦痕、擦伤</td><td>1. 超载;
2. 材料或润滑剂选用不当;
3. 齿面粗糙</td></tr>
<tr><td>塑性变形</td><td>变平、波纹、飞边、毛刺</td><td>1. 持续超载;
2. 冲击载荷;
3. 润滑不良或过热</td></tr>
<tr><td>表面裂纹</td><td>齿面网状裂纹</td><td>磨削过热</td></tr>
<tr><td>淬火裂纹</td><td>长条延伸</td><td>热处理不当</td></tr>
<tr><td>磨削裂纹</td><td>很细的网状裂纹</td><td>磨齿过热</td></tr>
<tr><td>材料裂纹</td><td></td><td>细线状夹渣或锻造折叠痕产生</td></tr>
<tr><td>超载裂纹</td><td></td><td>过大扭矩冲击</td></tr>
<tr><td>退火</td><td>齿面蓝色</td><td>1. 超载超速过度摩擦;
2. 润滑剂不足冷却不力</td></tr>
<tr><td>腐蚀</td><td>齿面疏松,粗糙或出现麻点</td><td>水汽进入润滑剂</td></tr>
<tr><td></td><td>气蚀</td><td>齿面出现喷砂状小坑</td><td>润滑剂中气泡</td></tr>
</table>

4.2　失效分析的系统工程思路与方法

4.2.1　概　述

现代化的大型设备,多为复杂结构,电子计算机控制,在苛刻的服役条件下,要保证安全、可靠地工作,必须实施系统工程管理。系统工程是一门综合运用多种现代科学技术的综合性管理工程。系统工程的思路和方法是按照事物本身的系统性, 把所有要研究的问题都放进系统中加以考察。对失效分析来说,就是把设备本身的各种破坏因素与环境因素和人为因素当作一个系统,再运用系统工程的分析方法来处理,最后得出失效原因。几十年来,国内外在失效分析方法的研究方面作了不少工作,创造了多种失效分析的系统工程方法。如“失效事故的模式及影响分析”(*Failure Mode and Effect Analysis*, 简称 *FMEA*),“故障树分析”(*Fault Tree Analysis*, 简称 *FTA*),“事件树分析”(*Event Tree Analysis*,简称 *ETA*) 和“特性要因图”等方法。因为篇幅有限,这里只简要的介绍“故障树分析法”。

4.2.2 故障树分析法

故障树分析法是用数理逻辑符号,把不希望发生的各种现象(它们都是导致失效发生的潜在原因),沿其发生的经过而展开成树的形式,分析事故发生的途径、原因以及发生概率的方法。实际上是从已发生的失效事故出发逆着失效发生的过程进行分析,是一个从结果到原因的所谓逆方向分析。*FTA* 经常采用的逻辑符号见表 4.4。*FTA* 的建立简述如下:

第一级:顶事件。即失效或故障事故。

第二级:导致顶事件发生的直接原因的故障事件。把它们用相应的符号表示出来。并且用适合于它们之间的逻辑关系的逻辑门与顶事件相连接。

第三级:导致二级故障事故发生的直接原因的故障事件。把它们用适于其间的逻辑关系的逻辑门与第二级故障事件相连接。

如此继续下去,一直连接到底事件为止。这样就建成了顶事件在上(相当于树根),有许多分支的底事件在下(相当于树梢) 倒置的具有 n 级的故障树。

对于复杂的系统,也可以把顶事件下的一级或二级故障事件建成几棵子故障树进行分析。最后再综合起来,这样可使问题简化。

表 4.4　*FTA* 采用的符号

	序号	符号	名称	说明
事故符号	1		要说明的故障(顶事件)	最终要说明的故障
	2	或	基本事件(底事件)	发生故障的要本原因。即可以单独获得发生故障的概率的基本现象(底事件)。有时用虚线,表示人为错误引起的底事件
	3		故障现象(故障事件)	由底事件到顶事件中间的故障现象(事件)。其上、下应与逻辑门连接
	4	或 转出 转入	转移符号	条件完全相同的故障,或同一故障在失效树上不同位置出现,为减少重复工作量使树简化,由一处转出,再一处转入

续表 4.4

	序 号	符 号	名 称	说 明
逻辑符号	5	D A B C	“与”门	输入现象 A、B、C 同时存在时,输入现象 D 才必然出现的逻辑乘法
	6	C A B	“或”门	输入现象 A、B 中,无论哪一个存在时,输出现象 C 均能出现的逻辑加法
	7	C B A	“禁门”	表示只有因素 B 存在时,A 现象的输入才能导致 C 的输出
修正门	8	E B优先 ABCD	优先与门	输入事件中某一事件要优先输入,输出事件才能发生。图例中 B 要优先输入。B ∩ A 或 C,D
	9	n m	表决与门	m 个输入事件中有任意 n 个(m > n)发生,则输出事件 E 才发生。n 称作表决与门
	10	n' A B	相依与门	输入事件 A,B 互相依存,A 输入时 B 必然发生,则顶事件就发生。n′ 称之为相依与门
	11	不同时发生 B_1 B_0	互斥或门	当或门中输入事件是互相排斥的即一个输入事件发生,其他事件都不发生,则输出事件发生
分析方法	12		方法符号	上、下通道要采取的分析方法

由于建树者的知识范围、分析问题的依据及观点的不同,所建之“树”必然渗入了建树者的主观意见。所以不同的人对同一对象系统,可能建立起不同的“树”。因此,应邀请各方面的技术工作者(如设计、工艺、材料、运行、检修等方面)来共同讨论,找出其中错误或遗漏之处,进行修改和完善。

故障树可以反映出系统中故障的内在联系,使人一目了然、形象地掌握这种联系并进行正确分析。所以建树时要注意以下几点:

① 为建好故障树,要选准建树流程,然后根据主流程确定几个分枝。

② 合理处理好系统及部件的边界条件,即在建树前对系统部件的某些参量做出合理的模型,以确定故障树到何处为止。

③ 对系统中各事件的逻辑关系和条件必须分析清楚,不能有逻辑混乱和条件矛盾。

④ 故障事件定义要准确,不能在“树”中造成逻辑混乱和矛盾。

对于设计时的可靠性计算,在故障树建立后,还可以写出数学表达式通过概率计算,做出定性或定量的分析。

4.2.3　防止失效的故障树分析

对于一个复杂的失效事故来说，利用 *FTA* 方法寻找事故原因可以避免遗漏。对于某个机械零件的失效，一般可以从以下四个方面去考虑 *FTA* 上的分枝建树过程：

(1) 结构设计上的问题

零件失效主要表现为过度变形、断裂和表面损伤。这些都与应力状态有密切关系，故此处应主要根据应力分析考虑部件的受力状态，特别是对邻近损伤部件的应力分析。除外载荷外，还应考虑工艺过程中可能存在的残留应力、装配应力及运行过程中的动载荷的影响等。

(2) 选材、加工工艺及材质上的问题

主要是考虑材料性能及尺寸、光洁度等是否能达到预期的设计要求，在加工或运行过程中材质是否发生变化。检验分析应重点放在引起损伤的部位。

(3) 装配上的问题

装配不当可能造成局部过载，或紧配合件发生松动等。

(4) 使用维护中的问题

使用维护不当，如超载运行，操作错误，润滑条件变化，环境条件变化等。

重点发展哪个分枝，要根据初步整理的失效资料去判断，切忌在缺乏全面资料整理的情况下就主观肯定去发展某个分枝。只有在有把握否定哪个分枝导致事故的原因后，才能切断这个分枝。故在建树过程中和初步判断时，应遵循下列步骤：

(1) 调查收集原始资料

调查收集原始资料包括设计依据、材料选择、制造工艺、使用条件、操作状况及有关样品等。

(2) 残骸分析

首先应对损伤部位进行表面(宏观和微观)观察及进行必要的测量，然后观察关键剖面(因此时要破坏样品，所以应在对表面观察清楚并摄影后进行)，必要时进行成分分析等。在观察过程中，宏观分析(包括使用放大镜和立体光学显微镜)是非常重要的，它基本可看出断裂问题中的断口基本形貌或磨损表面、磨屑形态等。要进一步看到细节则要借助扫描电镜或透射电镜(需要知道微区或表面成分时则用带能谱仪或 *X* 光光谱仪的扫描电镜最方便)。

残骸分析时，在多数情况下还应进行性能测定，如在残骸上取样测定力学性能等，也可在残骸上测量硬度。

这些数据配合收集的原始资料，根据力学、材料学、工艺学等方面的基本原理，就可以建立故障树。然后根据故障树的各个分枝逐一判断造成顶事件的底事件(即失效原因)。在进行这类判断中，还要进行计算(如应力应变分布状态、温度场等)和试验，甚至进行模拟试验。总之，就是确定底事件到顶事件的通道。通道被切断，便说明这类失效原因可排除。

由于收集到的资料可能不全，或者建树中判断有问题，因此可能造成分析失误，因此应尽可能在模拟(甚至实物)试验中去再次观察失效过程，取得更多的资料来改正错误。

4.2.4　提出防止失效的措施

按前面所述零件失效的原因可能与设计、工艺、材质或使用维护等因素有关。故障树分析指出的是特定条件下发生失效的主要原因,例如设计不合理或是选材不合理。针对失效原因,采取措施可以防止再发生这类失效。但要注意是否这个条件的改变有可能会导致另一类失效形式的发生。再有,即使分析得到设计不合理是造成失效的主要原因,但改变设计可能造成成本提高或其他问题,则可通过改进工艺或改善材质来解决。所以,采取的措施不一定是针对造成失效的主要原因,而是根据实际生产条件采取最有效并且经济的方法。断裂失效分析的故障树分析形式示例,如图 4.2 所示。

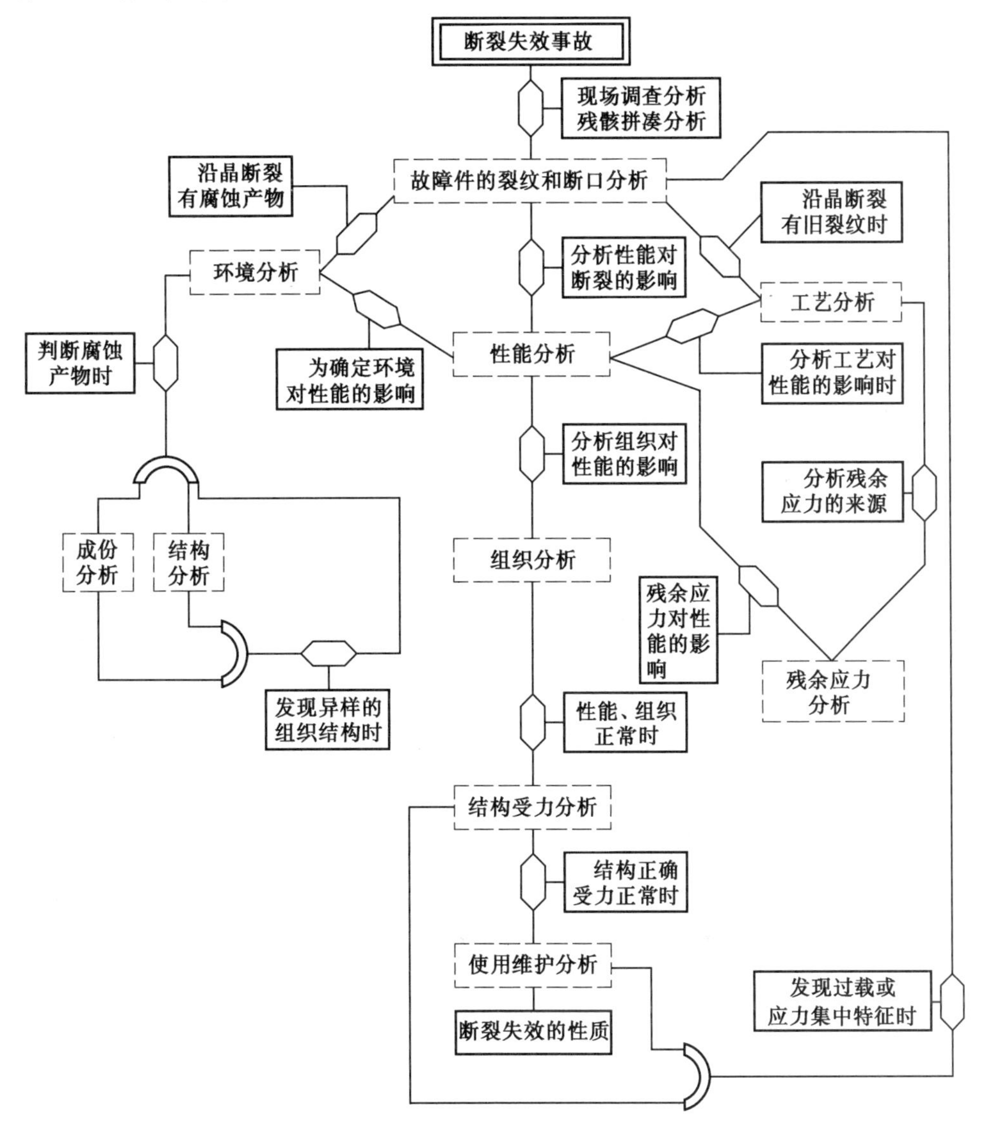

图 4.2　断裂失效分析思路图 —— 断裂失效分析故障树

图 4. 3 为某汽轮机叶轮裂纹失效分析的“故障树” 图。该汽轮机运行 10 万 h 后,9 级叶轮键槽底部圆角处开裂。通过裂纹与断口分析确认是沿晶断口,有腐蚀现象,故沿(a)枝进行分析。经探针分析,在断口上富集 Cl,Na 和 S 等元素,形成特殊腐蚀产物,故沿(c)枝往下分析。经应力分析,发现由于应力集中的缘故,在键槽底部圆角处应力很大,因此沿(e) 枝往下分析。对 9 级叶轮工作环境进行分析,此处蒸汽为低于 100 ℃ 的湿蒸汽,且锅炉用水中含微量的 $NaCl$,Na_2SO_4,Na_2CO_3 等杂质。由于键槽底部圆角处存在缝隙,故 Cl,Na,S 等元素有机会在该处富集,再加上拉应力较高,从(e) 枝往下得出发生应力腐蚀的结论。这样就沿“故障树” 的许多枝系中的一个枝系找到开裂原因。

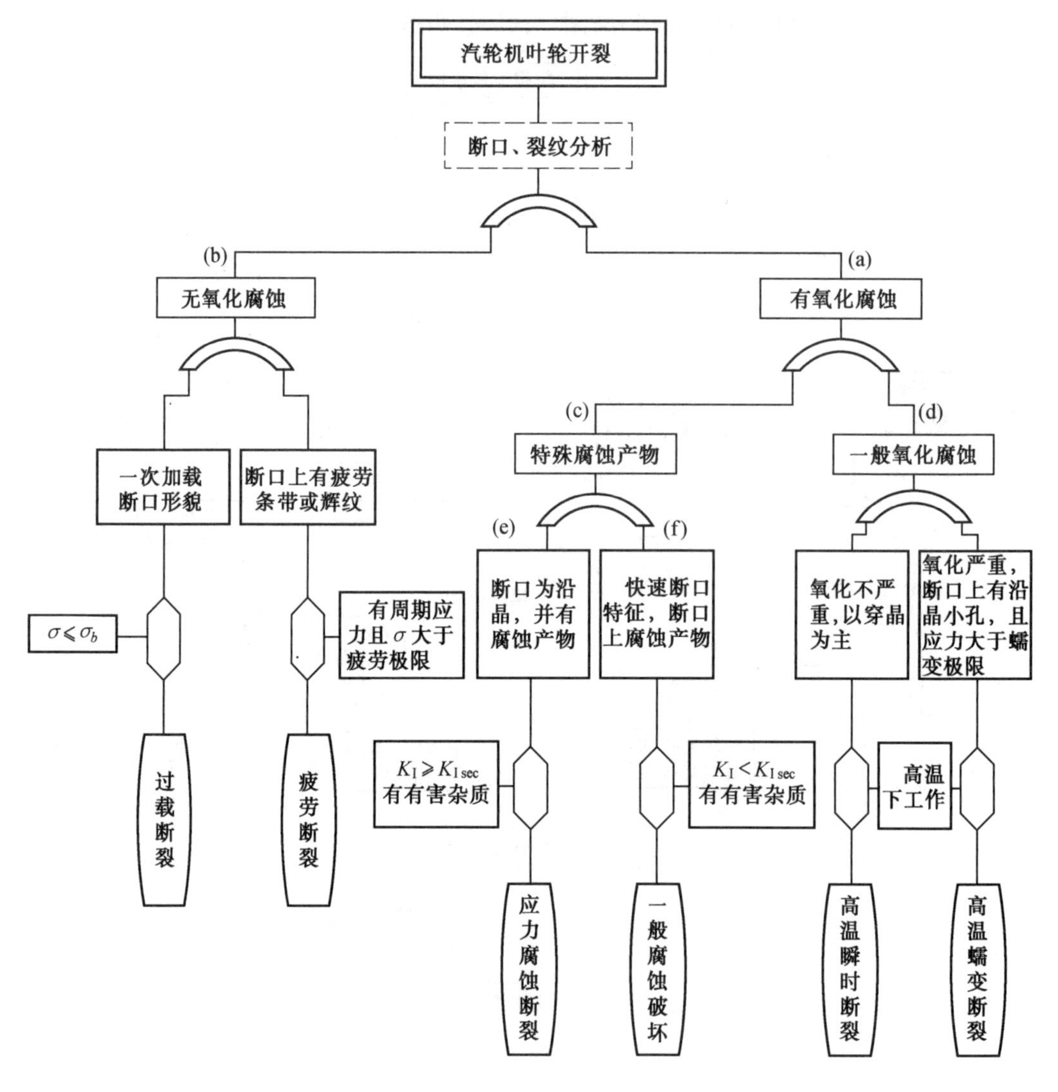

图 4. 3 汽轮机叶轮开裂失效分析的“故障树”

4.3　失效分析的程序和步骤

4.3.1　失效分析程序

机械零件失效分析程序框图如图 4.4 所示。

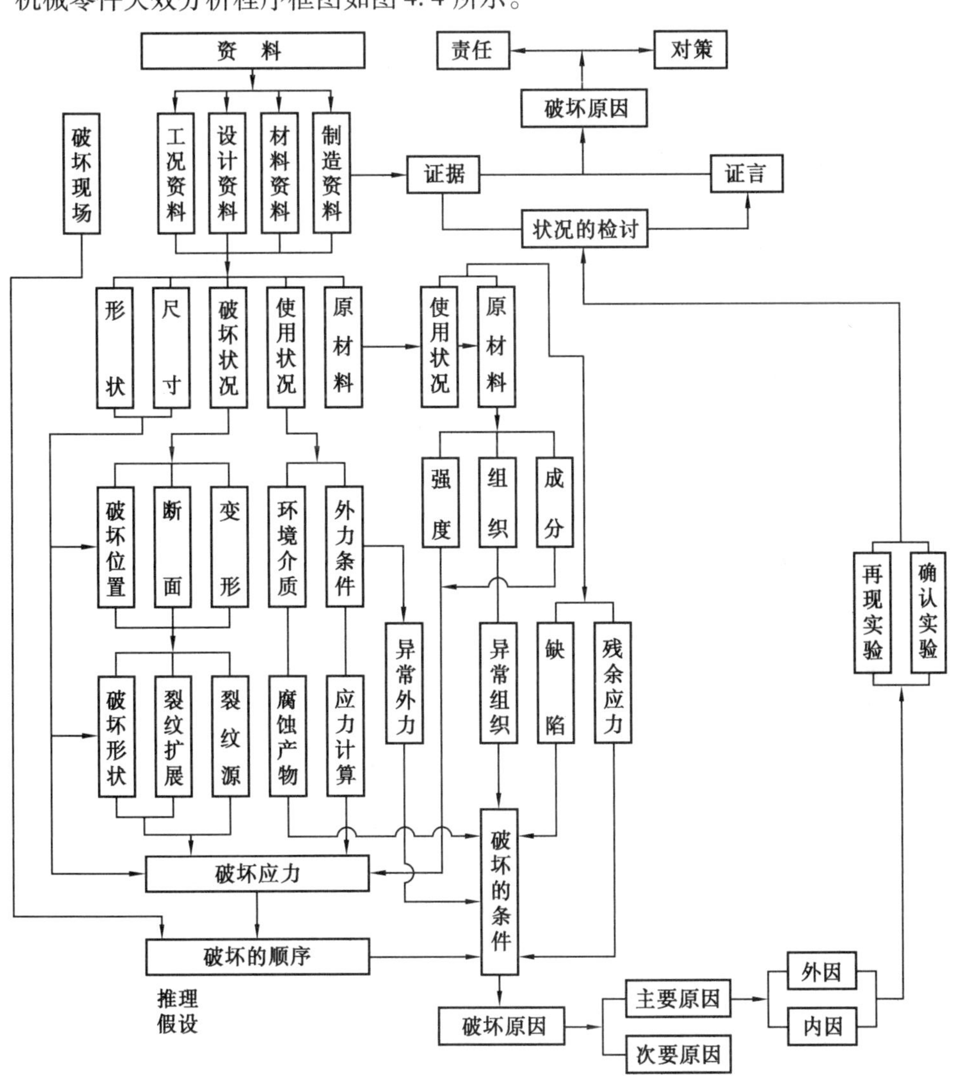

图 4.4　机械零件失效分析程序框图

为了方便记忆，图 4.4 所示的失效分析程序可简化为“问”（调查）、“望”（观察）、“闻”（探测）、“切”（测试）、模（拟）、结（论）六个方面，其中每一方面又可再分为若干分析内容，见表 4.5。

表 4.5　失效分析程序表

程　序	内　容
(一)"问"(调查)	1. 详细调查破坏现场,了解背景资料和失效经过,收集国内外有关资料
(二)"望"(观察)	2. 失效零件的直观检验 3. 断口的宏观、微观分析,裂纹分析
(三)"闻"(探测)	4. 无损探伤检验 5. 金相检验(组织,异常组织) 6. 成分分析(常规的、局部的、表面的和微区分析) 7. *X* 射线分析
(四)"切"(测试)	8. 力学性能测试(包括硬度测量) 9. 断裂力学分析
(五)模(拟)	10. 损坏机理确定 11. 模拟服役条件的试验(再现实验,确认实验)
(六)结(论)	12. 全部信息的分析与结论 13. 写出失效分析报告并提出预防失效建议、措施

这里应当指出,凡不损坏断口的实验步骤可以提前或同时进行,凡要破坏断口的实验要等到断口观测有了结果后才能进行,因此金相组织观察和力学性能试验常放在观察程序的最后一步进行。

4.3.2　失效分析步骤

现以一个机械零件的断裂原因分析为例说明通常采用的失效分析步骤:

1. 调查研究收集原始背景材料

① 零件名称,用于何机器、何部位及偶件情况。

② 该零件的功能、要求及设计依据,包括材料选择。

③ 使用经历,包括使用寿命、操作温度、环境条件、载荷(谱)形式、受力情况、加载速度、超载情况等。

④ 原材料,加工工艺流程和材料工艺性能情况。

⑤ 表面处理情况。

⑥ 制造工艺。

⑦ 失效零件的样品收集。

2. 残骸拼凑分析与低倍宏观检查

(1) 残骸分析,即寻找最先发生破坏的零件或部位

有时一个较复杂的设备的破坏,不只是个别零件,而是许多零部件都发生了不同程度的破坏,在这种情况下,首要任务是找到最先破坏的零件或部件,这往往采用残骸拼凑分析的方法,根据裂纹走向,断口情况以及各零部件相互间碰撞划伤的情况来判断最先破断的零件或部位。

(2) 对整个零件进行检查,包括

① 断裂形式、部位及塑性变形情况,并注意裂纹的源区,发展情况及其终止点。

② 裂纹源以外的裂纹或其他缺陷。

③ 有无腐蚀痕迹(如局部腐蚀,点蚀,缝隙腐蚀,电化学腐蚀,高温剥蚀或应力腐蚀)。

④ 有无磨损迹象(过热、擦伤和磨蚀及剥落等)。

⑤ 表面状况(有无机械损伤、颜色变化、氧化或脱碳现象等)。

⑥ 原材料质量,加工缺陷,如锻件、铸件质量,焊缝质量(裂纹、疏松和夹杂等)及其与断裂部位的相对位置。

⑦ 裂纹与零件表面有无腐蚀产物和其他外来物。

(3) 对断口进行宏观检查

① 裂纹源与终止点。

② 裂纹源附近的表面应力集中区和材料与加工的缺陷。

③ 断口附近的塑性变形情况。

④ 从断口估计平均应力的大小。

⑤ 断裂面、裂纹扩展方向与应力类型、大小和方向的关系。

⑥ 断口是清洁光亮还是氧化锈蚀及回火色。

⑦ 断口结构特点、贝纹特征及终断区大小。

(4) 摄影和画草图,注明所观察的结果。

(5) 尺寸测量。

(6) 妥善保管好断口及附着其上的物质,在宏观观测检验的基础上分析需要进一步了解的内容,决定需要进行何种试验分析。

3. 零件失效部位应力分析计算,必要时用实验方法测定

4. 深入实验分析

用来进行进一步试验分析的实验技术是各种各样的,尤其是现代分析仪器的发展,使实验手段更多、更精密、更微观,但对于某一具体失效零件要采取何种实验技术,要看具体情况而定,原则是为了揭示主要矛盾,用尽可能少的实验,较简单的仪器设备,获得进行分析所必需的足够信息。可供选择使用的实验技术概括起来有以下几大类:

(1) 力学性能方法

测定零件材料的力学性能,即应力应变特性和断裂韧性(有的要包括环境温度和介质条件,以便能对零件的承载能力做出评价)。

(2) 断口和裂纹附近剖面磨片的微观分析

对零件材料的金相组织、显微硬度、晶粒度、夹杂物、表面处理、加工流线、裂纹起源和走向等进行观察和评定,对选材、制造、热处理、焊接工艺等是否合适作出判断。如果配合立体显微镜观察,还不能确证,则可利用透射电镜、扫描电镜、探针、能谱仪,X 射线衍射仪等方法对断口微观形貌和断口上的可能的附着物类型,微区成分,超薄表面层(1 ~ 5 nm)或表面成分微量变化进行详细观察分析,对断裂性质、应力类型、可能的断裂原因做出初步判断。

(3) 化学及电化学方法

对物料及断口附着物的成分和材料在环境介质中的稳定性、电极电位等进行评定。

(4) 物理性能方法

利用对材料的电磁、膨胀,热性能的测试,了解零件材料组织结构及其变化规律。

各种现代化分析仪器对失效分析十分有用,为了合理有效地选用各种仪器,这里将对不同分析内容应选何种仪器和工具,作一简要说明,见后述。

5. 综合分析找出失效原因,提出防止和改进措施的建议

根据原始资料,应力分析和所作各种观察和实验的结果数据,运用机械学和材料学等知识进行综合分析,找出导致失效的主要原因,并针对这些原因提出切实可行并且有效的改进措施。

为了验证所得结论的可靠性,在重大问题上,在条件许可的情况下,应做模拟试验或实物试验来进行验证。如试验结果与预期结果基本一致,则说明分析结论基本正确,可推广到生产实践中去进一步考验。否则,则需要进一步分析。

6. 撰写失效分析报告

报告中应包括主要原始情况、重要数据、失效的主要形式、原因和建议的防治措施等内容。

4.3.3 判断失效顺序的实例

例 1 判断疲劳断裂顺序

某厂试制的汽油发动机,在几十小时试车过程中发生撞缸事故,发现一个连杆大头盖和一个连杆螺栓断裂。要弄清是哪个先断? 为什么断? 观察连杆盖和螺栓断口,发现螺栓断口为无宏观塑变平断口,其上有贝纹特征,占断面面积 80% 以上,最后断裂部位是纤维断口,与平断口成 45°,这些特征说明是疲劳断口,最后断裂部位是剪切形成的,所占面积约为 17%。裂纹源在螺纹根部。连杆盖的断口宏观塑变不大,类似冲击断口形貌,与断裂螺栓连接的端部(另一端为断口)有明显塑变。据此作出判断是螺栓先因疲劳断裂,连杆松开,与缸体冲击折断连杆盖。

4.4 失效分析的基本实验技术

作为失效分析的手段,需要以下试验技术:宏观和微观断口分析技术;金相检验技术;无损探伤检验技术;常规成分、微区成分和表面成分分析技术;*X* 射线衍射分析技术;实验应力分析技术;力学性能测试技术;断裂力学测试技术等。现对各实验技术的特点和局限性做简要介绍。

1. 宏观分析技术及其在失效分析的作用

宏观分析是指用肉眼直接观察,或用放大 50 倍以下的放大镜观察。这里着重说明宏观分析技术在断裂分析中的作用。由于眼睛有大的景深,能迅速进行大面积检查;对颜色和断裂纹理的改变有十分敏锐的分辨本领,能较快地确定断裂萌生的位置;对裂纹扩展的途径和它的前沿轮廓、对裂纹快速传播的人字形花样和有无剪切唇等,都能较容易地识别出来;对零件运转的情况,原有设计有无错误,加工的质量等也都能做出总的评价。上述所有观察到的情况(包括尺寸及形状变化)都应用文字、草图或照相等手段记录下来。为了表现污染、烧焦或回火色等颜色还需要用彩色照相记录。

宏观分析是失效分析的基础，非常重要，必须十分细心地进行。宏观分析中，首先确定损坏的起源，接着是根据断口特征，对加载方式、应力大小、材料的相对韧性与脆性等给以说明。宏观断口分析还可发现其他细节，如表面硬化、晶粒大小和内部缺陷，设计或制造产生的应力集中，装配缺陷等，所有这些都能为查明损坏原因提供证据。因此，宏观分析应当格外仔细进行。

磁粉检验或染色渗透检验也属于宏观分析，可以确定表面或表面以下1*mm*以内的表层缺陷。

低倍（即宏观酸蚀）检验可以取得以下信息：① 内部质量（偏析、疏松、夹杂、气孔等）；② 氢脆（白点）；③ 软硬部位的区分及硬化层的深度；④ 流线状况；⑤ 焊接质量等。还可以显示损坏部件表面的研磨烧伤、碾碎和其他表面损伤。

硫印、铅印、磷印和氧化物印等印痕技术可用来显示这些元素在试样上的分布。

过大的磨损和腐蚀也是首先通过宏观检验来识别的。

2. 借助体视显微镜的分析

体视显微镜是低倍断口形貌观察不可或缺的工具，能帮助肉眼进一步确定断裂源和裂纹走向，以及观察磨损或腐蚀的情况。若要进行扫描电镜观察，可以首先用体视显微镜分析，找出重点观察部位，这样可以提高分析效率，但它的放大倍数不高，一般不超过200倍。

3. 金相显微镜观测

金相显微镜是失效分析中常用的手段，如加工工艺（铸造、锻造、焊接、热处理、表面处理等）不当或工艺路线不当造成的非正常组织或材料缺陷，都可以通过金相检验鉴别出来。对于腐蚀、氧化、表面加工硬化、裂纹特征，尤其是裂纹扩展方式（穿晶或沿晶），都可从金相检验得到可靠的信息。但由于金相显微镜的分辨率低，景深小，不宜于作断口观察。

4. 扫描电子显微镜（SEM）观测

扫描电子显微镜的最大特长是：不需要制备复型试样，没有透射电子显微镜复型制样带来的假像；光栏角很小，焦深很大，成像立体感特别强；放大范围很宽，能从十倍直接放大到十万倍，特别适合作断口上的定点观察；可以观察深孔底部的形貌，这对观察气孔、疏松、气蚀的底部情况是惟一较好工具；适合作拉伸、弯曲、压痕、疲劳、刀具切削等动态形变过程的观察；当备有高温、低温装置时，可观察金属与合金的相变过程和氧化过程。扫描电子显微镜的不足之处就是不能分辨颜色和不能定结构。

5. 透射电子显微镜（TEM）观测

透射电子显微镜有很高的分辨率，能区分扫描电镜不易区分的形貌细节，能确定第二相的结构，如配有能谱，还能测定第二相的成分。但不能做400倍以下到很高倍数的定点连续观察，制样过程较复杂，有时还会产生假像。为保证不出现假像，一般用重复法，即在同一部位重复观察多次。

6. 电子探针（EP）观测

电子探针的主要特长在于能测量几立方微米体积内材料的化学成分，如测量细小的夹杂物或第二相的成分，检测晶界或晶界附近与晶内相比有无元素富集或贫化。但是，它不能代替常规的化学分析方法确定总体含量的平均成分；不能做 *H*,*He*,*Li* 三元素的分析，而且对 *Be*（z = 4）到 *Al*（z = 13）等元素的灵敏度都很低；也测不出晶界面上的微量元素，如可逆回火脆性晶界面上的富集元素。

7. 俄歇能谱仪（AEM）分析

俄歇能谱仪是进行薄层表面分析的重要工具。它的出现对确定回火脆性原因方面起了很大作用。用它分析 *Li*,*Be*,*B*,*C*,*N*,*O* 时的灵敏度比电子探针高很多，但不能测定 *H* 和 *He*，因为这两种元素只有一层外层电子，不能产生俄歇电子，此外，需要 $10^{-9} \sim 10^{-10}$ *Torr* 的超高真空，测试"周期"长，定量也有一定困难。

8. X 射线分析

为了确定断口上的腐蚀产物、析出相或表面沉积物，可采用粉末法。它一次可获得多种结构和成分。测定第二相或表面残余应力可采用衍射法，它的灵敏度高，方便、快速，能分析高、低温状态下的组织结构。但它不能同时记录许多衍射线条的形状、位置和强度，不适合分析完全未知的试样。

9. 力学性能试验

对钢材来说，在不解剖零件的前提下，通过测量硬度可以获得下列信息：① 帮助估计热处理工艺是否存在偏差；② 估计材料拉伸强度的近似值；③ 检验加工硬化或由于过热、脱碳或渗碳、渗氮所引起的软化或硬化。测量硬度简便易行。

做拉伸、冲击试验，是为了测定失效材料的常规力学性能，检验材料的力学性能参量是否达到设计计算的要求。必要时还应在比使用温度稍高或稍低的温度环境做试验，例如在分析低温脆断的可能性时，常作低温冲击试验。有时，失效零件的解剖试样达不到标准试样尺寸要求，可解剖制作非标准试样，如小型拉伸试样或非标准冲击试样。但应明白，就冲击试验而言，小试样上测定的力学性能参数在数值上和用标准试样测得的数据是不相等的。

10. 断裂力学测试与分析

在失效分析工作中的断裂力学测试，包括材料断裂韧度测试、模拟介质条件下的应力腐蚀以及模拟疲劳条件下的裂纹扩展参数测试，应用这些断裂力学参数对结构或零件的断裂做出定量的评价，如可以确定零件安全服役能容许的最大裂纹尺寸，也可以根据检查出的裂纹尺寸来判断零件断裂时的载荷水平，以及确定带裂纹零件的剩余寿命。

第5章　裂纹与断口分析

5.1　裂纹与断口

5.1.1　裂　纹

金属的局部破裂称为裂纹(也称裂缝)。裂纹是完整金属在应力作用下,某些薄弱部位发生局部破裂而形成的一种不稳定缺陷。由于裂纹的存在不仅直接破坏了材料的连续性,而且多数裂纹尾端较尖锐,产生很大的应力集中而使金属在低应力作用下发生破坏。实际金属零件中不可避免地存在各种微小裂纹(通过无损探伤,内部有超过按断裂力学计算的临界尺寸的裂纹或缺陷的零件,应当报废),这些微小裂纹有的是在冶炼、铸造、锻轧、焊接、冷加工和热处理等工艺过程中产生的,也有的是在使用过程中,在零件的某些特定的地方,在特定的载荷或环境条件下产生并逐渐长大的,当裂纹扩展到临界尺寸时,零件就发生完全破坏,即断裂。

5.1.2　断　口

机械零件断裂处的自然表面即裂纹扫过的面积叫做断口,断口上的形貌特征是裂纹扩展留下的痕迹,因此断口的结构和外形直接记录了断裂起因、过程和与断裂过程有关的各种信息,所以断口是断裂全过程的最好的忠实记录者和见证者。

由此可见,对裂纹及断口的特征进行研究是非常必要的,是分析零件失效过程和原因、采取有效措施防止失效的有力依据。有时,零件破断成多个碎块,是多条裂纹扩展的结果,对于这种情况,则需将各碎块收集起来,拼凑,“复原”。然后,根据裂纹之间的相互关系,确定断裂过程中最主要的、最早发挥作用的裂纹,即主裂纹。再根据主裂纹断口确定最早断裂的位置,即裂纹源。

对裂纹与断口进行分析研究,可直接用肉眼进行观察,亦可用各种仪器,如放大镜、金相显微镜、扫描电子显微镜和透射电镜等。对裂纹分析还可采用磁力探伤仪、荧光探伤仪、超声波探伤仪、X 光探伤仪和低倍浸蚀等方法。具体采用何种手段,视具体问题而定,其基本原则是用尽可能简单的仪器而得到满意的结果。

5.2　裂纹分析

5.2.1　工艺裂纹与使用裂纹

实际零件中所存在的裂纹,按其形成的时期可分为两大类:一类是零件在各种加工过程中产生的裂纹,即"工艺裂纹";另一类是零件在使用过程中产生的裂纹,即"使用裂纹"。

(1)工艺裂纹

工艺裂纹往往是零件的断裂源,失效常常是某一工艺裂纹在一次加载条件下失稳扩展或在一定的载荷环境条件下先经亚临界扩展,到某一临界长度时,再失稳扩展,造成零件破裂。工艺裂纹有铸造裂纹、锻轧裂纹、焊接裂纹、白点、热处理裂纹、磨削裂纹和皱裂、皱褶等。

(2)使用裂纹

在零件使用过程中产生并扩展的裂纹称为使用裂纹。使用裂纹指应力腐蚀裂纹(包括氢脆裂纹)、疲劳裂纹和蠕变裂纹等。

5.2.2　各种裂纹形成原因及形态特征

为了便于零件失效分析,这里对机械零件常见裂纹的形成原因和形貌特征作简单概括的介绍,见表5.1。

5.2.3　各种类型裂纹的分析与鉴别

大型失效事故发生后,首先要从残骸上的破坏和损伤特征分析结构破坏的先后顺序,从而找出最初破断件(肇事件),然后再进行分析。裂纹分析的思路如图5.1所示。一般失效事故最初失效件是明显的,或者往往只是一个零件,因此一开始就可对失效零件进行分析。

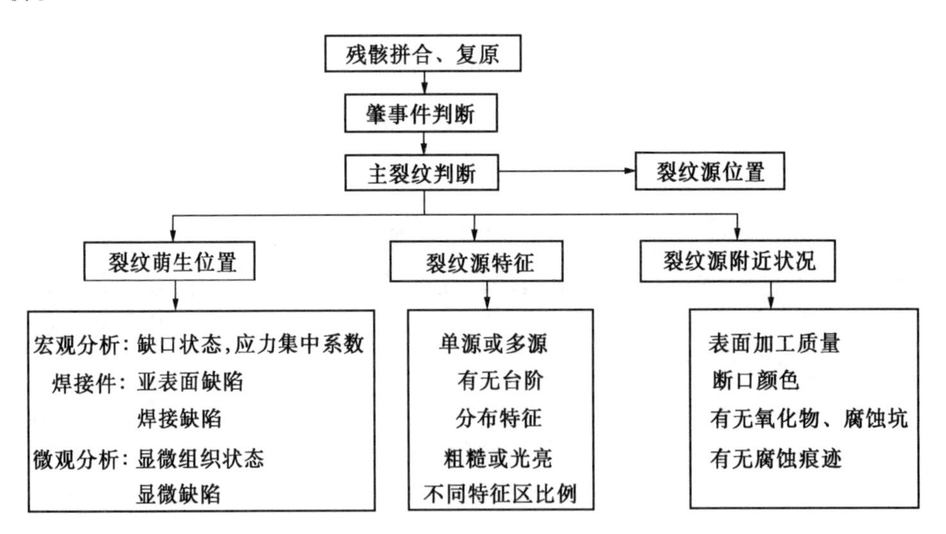

图5.1　裂纹分析思路与内容

对失效零件进行分析,从诸裂纹中首先应找出导致零件失效的主裂纹和裂纹源区,再进一步分析判断破坏的性质,这样便能找到导致零件失效的原因,从而采取适当的防止措施,一般可按下列原则进行:

表5.1 常见金属裂纹的名称、原因及形态简明表

裂纹名称		裂纹形成原因	裂纹形态特征						备注
类别	名称		宏观形态	起源位置	走向	周围情况	尾端	其他特征	
铸造裂纹	热裂纹	铸造热裂纹是在高温下(约1250~1450 ℃)形成的,它的形成原因有:金属冷却时,在形成热裂的温度范围的收缩应力过大;铸件在砂型中收缩受阻;冷却不均匀;铸件设计不合理,厚薄相差悬殊,铸件中有害杂质较多,在金属凝固后,有害杂质富集在晶界,降低了金属的强度和塑性,铸件表面的涂料互相作用等	有时呈现网状或半网状(龟裂)	铸件最后凝固或铸件应力集中区	沿晶界扩展	有严重的氧化脱碳,有时还有明显的偏析、疏松、杂质和孔洞等	圆秃		
铸造裂纹	冷裂纹	铸造冷裂纹是在较低温度下产生的,其形成归因于热应力和组织应力		应力集中区	穿晶扩展	基本上无氧化脱碳,两侧组织和基体关系不大			
锻造裂纹	过烧裂	因轧、锻前加热温度过高	龟裂或鱼鳞状	表面或形状突变处	沿晶扩展	有内氧化和脱碳	严重时呈现豆渣状		基本组织亦有过热过烧特征
锻造裂纹	冷裂	终锻温度过低,材料塑性下降,或锻造温度在 Ar_3 ~ Ar_2 两相区间,铁素体沿晶析出,进一步锻造时,则沿铁素体开裂。	呈对角线或扇形	应力集中处或在晶界铁素体处	穿晶扩展		没有明显的组织变化		
锻造裂纹	热脆	钢内含硫量过高,锻造加热时在晶界处的FeS熔化,导致锻造时开裂	龟裂或鱼鳞状	表面或应力集中处	沿晶扩展	有硫化物夹杂		晶界有硫化物夹杂	钢的硫化物级别高
锻造裂纹	铜脆	钢内含铜量较高,或在锻造加热时,毛坯表面渗入金属铜	龟裂或鱼鳞状	表面或应力集中处	沿晶扩展	有铜夹杂或氧化铜夹杂		晶界有铜	
锻造裂纹	折迭	表面凸起部分被折迭	由表面开始向内部倾斜	表面层		有氧化皮及脱碳层			
锻造裂纹	加热不足	轧、锻前加热保温时间不够,心部尚未热透;高合金钢中心碳化物偏析严重	呈现放射状	锻件心部	穿晶扩展	稍有氧化脱碳现象或碳化物偏析			有的碳化物偏析严重
锻造裂纹	皮下气泡锻裂	皮下气泡未清除净	与表面垂直	次表面皮下气泡处	一般穿晶扩展	有时有氧化情况			一般较浅
锻造裂纹	铸坯缩孔未清除	钢锭切头不足。	顺变形方向拉长	中心部位	沿晶	表面有氧化物			
锻造裂纹	锻比大,锻速快	方坯对角线部位由中心起开裂,由变形热升温引起	交叉裂纹	锻件心部开始	穿晶	有氧化层	尖锐		

续表 5.1

裂纹名称		裂纹形成原因	裂纹形态特征						备注
类别	名称		宏观形态	起源位置	走向	周围情况	尾端	其他特征	
焊接裂纹	冷裂纹	在温度 100 ~ 300 ℃之间,因热应力和组织应力的共同作用而产生,特别是由于 100 ~ 300 ℃温度范围氢析出及聚集作用的结果		应力集中处或组织过渡区(在热影响区内)	一般穿晶扩展	很少氧化脱碳			
	热裂纹	钢在 1100 ~ 1300 ℃之间,因热应力作用产生,形成热裂纹的可能性与基体金属、焊条金属的成分有很大关系,一般地说,合金钢或含碳量高、强度大的钢,含氧量大的铜合金及使用低熔点焊条的铝合金产生裂纹的可能生较大	有时呈现蟹脚状、网状或呈现曲线状	一般在焊缝区内起源	沿晶界扩展	有氧化脱碳,有时还有焊料			
	熔合线裂纹	热应力过大或材料表面有残存氧化物等		在熔合线处	穿晶扩展				
热处理裂纹	淬火龟裂	表面脱碳的高碳钢零件,在淬火时,因表面层金属的比容比中心小,在拉应力作用下产生龟裂	龟裂	脱碳表面层	沿晶扩展	很少氧化		限于脱碳层内	一般较浅
	淬火直裂	细长零件,在心部完全淬透情况下,由于热应力和组织应力共同作用而产生纵向直线淬火裂纹	纵向直线	应力集中或夹杂处	穿晶扩展	很少氧化	尖细		
	过热裂纹	淬火加热温度过高,产生了过热或过烧,削弱了晶界,致使在组织和热应力下开裂	网状或弧形	应力集中处	沿晶扩展	沿晶扩展	很少氧化	尖细	
	其他淬裂	凹槽、缺口处因冷却速度较小,产生局部未淬透或软点附近的组织过渡或偏析区在拉应力作用下开裂	呈现弧形裂纹	应力集中处或组织过渡区	穿晶扩展	很少氧化	尖细		
	回火裂纹	具有回火脆性的钢,在回火脆性范围内回火,冷却速度又小,或零件厚度太大,引起回火脆性,在随后校直或使用中开裂		一般在应力集中处	主要沿晶扩展				
磨削裂纹		由于磨削热引起组织转变(如残余奥氏体的转变)和应力再分配等原因引起	龟裂或呈现辐射状,或呈现有规则排列	在磨削表面层内	主要沿晶扩展	稍有氧化	呈现喇叭状		
皱裂		由于表面张应力而引起	龟裂状	沿纤维方向	穿晶		尖细		
使用裂纹	应力腐蚀裂纹	在腐蚀介质和拉应力的共同作用下产生	有时呈现网络状	与腐蚀介质接触并受有拉应力的表面					
	蠕变裂纹	金属在高温工作时		应力集中处	沿晶扩展	严重氧化			
	疲劳裂纹	在交变应力作用下产生		多数在表面应力集中处	主要呈穿晶扩展	有时可观察到有金属磨屑	尖细		
	范性撕裂	所受载荷超过金属的强度极限而开裂	断裂与剪应力方向平行	在应力集中处	穿晶扩展				

1. 主裂纹与裂纹源区位置的确定

如果一零件只部分断裂或虽完全断裂，但只破断成两部分，此时问题比较简单，只要对断口进行分析，根据断口特征找出裂纹源，确定断裂性质，就可初步判断断裂的性质和大致原因。但是当零件破碎成三部分或更多时，则需将失效零件的残骸拼凑复原，根据裂纹特征找出主裂纹和裂纹源的位置。

裂纹通常起源于零件的应力集中处，或材料缺陷（裂纹）处。由零件应力集中引起的裂纹一般起源于较深的刀痕，刮伤、圆角和台阶等处。由材料缺陷引起的裂纹一般起源于材料的折叠、拉痕、偏析等缺陷处。

实际零件上的裂纹常常有好几条，并且在扩展时会出现分枝（即二次裂纹），通常主裂纹较二次裂纹宽而长，裂纹源区一定在主裂纹上，且通常在二次裂纹扩展的反方向上，如图 5.2 所示。

如果零件上有一条裂纹与另一条裂纹相遇或垂直的情况，因为在同一零件上，后来产生的裂纹是不可能穿越原有裂纹而扩展的，所以这条裂纹是晚生的，如图 5.3 所示。这就是所谓的“T 型法则”。根据这一法则确定哪一条裂纹为主裂纹。裂纹源只能在主裂纹上，根据源区的裂纹常较宽、较深的特点及其他有关信息来判断源区位置。

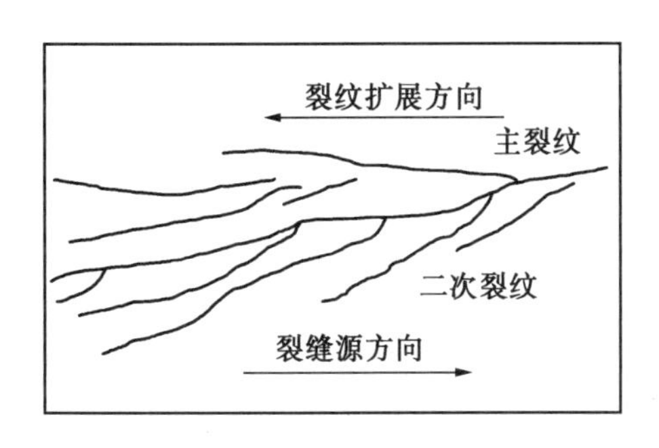

图 5.2　主裂纹与次裂纹扩展方向的关系

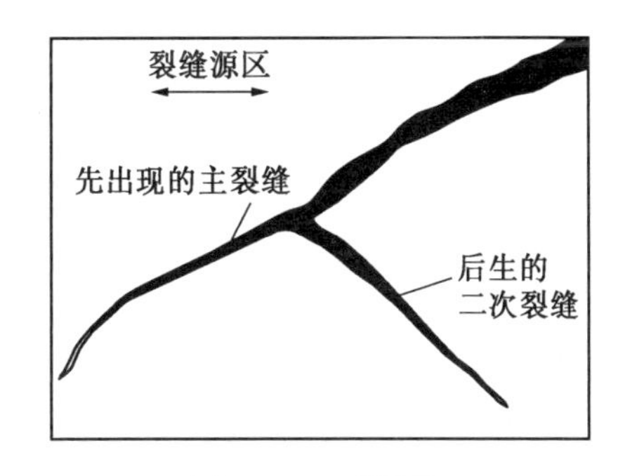

图 5.3　T 型裂纹

随着裂纹的扩展，有效承载面积不断减小，即有效应力不断增大，因此韧性材料随着裂纹的扩展，表面残留变形越来越大，这也是判断裂纹源位置的一个参考依据。

裂纹的走向与主应力垂直（即所谓的裂纹走向的应力原则），且总是希望沿最小阻力路线——即材料的薄弱环节（或缺陷）处扩展（即所谓裂纹走向的强度原则），而实际裂纹走向就是这两个因素综合作用的结果。

2. 裂纹的鉴别

(1) 原有的铸造、锻轧、焊接裂纹与热处理中所产生的裂纹的鉴别

铸造、锻轧、焊接裂纹除留有热加工的痕迹外，还可以由裂纹起源和两侧的氧化脱碳情况，显微结构的变化及其形态特征加以分析判断。工艺裂纹在热处理时可能沿裂纹末端扩展，也可能沿裂纹两侧扩展（裂纹加宽或产生新裂纹），如热处理时零件在空气中加热，则原有的锻造裂纹两侧一般均有氧化、脱碳现象。在脱碳过程中 α-Fe 从裂纹的两侧形核后向裂纹两侧脱碳层深度方向发展，而成和裂纹垂直的柱状晶特征，如图 5.4 所示，如果高、中碳钢件淬火是在盐浴炉中加热，且盐浴脱氧良好，则在原有的铸造、锻轧、焊接和机加工裂纹两侧无明显的氧化脱碳现象，这时如淬火应力不大，或裂纹无法延伸，则原

有裂纹末端明显变秃。如淬火应力较大，则通常在原裂纹末端有呈昆虫触须型式分布的新裂纹，且比原有裂纹要细。如盐浴脱氧不良或者加热时间过长，也会产生氧化脱碳层，但因脱碳程度不如大气中严重，故 A_3 点仍不至于太高，淬火时还能形成马氏体，但因其 M_S 点较高，故马氏体发生自回火，所以其颜色比未脱碳部分更黑。

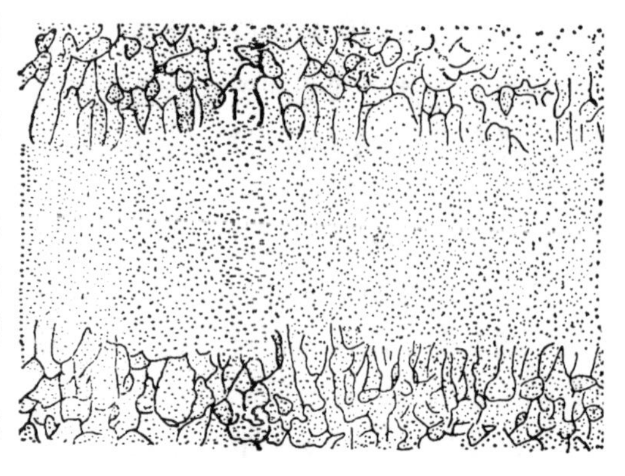

图 5.4　过共析钢中裂纹经 800 ℃保温 1.5 h 后，裂纹两侧形成的柱状晶铁素体示意图

热处理所生成的裂纹，由于形成原因不同，裂纹形态也各不相同。由于设计和加工不当，在热处理过程中会由于应力集中产生裂纹，其特征是：均起源于尖的棱角、深的刀痕及其他几何形状突变处；由于原材料缺陷，在热处理过程中产生的裂纹一般均起源于夹杂、缩孔、发裂、偏析等处；热处理工艺或操作不当引起的热处理裂纹，有两种情况：如在过热过烧情况下，热应力和组织应力所产生的热处理裂纹叫热处理过烧裂纹，它一般是沿晶的，严重的还会出现三角晶界（铝合金中）开裂等。由于加热速度过快或冷速不当（如马氏体转变温度范围内冷却过快，或在过冷奥氏体区冷速缓慢）形成大的热应力和组织应力所产生的裂纹，叫热处理应力裂纹。此种裂纹特点是"细"。宽度一般小于 0.5 mm，尾端尖，有断续状的细小尾巴，开口处呈粗线状，裂纹为凹槽，深浅不一，主裂纹两边往往有一些微裂纹，其尾端也很细，裂纹以穿晶为主，裂纹内腔清洁无氧化，显微组织与其他部分无任何区别，断口呈银灰色，有时可能受油或水浸蚀，但这也与覆盖物是有区别的，热处理应力裂纹在其后的加热过程中也会发生变化，如淬火裂纹经 650 ℃以上温度回火后，裂纹不再有凹槽，而填满氧化物，同时还可形成全脱碳层，铁素体仍保持原马氏体的针叶方向，另外在裂纹附近 Fe_3C 颗粒小。所以调质零件在回火或粗加工后发现有裂纹，若裂纹两侧为全部具有马氏体针叶方向的铁素体时，则裂纹一般为淬火裂纹，若裂纹两侧具有多边形或块状铁素体时，则表明裂纹在热处理前就已存在。

另外，热处理中新生成的裂纹两侧边的形状是拼合的，而发裂、拉痕、磨削裂纹、折叠裂纹以及经过变形的裂纹等其拼合特征不明显。

（2）铸造、锻轧和焊接裂纹的鉴别

铸造热裂纹生成于铸件冷却时，一般具有龟裂的外形，裂纹沿原始晶界延伸，裂纹内侧一般有氧化脱碳，裂纹尾端圆秃。

锻轧裂纹如为表面裂纹，通常呈直线形、网状和混合型，有时分叉成"Y"型，形状不规则，长度不大，两端尖锐，垂直于锻件表面向内部深入，有的锻造裂纹呈裂口状。而锻轧时形变造成中心开裂。

焊接裂纹，它是焊接缺陷和焊接应力共同作用的结果，焊接裂纹多形成于焊缝及附近的热影响区内。

（3）使用裂纹的鉴别

实际使用中产生的裂纹主要有应力腐蚀、疲劳和蠕变裂纹等基本类型，这些裂纹的形态特征与其形成条件有关，其鉴别将在有关章节中讨论。机械冷应力裂纹是在冷锻、冲压、冷拔、装配、扩孔、攻丝、冷剪等工序中形成的裂纹,没有高温特性,也可归类于使用中形成的裂纹。此类裂纹形成应力较高,裂纹起源部位在零件表面,呈倾斜的裂口状,多为穿晶形式,有时是穿晶与沿晶混合形式。

5.3 断口分析

5.3.1 宏观断口分析

所谓宏观断口分析是指用肉眼或放大镜对断口进行观察、分析。断口分析的思路与步骤如图5.5所示。

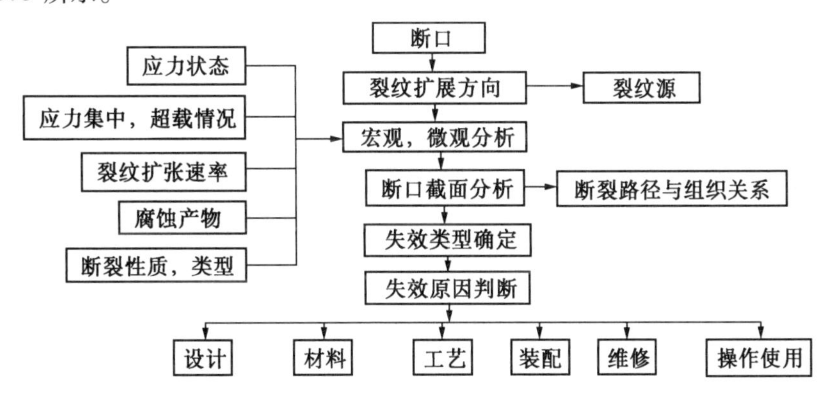

图5.5 断口分析思路及步骤

1. 静拉伸断口

塑性金属静载拉伸试验中,试样经弹性变形后,在颈缩前的塑性变形和形变强化阶段,试样上的变形是均匀的。颈缩开始以后,变形便集中于颈部。拉伸断裂发生于颈部的危险截面处,形成杯锥状断口,如图5.6所示。断口中心(杯底部分)是在三向应力状态下,裂纹首先形成的地方,因吸收大量塑性变形功而丧失了金属光泽,呈纤维状,称为纤维区。纤维区外面有一圈形似山脊的放射状花样,称为放射区。最外层有与拉力轴线成45°的斜断口部分,这是最终断裂时,在最大切应力方向上大量滑移变形形成的,表面光滑,称为剪切唇。宏观断口上的纤维区,放射区和剪切唇合称为金属断口三要素。三个区所占断口总面积的相对比例决定于材料塑性和实验条件,如试验温度,试样形状和加载条件等。随着试验温度降低,材料的脆性倾向增大,反映脆性特征的断口形貌所占断口面积比例增大。如图5.7所示。

在上述断口三个区域中,纤维区裂纹形成最早,扩展缓慢,待其长大成为宏观裂纹,并且剩余的有效截面积不足以承受当时的载荷时,即裂纹达到临界尺寸,便进入快速扩展阶段。放射花样就是裂纹快速扩展留下的痕迹,放射元发散的方向与裂纹扩展方向平行,而垂直于裂纹前沿。因此按放射花样收敛的方向上溯,可找到裂纹源。

对于缺口圆试样拉伸断裂,一般情况下断裂由周边的缺口开始向内扩展,纤维区沿圆周分布,向内为放射区,中心为最后断裂区。断口如图5.8所示。

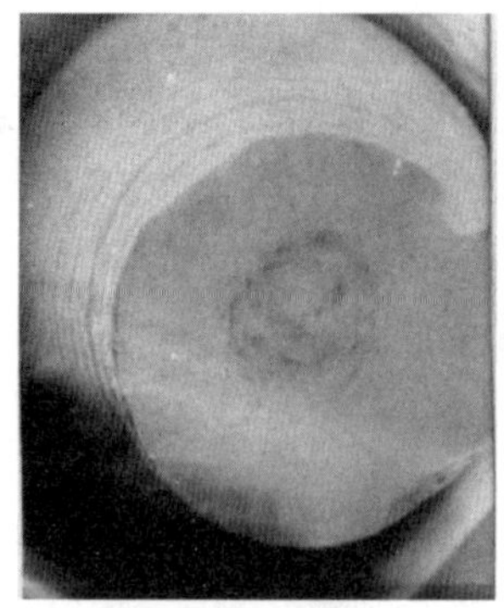

(a) 黄铜的拉伸断口

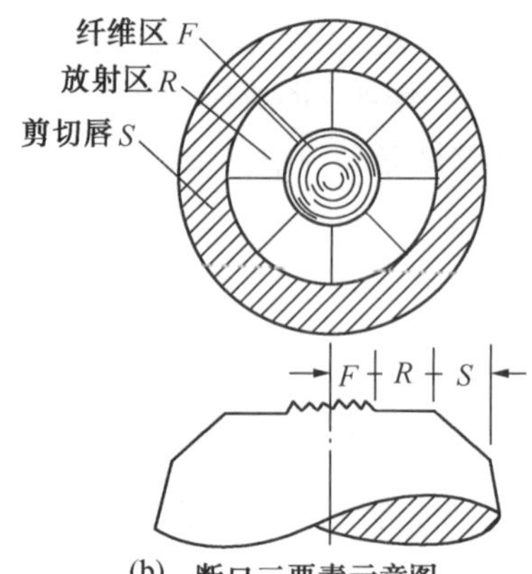

(b) 断口三要素示意图

图 5.6　光滑圆试样的拉伸断口

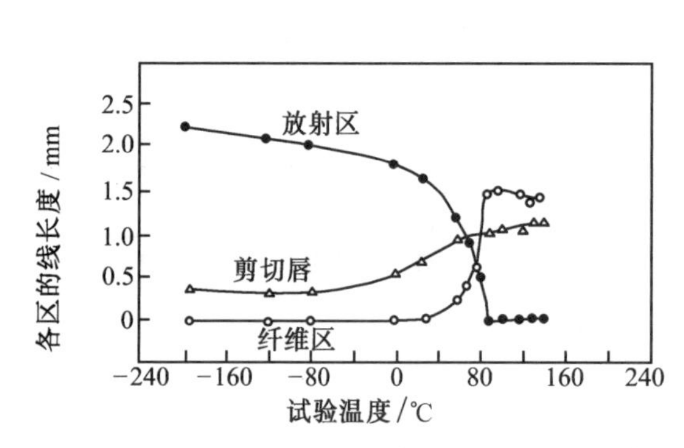

图 5.7　温度对断口三要素各区大小的影响(4340 钢)

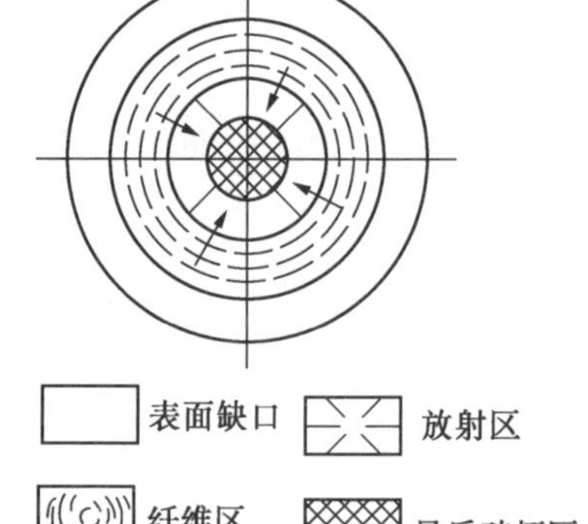

图 5.8　缺口圆试样拉伸断口示意图

但是,缺口圆试样的拉伸试验,如果在很低的温度下进行,或者材料存在冶金缺陷,则断裂表现为完全脆性形式,形成结晶状特征的平断口。对着阳光转动断口,可见很多闪光刻面。此类断裂形式称为解理断裂,其断口特征将于断口微观分析中介绍。

还有另外一种静拉伸断口称为塑性沿晶断口,是在由于热处理过热或工作过程中固溶体时效,有第二相沿晶界析出的条件下形成的。有这种组织特点的材料,在静应力作用下,仍有相当可观的塑性变形能力,但由于晶界区变形强化潜力比晶内弱,所以经一定量的塑性变形后,晶界区的塑性首先耗尽,在晶界区首先形成微孔开裂,并沿晶界扩展。此类断裂属于塑性断裂,但裂纹是沿晶界扩展的。宏观上看,断口为颗粒状特征,称为石状断口,如图 5.9 所示。

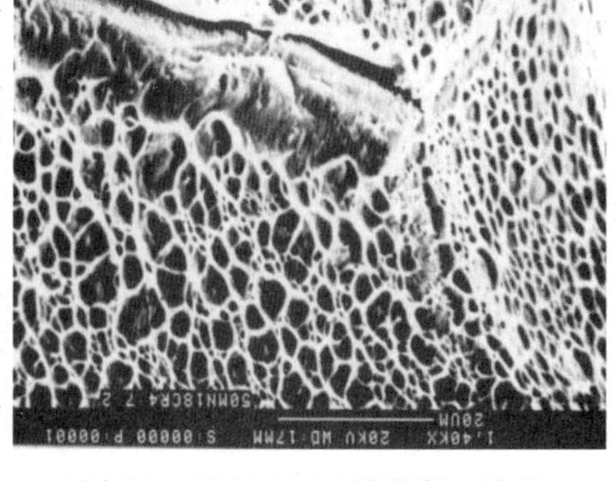

图 5.9　50Mn18Cr4 沿晶断口特征

对于矩形截面试样,拉伸断口与圆试样相似,由于试样中心变形约束最大,裂纹首先在试样中心形成,并缓慢扩展,形成纤维状断口。

放射区呈“人”字形特征。放射区的快速断裂发展到接近试样表面时,在断口周边形成剪切唇。其断口形貌特征如图 5.10 所示。矩形截面试样断口上的三个特征区的面积比例与试样厚度有关,截面厚度越大,应力状态越硬,变形受到的约束越大,反应脆性特征的断口形貌所占断口面积的比例越大。厚度对断口形貌的影响如图 5.11 示意。

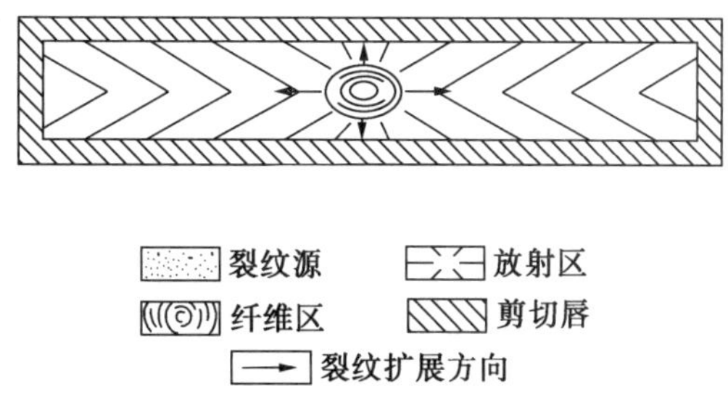

图 5.10　矩形拉伸试样断口形貌示意

矩形截面缺口试样的断裂,由于缺口引起的应力集中效应,裂纹首先在缺口根部形成向内扩展,并形成纤维状断口特征区,此后形成放射区和剪切唇。单边缺口试样和表面不穿透缺口试样的断口特征如图 5.12 所示。

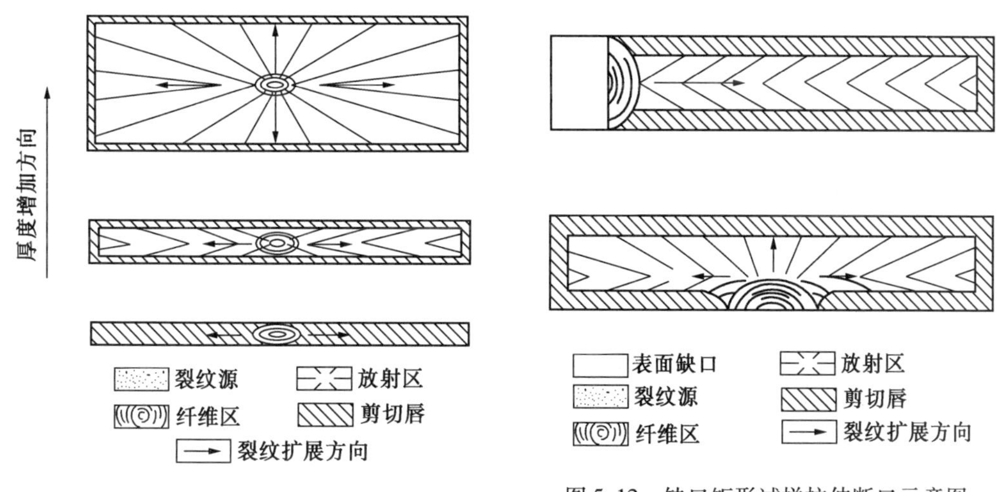

图 5.11　矩形试样厚度对断口形貌的影响

图 5.12　缺口矩形试样拉伸断口示意图

2. 冲击断口

冲击试样一侧开有 V 型或 U 型缺口,与之相对的一侧不开缺口,承受摆锤冲击。其断裂过程为:首先在缺口附近形成裂纹,并向前扩展,若为塑性材料,则在缺口根部附近形成纤维状断口区。此后,裂纹快速扩展时,形成放射区。裂纹前沿接近试样周边时,形成剪切唇。冲击试样断口形貌如图 5.13 所示。

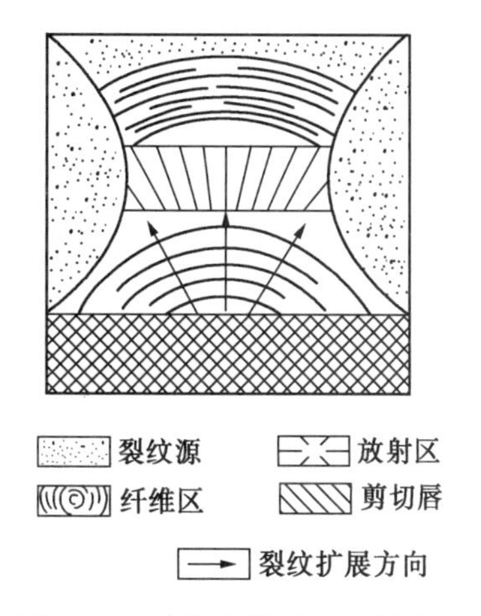

图 5.13　冲击试样断口示意图

冲击试样在受冲击作用时,缺口侧受张应力,对面受压应力,整个韧带上受力方向不同。所以在张应力作用下形成的放射特征花样,在进入受压区时,可能消失,而重新出现二次纤维区。若材料塑性足够高,则放射区可能完全消失,整个断口由纤维区和剪切唇组成。

3. 疲劳断口

疲劳断口按其载荷类型可分为弯曲疲劳断口、轴向(拉-拉、拉-压或脉动)疲劳断口、扭转疲劳断口及复合疲劳断口。其中以弯曲疲劳断口最多见。纯粹的轴向疲劳断裂较少,仅发生于某些特定的部件中。现分别讨论这些断口的特征。

(1)弯曲疲劳断口

构件承受弯曲疲劳载荷时,其表面应力最大,中心最小,所以疲劳核心总是在表面形成,然后沿着与最大正应力垂直的方向扩展,当裂纹达到临界尺寸时,构件快速断裂。弯曲疲劳应力分布及裂纹扩展方向的示意图,如图 5.14 所示。

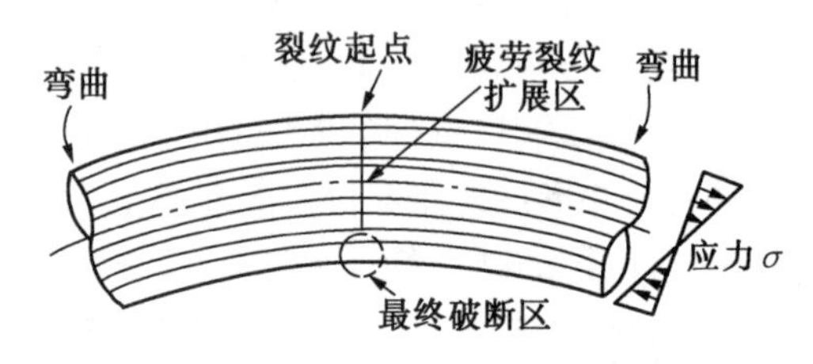

图 5.14　弯曲疲劳应力与裂纹的扩展

弯曲疲劳又可分为单向弯曲、双向弯曲及旋转弯曲疲劳三种。

①单向弯曲疲劳断口。单向弯曲疲劳断裂的疲劳核心发生在受弯曲拉应力一侧的表面上。如果没有应力集中,裂纹由核心向四周扩展的速度基本相同,故形成如图5.15(a)所示的贝纹线特征,最终破断区在疲劳核心的对侧。若存在尖缺口,则由于缺口根部应力集中大,疲劳裂纹在二侧的扩展速度较快,形成如图 5.15(b)所示的断口形态,其瞬时破断区所占的面积也较大。

②双向弯曲疲劳断口。双向弯曲疲劳的疲劳核心发生在断口的两侧。有应力集中和无应力集中时断口的形态如图 5.16 所示。对尖缺口或截面发生突然变化的尖角处,由于应力集中的作用,疲劳裂纹在缺口根部发展较快。

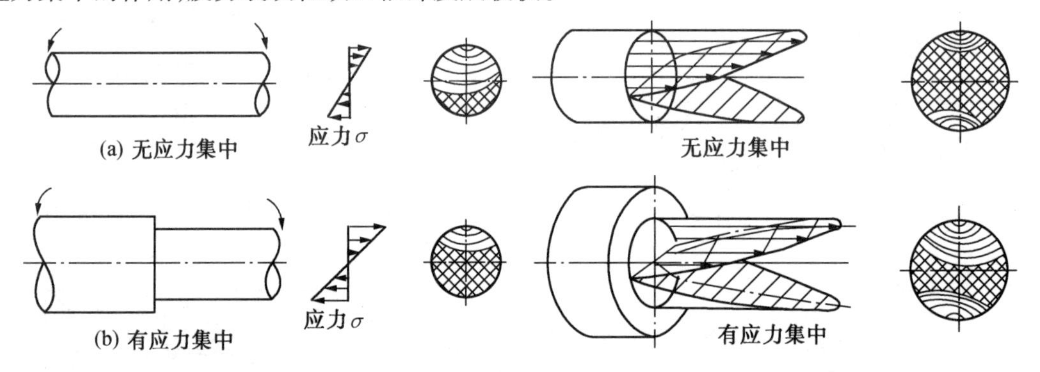

图 5.15　单向弯曲疲劳断口(示意图)　　图 5.16　双向弯曲疲劳应力与断口形态

③旋转弯曲疲劳断口。旋转弯曲疲劳条件下,其应力分布是外层大,中心小,故疲劳核心形成后向两侧发展速度较快,中心较慢,其贝纹线比较扁平。而且最终破断区虽然在疲劳核心的对面,但总是相对于轴的旋转方向逆偏转一个角度,如图 5.17 所示。即存在偏转现象。所以,从疲劳核心与最终破断区的相对位置可以推知轴的旋转方向。

有周向缺口(即有应力集中)与无周向缺口的轴,其最终破断区的位置是不同的。应力集中较大时,则将沿周向缺口同时产生几个疲劳核心,即多元疲劳的情况,最终破断区的位置将在轴的内部。若缺口较钝,应力集中较小时,疲劳核心仅在一处发生,即单源疲劳的情况,最终破断区将在与疲劳核心相对的另一侧。此外,最终破断区的位置还受作用在轴上的应力影响。如不考虑应力集中,则名义应力越大,最终破断区越移向轴的中央,其规律如图 5.18 所示。因此,人们可以根据上述关系,由最终破断区的位置及大小,推知轴上所受名义应力的大小。

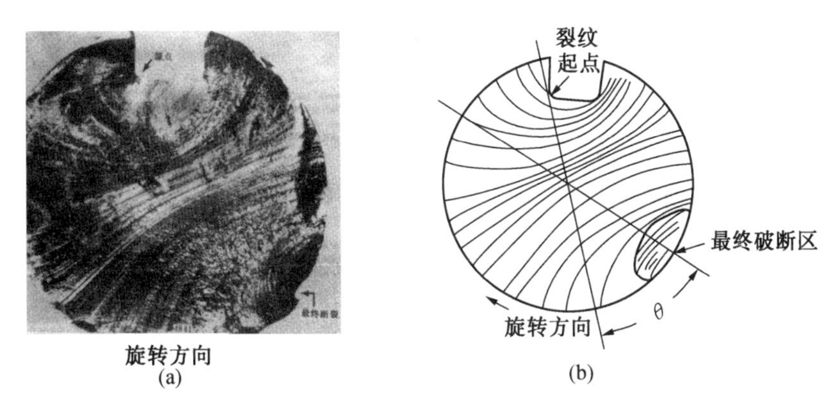

图 5.17　旋转弯曲疲劳最终破断位置的偏转现象

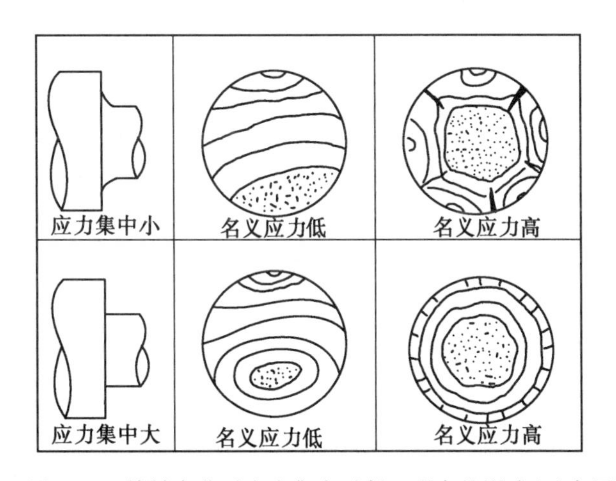

图 5.18　旋转弯曲时应力集中对断口形态的影响(示意图)

最后还应指出,由于弯曲疲劳裂纹的扩展方向总是与拉伸正应力垂直,所以,对于那些轴颈突然发生变化的圆轴,其断面往往不是一个平面,而是像"皿"状的曲面。此种断口常称为皿型断口。轴颈处与主应力线相垂直的曲线及裂纹扩展的实际路线如图 5.19 所示。

如果,在轴颈处有中等程度的应力集中,同时还承受一定的扭矩,则其旋转弯曲疲劳可能同时产生几个裂纹核心。由于扭矩的作用,裂纹将以螺旋状的方式向前扩展,最后这些裂纹在轴的截面中心汇合,形成棘轮状断口,如图 5.20 所示。

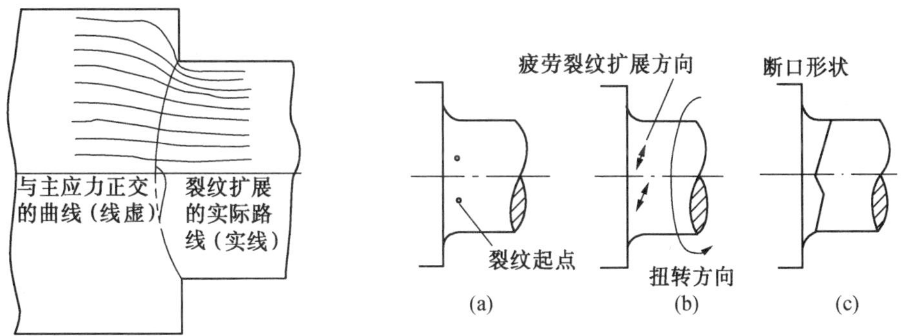

图 5.19　皿状断口形成示意图

图 5.20　棘轮状断面及其形成过程

综上所述,各种弯曲疲劳条件下的断口形态可归纳如图5.21所示。

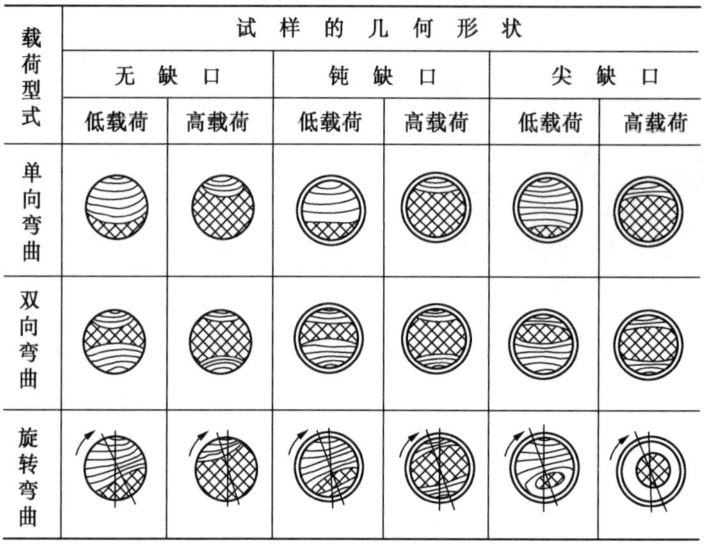

载荷型式	试样的几何形状					
	无缺口		钝缺口		尖缺口	
	低载荷	高载荷	低载荷	高载荷	低载荷	高载荷
单向弯曲						
双向弯曲						
旋转弯曲						

图5.21　弯曲疲劳断面的各种形态

(2)轴向疲劳断口的形态及特征

轴向应力分布均匀的拉-拉或拉-压疲劳,其断口形貌与试样是否有缺口有关。但无论有没有缺口,疲劳核心一般都在表面形成。如果内部有缺陷,则可在缺陷处形成。

①高应力轴向拉压疲劳断口。对于光滑圆试样,由于没有应力集中,裂纹从裂纹源向四周扩展速度基本相同。应力高时,疲劳破断区小 ,瞬时破断区大,图5.22(a)。若有缺口,则由于缺口根部有应力集中,两侧裂纹扩展较快,形成如图5.22(b),(c)所示特征的断口。

对于板状试样,则疲劳核心发生在应力集中较大的棱角处,如图5.22(g)所示,若两侧有缺口,则如图5.22(h),(i),裂纹核心在缺口根部形成向中央扩展。若内部有缺陷,则疲劳核心将发生在缺陷处。

②低应力拉-压轴向疲劳断口。工作应力低于或超过疲劳极限不多时,属于低应力疲劳。其断口的最大特点是疲劳裂纹扩展充分,疲劳区大,瞬时破断区小,寿命长,实际零件上常有贝纹状特征线。若开有缺口,由于缺口根部的应力集中,两侧发展较快。其断口特征如图5.22(e),(f)。若为板状试样,其断口与高应力相似,但其疲劳区增大,如图5.22(j),(k),(l)所示。

(3)扭转疲劳断口

前曾指出,疲劳核心一旦形成,裂纹一般(但并不必定)便沿与最大拉伸正应力相垂直的方向扩展。但是,对于扭转疲劳,除与上述情况相同的类型外,还存在着另一类断口,即沿最大切应力方向扩展的疲劳断口。

所以把扭转疲劳断口分为两类,一类称为正断型,另一类称为切断型。脆性材料常按正断型断裂,而延性材料,则常呈切断型。当然也可说存在第三种类,称为复合型,例如开始为切断型,以后变成正断型。扭转疲劳断口的各种形态如图5.23所示。

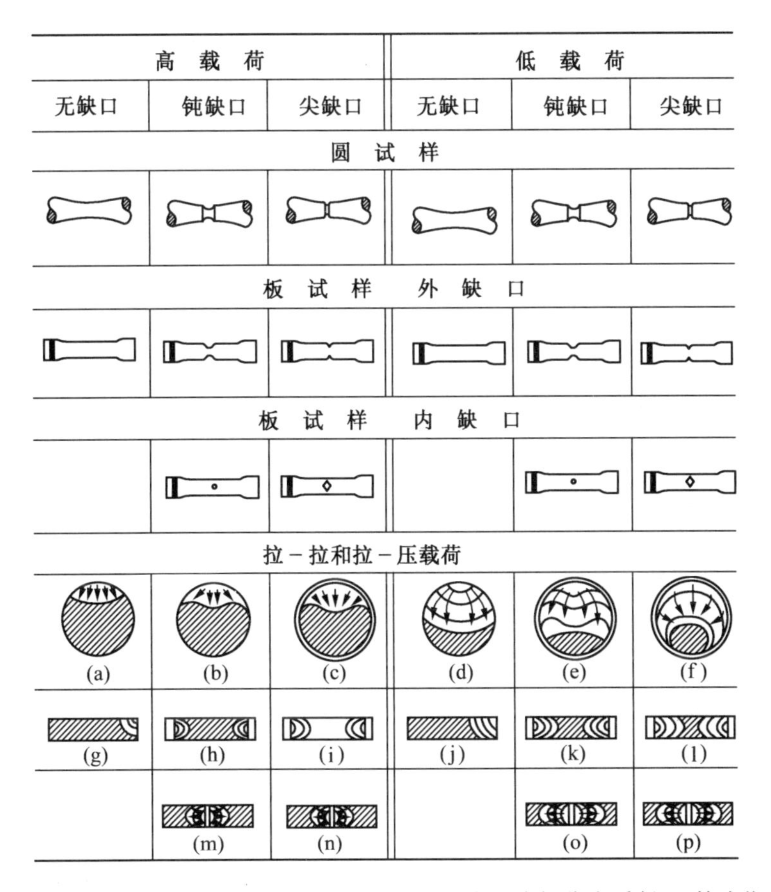

图5.22 轴向疲劳应力作用下的断口形态,图中影线部分为瞬断区,箭头指向为疲劳裂纹扩展方面,弧线为贝纹线即裂纹前沿线。

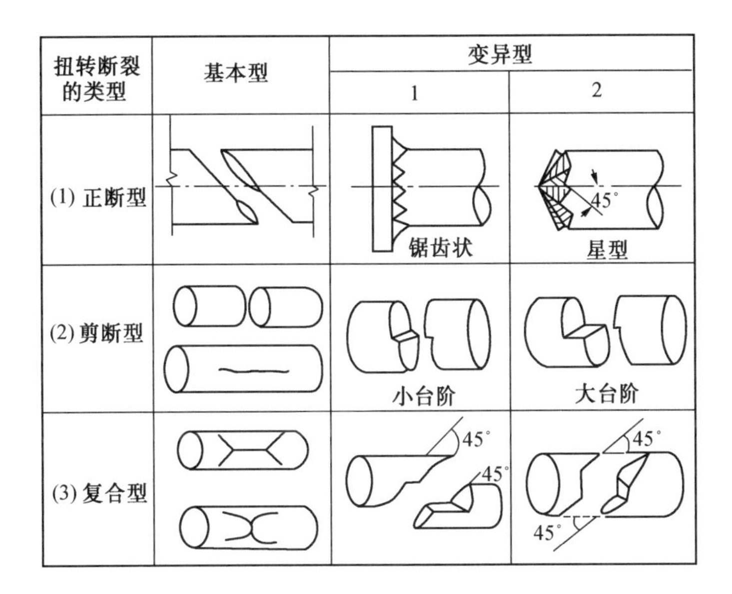

图5.23 扭转疲劳断口的各种形态

对于正断型扭转疲劳,常见的有锯齿状断口和星型断口。

当轴在反复扭转应力作用下工作,轴颈尖角处将产生很多疲劳核心,这些裂纹将同时向与最大拉伸正应力相垂直的方向,也即与轴线呈 45°交角方向扩展,结果,当这些裂纹相交时,形成锯齿状断口。锯齿状断口的形成过程如图 5.24 所示。

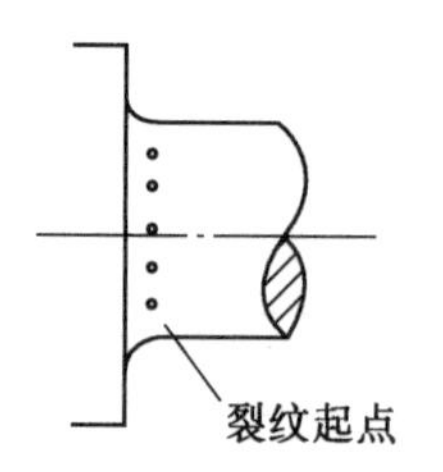

(a) 在扭矩作用下,首先发生的微小裂纹

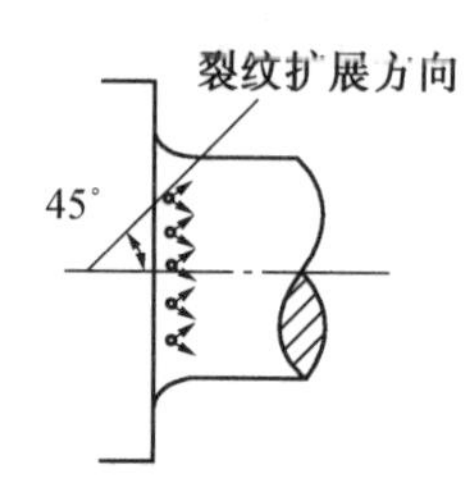

(b) 裂纹沿与轴线呈 45° 的两个方向扩展

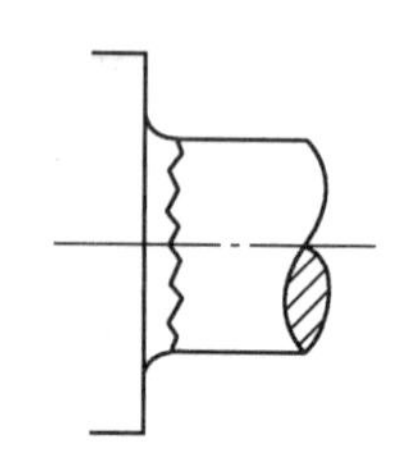

(c) 锯齿状断面

图 5.24　锯齿状断口的形成过程

4. 应力腐蚀和氢脆的裂纹及断口宏观特性

应力腐蚀开裂的裂纹起源于表面,裂纹有分支特征,总体上呈树枝状,其中主裂纹扩展较快。应力腐蚀断口,从宏观上看一般有三个区域:

①断裂源区,即裂纹起始的地方,一般由局部腐蚀或其他类型的裂纹引起,如点腐蚀、缝隙腐蚀等,这些原裂纹可以是焊接裂纹、热处理裂纹等。

②应力腐蚀裂纹扩展区,反映应力腐蚀裂纹缓慢扩展的过程,这一过程是材料的组织与应力及介质相互作用的过程。

从宏观上看,这个过程的特征是呈脆性的,即使是具有高塑性的铬镍系奥氏体不锈钢,也是如此。裂纹扩展可以是穿晶的(沿某一结晶面扩展),也可以是沿晶的,甚至是两者皆有的混合型。这个区域的断口是粗糙不平的,而且不平度随材料的组织和晶粒度而变化。因为应力腐蚀断裂过程也是一个电化学过程,所以必然有电化学反应的产物存在。在应力腐蚀断裂的断口上,可看到一深色区,它与因金属零件的有效截面不能承受应力而断裂的最终断裂区是截然不同的,而这些腐蚀产物在以后的断裂事故分析中是相当重要的。

③最终断裂区,这个区的特征与普通疲劳断口的最终断裂区相同。

氢脆裂纹是在氢和应力共同作用下形成和扩展的,如在高强度结构钢中,氢总是向三向应力发展剧烈的地方聚集,导致裂纹形成的。应力腐蚀裂纹与氢脆裂纹的比较如图 5.25 所示。可以看出,氢脆裂纹总是在缺口根部形成,而且缺口曲率半径越小,裂纹越靠近缺口顶端形成。

氢脆断口的宏观特征主要是:在大截面锻件的断口上可以观察到白点;在小型锻件或丝状断口边缘上可以观察到白色亮环。放大检查有时会看到细小的裂纹(即发裂)。例如,镀锌弹簧在工厂生产、试验或实际使用过程中,常常发生氢脆断裂。若检查断裂弹簧原材料,并没有发现什么缺陷,热处理工艺和硬度也属正常,断裂弹簧的断口上组织粗细程度与正常断口也没有什么区别,其边缘没有变形或毛刺,在体视显微镜下观察,边缘附近的断面有呈光亮状的区域,这些光亮区域靠近表面呈半圆形,这就是因氢脆而造成的小断裂面。

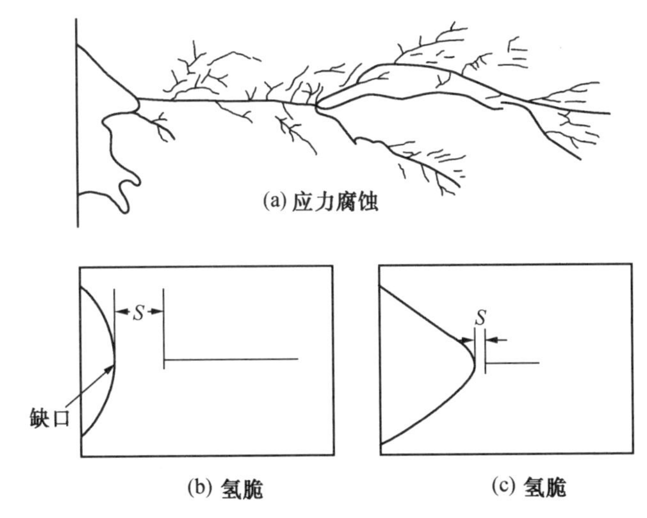

图5.25 应力腐蚀与氢脆裂纹的区别

5. 应力腐蚀断裂与氢脆断裂的区别

氢脆也是一种由于电化学作用而引起的材料的脆性破坏,广义的应力腐蚀断裂也可包括氢脆。但是严格来说,这两种断裂还是有区别的。氢脆是电化学反应中阴极极化作用产生的游离状态氢(H)被吸附于钢中,导致的脆性断裂现象。而应力腐蚀则是由于电化学反应的阳极极化的结果。

应力腐蚀断裂与氢脆断裂的主要特征较难区别,但仍有些线索可供参考:

(1)应力腐蚀断裂

①沿晶裂纹优先在表面生核(起源于表面)。

②沿晶断裂区有严重的次生裂纹或蚀坑。

③断裂源区有大量的氧化物或腐蚀产物。

④发裂不如氢脆明显。

(2)氢脆断裂

①在沿晶断裂区能发现韧窝及发裂特征。

②沿晶断裂起源于表皮下。

5.3.2 微观断口分析

1. 微观断口分析的基本方法

正如第4章已初步介绍的那样,微观断口分析(也包括前述的裂纹分析)主要是利用金相显微镜、扫描电子显微镜(SEM)、透射电子显微镜(TEM)和电子探针(EPMA)等仪器研究断裂的微观过程、断裂机制,分析导致失效的各种因素。图5.26是微观断口分析的基本方法。带有EPMA的扫描电子显微镜是微观分析的重要设备,它可将断口或裂纹的形貌与微区成分分析结合起来,把宏观分析与微观分析结合起来。因此,SEM在判断断裂的性质、断裂原因等方面能发挥关键性作用。其他的仪器和分析技术是在特定条件下对SEM分析的必要补充,见表5.2。

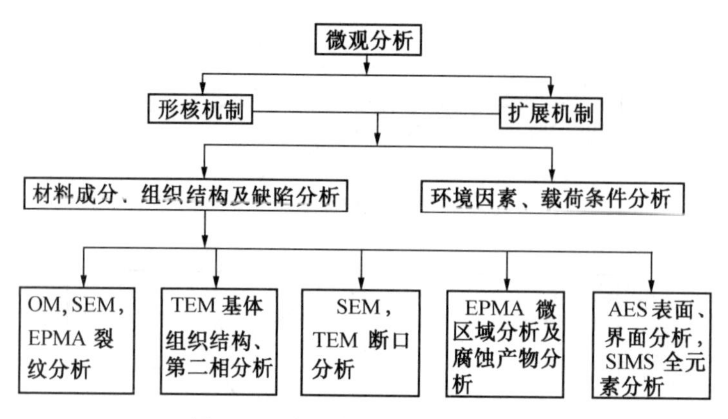

图 5.26　微观断口分析的基本方法

表 5.2　微观分析的主要仪器及技术

仪器名称	主要性能指标	样品要求或制备方法	研究内容
扫描电子显微镜(SEM)	二次电子表面形貌像分辨率约 5 nm,放大倍率为 $10 \sim 10^5$	一定尺寸(一般为 ϕ 30×15) 试样应导电,不导电试样要进行“导电”处理	表面形貌观察,包括断口、裂纹、组织、表面损伤等特征研究
电子探针(EP)或称电子探针微区分析(EPMA)	X 射线波长分散谱仪(WDS) B 以上元素分析。X 射线能量分散谱仪(EDS) Na 以上元素分析空间分辨率为 0.1 ~ 1 μm	一定尺寸(一般为 ϕ 13×15) 试样应导电,不导电试样要进行“导电”处理	微区成分分析、基体、第二相、夹杂、氧化或腐蚀产物、镀层等的成分分析
离子探针(IP)或称二次离子质谱仪(SIMS)	能对全元素进行分析,但对表面微米范围有破坏性	一定尺寸(根据仪器要求)	对超轻元素(包含 H)的分析
俄歇能谱仪(AEM)	对俄歇电子能量分析,自 Li 开始,探测深度为 10 nm 左右,超高真空	特定尺寸形状。断口要在仪器中制备,以防外界污染	表面分析、研究晶界元素偏析
透射电子微镜(TEM)复型技术(RT)	分辨率为 1 ~ 100 nm 放大倍率为 $10^2 \sim 10^5$	要从研究的表面制备复型(replica) 对试件无损伤、无尺寸限制,可在现场制备	断口细节特征(如疲劳裂纹)的观察,大件破坏不能切取试样时的断口分析
透射电子显微镜(TEM)金属薄膜技术(FT)	晶格分辨率为 0.142 nm 点分辨率为 0.3 nm 放大倍率为 $10^2 \sim 10^6$	双喷法制成 ϕ 3 mm,小于 0.2 μm 厚度的金属薄膜(Thin film)	金属组织精细结构的观察、电子衍射结构分析、可研究断裂中的变形、相变和相鉴定

2. SEM 分析的程序

图5.27为应用扫描电子显微镜(具有EPMA的功能)进行微观断口分析的程序。图中断裂源区的低倍观察分析是利用SEM,它可以对源区自10倍起逐步放大进行观察,再次验证宏观分析对源区判断的正确性。它比宏观分析优越之处在于,形貌观察与成分分析二者可以同时进行,并且可以利用数十倍至数百倍的放大倍数来观察表示裂纹扩展方向的"放射线"或低倍"河流"花样,准确地判断起源点。

通过对源区、源点及裂纹扩展区两方面的观察分析,最重要的是要对裂纹的形核机制、扩展机制及影响因素等进行判断,并取得尽可能多的信息,尤其是定量数据。

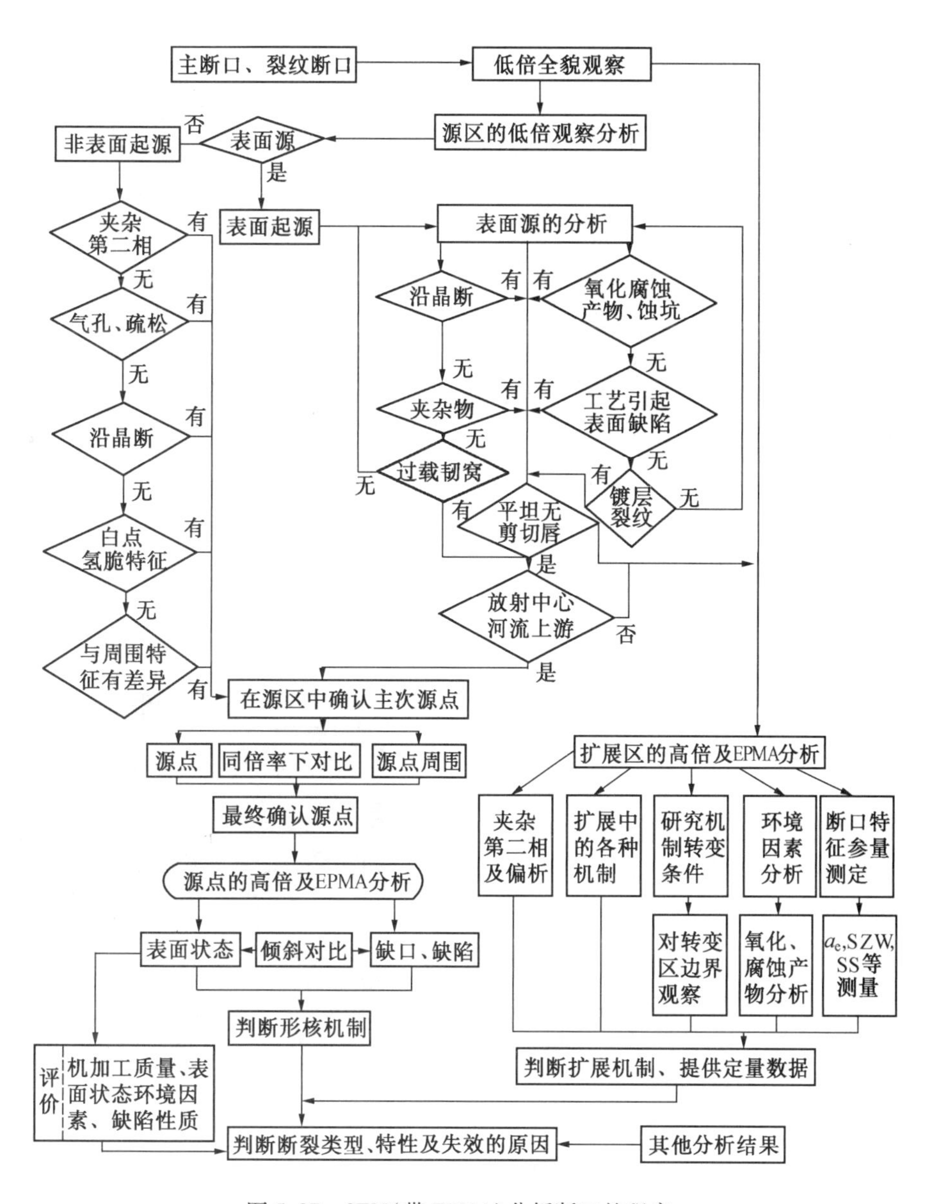

图5.27　SEM(带EPMA)分析断口的程序

3. 解理断口微观特性

解理断裂是低温脆性材料如低碳钢,在低温下的典型断裂形式。解理断口是裂纹沿解理面劈裂的结果,将解理断口对着阳光转动时,可看到很多闪光刻面,宏观上看到的这些小刻面与晶粒尺寸相对应,小刻面即解理面。解理面上的微观特征为解理台阶,以及由解理台阶汇合而成的"河流"花样,如图 5.28 所示,"河流"由上游到下游的流向即裂纹在该晶粒内的扩展方向。由于相邻晶粒的位向不同,解理裂纹越过晶界时,需要偏转一个角度。相应地,解理台阶也要在晶界上重新开始,并汇合成另一组"河流"花样。

解理断口的另一种特征形貌为舌状花样,如图 5.29 所示。这是解理裂纹顺解理面扩展时,遇到形变孪晶后,在孪晶界上扩展的结果。

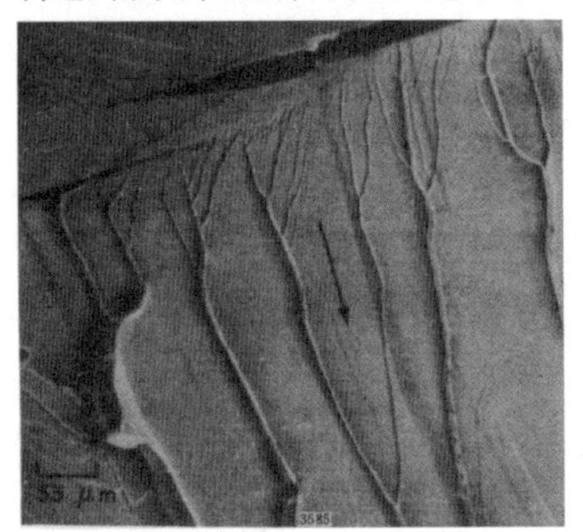

图 5.28　解理断口上的"河流"花样

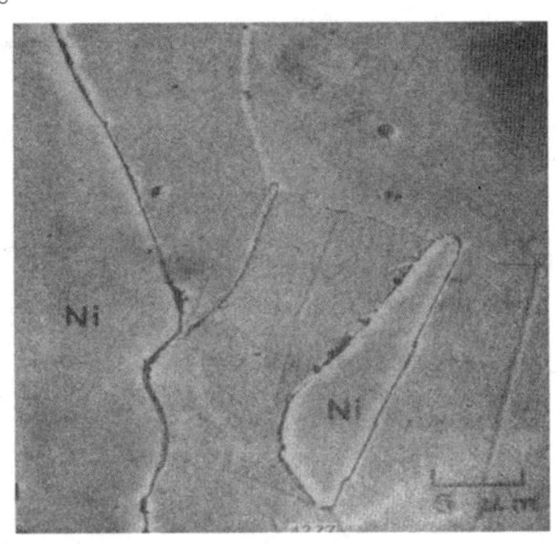

图 5.29　解理断口上的舌状花样

4. 准解理断口微观特征

准解理断裂首先在回火马氏体钢中发现,微观形貌如图 5.30 所示。准解理断裂属于解理断裂,但又与解理断裂不完全相同。

准解理断口的特征有:

①准解理小断面比回火马氏体的尺寸大得多,它相当于淬火前的原奥氏体晶粒尺寸。

②与解理裂纹的路径相比,准解理裂纹的扩展路径要不连续得多,常常在局部地方形成裂纹并局部扩展。

③准解理裂纹源常在准解理小断面内部,而解理裂纹源则在与解理面相交的边界上。

④准解理小断面上有许多撕裂棱。

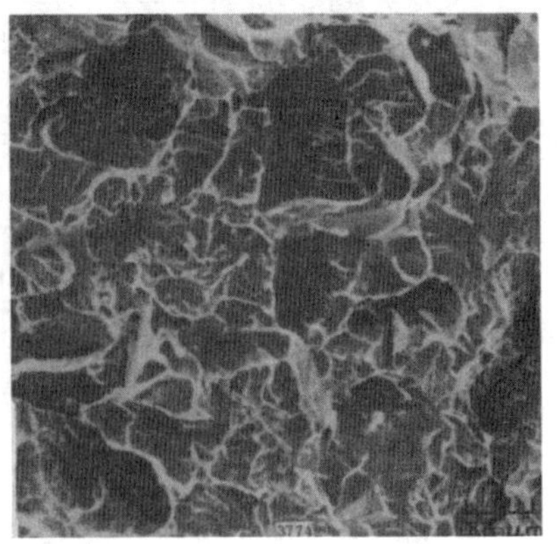

图 5.30　准解理断口形貌

5. 延性断口的微观特性

延性断口是在断裂过程中局部高度塑性变形遗留下的断裂痕迹。延性断口分为二类:一类是滑断或纯剪切断口;另一类是微孔聚集型断口。

(1)滑断或纯剪切断口的微观特性

对于延性较高的金属(裂纹体或缺口试样),受拉应力作用后,裂纹面张开,裂纹或缺口根部钝化,该局部材料滑移,出现“蛇行滑动”或“涟波状”花样,如图5.31所示。这是在较大的塑性变形之后,滑移面分离造成的,其中“涟波”花样是因“蛇行滑动”花样进一步变形而平滑化的结果。如若再继续变形,“涟波”花样也将进一步平坦化,在断口上留下没有特殊形貌的平坦面,称为“延伸区”或“平直区”。实际工程材料总是存在缺陷的,例如缺口、显微裂纹、空洞等,在应力作用下,这些缺陷附近的区域也可能发生纯剪切过程,在其内表面上也会出现蛇行滑动、涟波、延伸区等特征。在断裂韧性试样的断口上,介于预制疲劳裂纹前端与快速低能量撕裂区域之间,也常存在有一定宽度的延伸区,有时伴随有蛇行滑动或涟波花样。延伸区宽度与试样的断裂韧性 K_{IC} 之间存在一定的联系。由各种结构钢和铝合金的数据,得到

$$SZW = C\left(\frac{K_{IC}}{\sigma_s}\right)^m \tag{5.1}$$

式中,SZW 为延伸区宽度;C,m 为为常数,根据不同材料而定。

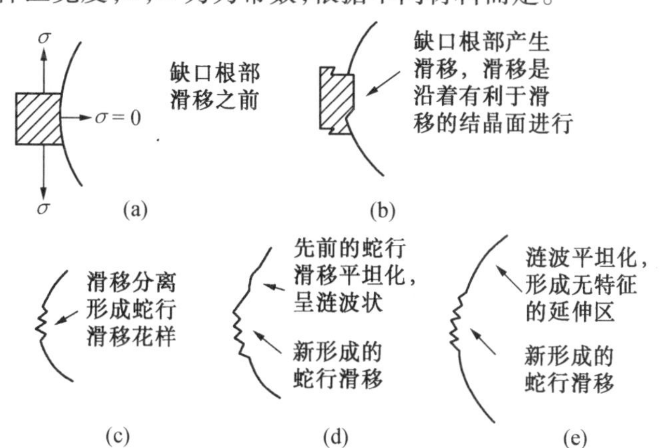

图5.31　沿滑移面分离而形成的蛇行滑移、涟波和延伸区示意图

(2)微孔聚集型断裂的微观特征

微孔型断口的典型形貌如图5.32所示,断口上有大量韧窝。其形成过程为:材料在塑性变形过程中,夹杂物或第二相粒子等因阻碍基体滑移,在其与基体连接的界面处首先开裂,形成最早的微孔;然后随塑性变形继续进行,这些微孔逐渐长大并联结,以至形成宏观裂纹并继续扩展至断裂。与此同时,若夹杂物尺寸较大,并有塑性变形能力的话,也会随着宏观塑性变形而伸长,宛若小试样的伸长变形和颈缩断裂。如果夹杂物是脆性的,且其强度较低,夹杂物将在其与基体之间的界面开裂之前先行折断。夹杂物尺寸越大,该局部开裂越早,断口上遗留下的韧窝尺寸越大。

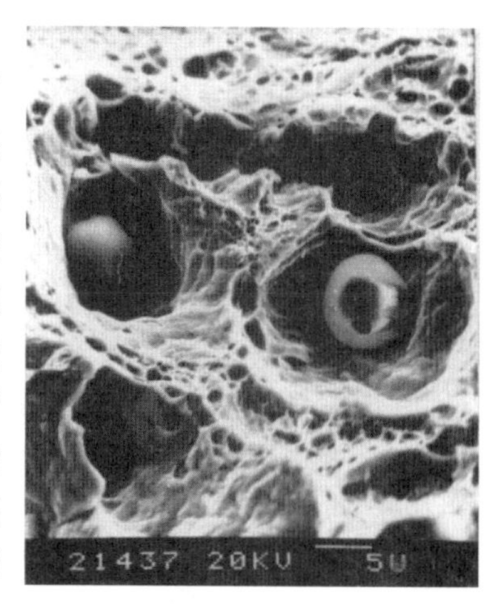

图5.32　16Mn钢拉伸断口上的韧窝

宏观上的延性断裂,其电子断口一定是韧窝型的。

但对于超高强度金属材料(钢或铝合金)的低应力脆断,其断口也是韧窝型的。这就是所谓高强度材料的裂纹敏感性问题,是材料的组织特征与裂纹顶端应力应变特征共同作用的结果。从组织方面看,高强度材料的组织为在较强的固溶体基体上弥散地分布着析出相质点。当裂纹体受力作用后,在裂纹顶端形成一塑性区,在紧靠裂纹顶端处,出现严重的应变集中现象,应力值也达到屈服强度以上。由于析出相质点平均间距很小,塑性区内出现析出相质点的几率很大。因此,一旦裂纹顶端形成一个不大的塑性区之后,紧靠裂纹顶端的析出相质点处就可能形成微孔开裂,并且长大,很快与裂纹顶端联结。此时虽然这个微观局部地方塑性变形剧烈,应力水平也比较高,但从整个截面来看,却由于有很大的弹性区存在,其平均(名义)应力水平可能很低,甚至低于屈服强度,使断裂表现为低应力脆断。从能量上来说,高强度材料由于其屈服强度高,断裂韧度较低,受力作用后,形成的裂纹顶端塑性区尺寸很小,不需要消耗很多能量,便能使塑性区内形成微孔开裂,使裂纹进入扩展状态。此类断裂虽然宏观上呈脆断形式,但由于裂纹是按微孔聚集型机制扩展的,所以微观断口表现为韧窝特征。

关于韧窝的形状,按照断裂时的应力状态,分为等轴形、剪切长形和撕裂长形三种,如图5.33所示。

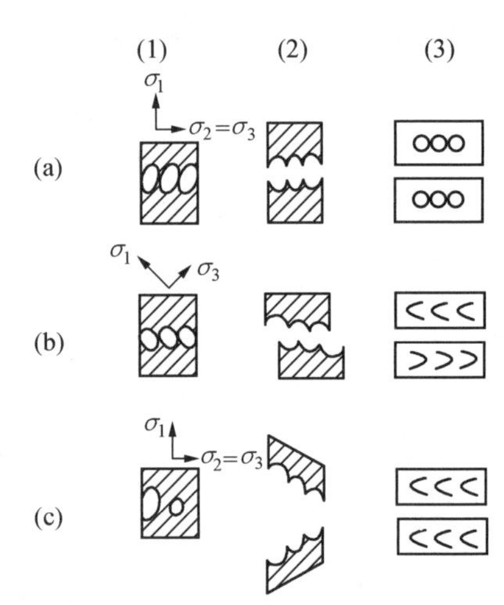

图5.33　在三种应力状态下形成的显微空洞及韧窝形状示意图

(1)受载后,应力接近局部破坏时,形成微孔;
(2)微孔连接,形成断裂;
(3)断口上下面的微观形貌——韧窝形貌
(a) 正应力　(b) 剪切应力　(c) 撕裂应力

关于韧窝的大小和深浅,则决定于断裂时微孔核心的数量、材料基体的延性和温度。材料本身延性较差时,断口上韧窝尺寸就较小、较浅。夹杂物或第二相粒子往往是韧窝的形核处,核心的密度增大或其间距减小,则韧窝尺寸减小。材料的加工硬化率高时,韧窝尺寸也减小。温度降低,韧窝尺寸减小。此外,应变速率增加时,韧窝尺寸也减小。也曾有报道认为,材料的断裂韧性愈高,韧窝也愈大。低周疲劳试验时,应力强度因子幅值 ΔK 愈大,韧窝也就愈大。

6. 沿晶断口的微观特征

沿晶断裂,又称晶间断裂,是多晶体材料中裂纹沿晶界面扩展的一种断裂形式。按断裂前的变形情况,沿晶断裂可分为脆性沿晶断裂和塑性沿晶断裂。不论哪一种沿晶断裂,都是晶界区域受到损伤,在受到应力和环境作用时,因其塑性变形能力全部或部分丧失而不能适应晶界两侧晶粒的变形的结果。晶界损伤大致有三种情况:晶界上有脆性相析出;晶界区有杂质原子偏聚,导致晶界弱化;晶界与环境相互作用,降低晶界结合力。在不同应力与环境条件下,将产生不同的损伤形式,断裂也将按不同机制进行,产生不同特征的断口。

(1)晶界第二相引起的沿晶断裂

当晶界上存在碳化物、氧化物析出时,如 $M_{23}C_6$ 等呈不连续的碳化物网或薄膜沿晶界分布时,往往形成脆性沿晶断口,图5.34 为高含氧的工业纯铁的冲击断口,可以看出几乎完整的晶界表面,清晰的晶界刻面和二次裂纹,此为典型的脆性断口,几乎完全丧失塑性变形能力。当第二相以质点状沿晶分布时,在缓慢加载条件下,材料尚有部分塑性变形能力,在经受一定的变形后,按微孔型机制在晶界形成微孔,并沿晶界长大聚合,形成微孔型沿晶断裂。图5.35为过热钢中硫化锰质点沿晶界析出造成的塑性沿晶断口。图5.35(a)为相邻两晶粒,图5.35(b)为晶界表面局部放大。

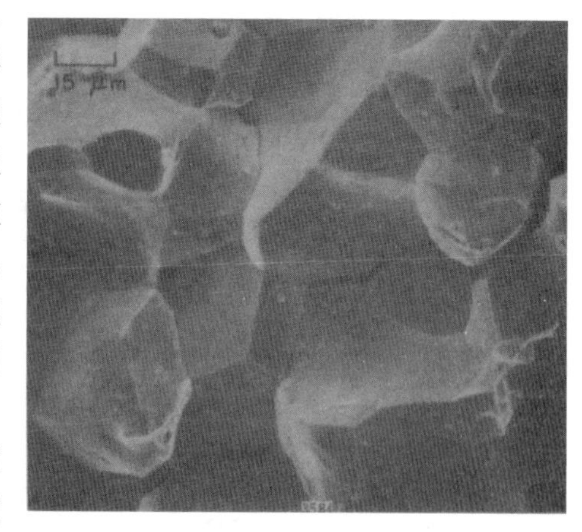

图5.34 高含氧的工业纯铁冲击试验产生的沿晶断口

在高温下承受应力时,材料发生的变形随时间逐渐增加,即发生蠕变现象。如果受力较小时,晶界滑动将造成晶界夹杂物或析出相处形成微孔,并逐渐长大、联结,形成微孔型沿晶断口。图5.36为2% Be-Cu合金在260 ℃进行光滑试样拉伸过载试验的断口中心部位的形貌,为微孔型沿晶断口(该照片右下角为穿晶韧窝)。

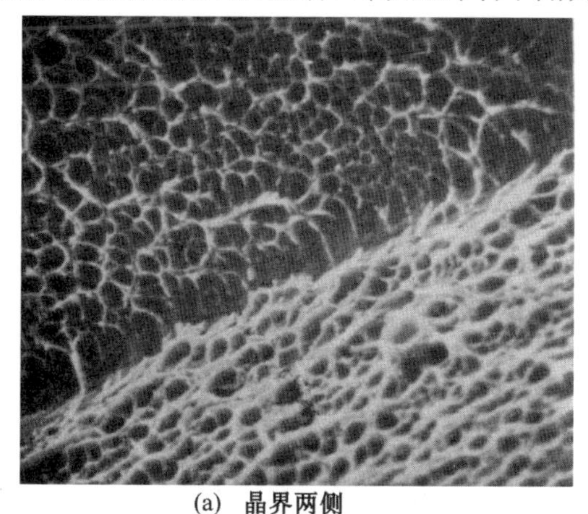
(a) 晶界两侧

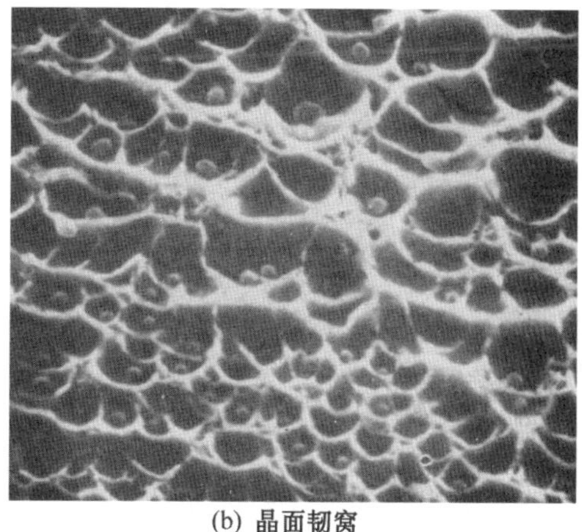
(b) 晶面韧窝

图5.35 由过热引起的塑性沿晶断口

(2)晶界杂质原子偏聚引起的沿晶断裂

现已查明,高合金钢的回火脆性是由P,Sn,As,Bi等有害元素的原子沿原奥氏体晶界偏聚引起的。尽管钢中这些元素含量很低,但其在晶界区的浓度比平均浓度高500～1000倍,因此认为这些元素是“毒害”晶界的元素,严重削弱了晶界结合力。图5.37为40Cr钢回火脆断口。高强钢在氢环境中也常表现为沿晶断裂,这种断口的晶界上看不到第二相粒子,因此也可以认为是氢在晶界富集,弱化了晶界的结合,使钢在很低应力下发生沿晶断裂。

图5.36　Be-Cu 合金高温过载拉伸断口(TEM)

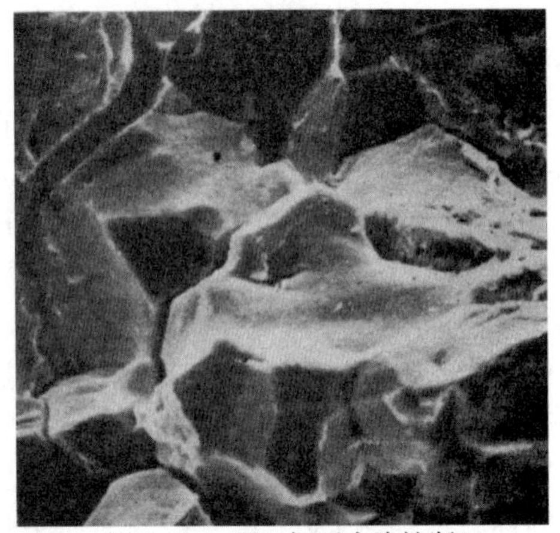

图5.37　40Cr 钢回火脆性断口

7. 疲劳断口微观特征

前已述及,疲劳断口分为三个区域:疲劳核心(源)区,疲劳裂纹扩展区,和瞬时断裂区。

疲劳核心区是疲劳裂纹最初形成的地方,一般总是在零件表面应力集中或存在缺陷的位置,如键槽、油孔、过渡圆角等。若原材料内部有缺陷,如夹杂、白点、气孔等,则也会在表层以下这些缺陷处形成疲劳核心。疲劳核心区一般极微小,只有 0.1mm 量级的深度,是在材料表面缺陷处集中滑移的结果,这种稳定的滑移的核心一旦形成,该处便成为一稳定的应力集中因素,以后的滑移便集中于该处并沿主滑移面发展,主滑移面取向与正应力大致成 45°角。这种滑移累积的结果即形成裂纹,总体看来,裂纹面与应力轴线约成 45°角。这一过程称为疲劳裂纹扩展的第一阶段。裂纹第一阶段扩展一定深度后,由于受到周围晶粒的约束,将改变方向,转向与正应力垂直的方向扩展,即进入裂纹扩展的第二阶段。

疲劳裂纹在第一阶段的扩展,总是沿最大切应力方向发展,断口特征是晶体学相关的。而疲劳裂纹第二阶段的扩展主要受正应力控制,晶体学因素的影响退居次要地位。裂纹第一阶段扩展的深度虽然很浅,但它对疲劳总寿命却有重要影响。对于高周疲劳的情况,疲劳裂纹第一阶段的扩展,约占疲劳总寿命的 80% 以上。对于低周疲劳,疲劳寿命则主要表现为第二阶段的裂纹扩展。目前对疲劳裂纹第一阶段扩展研究得尚不充分。这里主要介绍第二阶段裂纹扩展的断口特征。疲劳裂纹第二阶段扩展的断口主要特征是在微观范围内经常出现大小不同、高低不同的疲劳断片(Fatigue Patch),以及疲劳断片上的疲劳辉纹(Fatigue Striation),有的疲劳断口上出现轮胎压痕(Tire Track)。

(1)疲劳断片

疲劳裂纹扩展区在宏观上呈现平坦光滑的外貌,但在微观上,却呈凹凸不平的特征。Beachem 在 1967 年提出了关于疲劳断口形貌的显微模型,如图 5.38 所示。在图中表示了两个匹配断口的显微形貌,每个断口是由若干个凹凸不平的小断片所组成的,其中大箭头表示裂纹总的扩展方向,小箭头表示各个小断片裂纹的局部扩展方向。图5.39表示由小断片组成的电子图像。断片的显微形貌特征如下:

①断片的形貌是凹凸不平的,在匹配断口上的断片凹凸是相对应的,例如图 5.38 中断片 8,12 为凹断片,它们的相对匹配断口上的断片为凸断片。

②断片与断片连接处形成台阶,如图 5.39 所示。

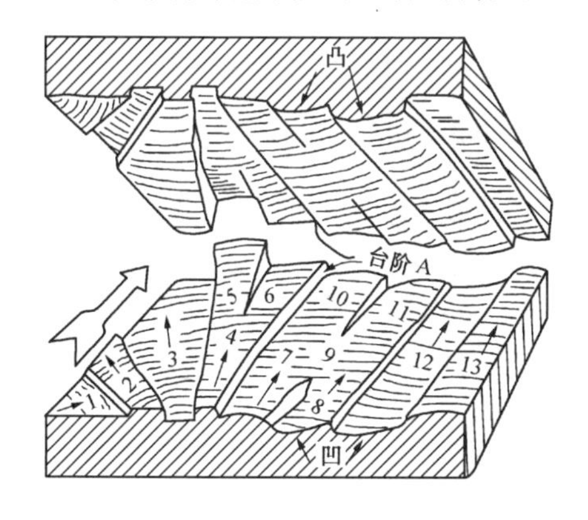

图 5.38　疲劳断口显微特征示意图,大箭头表示裂纹扩展方向

图 5.39　302 不锈钢在 427℃ 的疲劳断口形貌,显示清晰的疲劳断片和辉纹

③疲劳断口的显微条纹辉纹,均匀地分布在断片上,辉纹由一个断片发展到另一个断片上时,其局部扩展方向发生变化。如图 5.38 中断片 4 上的辉纹扩展到断片 5 上时裂纹的扩展方向发生了变化。在同一个断片上的疲劳辉纹是连续的且相互平行的分布;相邻断片上的疲劳辉纹是不连续且又不平行的,它们之间由台阶连接起来。

④疲劳辉纹沿裂纹扩展方向(指裂纹的局部扩展方向)发生弯曲,如图 5.38 中的断片 1,2 上的辉纹形貌所示。

⑤在裂纹扩展时,有时小断片沿裂纹扩展方向发生合并,即由两个断片合并为一个断片,如图 5.38 中断片 7,8 合并为断片 9。

⑥裂纹扩展时,有时小断片沿裂纹扩展方向呈发散现象,即由一个断片分解为两个断片,如图 5.38 中断片 4 分解为断片 5 和 6。

(2)疲劳辉纹

在光学显微镜下及电子显微镜下观察疲劳断口时,可发现断口有很多细小的、相互平行的、具有规则间距的、与裂纹扩展方向垂直的显微特征条纹,称之为"辉纹"(Striation)。它与宏观疲劳断口上的"条纹",即"贝纹线"标记不同。

①疲劳辉纹的形成。疲劳辉纹形成的模型及机理有许多种,但主要有三种机理已被公认。

a. 疲劳裂纹顶端在一次循环中,压缩半循环时,使裂纹的两个裂开面紧靠在一起,裂纹顶端断口表面产生变形;接着在下半拉伸循环时,裂纹再度张开,并使裂纹扩展,产生一个增量 Δa,这时便形成了一条辉纹。

b. 疲劳裂纹顶端存在显微空穴,当空穴长大到一定尺寸时便与主裂纹连接,使裂纹扩展 Δa 距离,这便形成了一条间距为 Δa 的辉纹。

这两个疲劳辉纹形成的模型,实质上就是疲劳裂纹的连续扩展和不连续扩展的模型——它们都形成韧性的疲劳辉纹。

c. 脆性疲劳辉纹的形成，是在疲劳循环过程中裂纹顶端的微小区域内，出现解理裂纹及塑性变形，此时的塑性变形量很小（与韧性辉纹相比而言），在钢材中解理面用腐蚀坑等方法可证实亦为{100}面，如图 5.40（c），（d）所示。

②疲劳辉纹的类型。Forsyth 在观察疲劳辉纹时，发现有两种不同类型的疲劳辉纹，即“韧性疲劳辉纹”，如图 5.40（a），（b）所示；“脆性疲劳辉纹”，如图 5.40（c），（d）所示。这两种疲劳辉纹在形成时所产生的表面浮凸程度和塑性变形量的大小不同。韧性疲劳辉纹在塑性变形时发生较大的形变量，而脆性辉纹的塑性形变量较小。图 5.41 ~ 图 5.43 分别表示韧性辉纹和脆性辉纹的电子形貌特征。在一般情况下遇见的疲劳辉纹，大多数都是韧性疲劳辉纹；而脆性疲劳辉纹是一种特殊情况，因为它仅出现在腐蚀环境中，或者在缓慢的循环应力条件下。在体心立方晶系和密排六方晶系的金属基合金中可发现脆性辉纹，而面心立方晶系的金属和合金中，很少出现脆性疲劳辉纹。

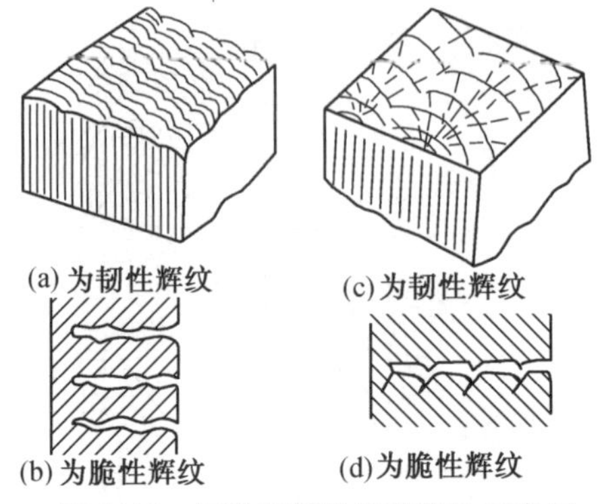

图 5.40　韧性及脆性疲劳辉纹示意图

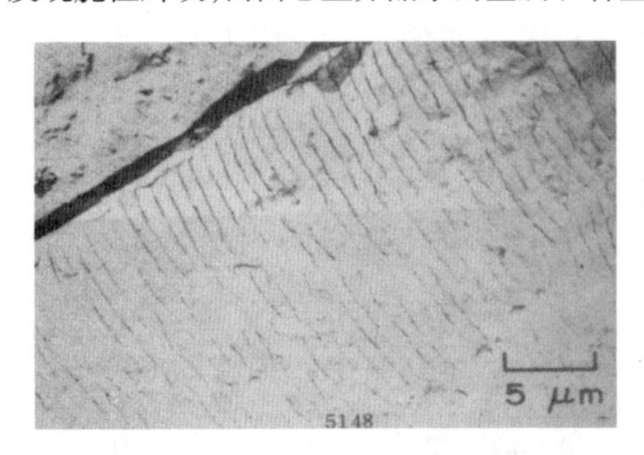

图 5.41　2024-T851 铝合金疲劳断口形貌，典型的塑性疲劳辉纹（TEM）

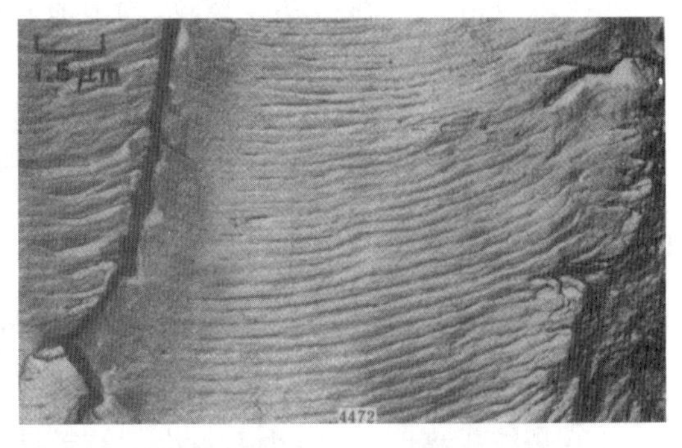

图 5.42　302 不锈钢疲劳断口形貌，典型的塑性疲劳辉纹（TEM）

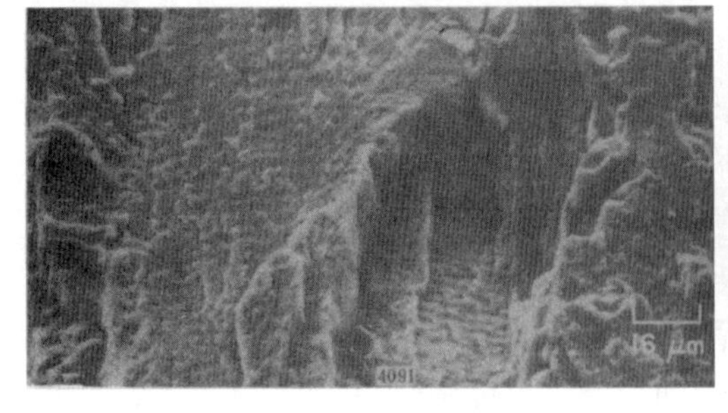

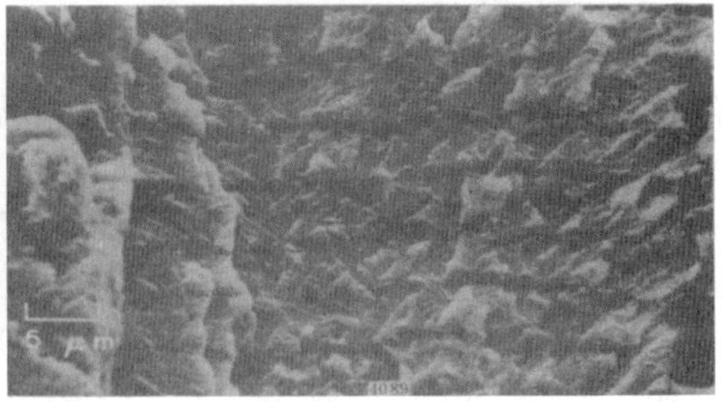

图 5.43　7075-T6 铝合金腐蚀疲劳断口中的脆性疲劳辉纹形貌

③疲劳辉纹的形状及分布。通常在面心立方结构的金属及合金中较易观察到疲劳辉纹。如图 5.42 所示的不锈钢断口上连续规则排列的辉纹，而在体心立方和密排六方晶体结构的金属及合金的疲劳断口上，则不大容易观察到辉纹。有时高碳钢或合金钢的疲劳

辉纹与韧窝或河流花样等特征混合在一起，如图5.44所示为301不锈钢断口，在规则疲劳辉纹的平坦断口上有部分韧窝。图5.45所示为308铝合金压铸齿轮盖弯曲疲劳试验断口，其中铝合金基体为疲劳辉纹，金属间化合物为解理断裂（图中箭头2所指处）。

图5.44　301不锈钢疲劳断口，规则的疲劳辉纹夹有部分韧窝

④疲劳辉纹间距变化。在恒定应力条件下所得的疲劳辉纹，其间距应是均匀的；如果应力发生变化，则辉纹间距也发生变化。一般可认为，每一条疲劳辉纹相当于每次应力循环后裂纹前沿所达到的位置，即裂纹前沿线。在通常情况下，有规则的辉纹相互平行，间距相等；而无规则辉纹，则呈现断续状，其间距不相等。

图5.45　308铝合金疲劳断口形貌，基体上清楚的疲劳辉纹（箭头1），金属间化合物为解理断裂（箭头2）

疲劳辉纹主要出现在疲劳裂纹扩展阶段，此时辉纹与循环次数基本上是一一对应的。但有时在疲劳断裂的初始阶段，也可观察到疲劳辉纹，其间距很小，此时不是一次循环对应一条疲劳辉纹，而是几次循环才产生一条疲劳辉纹。

辉纹间距往往随着裂纹长度的增加而增加；即随应力强度因子 ΔK 的增加而增加。辉纹间距与 ΔK 的关系可用Betes公式表达，即

$$S=C_1(\Delta K)^{n_1} \tag{5.2}$$

这里 S 表示辉纹间距，C_1 是依赖于材料和试验温度的系数，对于合金钢，n_1 可取1.6。

实验指出，疲劳辉纹间距与应力强度因子 ΔK 成线性关系，特别是当辉纹间距处于0.1～1 μm的范围内时，两者呈现直线关系，因此可用来做疲劳断口的定量分析。

在一般情况下，疲劳辉纹间距处于100 nm～100 μm的范围，但是Frost认为，辉纹间距是在 2.5×10^{-5} mm～2.5 mm的范围之内。

另外，辉纹间距的变化还与环境、频率、应力幅度、材料等因素有关，这些问题目前还需进一步研究。

Meyn详细地研究了疲劳辉纹的特征后指出下列四点：

a. 辉纹相互平行并且垂直于裂纹扩展方向。

b. 辉纹间距随循环应力振幅变化而变化，循环应力幅越高，辉纹间距越大。

c. 辉纹的条数等于载荷循环次数。

d. 通常在断片上的一组辉纹是连续的，其长度大致相等。

Sullivan的文章也做了类似的报导，并称之为辉纹四要素。

(3)轮胎压痕

疲劳断口上的最小特征花样，其形貌类似于车胎的压痕，因此被称为“轮胎压痕”。

图 5.46 为 308 铝合金疲劳断口上的典型的轮胎痕迹。

图 5.46　308 铝合金疲劳断口上的轮胎压痕

“轮胎压痕”是在疲劳裂纹形成以后，由相匹配断口上的突起，例如断口上的第二相质点等，反复挤压或刻入而形成的，这时在断口的局部地区，产生压应力或剪应力作用。由于突起的形状不同，剪应力方向也不同，因此所形成的轮胎压痕的类型亦不同，即压痕形状和排列方向不同。

也有些人认为“轮胎压痕”的形式与氢的作用有关，当氢浓集在显微孔洞中，这些孔洞断裂时在断口上留下凹坑痕迹。

轮胎压痕间距随着裂纹的扩展而增大，这是因为疲劳裂纹扩展速度往往连续变大，所以轮胎压痕的间距也往往依次加宽。

轮胎压痕的显微特征最早是由 Beachem 提出来的。可是对这一问题尚存在着不同的看法，有人认为“轮胎压痕”是“假象”，不反映断裂的本质；另外有人认为“轮胎压痕”是疲劳断裂的显微特征之一，并且试验证实了在低周疲劳中，当 $N_f \geq 300$ 时，才能出现轮胎压痕。目前倾向于“轮胎压痕”是疲劳断裂的显微特征的看法。

“轮胎压痕”的形状是各式各样的，这主要取决于硬质点的形状；“轮胎压痕”往往是并列几排出现在断口上。不仅在高周疲劳断口的初始阶段可能观察到，而且在高周疲劳断裂的后期也可观察到。

8. 应力腐蚀和氢脆微观断口特征

(1)应力腐蚀断口的显微特征

应力腐蚀断裂方式可能是沿晶的，也可能是穿晶的，这是由材料与腐蚀环境决定的，图 5.47 及图 5.48 分别表示沿晶断口与穿晶断口的应力腐蚀的显微形貌特征。

图 5.47　4340 钢在海洋气氛中的应力腐蚀断口，典型的沿晶断裂形貌

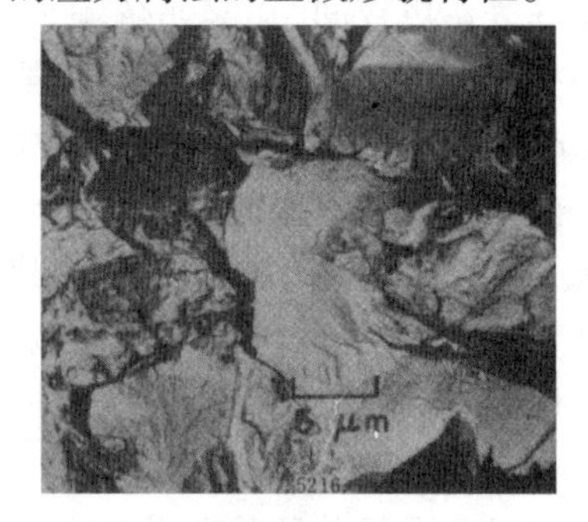

图 5.48　Ti-6Al-4V 合金在甲醇中的应力腐蚀断口形貌，穿晶开裂

通常碳钢和低合金钢的应力腐蚀断口大部分均是沿晶开裂的，裂纹沿着大致垂直于所施应力的晶界延伸；穿晶的应力腐蚀也是存在的，其裂纹也大致垂直于裂纹端部的有效应力。应力腐蚀断裂方式不仅与材料有密切关系，而且还与介质有关。例如在含 Cl^- 的介质中，铬不锈钢呈现沿晶开裂，奥氏体不锈钢则为穿晶断裂，碳钢在 NO_3^- 介质中呈现晶界断裂，而在 CN^- 介质中则为穿晶断裂。

应力腐蚀断口在微观上可以观察到塑性变形的特征,如图5.49所示。

另外,应力腐蚀的显微断口还具有“腐蚀坑”及“二次裂纹”等形貌特征,如图5.50所示。

图5.49　4340钢应力腐蚀断口,沿晶刻面和韧窝混合状态

图5.50　13-8PH不锈钢螺栓应力腐蚀开裂断口(TEM),沿晶、穿晶和二次裂纹以及腐蚀产物

(2)氢脆断口的微观特征

氢脆断裂也是一种由于电化学作用而引起的材料脆性开裂。氢脆与应力腐蚀有很多相似之处。但严格说来,这两种断裂机理及断裂过程还是有区别的。氢脆断裂时阴极极化,电化学作用后产生游离态或新生态[H],被吸附并扩散到钢中,在晶界或晶界缺陷处(如空穴等)聚集,当H_2压力达到一定时,使材料产生脆性开裂。应力腐蚀是阳极极化的结果,它不是由于氢引起的脆化开裂。氢脆断裂往往在体心立方结构的金属材料中容易观察到,特别是这些材料的拉伸断口尤为突出。

氢脆断裂方式可能是穿晶的,也可能是沿晶的。氢的主要作用是其所产生的压力,一般认为氢脆本身不是一种独立的断裂机制,氢往往有助于某种断裂机制如解理断裂、晶界断裂等的进行。氢脆断口的微观特征如下。

①氢脆裂源。一般情况下均不在材料的表面上产生,而是在材料的次表面成核;表面层往往出现机械的撕裂,其电子形貌为韧窝花样,图5.51所示为4340钢持续加载下的氢脆断口,显示沿晶刻面和韧窝带。

②氢脆断口。与应力腐蚀断口相比,在氢脆电子断口上“发纹”较多,二次裂纹较少;而应力腐蚀断口电子形貌刚好相反。图5.52中箭头指处为发纹形貌,可作为与应力腐蚀断口相区别的标志。

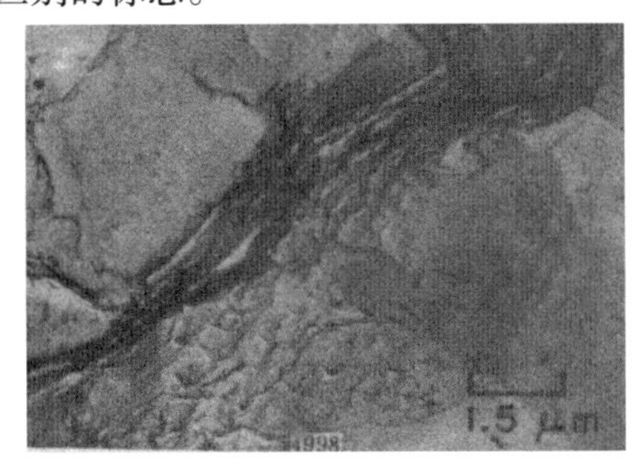

图5.51　4340钢持久载荷下的氢脆断口形貌,显示沿晶刻面和韧窝带

图5.52　4340钢氢脆断口形貌,显示氢脆特征的沿晶刻面和发纹(箭头指处)

③氢脆解理。氢的存在也会导致解理或准解理断裂的出现,在通常情况下,韧性断裂

(拉伸断裂等)发生在损坏的马氏体钢中。在某些区域内,可观察到氢所引起的解理或准解理面,比起没有氢影响的同类材料的准解理面要小些;同时,也能观察到局部的韧窝花样及发纹花样等特征。图5.53,图5.54分别表示氢脆解理与一般解理的电子断口形貌特征。

在氢脆的电子断口中,还可以观察到平行条纹花样特征,平行条纹的形状比较复杂,可能与材质、热处理状态及环境介质等条件有关。

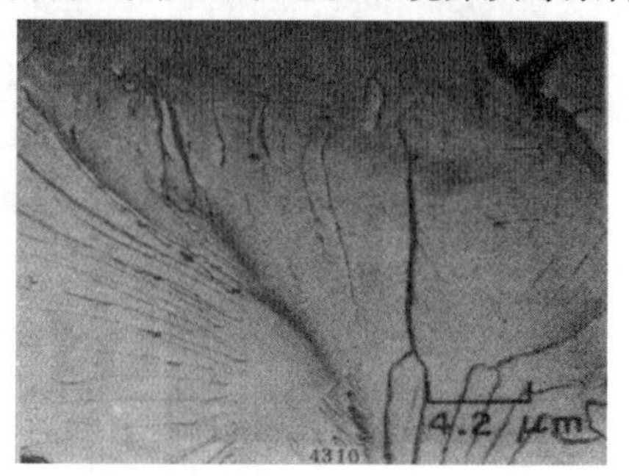

图5.53　4315钢氢脆断口形貌,显示由氢脆引起的穿晶解理断口,解理台阶起始于倾斜晶界

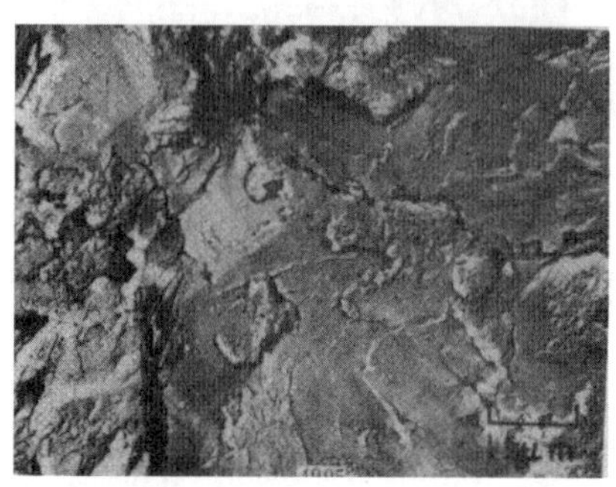

图5.54　4340钢淬火+回火后充氢处理试样的冲击断口,显示沿晶和穿晶准解理以及二次裂纹和发纹等

第6章　材料因素引起的失效

零件的失效表现为过量的变形或断裂，问题暴露在材料上（失效抗力不足），但造成失效的本质原因却是各种各样的，既可能是材料本身的原因，也可能是设计方面的失误，以及制造过程或使用与维修过程中的失误。通过对失效过程的分析，可以找到造成失效的真正原因，并提出克服失效的意见。从克服失效的角度理解，提高零件（材料）的失效抗力是设计者、制造者和材料工作者共同的奋斗目标。这里着重介绍对材料本身的分析。

6.1　材料因素引起失效的原因

失效分析中对材料方面的分析是最基本的工作，围绕着“材料成分-组织-性能”的主线展开。对材料因素分析的常规思路如图6.1所示。其中材料成分分析的思路如图6.2所示。

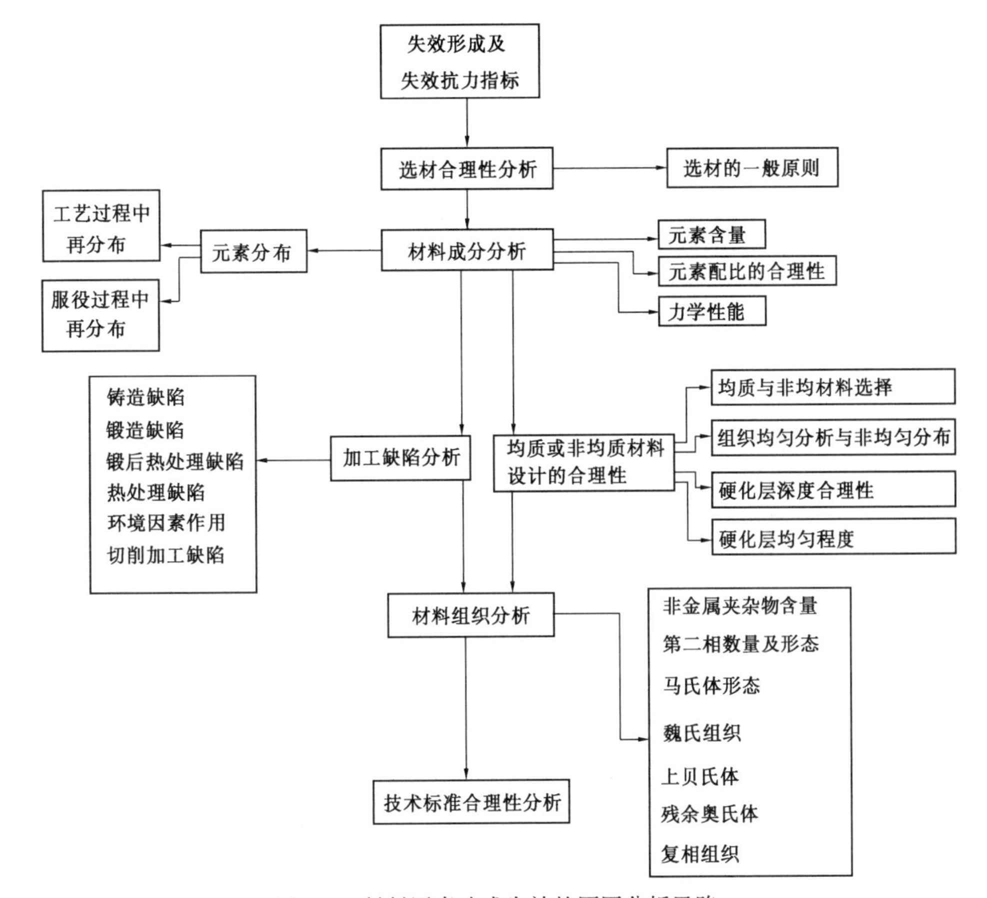

图6.1　材料因素造成失效的原因分析思路

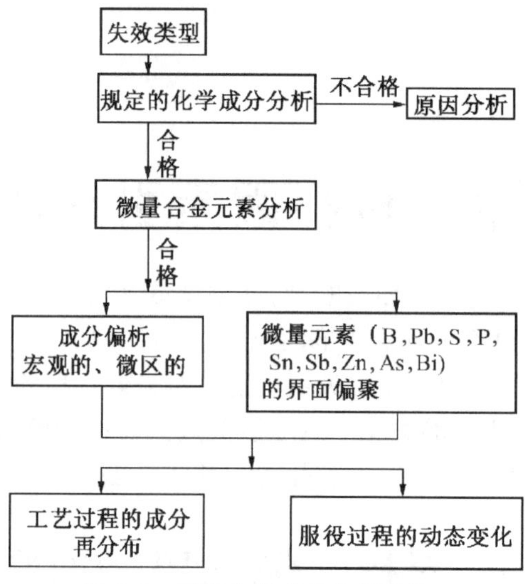

图 6.2　材料化学成分分析思路

6.2　材料成分与失效

6.2.1　概　述

材料的成分是其具有特定的性能以及性能随工艺改变而有特定变化规律的内在根据,合金的每一组元对合金性能的影响不但反映了该组元本身的贡献,而且还体现了组元之间互相作用对合金总体性能的影响。低碳钢中 Mn/C 比对脆性转变温度的影响可以有力地说明这一点。图 6.3 表明含碳量对冲击功和脆性转变温度的影响。图 6.4 表明 Mn/C比对脆性转变温度的影响。图中表明只有当 Mn/C≥3 时才能保证有足够低的脆性转变温度,但对于锰钢要注意回火脆性敏感性。这是对二战中大批焊接自由轮脆断事故分析后总结出来的,对指导以后的失效分析有重要意义。钢中主要合金元素的作用见表6.1。

表 6.1　钢中合金元素的主要作用

元素	合金元素的作用
碳	钢中主要强化组元,间隙式固溶强化或形成碳化物造成弥散强化,但大颗粒碳化物也可成为裂纹源,若呈网状分布时导致脆断。碳量增加时提高脆性转变温度,增0.01% C约使 T_T 增高 4 ℃
镍	主要韧化组元,降低相变温度,增加淬透性,稳定奥氏体
铬	碳化物形成组元,在结构钢中增加淬透性,保证不锈钢抗腐蚀性能,有固溶强化作用
钼	强碳化物形成组元,增加结构钢淬透性,抑制回火脆性,有固溶强化作用
硅	脱氧剂,固溶强化组元,同时提高脆性转变温度,在结构钢淬火回火时提高 ε-碳化物转化温度
锰	脱氧剂,固定硫形成 MnS,可防止 FeS 形成热脆,增加结构钢淬透性,锰、碳质量比(Mn/C>3)增高可降低脆性转变温度
钴	在马氏体时效钢中钴有细化时效沉淀相的强化作用
钛	结构钢中加钛形成 TiN 或 TiCN,抑制奥氏体晶粒长大,在马氏体时效钢中作为沉淀相组元 Ni_3(TiAl)起强化作用,但 Al 太多则无益

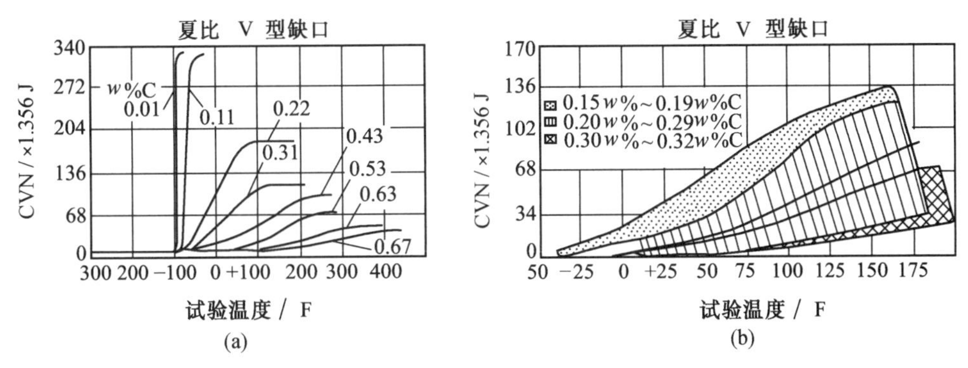

图6.3　碳含量对正火和热轧态碳钢缺口冲击韧性的影响

(a)试样经900℃,1h加热空冷到室温,再在900℃,4h加热,以约14℃/min速度冷到室温

(b)热轧碳钢试样的CVN随温度的变化

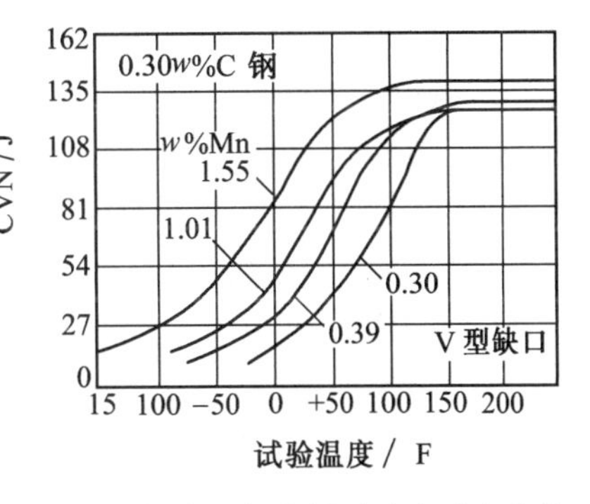

图6.4　碳钢中的锰含量对冲击功和脆性转变温度的影响,样品经900℃,1h正火后,再经900℃加热4h奥氏体化,以约14℃/min速度冷却

合金化学成分中这些有益组元含量在合金设计及合金牌号表中都已作了规定,对脆断事故进行分析时,首先要看是否含量超标,不超标时也要考虑合金配比是否合适,例如10号钢,技术条件规定,碳的质量分数为0.07%~0.15%,锰的质量分数为0.35%~0.65%,如果碳达上限,锰是下限,Mn/C比只有2.3,按牌号虽"合格",但脆性转变温度可能不符合使用要求。成分落在牌号规范内,但配比不合适,工艺性能或使用性能达不到要求的事例是很多的,例如T12钢,应控制脱氧剂铝硅用量,残留量超过0.3%时,这种钢退火,就可能出现石墨化。在许多合金结构钢中,成分配比上的波动会造成钢的淬透性不稳定,这些问题在生产厂大都有内控标准,出问题的一是失控,再就是内控标准不合理,当然如合金成分上就超标,那就是不符合技术条件的问题了。

6.2.2　材料的有害成分

合金的化学组成中除希望的合金组元(即从使用性能或工艺性能出发所配入的成分)外,也还会有原材料或生产过程中不可避免或很难避免的、不希望的、对性能有害的组元携入。这些有害杂质,一类是生产过程中带进来的气体,如氧、氮、氢;另一类主要是原材料或辅料中带进来的,这些有害杂质主要是周期表右侧的一些非金属元素如硫、磷等。

氧含量对钢的韧性或脆性转变温度的影响,如图6.5所示,脱氧程度按沸腾钢、半镇静钢、镇静钢的顺序依次增加,钢液凝固后的密度和均匀度随氧含量的减少而增加,脆性转变温度随氧含量减少向低温推移。氮在钢中的作用与碳类似,也起提高脆性转变温度作用。脱氧制度的效应中也部分反应固定氮后的影响。在钛合金中氧含量对 σ_s 和预裂纹试样夏比冲击值及断裂韧度 K_{IC} 的影响见图6.6,含氧量增加会降低断裂韧度。

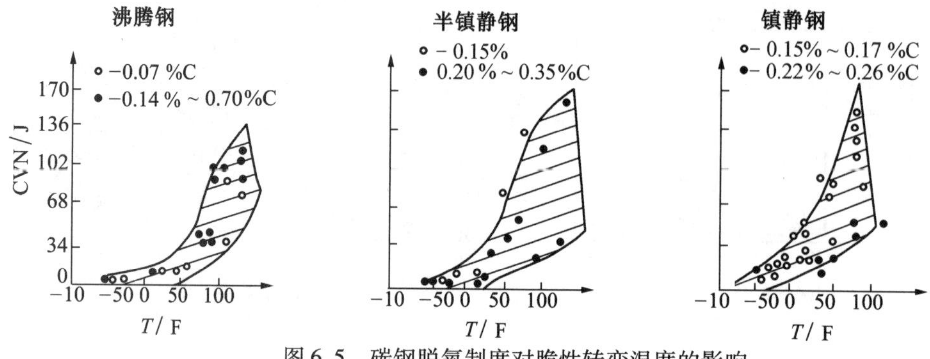

图 6.5　碳钢脱氧制度对脆性转变温度的影响

氮是导致低碳钢发生蓝脆的主要原因，这类钢通常脱氧不充分，含氮量较高，热轧钢材加热到 200 ~400 ℃范围（表面氧化色为蓝色）时，氮形成的柯氏气团具有足够的活动能力，塑性变形时，可以与位错同步运动。因此，位错在运动时，摆脱不掉气团钉扎，这是一个变形，位错摆脱气团钉扎，同时又进行时效，形成气团，重新钉扎位错的动态过程，因此称为动态应变时效。发生蓝脆（动态应变时效）时，钢的屈服点升高，韧性下降，见图 6.7。焊接件热影响区一定会有这一温度范围的加热区，提供了氮的扩散和钉扎位错的条件，也会造成蓝脆，发生了蓝脆的钢板脆性转变温度也提高。应变会促进蓝脆现象的发生。发生这类脆断时形成穿晶解理型断口。

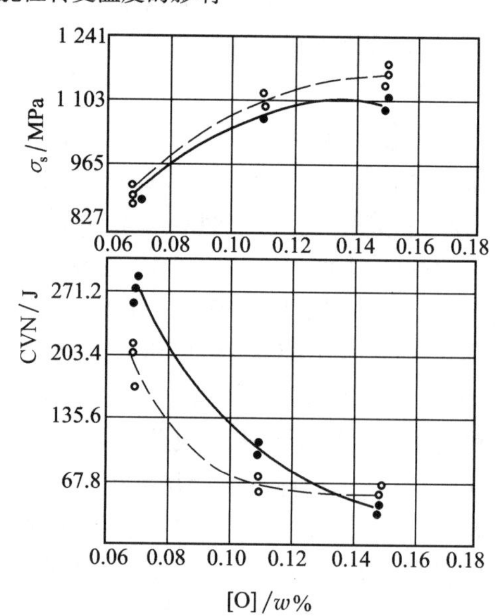

实线—条板状 α　　虚线—等轴 α

图 6.6　Ti−6Al−4V 合金中含氧量对屈服点和韧度的影响

金属中存在氢时会导致氢脆，过去认为这种现象主要存在于体心立方晶型的钢中，

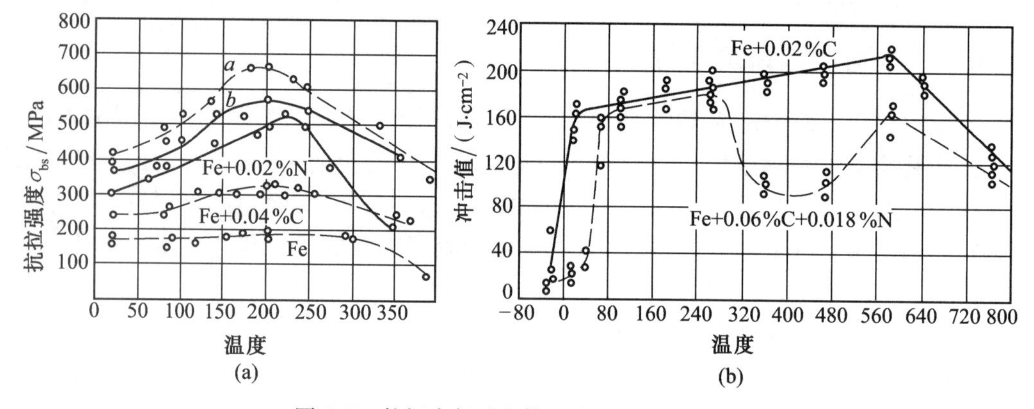

图 6.7　软钢中氮对抗拉强度和韧性的影响

后来发现钛合金中也有，近年来的工作证明在面心立方金属，如稳定的奥氏体不锈钢、镍基合金和铝合金中也有，只是体心立方的金属更敏感。

氢在钢中的溶解度应该是很低的,氢量超过溶解度就可能出现白点。但由于钢中有许多缺陷,内界面都可吸氢,故公认低于2×10^{-6}不出现白点。如果有2×10^{-6}的氢而且是均匀分布在钢材内部,一般认为不会导致脆性。但是在工件受载时,如内部存在应力梯度,则固溶氢会向高应力区及高塑变区富集,使断裂塑性下降造成脆断。因此在瞬时拉伸试验中,如图 6.8,6.9,氢脆效应与拉伸速率及温度有关,在冲击试验中因应变速率快,氢来不及富集,察觉不出氢的危害。除非氢含量更高,出现了白点或发裂才能看到 a_K 或 CVN(包括 K_{IC})下降。但是氢的更严重的危害是发生延迟破坏,也就是即使在较低的氢量范围,在一定应力条件(包括残余应力)下,氢会逐渐富集,减弱基体原子间的结合力,引起脆性断裂。这种断裂在宏观上都是脆性的,在微观上,多数为沿晶或准解理(解理),在应力高的情况下,也可以是韧窝,但这种韧窝通常小而浅。

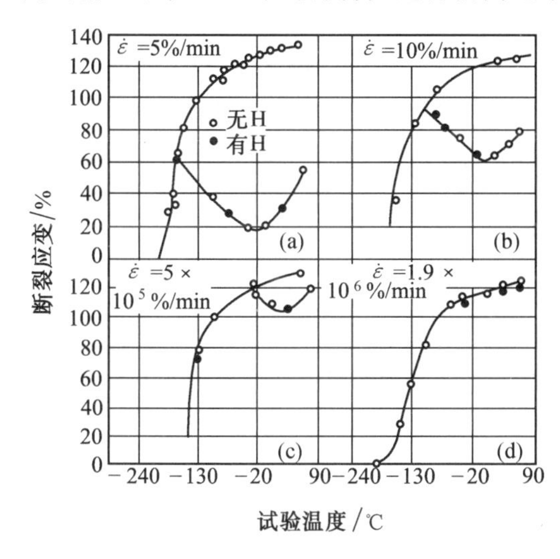

图 6.8　在不同温度及应变速度下,氢对钢断裂应变的影响

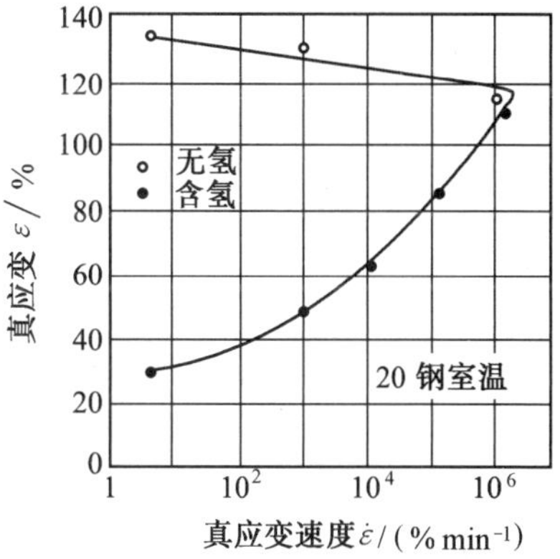

图 6.9　20 号钢室温拉伸时应变速率与断裂应变关系

真空冶炼不仅可以降低钢中的气体含量,也可以降低夹杂物含量。如飞机起落架用锻件 300M 钢(即改进的 4340 钢),在大气冶炼条件下处理到 $\sigma_s\approx2\ 000$ MPa 时,δ 为 5% ~8%,ψ 为 20% ~25%,CVN 值为 12J,韧性太低,达不到航空设计规范的要求。改用真空冶炼后,处理到相同强度级别时,δ 为 10% ~13%,ψ 为 32% ~47%,CVN 值 18.3 ~26.4 J,便可达到要求的韧、塑性指标。近年来我国在汽轮机转子用大锻件钢和炮钢生产中,采用钢包真空处理,对改善韧、塑性指标有明显效果,同时发现也改善了塑性加工工艺性能。

钢中的硫几乎不溶于铁,硫与铁结合形成 FeS,FeS 与铁形成共晶体,其熔点为 988 ℃,且分布于晶界上,故在热加工开始(1 150 ~1 200 ℃)时,共晶体已熔化,导致钢的热加工开裂,此称钢的热脆性。含硫量较高的钢难以热加工。为了克服钢的热脆性,消除硫的有害作用,钢中加入锰(用锰脱氧),锰与硫的亲和力比铁大,硫优先与锰结合形成 MnS。MnS 化合物的熔点为 1 620 ℃,高于钢的热加工温度,而且 MnS 高温塑性良好,可适应钢的任意变形,从而使热脆性得到克服。含有 MnS 的钢轧制后,MnS 沿轧制方向伸长,在轧制平面上被碾成薄片,造成钢材各向异性。如何用冶金方法控制硫化物形态,消除钢材各向异性将在下面叙述。

钢中的磷在室温下可以溶于 α-Fe 形成固溶体。但由于磷易产生偏析，形成 Fe_3P，虽对提高钢的强度有利，但却增大钢的脆性倾向性，使脆性转变温度显著升高，此称钢的冷脆性。

由上述可见，钢中氧、氮、氢、硫和磷均属有害元素，对断裂韧性总是有损害的。因此，如何减少乃至消除这些有害元素，是冶金工作者的重要任务。近年来，发展了先进的熔炼技术，如真空熔炼，可以显著降低夹杂物含量及钢锭凝固过程中吸收的气体；真空电弧重熔（VAR）把要精炼的钢作为电极，借助电弧产生的热量使电极重熔，进一步去除钢中的有害元素；电渣重熔（ESR）则是自耗电极重熔工艺的变种，重熔产生的熔化金属滴通过浮在熔池上的渣层受到过滤作用，通过控制渣层的化学成分可以有选择地去除（吸附）金属熔池中的不同元素。

钢中的铝是作为脱氧剂加入钢中的，铝与氮结合形成化合物 AlN，AlN 呈点状弥散分布，可以起到钉扎晶界的作用，阻止晶粒长大。但过量的铝会使 AlN 颗粒长大，失去钉扎作用。因此，固溶体中的铝含量应与氮量成 AlN 的比例存在。

6.2.3　材料成分偏差引起失效的实例

例 1　TZ-ⅢB 型煤矿液压支架缸体试压爆裂的失效分析

某厂采用联邦德国进口 $25CrMo_4$（相当于我国的 25CrMo）厚壁钢管生产液压支架高压缸体。缸体底部开 45°坡口焊接铸钢缸底盖，焊丝为 H08MnSiA。制成后试压时，加压到试验标准压力 57 MPa 的 75%，约 42 MPa 时，缸体爆裂。试压时气温约 10 ℃。

爆裂缸裂纹如图 6.10 所示，目视断口，为人字纹及放射纹，经分析裂纹源在缸底焊缝处。解剖检查发现，焊缝未焊透，形成轴向长 10 mm 的缝隙并与缸体内腔贯通，且焊缝只焊了两道，焊肉未填满坡口，缸底表面呈一凹环，起到应力集中源的作用。

成分分析结果见表 6.2，可见爆裂缸体在成分上碳、铬超标，锰偏上限，因而淬透性提高，硬度上升，韧性下降。正常钢的基体组织为铁素体加珠光体，热影响区为贝氏体加珠光体。而爆裂缸体基体组织为上贝氏体加粒状贝氏体，热影响区为马氏体。由梅氏试样冲击值，爆裂缸体材料的 α_K 值在 20～10 ℃温区内明显下降，0～10 ℃时 α_K 值仅为 10 J/cm²，表明材质的低温韧性差。

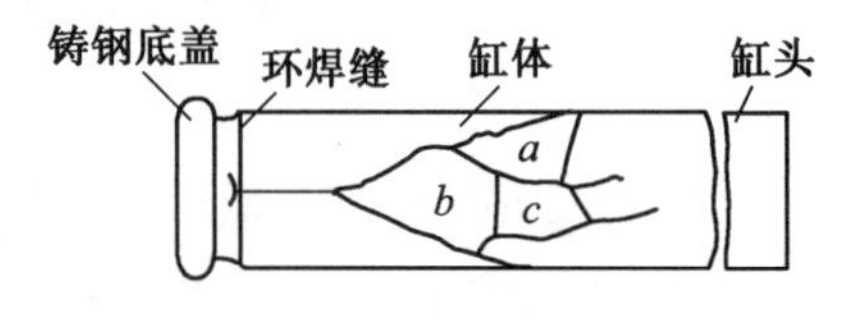

图 6.10　已碎裂液压支架高压缸体残骸复原示意图

表 6.2　缸体化学成分（质量分数）　　%

化学成分	C	Cr	Mo	Si	Mn	P	S
正常缸体	0.245	1.13	0.252	0.204	0.62	0.011	0.018
爆破缸体	0.33	1.28	0.222	0.293	0.725	0.012	0.022
合同规定	0.22～0.29 ±0.02	0.90～1.20 ±0.05	0.15～0.30 ±0.03	0.15～0.40 ±0.03	0.50～0.80 ±0.04	≤0.035	≤0.035

由该缸体上取拱形试样测定 K_{IC}，得到爆裂缸体的室温 K_{IC} 值约为 58.14 MPa$\sqrt{m}$。按薄壁容器存在纵向贯穿裂纹计算

$$a_c = \frac{1}{\pi}\left(\frac{K_{IC}t}{PR}\right)^2 \tag{6.1}$$

式中，P 为爆破压力，MPa；R 为缸体内半径，mm；t 为缸体壁厚，取裂纹源处。

当 $P = 42$ MPa，$R = 111.3$ mm，$t = 10$ mm 时，得到

$$a_c = 4.92 \text{ mm}$$

即 $2a_c = 9.84$ mm，可见当裂纹长 10 mm 时，已达到失稳扩展条件。何况试压温度低时，允许裂纹尺寸还要小，故低压下爆破是必然的。

分析得到的结论为：钢材化学成分不合格，组织状态不良，冷脆温度高，在试压温度下韧性过低；再加上焊接质量不好，形成超过临界尺寸的裂纹，因而在试压时发生低压爆裂。

例2　货车车轮崩裂失效分析

1982 年某列车运行中一货车第三位车轮崩裂，造成列车倾覆。崩裂车轮的碎块拼装后如图 6.11 所示。从断口放射纹及裂纹走向分析，裂纹源位于碎片 1 和 4 间的辐板处，为 65 mm × 17 mm 的疏松区。崩裂车轮的金相组织中疏松、夹渣严重，组织、晶粒极不均匀。断口上出现相当部分的沿晶断口（正常车轮为准解理断口），X 射线能谱分析测得在疏松部位沿晶断口上有磷的偏聚。

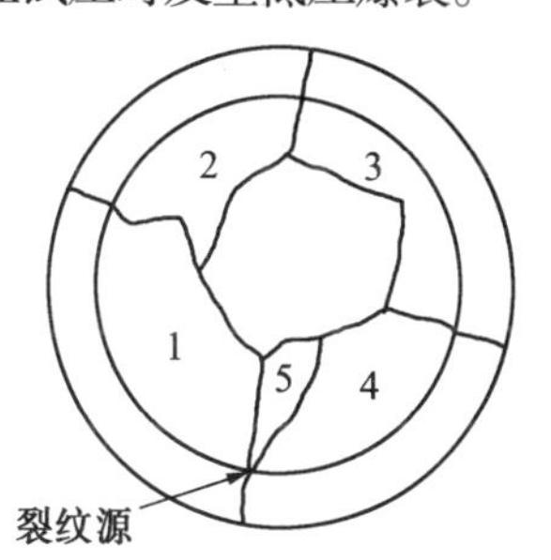

图 6.11　崩裂的货车车轮残骸复原示意图

该车轮化学成分：0.692% C，0.031% S，0.235% P，0.38% Si，1.54% Mn，其中磷超标、碳偏高。力学性能测试结果列于表 6.3，塑性和韧性较低。

表 6.3　崩裂车轮的力学性能

试样号	σ_b/MPa	δ/%	ψ/%	HB	a_k/(J · cm^{-2})
1	980	6.2	20	踏面下 10 ~ 30mm 处 288	2.2 ~ 3.8 (11 个样)
2	980	2.6	20		
3	1030	8.8	40		
标准(YB)	800	11	14	229	

从碎块取样测 K_{IC}，辐板处为 23.26 MPa$\sqrt{m}$。将裂纹源疏松区作为内部裂纹处理，$2a = 17$ mm，得到车轮崩裂时的应力为 136.6 MPa，与估算的车轮工作应力相近。

分析表明，车轮崩裂的原因是生产工艺不正常，材质严重疏松，成分（磷）不合格，显微组织不良，导致钢材断裂韧度很低，以致在工作应力下发生脆断。

6.3　杂质元素偏聚与晶界脆化失效

金属的断裂主要表现为韧窝型断裂和解理断裂以及准解理断裂，有时在某些条件下，还表现为沿晶断裂。沿晶断裂是一种特殊的断裂形式，是晶界为某些杂质元素的原子或

其析出相所污染,被削弱的结果。其主要特征是裂纹沿晶界扩展,形成沿晶断口。例如经淬火并高温回火后的 Cr - Ni 钢的回火脆性,18Ni 马氏体钢在 1 050 ℃ 以上加热后缓慢冷却或者在 700 ~ 1 000 ℃ 之间保温后的晶界脆化等。多晶体材料的晶界脆化多产生于加工过程中的工艺偏差,有时也可能是服役过程中受环境作用的结果。晶界脆化后,材料变形能力降低,脆性倾向增加,塑 - 脆转变温度(DBTT) 升高,对冲击载荷敏感。

6.3.1　回火脆性

钢材回火脆性是金属零件加工中存在的一个老问题,早在 1894 年,Arnold 就注意到钢中 As,P,S 等杂质元素促进钢脆化,引起沿晶断口。一战期间,在钢制零件生产中,人们就注意采用一定的工艺方法,避免材料脆化。二战后期 Jolivet 和 Vidal 的工作证明,在致脆的杂质元素中,P 和 Sb 可能起主要作用。第一类回火脆性出现在 200 ~ 350 ℃ 范围,为不可逆回火脆性。将已产生了这种脆性的工件在更高一些温度回火后,其脆性将消失,即使再将这种工件在产生这种回火脆性的温度回火,脆性也不再出现。第二类回火脆性出现在450 ~ 650 ℃,也称为高温回火脆性,是在这一温度区间回火后缓慢冷却时产生的,如果快速冷却,脆性可以被抑制。已经产生这种脆性的工件,重新回火并快冷,脆性可被抑制。反之,回火后快冷,脆性已被抑制的工件,重新回火并缓冷,脆性复又出现。因此被称为可逆回火脆性。回火脆化的试样在静载试验条件下的力学性能与未脆化的试样没有明显差异。因此常用冲击试验检验回火脆性。钢的回火脆性敏感性用脆化处理前后的塑 - 脆转变温度(Ductile to Brittle Transition Temperature) 之差 ΔDBTT 表示。

1959 年 Steven 和 Balajiva 研究了含 0.3% C 的 Cr - Ni 钢中 P,Sn,Sb,As 杂质元素对脆化的贡献,得到

$$\Delta DBTT = 0.9(P) + 16(Sb) + 0.08(As) + 0.34(Sn) + 0.013(Mn) \tag{6.2}$$

式中数字为以 $10^{-4}\%$ 表示的元素含量,ΔDBTT 的单位为摄氏温度(℃)。若钢中加入 0.5% Mo,上式变为

$$\Delta DBTT = 0.2(P) + 1.1(Sb) + 0.02(As) + 0.09(Sn) + 0.001(Mn) \tag{6.3}$$

可将 ΔDBTT 称为脆化度,它主要决定于回火温度和保温时间。钢的回火脆性倾向与回火温度和保温时间的关系曲线具有“C"形特征,40CrNi 钢的回火脆性的 C 曲线如图 6.12所示。

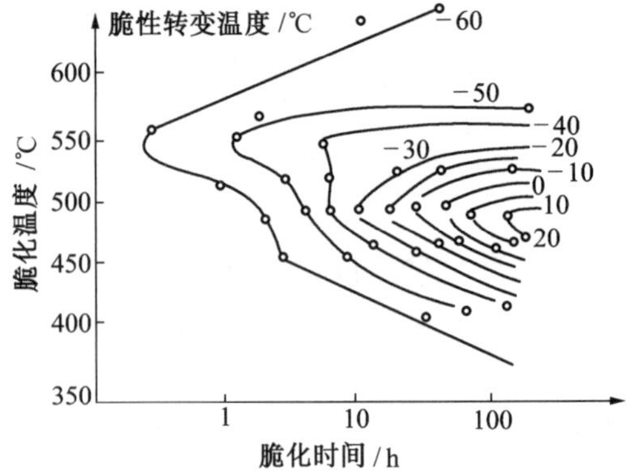

图 6.12　40CrNi 在水淬后 675℃,1h 回火水淬,再经过不同温度-时间处理后的脆化过程

回火脆化的程度随钢中 Sb,P,Sn,As 含量的增加而增加,虽然这些元素在钢中的总量极少,但其在晶界上偏聚到很高浓度,足以引起晶界脆化。在含有 Sb,P,Sn,As 的钢中,Cr,Si,Mn 和少量的 Ni 会增加脆性倾向。少量的 W 和 Mo 对回火脆化有抑制作用,但其含量太高时,却反而促进脆化。含 Mn 量小于 0.6% 的普通碳钢对回火脆性不敏感。零件在服役过程中也会发生溶质原子向晶界的偏聚,例如在汽轮机转子用钢中,都用CrMo,CrNiMo,NiMo 系钢材,转子轮盘的工作温度

约 400 ℃左右,虽然钼可以抑制回火脆性的发展,但是经 15 ~ 20 多年的运行,是否发生了已到危险程度的脆化,这是目前国际上还未解决的问题。

关于钢中不同显微组织或组织组成的回火脆性特点,曾开展过广泛研究。几种有代表性的钢种的主要结果如下。图 6.13 为 34CrNi3 钢处理成珠光体、贝氏体和马氏体组织后,经回火脆敏化处理(500 ℃等温 32 h)后的系列冲击试验结果,可以看到马氏体的脆性转变温度升高最明显,几乎要升高约 200 ℃,珠光体组织相对不明显,只提高约 50 ℃,贝氏体组织居中,约提高 100 ℃。

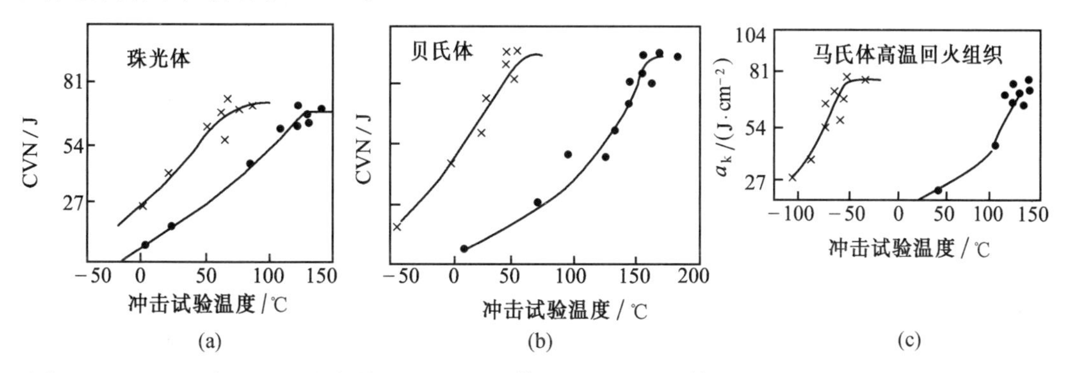

图 6.13 34CrNi3 钢经 850 ℃加热后(a) 620 ℃等温 24 h 的珠光体组织;(b) 350 ℃等温 24 h 的贝氏体组织;(c)油淬得马氏体,再 650 ℃回火水冷组织的 CVN−*T* ℃曲线

×——原热处理组织的 CVN−*T* ℃曲线

·——再经 500 ℃,32 h 等温脆化处理后 CVN−*T* ℃曲线

图 6.14 为 45CrMoV 钢淬火后,再在不同温度回火,由回火马氏体一直到球化状态的系列冲击试验结果。图 6.15 是不同碳量 Cr−Mo 钢处理成不同组织的系列冲击试验结果。图 6.16 为 Cr−Ni−Mo 钢不同组织的系列冲击试验结果,表明在相同强度级别时,一般情况下,马氏体回火态的脆性转变温度最低,残留奥氏体含量高时更低。

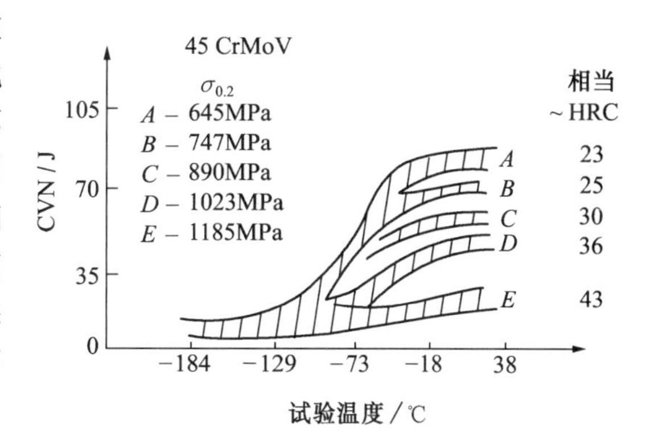

图 6.14 45CrMoV 钢淬火、回火到不同强度时冲击值的变化

6.3.2 高合金钢的时效脆化

高强度钢晶界上有细小析出物时,发生微孔型沿晶断裂,其断裂过程为以晶界析出相为核心形成微孔洞并发展成小韧窝,小韧窝长大,沿晶界联结。在 34CrNiMo 等超高强度钢和马氏体时效钢中均存在这种断裂形式,此时,断裂韧度降低。

1. 18Ni 马氏体时效钢热脆化

18Ni 马氏体时效钢的热脆化是这种钢制造大尺寸零件的热加工和热处理时应注意的问题。产生热脆化的热处理因素是最高加热温度和冷却过程,如图 6.17 所示。当最高加热温度为 980 ℃时不发生脆化。当最高加热温度达到1 038 ℃以上时,加热温度越高,

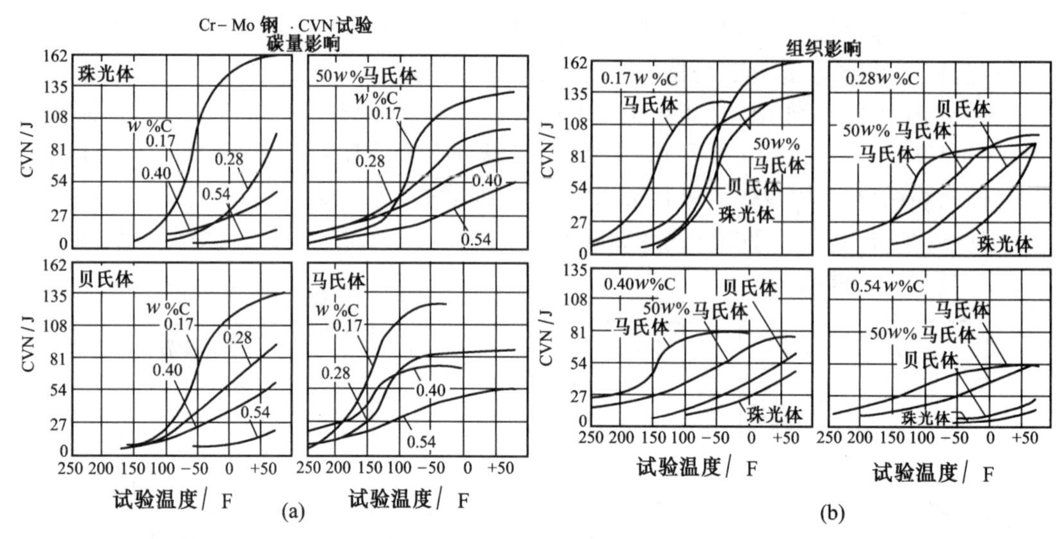

图6.15 不同碳量的CrMo钢(0.7%Cr,0.32%Mo)处理成不同组织形态,可看到碳量及组织状态对脆性转变温度的影响,其中珠光体是在650℃等温获得的,50%马氏体是在454 ℃铅浴中停留10,19,35和100 s(对应0.17%～0.54%C),贝氏体是在454 ℃铅浴中等温1 h(0.54%C的等温3 h),100%马氏体是分别采用水淬(0.17%和0.28%C)和油淬(0.40%和0.54%C)

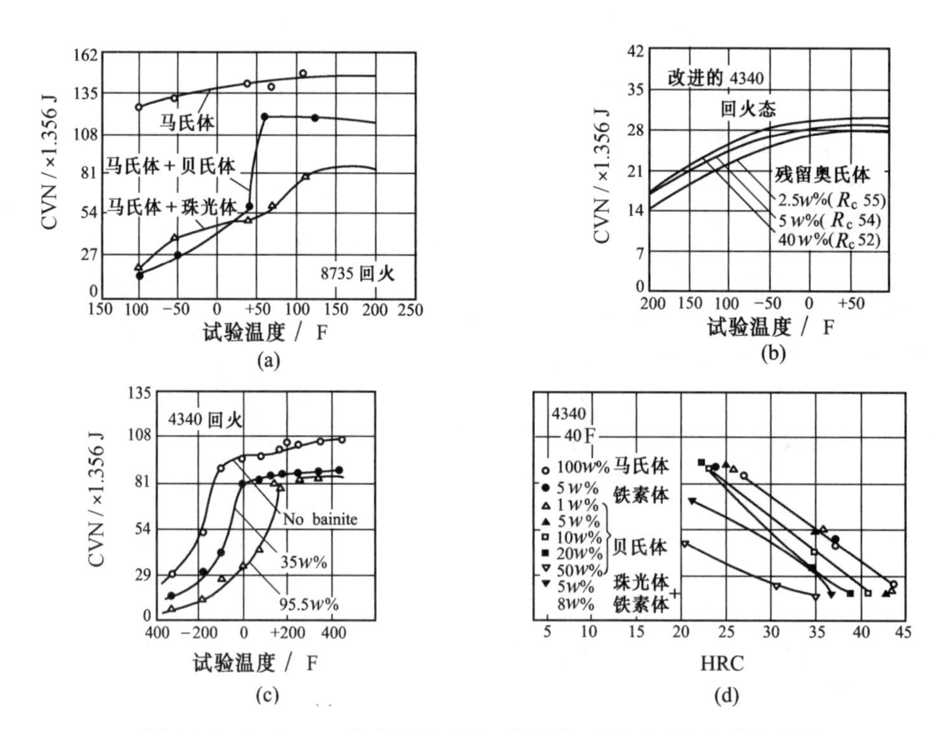

图6.16 Cr-Ni-Mo合金钢处理成不同组织时的系列冲击试验结果

(a)8735钢(35MnCrNiMo)在回火到=862 MPa时,不同红织的CVN试验结果

(b)4340钢(40CrNiMo),经加入1.6%Si,0.07%V后,残余奥氏体量对CVN试验值的影响

(c)4340钢处理到=1 034 MPa时,不同显微组织的影响

(d)4340钢在-40F试验时,硬度和微观结构对缺口韧性的影响

脆化越严重。在冷却过程中 816 ~927 ℃是发生脆化最严重的温度区间。产生热脆化的原因是由于在奥氏体晶界析出薄膜状 Ti(C,N)造成的。在不含 Ti 的 18Ni 马氏体钢中，也有报道认为是由于 AlN，Mo_2C，V(C,N)等的析出导致的热脆化。热脆化断口为微孔型沿晶断口。在 18Ni 马氏体钢中加入 0.05% Mg 后，虽经热脆化处理，但其冲击值仍比不加 Mg 的钢高，说明 Mg 对热脆化有一定的抑制作用。

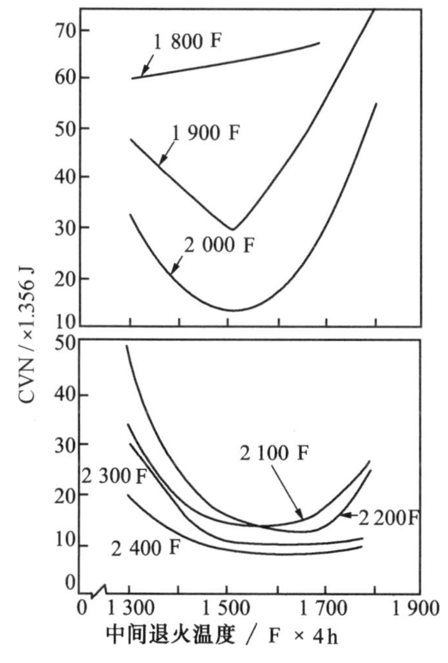

图 6.17　最高加热温度与中间保温温度对 18Ni 马氏体钢(18Ni-5Mo-12Ti-0.007C)热脆化的影响

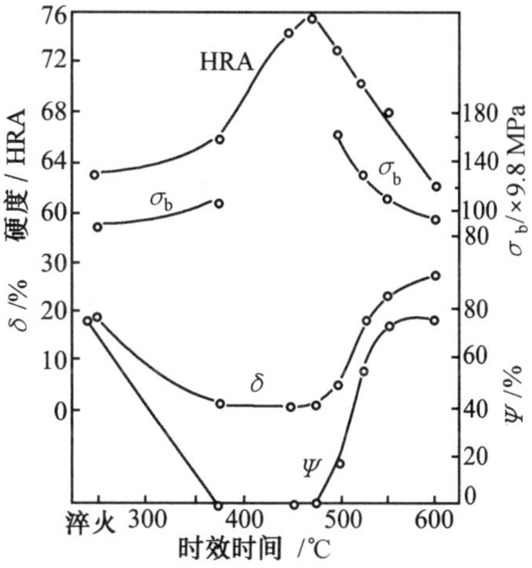

图 6.18　Fe-12Ni-6Mn 钢时效温度与机械性能的关系

2. Fe-Ni-Mn 马氏体时效钢的时效脆化

对 Fe-Ni-Mn 系马氏体时效钢时效硬化的研究认为，析出相既有体心立方结构的 βNiMn，也有正方结构的 θNiMn。图 6.18 为Fe-12Ni-6Mn的时效行为及延伸率和断面收缩率的变化情况，在最高硬度值附近的拉伸试验发生过早断裂。图 6.19 中的 C 形曲线表示脆化温度与保温时间的关系。测定脆化激活能与时效硬化激活能，二者约为$(1.71 \sim 1.88) \times 10^5$ J·mol^{-1}，这表明时效硬化与脆化是由相同的机制引起的。时效硬化材料的断口为沿晶断口，断口俄歇电子谱仪分析表明，晶界上主要有 Mn，Ni 及 P 偏析。

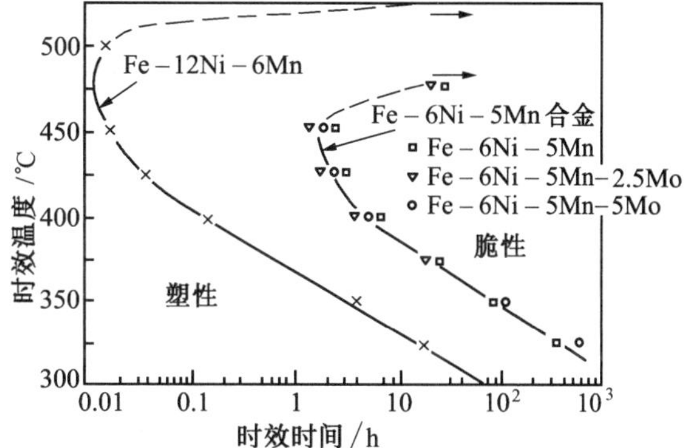

图 6.19　Fe-Ni-Mn 系马氏体时效钢脆化温度-时效保温时间曲线

合金 Fe-6Ni-5Mn 中加入 5% Mo，有抑制 475 ~500 ℃左右时效晶界脆化的作用。此钢种的时效温度达 525 ℃以上时，沿晶界

有 M_6C 和少量 Mo_2C 析出，将再次出现沿晶断裂。

6.3.3 低合金钢去应力退火开裂与杂质元素偏聚

低合金钢去应力退火裂纹是焊接接头去应力退火时在热影响区的粗晶区发生的晶界开裂形式，受焊接内应力、显微组织和化学成分的影响。产生这种裂纹的条件是：晶界强度比晶内低，晶界表面能低及晶粒粗大等。这种沿晶断口与回火脆化断口不同，主要为微孔型沿晶断口特征。一般认为在退火过程中 Cr，Mo，V，Nb 等碳化物形成元素的碳化物在晶界析出使晶界强度降低，同时在晶内共格析出却使晶内强度提高，晶界和晶内的这种相反方向的变化构成了沿晶断裂的原因。Meitzner 等由 800MPa 级的 Ni-Cr-Mo-B-V 系及 Ni-Cr-Mo-B 系高强度钢的断口分析得出，M_3C 型碳化物（含 Cr 时为 M_7C_3）在晶界呈薄膜状析出使晶界脆化，而晶内以 M_3C（含 Cr 时为 M_7C），Mo_2C，V_3C_4 等细小碳化物析出却使晶内强化。

低碳钢、高强度钢及 Cr-Mo 钢等去应力退火裂纹敏感性可用如下经验公式估计

$$\Delta G = 1\%\,Cr + 3.3\%\,Mo + 8.1\%\,V - 2 \tag{6.4}$$

或者

$$P_{SR} = 1\%\,Cr + 1\%\,Cu + 2\%\,Mo + 10\%\,V + 7\%\,Nb + 5\%\,Ti - 2$$

ΔG 或 P_{SR} 称为裂纹敏感性指数。当 ΔG 或 $P_{SR}>0$ 时，易开裂。

6.3.4 杂质元素对材料危害的实例

例 1 质杂元素对材料的危害

关于杂质元素对焊接热影响区沿晶开裂影响的报告已清楚表明，一些杂质元素如 P，Sn，Sb，As 和 Cu 等对焊接热影响区的粗晶贝氏体是非常有害的。

例如，某化学工业公司有 4 台 1 000 m^3 球罐，材质为日本 SPV36N 钢，板厚 22 mm，按设计要求及工艺正常组装焊接，但在第一台球罐制造中取下夹具后发现了大量裂纹。具体情况为：取夹具时发现 3 处肉眼可见的裂纹，经磁粉探伤发现共有 69 处裂纹，全部在球罐内侧，分布在 41 块壳板上，占总共 66 块球壳板的 61.12%，裂纹最长达 100 mm，最深达 6.5 mm，长 60 mm。所有裂纹均不是在焊接过程中产生的，因为焊缝均要求检验，并未发现裂纹。其中有 8 处裂纹，去除焊道打磨后超声探伤，决定补焊。补焊前后探伤均无裂纹，但补焊 23 天后检验，其中 7 处产生裂纹。此例中的所有裂纹均发生于焊道边缘和热影响区，而且具有明显的延迟性，为冷裂纹。对钢板化学分析发现五个炉号中 Cu 含量最高为 0.09，最低为 0.01，相差 9 倍，V 含量最高达 0.025，最低为 0.003，相差 8 倍。其中 Cu 含量最高的炉号同时 Mn 含量也最高。从中可见此批炉号板材化学成分不均匀。综合抗裂性试验和扩散氢测定结果，认为裂纹的产生与材质密切相关，尤其裂纹敏感性指数超过规定的最高值。

6.4 非金属夹杂物与失效

随着高强度和超高强度钢应用范围的扩大，因材料低应力破坏引起的事故不断增多。钢中非金属夹杂物对这些破坏有着重要影响。电子断口学的成就表明，工业金属几乎所有的断裂过程都有非金属夹杂物参与。因此去除金属中的杂质，提高纯净度，减少材料的

非金属夹杂物或改善非金属夹杂物存在的形态,成为提高材料冶金质量的重要途径。

6.4.1　非金属夹杂物的来源与性质

非金属夹杂物的生成与冶炼方法有着密切的联系,研究指出钢中非金属夹杂物大体有下列几种:①脱氧、脱硫产物,特别是一些比重较大的产物未能及时排出而滞留于钢中;②随着钢液温度降低,硫、氧、氮等杂质元素的溶解度相应下降,于是杂质元素脱溶并与金属化合生成非金属夹杂物沉淀于钢中;③钢液被大气氧化形成氧化物;④浇注过程中带入钢液中的炉渣、熔渣和耐火材料。前两类夹杂物称为内生夹杂物,后两类称为外来夹杂物。内生夹杂物的类型和组成决定于冶炼时的脱氧制度和钢的成分,而外来夹杂物则系偶然产生,通常尺寸较大且分布无规律。

非金属夹杂物对钢性能的影响程度与夹杂物本身的性质,及其与周围基体性质的差异有密切关系。这些性质的差异包括各种温度下的弹性模量差值以及形变能力的差值等。

非金属夹杂物的形变性能用其与基体金属的相对变形率 γ 表示

$$\gamma=\frac{\varepsilon_1}{\varepsilon_2} \tag{6.5}$$

其中 ε_1 和 ε_2 分别为夹杂物和基体的形变量,对于棒材

$$\gamma=\frac{2}{3}\cdot\frac{\lg\lambda}{\lg H} \tag{6.6}$$

其中 λ 为夹杂物变形后长短轴长度之比,H 为变形前后基体截面积之比。对于板材

$$\gamma=\frac{\lg(b/a)}{2\lg(h_0/h)} \tag{6.7}$$

其中,b 和 a 分别为夹杂物形变前后的长度,h_0 和 h 分别为原始板厚和轧后的板厚。夹杂物的形变率可在 0~1 之间变化。

按照变形性能,夹杂物可分为脆性夹杂物,塑性夹杂物和半脆性夹杂物。

脆性夹杂物指那些不具有塑性变形能力的简单氧化物(如 Al_2O_3,Cr_2O_3,ZrO_2 等)、双氧化物(如 $FeO\cdot Al_2O_3$,$MgO\cdot Al_2O_3$,$CaO\cdot 6Al_2O_3$ 等)、氮化物(如 TiN,Ti(CN),AlN,VN 等)和不变形的球状或点状夹杂物(如球状铝酸钙和含 SiO_2 较高的硅酸盐等)。脆性夹杂物在钢加工变形过程中几乎不变形,相对变形率 $\gamma=0$,夹杂物与基体之间在变形性能上的显著差异势必造成夹杂物与基体之间界面处的应力集中,其结果要么夹杂物碎裂,沿变形方向成串链状分布,造成基体的不连续,如铝酸盐夹杂物含 SiO_2 较高时即属此类。要么在加工变形过程中在夹杂物与基体界面处开裂,造成基体的不连续。材料中任何形式的不连续都将对其服役性能构成影响,如果处于零件的薄弱环节,则将成为引发失效的策源地。

例如,某汽车应用 35 钢生产的转向节,磁粉检验时发现在销钉面上有裂纹状短直线纹,怀疑是裂纹。经金相检验表明,这些线纹不是裂纹,而是材料中存在的夹渣,表面上的线纹是在机械加工时被切断留下的夹渣剖面。在金相显微镜下这些夹渣呈断续链状分布,是在锻压时破碎(不变形)形成的。经分析这些夹杂物主要是由氧化铝或含有大量氧化铝的硅酸盐组成的。在横截面内部未发现这种类型的夹杂物,仅发现有正常大小的硫化物和氧化物。根据上述分析认为,这些非金属夹杂物是在浇注时冲刷入铸锭模中的钢

液导槽壁上的耐火砖和耐火泥碎片。虽然不存在真正的裂纹，但熔渣可以降低转向节强度并能在工作期间诱发疲劳断裂。因此，将此次发现有夹渣的转向节报废是合理的。

钢中塑性夹杂物主要由含 SiO_2 量较低的铁锰硅酸盐，硫化锰（MnS）和（Fe，MnS）等，这类夹杂物在钢加工变形时具有良好的塑性，可以很好适应钢的变形。尤其 MnS 夹杂，相对变形率 $\gamma=1$，可随钢的变形而延伸，造成钢的各向异性。MnS 等塑性夹杂物对钢的有害影响决定于其数量、延伸程度和分布状况。

半塑性夹杂物一般指各种复合的铝硅酸盐夹杂物，其外壳（或夹杂物基体）具有一定的变形能力，可随基体的变形而变形，而核心部分不能变形，仍保持原来的形状，因此将阻碍邻近的塑性夹杂物的自由变形。

6.4.2 非金属夹杂物对断裂韧性的影响

断裂韧度可以理解为材料在低于屈服强度的应力下，抑制或阻止已存在的裂纹开始迅速扩展的能力。夹杂物的作用相当于材料中存在的缺陷，应该有一个临界缺陷尺寸，大于这个临界尺寸，不论其性质如何，都是危险的缺陷。将断裂力学的成就应用于钢中非金属夹杂物研究。即将夹杂物作为裂纹看待，应用深埋圆饼形裂纹和表面半椭圆裂纹的应力强度因子表达式

$$K_{IC}=\frac{\sigma\sqrt{\pi a}}{\Phi} \text{ 和 } K_{IC}=\frac{1.12\sigma\sqrt{\pi a}}{\Phi} \tag{6.8}$$

式中

$$\Phi=\int_0^{\frac{\pi}{2}}\left[\sin^2\theta+\left(\frac{a}{c}\right)^2\cos^2\theta\right]^{\frac{1}{2}}\mathrm{d}\theta \tag{6.9}$$

a 和 c 分别为椭圆长短轴之半；在圆饼形裂纹情况下，$a=c$，$\Phi=\frac{\pi}{2}=1.57$；在表面半椭圆裂纹情况下，令 $c=8a$，则 $\Phi=1.076$；令 $\sigma=\sigma_s$，由上式可以得到深埋圆饼形裂纹的临界尺寸

$$2a_c=1.57\left(\frac{K_{IC}}{\sigma_s}\right)^2 \tag{6.10}$$

表面半椭圆裂纹的临界尺寸

$$a_c=0.3\left(\frac{K_{IC}}{\sigma_s}\right)^2 \tag{6.11}$$

由此可计算各类钢中的夹杂物临界尺寸，见表6.4。虽然这个估计很粗糙，但可以为某些零件提供一种失效评定的依据。

表6.4 钢中夹杂物临界尺寸计算

钢种及热处理	试验温度/℃	σ_s/MPa	K_{IC}/(MPa·$m^{1/2}$)	a_c/mm	
				深埋圆饼	表面半椭圆
4340(10CrNiMo)	室温	1770	60.5	1.83	0.35
4340(357 ℃回火 4 h)	室温	1470	53.3	2.13	0.41
4340(246 ℃回火 4 h)	室温	1570	53.0	1.85	0.36
4340(425 ℃回火)	室温	1450	35.0	5.39	1.00

续表 6.4

钢种及热处理	试验温度 /℃	σ_s /MPa	K_{IC} /(MPa · $m^{1/2}$)	a_c/mm	
				深埋圆饼	表面半椭圆
D6Z(344 ℃回火 4 h)	室温	1700	67.2	2.58	0.49
D6A(510 ℃回火 4 h)	室温	1530	104.5	7.65	1.45
30CrMo(200 ℃回火 1 h)	室温	1500	55.0	2.10	0.40
30CrMo(300 ℃回火 1 h)	室温	1450	50.0	2.10	0.40
30CrMo(400 ℃回火 1 h)	室温	1260	60.0	3.56	0.58
30CrMo(500 ℃回火 1 h)	室温	1100	100.0	12.00	2.48
40B(550 ℃回火)	室温	880	114.7	26.70	5.10
20MnTiB(480 ℃回火)	室温	900	165.9	53.00	14.20
30CrNiMo(460 ℃回火)	室温	1200	90.9	8.83	1.68
A533-B(NiMo 钢)	-18	560	333	56.00	10.60
A533-B(NiMo 钢)	-45	570	284	39.00	7.40
A533-B(NiMo 钢)	-73	670	186	12.00	2.30
A533-B(NiMo 钢)	-101	740	154	6.80	1.30
	-129	810	140	4.70	0.90
A533-B(NiMo 钢)	-157	880	123	3.00	0.57

6.4.3　非金属夹杂物对断裂韧性影响的实例

例 1　非金属杂质对材料的危害

例如,美国匹兹堡电站一台汽轮发电机组的转子,在 1956 年 3 月检修后试车,设计转速 3 600 rpm,在该机组两年的运行过程中,已经过 10 次停车经历,每次重新启动都要进行超速试验。最后这次当超速到 3 920 rpm 时汽轮机转子飞逸。汽轮机转子断口上,在靠近中心线附近有一块 5×12.5 cm 的椭圆形非金属夹杂聚集区,并判定这是裂纹源区。说明在两年运行中,虽经 10 次超速未发生飞逸,但是有亚临界扩展,直到第 11 次超速时才发生飞逸。

当时轴温 29 ℃,计算超载时最大切应力为 165 MPa,材料 $\sigma_s = 510$ MPa,$\sigma_b = 690$ MPa,由 $a/2c=2.5/12.5=0.2$ 和 $\sigma/\sigma_s=165/510=0.32$,查得椭圆裂纹形状因子 Q 为 1.28,故

$$K_{IC}=\sigma\sqrt{\pi a/Q}=165\sqrt{\frac{\pi(2.5\times10^{-2})}{1.28}}\approx41\ \mathrm{MPa}\sqrt{\mathrm{m}} \tag{6.12}$$

即该材料计算的断裂韧度约 $41\mathrm{MPa}\sqrt{\mathrm{m}}$。

材料冲击试验测得 CVN 为 9.5J。按 K_{IC}与 CVN 的关系

$$K_{IC}=0.79[\sigma_s(\mathrm{CVN}-0.01\sigma_s)]^{\frac{1}{2}} \tag{6.13}$$

换算得 $K_{IC}=37.4\ \mathrm{MPa}\sqrt{\mathrm{m}}$,此值与根据内裂纹推算的 K_{IC}值很接近。说明缺陷尺寸已达到失稳的临界裂纹尺寸,造成轮机转子飞逸。

6.4.4　非金属夹杂物对强度和塑性的影响

钢中非金属夹杂物对强度和塑性的影响决定于所含夹杂物的种类、数量及其存在形态。通过在烧结铁中加入不同尺寸(0.01 ~ 35 μm)、形状(球形和棱角形)和比例(0 ~ 8%)的氧化铝颗粒进行的试验得出:在室温下氧化铝颗粒尺寸大于 1 μm 时,屈服极限和强度极限均降低;当夹杂物含量较低时,对屈服强度的影响尤为敏感;但当夹杂物尺寸小到一定值(小于 0.3 μm)时,反而使强度提高。

硫化物或含硫量对 45CrNi3Mo 钢的强度和断裂韧性的影响示于图 6.20,可见在一定韧性水平时,钢的强度随含硫(或硫化物)量的增加而降低。研究还得到断裂韧性 K_{IC} 随硫化物平均间距 $\bar{d}_T (=\sqrt{\frac{A}{N}}$,$A$ 为夹杂物的截面积,N 为夹杂物个数)的减小而下降的结果。

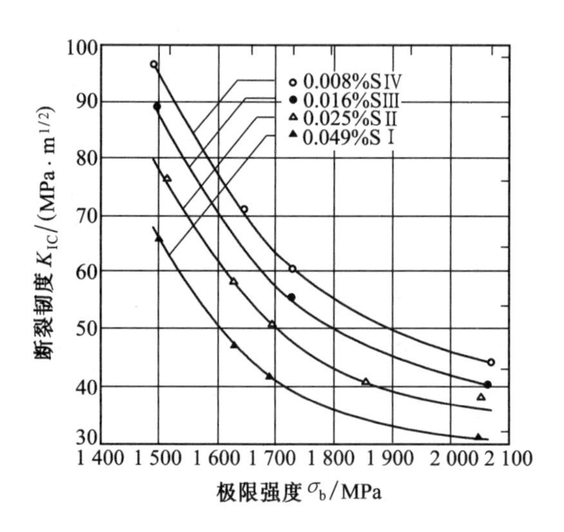

图 6.20　硫对淬火后回火到不同强度的 4345(45CrNi3Mo)钢断裂韧度的影响

夹杂物对钢材纵向延性影响不明显,对横向延性却有很严重的影响。图 6.21 为高强度钢中夹杂物总量与横向断面收缩率的关系,表明横向塑性指标随夹杂物总量增加而降低。夹杂物的形状对横向塑性指标的影响更加显著,如图 6.22 所示,随着带状夹杂物的增加,断面收缩率的各向异性程度增加,塑性指标明显降低,这种带状夹杂物主要是硫化物。

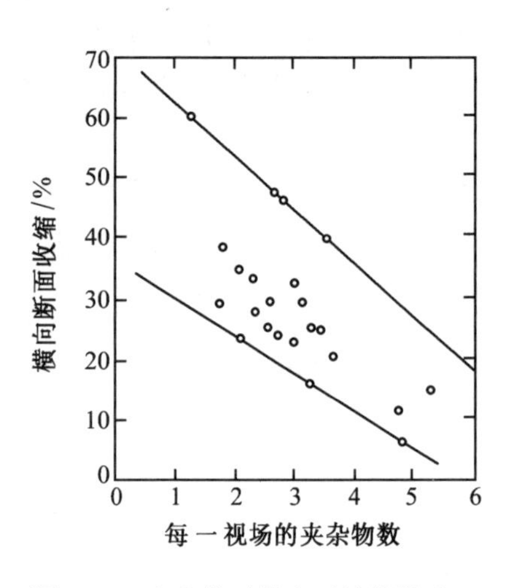

图 6.21　夹杂物对横向延性的影响

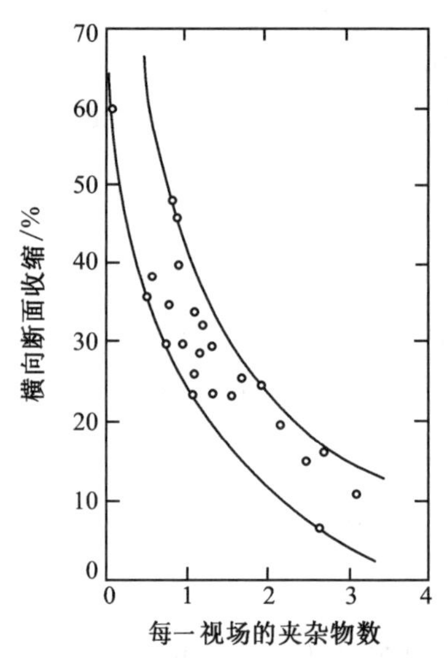

图 6.22　带状夹杂物(主要为硫化物)对横向延性的影响

例如,图 6.20 所示不同含硫量的 45CrNi3Mo 钢和 K_{IC} 和 σ_b 的关系,如果要求许用工作应力 σ_d 为材料强度极限的一半,制造厂的无损探伤手段的检测灵敏度为最小裂纹尺寸 4 mm,试讨论:

① 当工作应力 $\sigma_d = 750$ MPa 时,选哪一级硫含量的钢,检测手段方可防止脆断?

② 如 σ_b 为 1 900 MPa 以减轻部件重量,是否合适?

讨论:

设零件厚度满足平面应变条件,而裂纹为与工作应力垂直的表面半圆形裂纹,其半径(深)为 a,即 $K_I = \frac{2.24}{\pi}\sigma_d\sqrt{\pi a}$。

①选用最便宜的钢材Ⅰ(0.049% S)时

$$\sigma_b = 2\sigma_d = 1\ 500\ \text{MPa}$$

由图相应的 $K_{IC} \approx 66\ \text{MPa}\sqrt{\text{m}}$

临界状态 $K_{IC} = \frac{2.24}{\pi}\sigma_d\sqrt{\pi a_c}$,则临界裂纹长度

$$2a_c = 10.8\times10^{-3}\,\text{m} = 10.8\ \text{mm} > 4\ \text{mm}$$

即裂纹在达到临界尺寸前就可被检测到,因此可以保证防止脆断。

②当选用工作应力 $\sigma_d = 950$ MPa 时

若仍选用钢材Ⅰ时,此时其相应 $K_{IC} \approx 34.5\ \text{MPa}\sqrt{\text{m}}$,工作应力 $\sigma_d = 950$ MPa,则临界裂纹长度

$$2a_c \approx 1.83\ \text{mm} < 4\ \text{mm}$$

即小于检测灵敏度,不能保证防止脆断。

若选用最好,也是最贵的钢材Ⅳ(0.008% S),此时其相应的 $K_{IC} \approx 50\ \text{MPa}\sqrt{\text{m}}$,其临界裂纹长度

$$2a_c \approx 3.88\ \text{mm} < 4\ \text{mm}$$

即仍小于检测灵敏度,也不能保证防止脆断。

在 $\sigma_b = 1\ 900$ MPa 时,要保证防止脆断(即假定存在的裂纹 $2a \geqslant 4$ mm)的最大允许工作应力 σ_c:采用钢材Ⅰ为 611 MPa;采用钢材Ⅳ为 884 MPa。由上述分析可见,在 $\sigma_d = \sigma_b/2$ 的条件下,将 σ_b 提高到 1 900 MPa,即使最优秀的钢材也不能保证防止脆断。从钢材的脆断应力的分析可知,不恰当地提高强度,由于脆断应力下降,非但不能提高工作应力,反而使之下降了。因此,设计选材,不可盲目追求高强度。

6.4.5　非金属夹杂物对疲劳性能的影响

钢中非金属夹杂物与钢基体之间在可变形性、弹性模量及热膨胀系数等性能上的差异,是导致材料内部局部应力升高乃至造成局部微观开裂的基本原因,此外夹杂物的类型、数量及其形态(指形状、大小和分布特点)也都对材料的疲劳性能有重要影响,已有很多工作证实疲劳破坏起源于非金属夹杂物。

对于变形率较低的夹杂物,在零件受到外力发生变形时,基体的滑移在夹杂物处受阻,于是夹杂物成为应力集中的地方。随着应力集中的加剧,其结果是要么夹杂物与基体间的界面开裂,要么夹杂物折断,形成材料内部的不连续因素,也是最早的开裂。至于开裂取何种形式,则决定于夹杂物强度与界面结合强度之比。这种微观的开裂,在疲劳载荷作用下不断发展成为疲劳断裂源。

对于变形率较高的夹杂物,如 MnS,虽可以适应基体材料的变形,但由于其与基体之

间界面的结合较弱,所以在循环应力作用下,首先在夹杂物与基体间的界面上形成微孔洞,即材料内部的不连续因素。对含有硫化物的 30CrMnSi 钢塑性断裂过程的观察还表明,孔洞形成以后,优先沿主应变方向长大,至于孔洞的横向(与主应变垂直的方向)长大,则与孔洞联结有关。

例如,某民航机用锻造铝合金轮子,采用 2014 铝合金锻件加工而成,在例行检查时,在润滑脂档堰周围的表面发现一裂纹,如图 6.23 所示。将含有裂纹的轮毂部分剖开露出断口,断口具有典型的疲劳断裂特征,对疲劳源处进行电子探针分析,表明该区域含有大量氧化锰、氧化钛、氧化铁以及氧化铜和氧化铝。因此判断这是材料生产过程中的未溶解的晶粒细化剂,从而得出结论认为该轮子因疲劳而失效,疲劳裂纹起源于材料中的夹杂物。

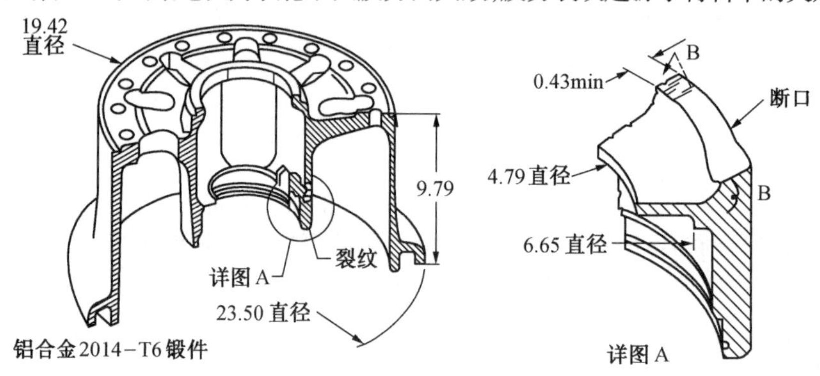

图 6.23　铝合金 2014-T6 的飞机轮子,由于在材料缺陷处发生疲劳裂纹而在工作期间被拆卸下来,详图 A 示出裂纹发生的区域,并显示出断口视图(将轮毂剖开检查裂纹)。

6.4.6　非金属夹杂物对点腐蚀的影响

钢中夹杂物不但在物理、力学性质上与基体金属存在差异,对钢材力学性能造成影响,在化学性质上,夹杂物与基体也是不同的,例如二者在腐蚀介质中电极电位的差异将构成局部电池。很多工作表明,钢中(Mn,Me)S 是点腐蚀的主要起源地。

在不锈钢中,硫化物夹杂物中纯粹的 MnS 是很少的,通常是(Mn,Me)S 类型的固溶体。也发现有$(Cr,Me)_{1-x}S$类型及各种 Cr 和 Ti 的硫化物固溶体。这些硫化物夹杂物是电的良导体,并能极化达到钢钝化表面的电位,它们的导电性随(Mn,Me)S 中固溶的金属含量而变化。埃克隆指出,处于钢钝化表面电位的硫化物并非处于热力学稳定状态,而是趋向于溶解。纯 MnS 具有的最高电位大约是-100 mV,这对于(Mn,Me)S 来说仍然是较低的。因为钢钝化表面电位相当高,而且整个金属表面比硫化物面积大好几个数量级,因此嵌在其中的那些硫化物颗粒是趋于溶解的。由于硫化物的凝固过程在钢水中直接进行,因此在硫化物和钢基体之间的界面上没有保护的氧化膜存在,当硫化物颗粒被溶解时,纯洁的金属表面就暴露了出来。

最初,暴露出来的金属表面被钝化,但在硫化物的溶解过程中,由于从硫化物来的金属离子的水解作用,在微区便形成了酸性溶液。当溶液达到一定成分的时候,暴露出来的金属表面就不能再被钝化了,结果就在这里形成了一个腐蚀坑。

假如由金属基体水解而得到的氢离子的形成速率超过了硫化物的化学溶解速率,那么形成的蚀坑就会扩大。另外,如果氢离子被中和,那么裸露的金属基体便会被钝化。

显然,硫化物夹杂物的电化学溶解性能取决于它们的成分,也取决于夹杂物在钢锭中形成的时间和位置。因此,甚至在同一个钢样中,也会有“活性的”和“非活性的”硫化物。对碳素钢也提出了类似的机理,当碳素钢侵入水中的时候,夹杂物的腐蚀行为就开始了。

这两项研究讨论的都是受侵蚀的开始相。坑蚀是这种侵蚀的结果,它本身对于不锈钢的诸如疲劳和表面形貌等性能具有重要意义。有的论文提出,缝隙腐蚀是由和坑蚀相同的机理形成的,因此这种现象可能是由于受硫化物夹杂物的影响所致。

大多数侵蚀的扩展机理还不清楚,因此在目前不能把最初的腐蚀模型和钢的全面的腐蚀行为联系起来。

6.4.7　对钢中硫化物形态的控制

前已述及,钢中硫化物,主要是硫化锰在钢材热加工变形时,沿变形方向伸长,从而造成钢材的各向异性,使横向(垂直于伸长方向)塑性和韧性低于纵向。这种纵横向性能的差异,为以后的冷成形造成困难,例如冷压成形中因横向变形能力不足而造成开裂。在汽车工业中普遍采用薄钢板压制外壳,并且为了功能和美观上的需要,要将其制成在各不同方向上弯曲的形状。由于钢板横向弯曲性能差而限制了其应用。解决这一问题通常有两种方法,即物理的和化学的方法。物理方法是对钢坯热加工时采用纵横交叉轧制或通过控制轧制和热处理的方法,这种方法虽可部分改变硫化锰夹杂物形态,但对现代连续热轧机是不适用的。化学方法是向钢中加入微量合金元素,改变硫化物夹杂的成分和性质,使生成的硫化物夹杂在热轧状态下不易变形。

稀土金属与氧和硫有极强的亲和力,钢中加入稀土金属后,钢中的硫和氧优先与稀土元素形成球状稀土氧化物和稀土硫化物。这些稀土化合物系高熔点化合物,见表 6.5。在轧制时不变形,仍保持原来的球形,从而使钢板的断裂性能接近各向同性。VAN-80 钢经硫化物变性处理后的纵横性能如图 6.24 所示。

表 6.5　稀土元素的氧化物和硫化物的某些特性

化合物	密度 /(kg · m^{-3})	熔点 /℃	$-\Delta H^\circ$ (298K) /(kJ · mol^{-1})	化合物	密度 /(kg · m^{-3})	熔点 /℃	$-\Delta H^\circ$ (298K) /(kJ · mol^{-1})
氧化物				硫化物			
Ce_2O_3	6.87	1 690	1 860	La_2S_3	4.91	2 100	1 500
CeO_2	7.20	1 950	1 100	Pr_2S_3	5.27/6.6	1 795	
La_2O_3	6.56	2 250±40	1 840	Nd_2S_3	5.40	2 200	1 225
Nd_2O_3	7.28	2 291±20	1 850	Ce_3S_4	—	2 080±30	1 810
Pr_2O_3	6.90	2 200	1 870	La_3S_4	—	2 100	
PrO_2	—	—	996	Pr_3S_4	—	2 100	
硫化物				Nd_3S_4	—	2 040	
CeS	5.98	2 450	505	氧硫化物			
LaS	5.86	1 970	—	Ce_2O_2S	6.0	1 950	1 840
PrS	6.03	2 230	—	La_2O_2S	5.8	1 940/1 982	—
NdS	6.36	2 140		Pr_2O_2S	6.21	—	—
Ce_2S_3	5.20	2 149	1 258	Nd_2O_2S	6.50	1 990	—

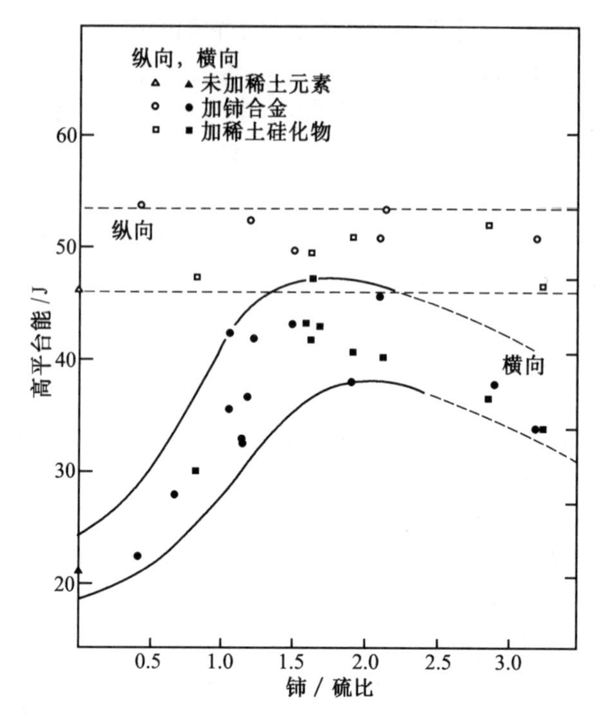

图 6.24　VAN-80 钢纵向和横向 Charpy 试样上平台能和铈/硫比的关系，试样尺寸较正常冲击试样的尺寸缩小一半

6.5　材料的显微组织与失效

工程材料力学性能决定于材料的成分和组织。材料的组织因素包括基体组织和第二相以及夹杂物。其中夹杂物对失效的影响前面已讨论过，这里主要讨论材料显微组织对失效的影响。

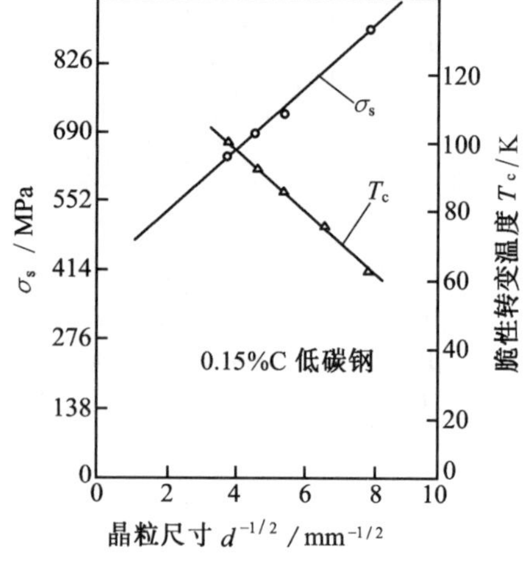

图 6.25　低碳钢中铁素体晶粒尺寸对脆性转变温度及在该温度时的下屈服点的影响

6.5.1　晶粒粗大与失效

晶粒大小是表征显微组织的基本因素，也是决定材料力学性能的重要因素。晶粒尺寸对屈服强度 σ_s 和脆性转变温度的影响示于图 6.25，可见晶粒细化不但可以提高材料的屈服强度，而且降低脆性转变温度并改善韧性。碳钢和低合金钢的晶粒尺寸主要决定于熔炼、脱氧、热加工技术及使用的最终热处理工艺。例如在热轧产品中，过高的终轧温度或轧制后的缓慢冷却可导致粗大的晶粒尺寸。晶粒尺寸 d 与屈服强度之间的关系可用 Hall-Petch 关系式

$$\sigma_s = \sigma_0 + Kd^{-\frac{1}{2}} \tag{6.14}$$

描述，σ_0 为位错在基体中运动的摩擦力，包括对温度敏感的部分 σ_T 和对结构敏感、对温度不敏感的部分 σ_{ST}，为材料常数。在相同脱氧制度下，晶粒尺寸与脆性转变温度的关系主要决定于终轧温度和轧制板厚，轧制板厚越大，压下量越小，终轧温度越高，则晶粒越粗大，脆性转变温度越高，如图 6.26 所示。因此，晶粒尺寸 d 与脆性转变温度 T_K 之间也存在类似 Hall-Petch 式的关系

$$T_K = T_0 - K'd^{-\frac{1}{2}} \tag{6.15}$$

式中，T_0 和 K' 均为常数。有时候，热轧钢的晶粒尺寸可能粗大到足以使脆性转变温度高于室温的程度。这样的材料，在要求有一定韧性的场合，如果不进行细化晶粒的处理，则可能发生低应力脆断。

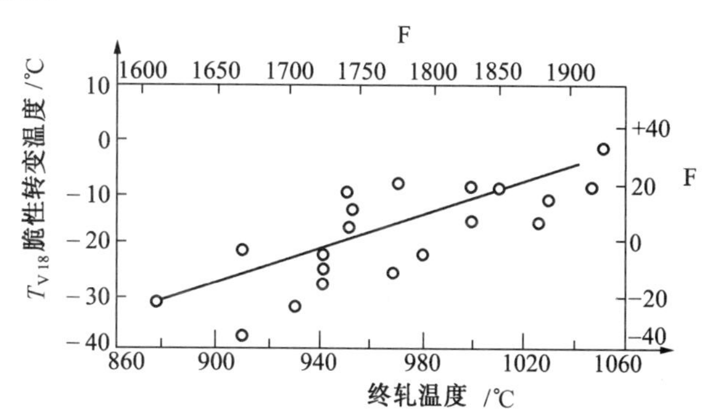

图 6.26　钢板终轧温度对脆性转变温度的影响

6.5.2　晶粒粗大引起脆断的实例

例 1　粗大晶粒引起脆断

某天文望远镜上用于锁紧机构的卡箍，如图6.27所示，系采用 410 型不锈钢制造。卡紧时，将卡箍两端搬开到直径为 106.3 mm 位置，以便紧固在望远镜上。该卡箍于装配时断裂。按技术要求应为 410 型不锈钢，955 ~ 1 010 ℃奥氏体化，淬油，然后在 565 ℃回火 2 h，HRC 30 ~ 35。

卡箍断裂于销子固定板最后的铆钉孔，横向断裂，如图所示。金相检验结果晶粒尺寸为 2 ~ 3 级；断口主要为解理特征；卡箍实际硬度为 HRC 29 ~ 30.5；光谱分析确定材料为 410 型不锈钢。

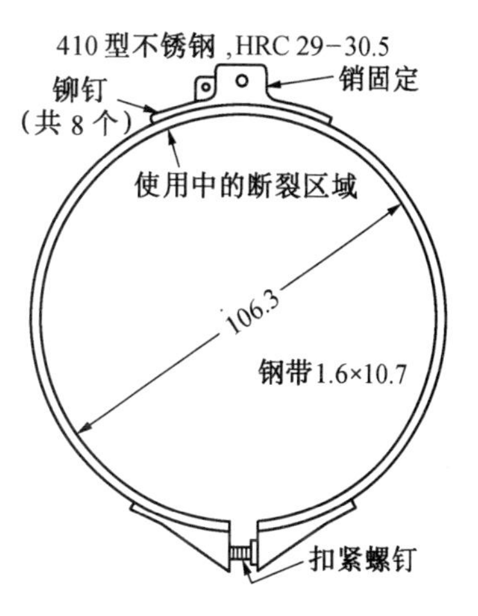

图 6.27　410 型不锈钢卡箍装置，在使用中因晶粒粗大引起脆断

为了对比起见对没有破坏的卡箍进行了同样的实验：硬度为 HRC 27.5 ~ 28，组织为回火马氏体，晶粒度为 7 级，材质为 410 型不锈钢。

在远离断口的地方切取全宽度试样进行慢弯试验，在约 20°弯曲角度时，出现开裂并发出“咔嗒”声，形成穿晶解理断口。从好卡箍上切取的试样弯曲到约 180 ℃尚未开裂。

还组织了热处理模拟试验，从失效卡箍切取试样，在970 ℃奥氏体化，淬油并565 ℃回火2 h。从好卡箍上切取试样，在1 055 ℃奥氏体化，淬油并565 ℃回火2 h。经上述热处理的两种试样进行慢弯试验和金相检验。从失效卡箍上切取的试样显示晶粒显著细化了，5～6级，慢弯试验中也恢复了塑性；而从好卡箍切取的试样，原来塑性很高的材料却出现了解理断裂，晶粒度约为4级。

通过上述实验，问题已很清楚，晶粒粗大是卡箍脆性断裂的主要原因。并且还表明失效卡箍的硬度比规定HRC 30～35硬度低的事实，对卡箍破坏不起作用。

6.5.3 材料组织结构对失效的影响

组织结构是材料具有各种性能的内在根据，组织结构及其分布形态对材料的强度、塑性及韧性指标有明显影响。

1. 宏观组织的影响

图6.28为0.12%C的热轧碳钢板，在不同方向上取样的系列冲击试验结果，可以看出在L–S方向CVN值的上平台试样冲击功最高，脆性转变温度最低，而T–L方向试样冲击功最低，脆性转变温度最高。造成钢板这种各向异性的原因在于原来钢坯中合金元素的偏析及非金属夹杂物在轧制变形时，沿变形方向延长，形成的带状组织及流线等，在不同方向上，钢板的组织结构不同。L–S试样的缺口平面与流线平面垂直，裂纹萌生后，容易沿板平面扩展，消耗的断裂功较高，而T–L方向试样则相反。材料的各向异性与零件的受力方向应很好地协调，否则，将构成零件失效的主要原因。例如，某厂采用冷轧铝板冲制汽车门把手，在剪裁时未注意轧材的流线方向，结果使把手应力线方向与流线垂直，造成全部报废。又如，某轻型汽车在10 000 km行车试验中，行至9 000 km左右时，相继发生板弹簧早期断裂。该弹簧系采用60Si2Mn钢制造。化学分析表明材料成分合格。金相分析表明其组织为回火屈氏体加铁素体，呈带状组织特征，相当于标准7级，脆性非金属夹杂4级，塑性夹杂2级。心部硬度HRC 38～39。这表明该弹簧内在质量不合格，非金属夹杂物和带状组织过多。带状组织不仅造成钢的纵向和横向的力学性能差异，而且还会分割基体，降低强度并使疲劳寿命下降。

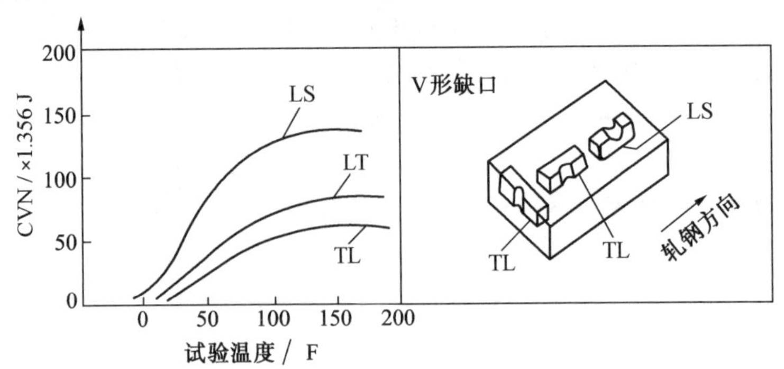

图6.28 0.12%C碳钢板轧制状态不同方向取样测得的缺口韧性

2. 显微组织的影响

图6.29为不同含碳量的钢处理成珠光体、贝氏体、马氏体等组织后，再经615 ℃，4 h

回火的系列冲击试验结果。图中表明马氏体组织的脆性转变温度最低,贝氏体组织次之,珠光体(含铁素体)组织的脆性转变温度相对较高。这是在奥氏体晶粒度相同的情况下的比较(晶粒度对性能的影响前已述及)。从材料组织和性能方面考虑,正常的显微组织并不会构成零件失效的原因。在大多数情况下,造成零件失效的是缺陷组织。在正常组织范围内,应考虑的问题是如何充分发挥材料的性能潜力,创制适于特定工作条件的最佳显微组织。

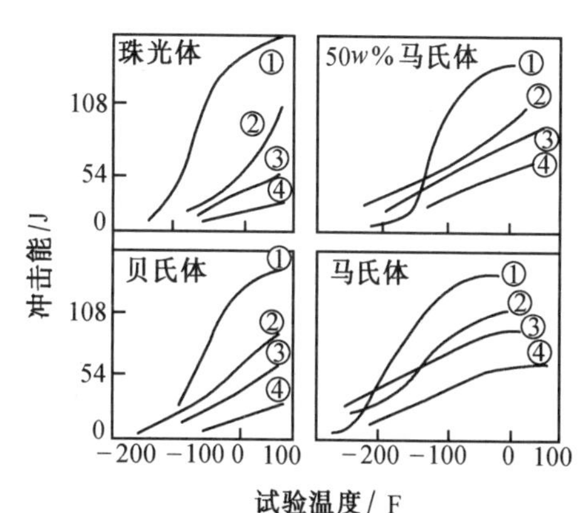

图6.29 不同碳量合金钢热处理成不同组织后V形(夏比)试样数据
碳质量分数:①0.17%;②0.28%;③0.40%;④0.54%不同原始组织,经615 ℃回火4 h

3. 缺陷组织与失效

缺陷组织多是在非正常工艺条件或存在某种工艺偏差的情况下形成的。常见的缺陷组织有魏氏组织,表面脱碳,晶界网状析出等。另外,原材料缺陷如偏析带造成的木纹状断口等,不能用热处理方法改善或消除,零件含有这些缺陷时,往往因某些失效抗力的损失而引起早期断裂。

6.5.4 缺陷组织造成零件失效的实例

例1 某型汽车传动轴因热处理组织缺陷而断裂

汽车传动轴前端与变速器连接,后端与后桥连接。传动轴断裂将造成严重事故。某型汽车投入使用后,连续发生多起传动轴花键接头扭转变形和扭断事故,断裂都发生在花键轴的三分之一处。该轴采用18CrMnTi钢制造,经过锻造、机加工和热处理(渗碳、淬火、回火)等工序。渗碳层深度要求为0.80~1.30 mm,表面硬度为HRC 58~64,齿中心硬度为HRC 30~45。对断口附近材料组织分析表明,断裂处表面组织为马氏体和残余奥氏体及部分粒状碳化物,心部组织为索氏体加大块铁素体。表面硬度为HRC 55.5,花键中心为HRC 23。大块铁素体的存在导致硬度不足,降低了花键轴的强度。服役条件下,花键轴受反复扭转应力,在轴颈尖角处产生疲劳裂纹,导致轴头切断。分析认为造成大块铁素体的原因是,淬火温度低,铁素体未能全部溶入奥氏体,冷却后依然存在于基体之中。

例2 汽车钢板弹簧因表面脱碳而失效

零件表面脱碳是热处理常见的缺陷,脱碳使表面强度、硬度降低。对表面缺陷敏感的零件如弹簧,脱碳会造成疲劳强度的显著降低。例如某汽车行驶不到1万公里即发生钢板弹簧疲劳断裂,经金相分析,弹簧表面脱碳层深达0.4 mm(这已超过标准规定的允许值,属缺陷组织),成为弹簧失效的主要原因。弹簧板片的脱碳可在钢材轧制过程中产生,也可在卷耳及热处理过程中产生,因此在这些加工阶段上,应对加热温度、加热时间以及炉内气氛等因素进行控制。表6.6为表面脱碳对疲劳强度的影响,表6.7为脱碳层深度与加热条件之间的关系。

表 6.6　表面脱碳对疲劳强度影响

表面脱碳层深度/mm	疲劳极限 σ_{-1}/MPa
0	570
0.125	350
0.200	330
0.250	300

表 6.7　加热温度和时间对脱碳层深度的影响

温度/℃ \ 时间/min \ 脱碳层深度/mm	1	3	5	10
900	0	0.02	0.05	0.08
1 000	0	0.04	0.07	0.16
1 100	0	0.05	0.12	0.22

例 3　某中型载货汽车转向节因硼化物沿晶界析出而失效

该中型货车投入运营后，行驶约 5 万公里时，因通过一较深水坑，前轮受冲击作用，致使左转向节脆断。断口呈结晶状，无塑性变形痕迹，属典型的脆性断裂。该转向节采用 40MnB 钢制造，化学分析表明，其中含硼量较高，达 0.005%（标准规定 B 的质量分数应为 0.001% ~0.0035%）。组织主要为回火索氏体和网状铁素体，还发现有大量网状硼化物析出，并沿晶界分布。力学性能试验表明其强度、刚度均符合要求，但冲击韧性很差，冲击值仅为 29J/cm^2，因此认为该转向节材料含硼量超标，组织中沿晶界析出硼化物（脆性相），导致材料冲击韧性恶化是造成失效的主要原因。

例 4　汽车差速器偏心螺栓因原材料冶金缺陷而失效

汽车差速器偏心螺栓是差速器的关键零件，其质量直接关系到汽车行驶的安全。某汽车厂曾发生差速器装配时，大量偏心螺栓断裂，不得已使 11 万件螺栓报废。该螺栓系由 ϕ12 mm ML35 钢经冷拔、退火、冷镦并缩杆成形、车偏心、滚丝以及调质处理等工序加工而成。成品要求HRC 24 ~30。对断裂螺栓的分析表明，材料成分符合标准规定；硬度为 HRC 24 ~26，也符合技术条件；螺栓断口呈圆锥形，与轴线成 45°，若子弹头状，锥面光滑，断口表面呈银灰色或者黑色。扫描电镜下，断口表面有明显的覆盖物，局部地方有韧窝花样。螺栓横截面的低倍检查发现螺栓两端有小裂纹或孔洞，将螺栓沿直径方向剖开，发现端部的小裂纹或孔洞向内延伸，贯通整个螺栓，在扫描电镜下发现裂纹周围有大量非金属夹杂物，据此初步判断螺栓端部的孔洞是原材料中的缩孔残余。能谱分析证明非金属夹杂物为 Al，Si，Ca 和 Mn 等的氧化物，这些聚集的大量夹杂物在轧制时沿轧制方向伸长，并且因无法焊合而被保留下来，贯通整个螺栓。冷镦螺栓纵剖面的金相检查还发现心部珠光体含量比边缘高很多，说明钢材偏析较严重，此外，在纵剖面上还发现有“V”形裂纹。

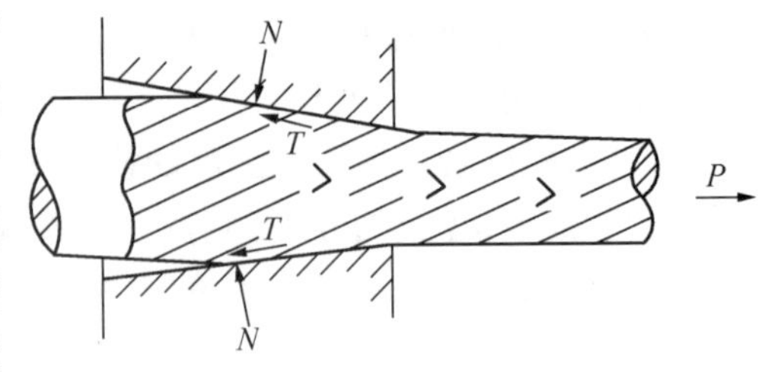

图 6.30　金属冷拔时受力及中心开裂示意图

钢棒在拉拔时的受力情况如图 6.30 所示，变形金属所受正压力 N 和摩擦力 T 作用于靠近模壁的表层，拉力 P 作用于整个径向截面上，截面中心的轴向拉力最高。金属塑性变形理论研究表明，在一定条件下，冷拉变形区的这种应力状态，可导致在中心线附近出现以夹杂物或第二相为核心的微孔开裂，随着冷拉变形的发展，微孔开裂发展成“V”形裂纹，如图所示。结果使中心强度显著降低，在冷拉通过模子变形时，很容易形成中心“V”形裂纹。螺栓下料后，冷拉料中存在的“V”形裂纹自然地带入螺栓中，从而大大减少了螺栓的有效承载面积，装配时，由于强度不足而在危险截面处断裂,形成圆锥形断口。

例5 汽车半轴因木纹状断口而失效

某厂生产的汽车半轴采用日产SNCM439钢制造,该批产品行驶至600~1 340 km,相继发生半轴断裂事故。某汽车公司使用该汽车一年左右时间,累计发生86根半轴断裂或变形。断口呈木纹状,有暗灰色非结晶状致密线条,无光泽,无氧化现象。分析认为造成半轴早期断裂的主要原因是纵向的木纹状断口,降低了材料的扭转强度和韧度,而且硬度分布不均匀。当半轴受力时,首先从存在缺陷处形成裂纹,并在扭转疲劳载荷作用下不断扩展,最终导致半轴早期断裂。经查明,该批钢材系采用连铸连轧工艺生产,钢液中的气体及夹杂物来不及排出,随着钢液的结晶便沉淀并滞留于钢中。大量夹杂物的存在及结晶后的单向热加工操作为木纹状断口的形成创造了条件。这种冶金缺陷不能用热处理方法改善或消除,从而成为含有这种缺陷零件的失效原因。

例6 70Si3MnA钢制梯形弹簧由于材质而引起的过早疲劳断裂

该弹簧为大型平面机构梯形截面螺旋弹簧,它由梯形截面坯料电加热缠绕成型。热处理规范是:860~870 ℃盐浴中保温35 min,热处理后经喷砂、磷化处理。进行24 h静压试验,在装配或短时间使用后发生断裂。

对四个断裂弹簧进行分析。宏观观察发现:断口大致与钢丝轴向成45°,断面上有人字纹,裂纹源附近颜色较深,且侧表面上有麻点,只1#弹簧表面光滑,但断口上裂纹源区黑色点较深。化学分析证明钢材成分符合标准。材料硬度在HRC 50~54之间,符合要求。断口附近组织为回火马氏体和回火屈氏体,但在2~4#弹簧的试片上发现了带状偏析。对1#弹簧断口金相分析,发现断口为脆性沿晶断裂,裂纹源处碳化物分布较为密集,断口上有疲劳条纹。对弹簧材料(缠制剩下的切头)的断裂韧性进行试验,测得K_{IC}=38.3 MPa$\sqrt{m}$,从宏观断口上疲劳纹尺寸(a=0.9 mm)推算,此时弹簧的破坏应力σ_c=686 MPa。

分析得到的结论认为,由于弹簧表面有麻坑、缺陷或次表层有密集分布的碳化物粒子或带状偏析,这些作为疲劳源而促进了弹簧发生疲劳失效。另外材料断裂韧性低,临界裂纹尺寸小,故疲劳裂纹扩展阶段短,这促进弹簧过早地发生断裂。为了防止类似断裂事故发生,采取下列措施:

①加强对弹簧表面质量检查,尽量要求表面光滑。

②适当提高回火温度,以提高K_{IC}值,若K_{IC}值能达到59.8~62.0 MPa$\sqrt{m}$,在原载荷条件(即最大工作应力σ仍为686 MPa),则临界裂纹a_c≈2.1 mm,比原来提高一倍。

③对原材料加强检验,不应有带状或密集分布的碳化物。

例7 由于铆钉孔周围的材料分层而引起的碳钢制动爪弹簧的疲劳失效

这种弹簧用于电话设备的选择开关上的,如图6.31所示。弹簧用已回火的0.36 mm厚的1095钢钢板冲制成,最后镀镍。对三个失效弹簧和原材料的条状试样进行了分析。三个弹簧铆钉孔周围有大量小坑(小坑很容易被观察到,因在摩擦和腐蚀时,小坑上覆盖的镀镍层是去不掉的),这些缺陷是由于钝的冲模冲孔时材料的夹杂物造成的分层结构,在电镀时为镍所填满。这些分层的地方很容易成为疲劳源。对原材料长条试样纵截面的金相观察中也发现有大量长而窄的硫化物带,这可能是弹簧材料分层的主要原因。

断簧和原材料均具有HRC 52~53的硬度,这是符合要求的(规定最小硬度为HRC

45)。但是比一般的高一些,这也往往促进产生分层。分析认为弹簧发生疲劳断裂,铆钉孔周围的分层为疲劳裂纹源。冲制应力、铆接应力和使用了低质量的材料又是造成疲劳失效的原因。

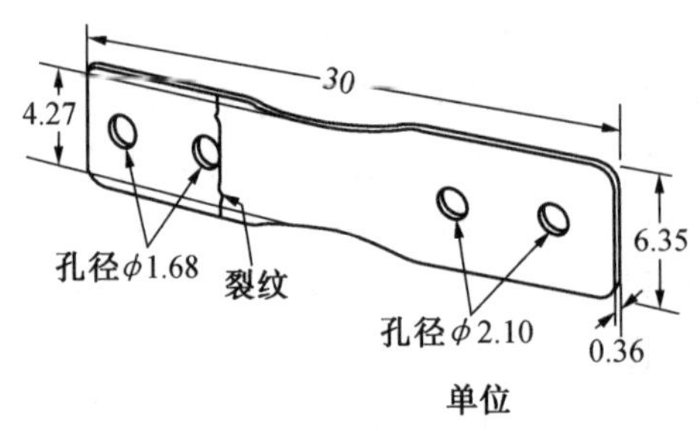

图 6.31　镀镍碳钢制动爪弹簧

例 8　由于簧丝上的裂纹引起碳钢弹簧的失效

弹簧在加载试验时断裂。弹簧是由 ϕ3.8 mm 的冷拔碳钢钢丝绕制成的,大多数弹簧承载 889.6 N 而不“变硬”,但是有些弹簧仅能承载到 578.2 ~ 667.2 N。对断裂弹簧观察发现:簧丝上有劈裂现象,是小心地沿劈裂面打断簧丝,断口上有两个纵向(顺丝轴)区,一个光滑,且变了颜色,这说明原来冷拔钢丝时就存在的;另一个是粗糙的光亮的区域,这是台架试验时撕裂形成的。分析认为弹簧在台架试验时断裂,是由于簧丝上有劈裂裂纹,这是由于簧丝生产过程中的拔丝工序的变形量太大,而造成大的丝内部应变、高的表面拉伸应力和塑性低造成的。

第 7 章　设计阶段的失误与失效

一部机器的质量基本上决定于设计质量。制造过程对机器质量所起的作用,本质上是实现设计时所规定的质量。因此劣质的设计或者设计中的疏忽常是导致失效的原因。对于简单零件的设计,一般能遵循机械设计的基本准则,除个别情况外,不会发生大的失误。所以对大批生产的产品,个别零件的偶然失效,并不受到强烈的关注。但对于一些特殊构件,往往因为对机械设计基本规则缺乏充分考虑而出现失误,造成零件的早期失效或多次重复失效。

7.1　机械设计与失效概述

7.1.1　机械设计的基本内容与失效

机械设计包括方案设计、结构设计和工艺设计三个阶段,其基本内容如图 7.1 所示。机械设计中的失误大体包括下列几方面:

①设计观点中有基本错误。

②选材不当,或未考虑发挥材料的性能潜力。

③结构设计或工艺规范不合理。

④对应力集中的作用估计不足。

⑤对工作环境条件如低温、腐蚀和高速载荷等缺乏充分估计。

7.1.2　设计失误与失效

在设计引起的失效案例中,部分失效是由于设计失误直接引起的,部分则是由于规定的热处理或精整工艺与设计不相适应引起的。

1. 应力集中的作用

在由设计引起的失效中,尖角和半径太小的圆角等的应力集中引起的疲劳断裂占有很高的比例。零件或组件通常含有缺口、圆角、孔或类似的应力集中因素,零件及加工表面的刀痕也往往成为应力集中源,这些应力集中因素如果出现在高应力区,则可能造成足以引起失效的损害。例如弯管机工作台上夹紧装置的轴,如图 7.2 所示,工作过程中在截面急剧变化处断裂。该轴用 A6 工具钢制造,经淬火回火处理,工作时受弯曲应力和拉应力的联合作用,载荷按 45 次/小时循环变化。检查表明,材质和热处理状态符合设计要求,断口具有典型的疲劳特征,疲劳裂纹萌生于半径为 0.25 mm 的圆角处(见图 7.2 A-A 剖面“原设计”)的非金属夹杂物。因此认为该失效属于交变载荷引起的疲劳断裂,截面变化处圆角半径太小产生的应力集中与圆角处的非金属夹杂物共同加剧了该断裂过程。后来将圆角半径改变为 2.4 mm(见图 7.2 A-A 剖面“改进设计”),改进后,失效得到有效防止。这一实例说明,如果圆角太尖,应力集中剧烈,处于高应力区的微小的材料缺陷或加工缺陷均可能成为疲劳源,导致零件疲劳失效。

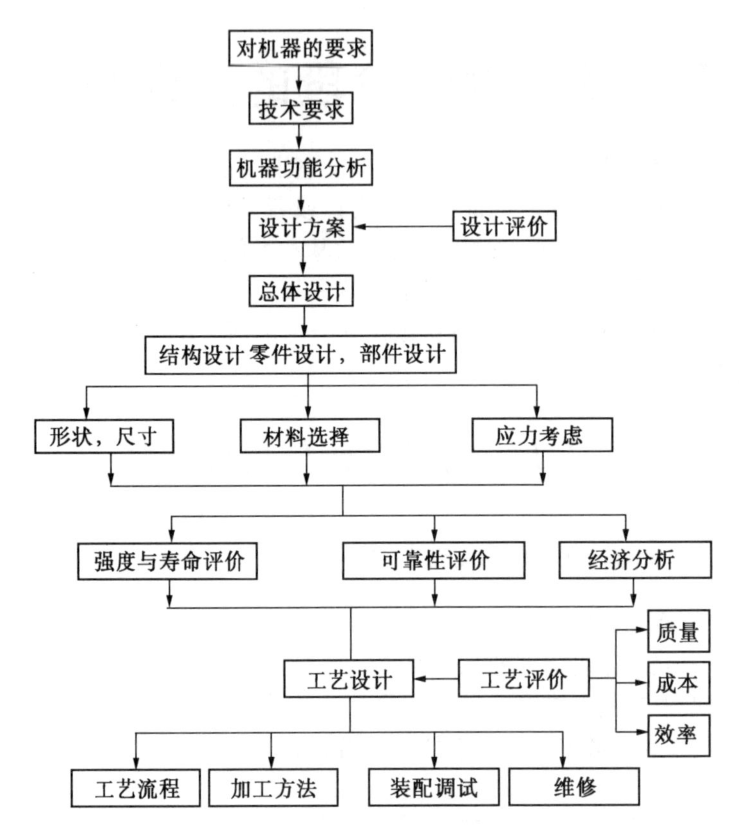

图 7.1　机械设计的基本内容

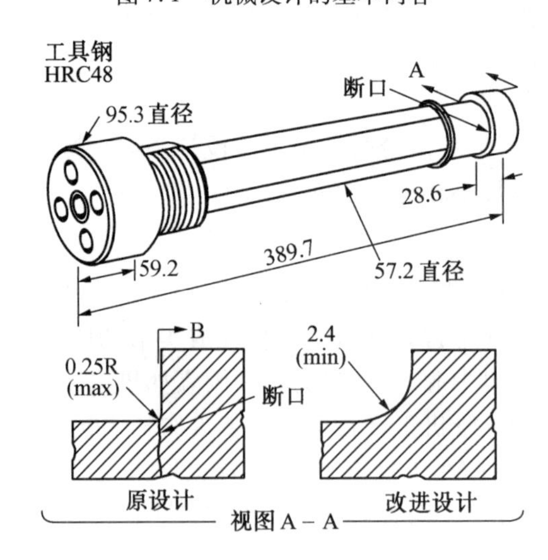

图 7.2　弯管机轴疲劳断裂,裂纹萌生于半径为 0.25 mm 的圆角

2. 材料的各向异性

钢锭经轧制后,产生纤维结构,使钢材带上方向性,沿纤维方向(轧向或称纵向)取样

的机械性能，特别是塑性和冲击韧性（值），比垂直于纤维方向（横向）取样的要高。

同样的情况，纵向试样的疲劳强度也比横向试样高。材料的强度越高，这种差别越大。此外，钢的含硫量越高，锻造比越大，纵、横向试样的疲劳强度的方向性也越大（见表 7.1）。

表 7.1　锻造比、S 质量分数对 Cr-Ni-Mo（4340）钢疲劳强度的影响

S 质量分数/%	锻造比	σ_{-1}/MPa		σ_{1-}横 / σ_{-1}纵	MnS 夹杂的大小 /$\times10^{-3}$ mm		长宽
		纵向	横向		平均宽	平均长	
0.005	1.4	525	450	0.86	-0.64	2.9	4.5
	11.2	577	510	0.83	0.18	8.4	46.6
0.048	1.4	525	430	0.75	0.73	6.6	9.1
	11.2	561	490	0.87	0.20	34.4	172
0.090	1.4	525	380	0.72	0.92	7.9	8.6
	11.2	570	423	0.74	0.22	31.1	141

结构的优良设计不但要求能安全承担载荷，而且要结构紧凑、重量轻、成本低。因此设计时合理利用材料的各向异性，使最大应力方向与纤维方向一致，是设计考虑的一个重要因素，也是保证安全、减轻重量的重要方法。零件中金属纤维方向考虑的原则是：①力求使纤维方向与主应力方向平行；②力求使纤维线沿零件轮廓封闭走向，不被切断。如果设计能实现这些原则，则可达到设计与加工的最好配合。

3. 设计不当引起的失效

很多重要的结构件是经过锻造和热处理以及精整加工而成的。在热加工过程中，金属经受高温变形以及剧烈的加热与冷却。因此，这些零件的设计，不但要考虑与工作条件有关的性能要求，而且还应根据工作条件考虑钢种、坯料尺寸、锻造比和热处理工艺等问题。尤其对于冷作模具，其上往往带有尖角、孔等，如果考虑不周，很容易造成加工过程中开裂。例如，由 S7 工具钢制造的压花模，因尺寸较大（152 mm×203 mm×508 mm）不得不进行油淬。但因其上有盲孔、凹槽和空穴等，在它们的会合处成为模具的薄弱环节，淬火时很容易淬裂。处理此类问题，很容易想到，为了使截面厚薄适度均衡，应重新设计。但这样处理势必增加了成本。对于已制成模具的情况，往往可以采用合理的热处理方法补偿设计的不足，例如采用分级淬火等工艺，既可减少开裂的可能性，也可满足硬度上的要求。

7.1.3　因设计失误引起零件失效的实例

例 1　汽车发动机曲轴因轴颈与曲柄间圆角太小而疲劳断裂

某中型货车在交付使用后仅行使至 4 000 km 时，发动机曲轴断裂。断裂发生于第 4 主轴颈处的第 7 曲柄上，断裂面齐平，垂直于曲柄的径向。断口具有典型的疲劳断裂特征，疲劳裂纹起源于轴颈与曲柄的圆角处的刀痕。疲劳扩展区占断口主要部分，瞬断区比例很小。观察还发现轴颈与曲柄之间的圆角很小。其他轴颈均有不同程度的磨损。化学分析表明,曲轴材料为 45 钢,符合技术条件要求;轴颈为感应加热表面淬火状态,组织为马氏体+网状屈氏体,硬化层深 4 mm,表面硬度为 HRC 47 ~58。曲柄基体组织为珠光体+铁素体。这些分析表明,曲轴材料、热处理工艺及组织状态均属正常。综合分析认为,曲轴断裂为弯曲疲劳断裂,其原因在于轴颈与曲柄之间的过渡圆角太小,且有刀痕,在这里造成应力的剧烈提升。曲轴运转时产生弯曲应力,在应力集中作用下,在过渡圆角处萌生裂纹并扩展。

例 2　螺旋伞齿轮因安装孔与齿根之间锐角交截而疲劳失效

一螺旋伞齿轮组约工作二年后破裂。齿轮沿着齿根三个安装孔相交处断裂,该齿轮共有六个直径为 22.2 mm 的安装孔,如图 7.3 所示。该齿轮由 4817 钢锻造坯件经机械加工制成,并在 925 ℃气体渗碳,冷至 815 ℃,在 60 ℃油中压力淬火,然后在 175 ℃回火 1.5 h,硬化层硬度 HRC 61 ~62。目视检查失效齿轮组发现,与该螺旋伞齿轮啮合的小齿轮损伤轻微。开裂的孔和齿根圆角的交截处形成锐角,见图 7.3 A-A。断口检查发现,具有典型的疲劳断裂特征,疲劳裂纹自锐角开始,向内扩展已达6.4 mm。磁粉检查显示,其余三个安装孔与其相邻的齿根圆角之间的交截处也存在裂纹。这说明在齿轮破裂之前,这些安装孔旁边均已产生裂纹。金相检查发现,渗碳淬火硬化层的显微组织为针状马氏体和约 5% 的残余奥氏体,

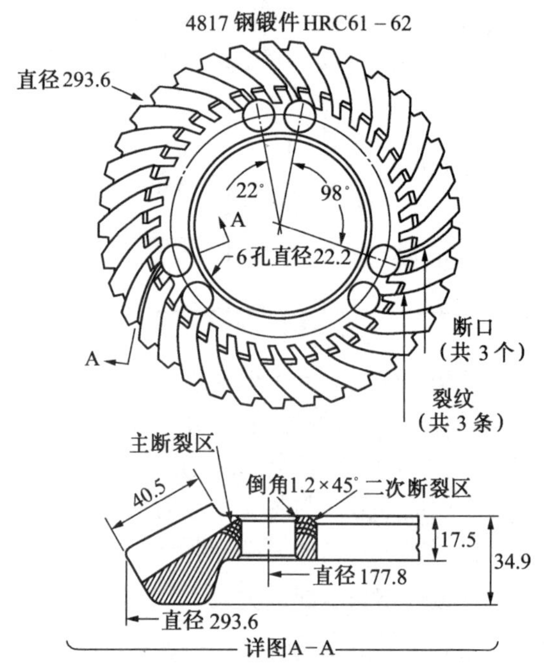

图 7.3　螺旋伞齿轮因工艺孔位置不合理引起失效

心部组织为低碳马氏体,这表明热处理组织是合理的。但金相检查还发现,安装孔与齿根圆角的锐角交截处的渗碳深度已穿透了整个横截面,截面已完全淬透。由上述分析可知,齿根圆角与安装孔之间的锐角构成了严重的应力集中因素,又由于这里已全渗碳淬火,处于高强度高硬度状态,对应力集中特别敏感,所以疲劳裂纹优先在这里萌生,形成疲劳源。造成这起失效的真正原因应从两方面考虑:从设计方面看,孔的位置不合理,距齿根太近,造成其间锐角交截,加剧了该部的应力集中;从工艺方面看,渗碳过程中未采取防渗措施,造成该部完全渗碳淬火,从而加剧了该部的应力集中敏感性。如果在渗碳工艺中,采取局部防渗措施,可以改善该部材料韧性,从而弥补设计的缺陷。

例 3　铸钢液压缸在端头内拐角处疲劳开裂

三台液压机的液压缸在工作大约 10 年后,相继以相同的形式失效。第一台失效时,未进行仔细检验,经焊接修补后又重新投入工作。但不久后,另一台的液压缸又以同样的形式泄漏,因此进行了原因分析。

该液压缸系铸钢件,在内表面机械加工时,于端头和缸壁交界处留下尖锐的内角,端

头的断裂即由此内角开始,如图 7.4 所示。分析指出由端头内角开始的疲劳裂纹一方面沿圆角方向扩展,同时还向壁厚方向扩展,大约深入壁厚 25.4 mm 时,发生突然的失稳断裂。化学成分分析表明该封头是碳质量分数为 0.3% ~0.4% 的铸钢,组织中未发现严重的夹杂物和偏析,材料强度相当于 σ_b = 555.7 MPa。用超声波检验第三台液压缸的相应部位也发现有一正在扩展中的裂纹。

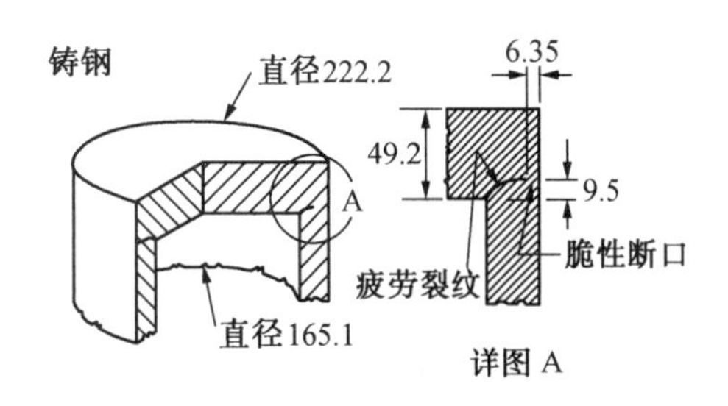

图 7.4　液压缸封头因设计不合理而疲劳开裂

从三个液压缸具有相同的失效形式来看,它们当属同样原因导致。该液压缸工作中,开始时承受 5.1 MPa 压力,不断升高,最后达 30.8 MPa。应力分析表明,平端拐角处受纵向应力为 52.2 MPa;弯矩引起的附加应力为 207.5 MPa;拐角处所受总的纵向应力约为 259 MPa。若假定材料屈服强度为 308 MPa,则只要有 1.2(=308/259)的应力集中系数,即可使疲劳源部位的应力水平达到材料的屈服强度。实际上端头内角处的应力集中系数是大于 1.2 的。因此可以认为,该液压缸的平端头呈圆盘形,在内压作用下,平端头与圆筒部分的交界处就会产生弯曲应力。液压缸工作中该部受交变弯曲应力,因交界处没有足够大的圆角而导致较大的应力集中。无论如何,该区域的应力水平都会超过材料的疲劳强度。综合上述分析,可以得到如下结论:液压缸因疲劳而失效,疲劳起源于平端头与缸体交界处的内角上,是这种平端头与圆筒部分的交界处产生的过应力而导致疲劳裂纹萌生并扩展的。因此提出的改进措施是应将平端头改为球形封头,这将使该部最大应力降到缸内周向应力的水平。

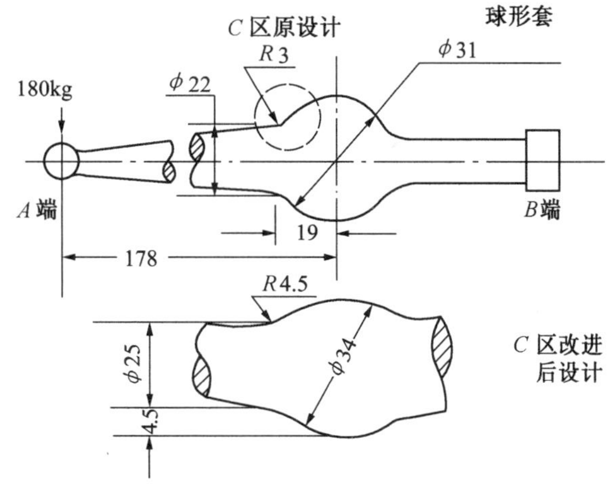

图 7.5　汽车调档机构杠杆

例 4　汽车变速箱齿轮调档杠杆的寿命问题

汽车上手动变速齿轮杠杆机构中的一根杠杆,如图 7.5 所示,A 端是力点,受力1 764 N,球形套是支点,B 端是拨动齿轮的工作点,原设计构件在使用数千小时后,在球形套支点的变截面处(C 区)发生疲劳断裂,需要提高使用寿命。

(1)按原设计进行强度核算

图纸规定该杠杆材料采用40Cr,调质到硬度为 HB 269 ~285,机加工表面,估计 σ_b 为 891 MPa

$$\sigma_{0.2}=0.84\sigma_b=745\ \text{MPa},\quad \sigma_{-1}=0.45\sigma_b=401\ \text{MPa}$$

计算球形套支点 C 处的应力,此处受弯曲,弯矩

$$M=P\times l=1\ 764\times(178-19)\approx 2\ 805\ \text{N}\cdot\text{m}$$

则

$$\sigma_{\max}=\frac{M}{W}=\frac{M}{\frac{\pi a^3}{32}}=\frac{280.5\times 32}{\pi(0.022)^3}\approx 268.4\ \text{MPa}$$

$\sigma_{\max}<\sigma_{-1}<\sigma_{s}$ 似应无问题,但 C 处是变截面区,杆件直径由 $\phi 22$ mm 变到 $\phi 32$ mm,圆角半径 $R=3$ mm,应考虑应力集中,此处

$$r/d=3/22=0.137,\quad D/d=31/22=1.41$$

由应力集中手册查得 $\alpha_\sigma=1.52$

因之 $\qquad\sigma'_{\max}=\sigma_{\max}\times 1.52=268.4\times 1.52=408$ MPa

同时,σ_{-1}是光滑试样弯曲疲劳时测定的疲劳极限,对表面状态不是光滑(研磨)的试样,σ_{-1}要降低。因之如 $\sigma_{-1}=0.45\sigma_b=401$,则 σ_{-1}(机加工)$=0.36\sigma_b=321$,σ_{-1}(热轧)$=0.24\sigma_b=214$,σ_{-1}(锻造)$=0.17\sigma_b=151.6$ MPa。

由于杠杆工作条件的应力是由 0~408 MPa,平均应力为 204 MPa,由第一类疲劳图(见图 7.6)上看,允许 σ_r(光滑)为 500 MPa,σ_r(机加工)为 430 MPa;σ_r(锻造)为 300 MPa;现 $\sigma'_{\max}$为 408 MPa,小于 σ_r(机加工),大于 σ_r(锻造),这说明此杆如经机加工,应无疲劳危险,如是锻造表面,则疲劳强度不够,但现在是机加工表面,寿命还不够,说明 $\sigma'_{\max}$的计算值还不符合实际情况,因之在 C 处贴上应变片,实测工作应力。在实测时发现齿轮刚挂挡时应力是 274.4 ~ 343 MPa,但当齿轮啮合传递动力时,在 2.5 s 内有脉冲负载,振动频率每秒 80 次,即在 2.5 s内有约 200 次应力周期,最高应力达 617.4 MPa,最低为 173.5 MPa,如按汽车开动时每小时变速 5 次考虑,则每小时内应力变动次数要达 10^3 次,上千小时可达 10^6 周,在疲劳图上看,$\sigma_{平均}=\dfrac{617.4+173.5}{2}\approx 395.4$ MPa 时,σ_r(机加工的)只 558.6 MPa,则 $\sigma_{\max}=617.4>\sigma_r$(机加工),肯定会在达不到 10^7 周时疲劳破坏,σ_r(光滑)仅为 617.4 MPa,也无安全余地,这说明原设计是不妥当的。

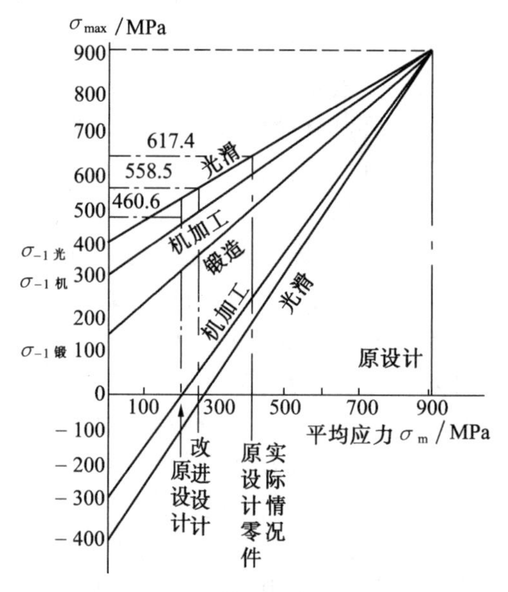

图 7.6 第一类疲劳图

(2)修改设计

材料、热处理和机加工情况都不改变,只工件尺寸在球形套支点处改变,C 区尺寸中的 $\phi 22$ 改为 $\phi 25$ mm,R 3 改为 R 4.5 mm,球套 $\phi 31$ mm 改为 $\phi 34$ mm,改变设计后强度计算如下

$$\sigma_{\max}=\frac{M}{W}=\frac{280.8\times 32}{\pi(0.025)^3}=182.9\ \text{MPa}$$

应力集中系数 α_σ:$r/d=4.5/25=0.18$,$D/d=35/22=1.6$,查应力集中手册得

$$\alpha_\sigma=1.43,\ \sigma'_{\max}=1.43\times\sigma_{\max}=261.5\ \text{MPa}$$

$$振动时峰值应力=(261.5/416.5)\times 617.4\approx 387.6\ \text{MPa}$$

最低应力为(261.5/416.5)×173.5≈108.9 MPa,$\sigma_{平均}=\frac{387.6+108.9}{2}=248.3$ MPa

由第一类疲劳图(图 7.6)上查到,σ_r(机加工)= 460.6 MPa,大于振动时峰值应力 387.6 MPa,说明设计可满足疲劳要求,经改进设计后,上述零件未再发生断裂事故(但由疲劳图上也可看出,如此时表面是锻造表面,则 σ_r(锻造)只约 352.8 MPa,还达不到要求)。

上述工件可采用另一方案改进,即 C 区及球套尺寸不变,还是机加工表面,只是把热处理制度改变一下,即调质到 HRC 40 ~50,这样 σ_b>1 300 MPa,σ_{-1}≈460.6 MPa,σ_r(机加工)= 637 MPa(σ_m=395.4 MPa),此数值大于峰值应力 617.4,也可满足要求;如把圆角再略放大,则更安全,这样改变可能比前一方案更方便。当然,若完全采用原设计,只在最后加一道中频表面淬火,把 C 区局部硬化,使表面硬度达 HRC 55 以上,硬化层有 5 mm,估计也可满足要求。

7.2　零件结构与失效

根据零件的用途和功能特点及安装条件的不同, 零件可设计成各种不同的几何形状和尺寸。对于只允许少量弹性变形的零件,可通过增加刚度的措施获得高的失效抗力。多数零件工作中对弹性变形没有明确的规定,而是不允许发生塑性变形,于是材料的屈服强度成为这些零件设计的重要依据。但由于机器零件上不可避免地存在应力集中因素,如轴的圆角过渡、键槽、花键及孔等,尽管这些零件设计时,已考虑了应力集中问题,并规定了一定的安全系数,但由于对具体场合的应力集中特征未能充分理解或者由于加工条件的差异,常在这些应力集中部位萌生疲劳裂纹并导致零件失效。

7.2.1　缺口效应

受载零件内部存在的不连续性缺陷,会严重影响零件的应力状态和断裂特征,这些不连续性缺陷常作为应力集中因素,萌生裂纹并成为断裂源。零件自由表面的不连续处如轴肩、台阶、圆角和孔等,也是作为应力集中因素存在的,表面的这些不连续因素都起到缺口的作用,均可简化为缺口。结构零件的失效,在很多情况下是在这些缺口处开始的。

1. 应力集中

缺口引起的应力集中效应用理论应力集中系数 K_t 衡量,即

$$K_t = 1 + 2\sqrt{\frac{a}{\rho}} \tag{7.1}$$

式中,a 为缺口深度; ρ 为缺口根部半径。可见理论应力集中系数是只与缺口几何形状有关的参数。受载零件缺口根部集中应力的水平为

$$\sigma_{max} = K_t \cdot \sigma \tag{7.2}$$

式中,σ 为名义应力。可见缺口越尖锐,应力集中系数越大,应力集中程度越高。当缺口根部的应力水平超过材料的屈服强度时,会发生局部塑性流动,使缺口变钝,降低局部的应力集中水平。

2. 三向应力状态

除应力集中效应外，在缺口界面附近，还会产生三向应力状态。例如缺口试件受拉伸应力后，缺口处的"壁"是自由的，不受应力作用。当缺口根部的材料在拉应力作用下伸长（缺口界面收缩）时，受到缺口"壁"的自由金属的约束。对于板状试样来说，这种约束作用使板宽方向和板厚方向的收缩均受到限制，对于圆柱形试样来说，则约束使径向和圆周方向的收缩受到限制。因此，约束作用产生的横向力作用于与拉应力垂直的平面上，并且与拉应力垂直，形成三向应力状态。

对于薄板试件，板厚方向上的约束很小，缺口根部也会产生三向应力状态，但板厚方向的应力很小，一般可以不计。因此在薄板情况下的缺口试样，只有两个方向上的应力，称为平面应力状态。

在厚度较大时，缺口截面内部为三向应力状态，板厚方向上的应力的作用为抑制板厚方向的变形，如果该应力充分发挥作用，使板厚方向的变形完全受到抑制的话，则出现只有两个方向发生变形的状态，称为平面应变状态。

3. 缺口强化效应

缺口根部三向应力状态的出现，使该局部应力状态变硬，使变形受到抑制，塑性变形也被推迟到更高的应力水平。对于光滑试样受拉伸时，屈服条件为

$$\tau_s = \sigma_s/2 \tag{7.3}$$

式中，τ_s 和 σ_s 分别为用切应力和正应力表示的屈服强度。对于缺口试样的情况，考虑到三向应力，上式成为

$$\tau_s = \frac{\sigma_1 - \sigma_3}{2} = \frac{\sigma_s}{2} \tag{7.4}$$

式中，σ_1 和 σ_3 分别为三向应力中的最大应力（轴向应力）和最小应力（径向应力）。可见缺口试样屈服应力高于材料的屈服强度。缺口引起的三向应力效应，使屈服推迟，即屈服应力升高的现象称为缺口强化效应。缺口强化效应与物理强化效应不同，是一种纯几何效应。

由于上述缺口效应的存在，缺口根部的材料行为与其他地方存在很大差异，所以缺口根部容易诱发裂纹萌生，成为断裂源。在实际上，无论在设计阶段或制造阶段，经常由于疏忽造成这方面的缺陷。如第3章3.5疲劳断裂失效一节中，关于舰炮弹簧疲劳断裂的实例，断裂起源于弹簧端环平面上的钢印压痕，这显然应归因于压痕产生的缺口效应。

在加工制造阶段，因某种操作，造成零件表面划伤，引发疲劳裂纹的例子是很多的。例如，某不锈钢拨动开关弹簧源于工具压痕的疲劳断裂。该圆锥形螺旋弹簧，采用直径为0.45 mm 不锈钢丝制成，试验时完成11 000 次转换周期后断裂。断口分析显示断裂源周围呈海滩标记，属疲劳断口，静断区为韧窝花样。还发现弹簧内侧表面有0.05 mm的工具压痕，疲劳源即由此工具压痕开始。判断工具压痕是在绕制弹簧的操作过程中形成的。因此得出结论认为弹簧断裂属疲劳断裂，裂纹起源于工具压痕。

4. 几种常见的缺口对失效的影响

（1）圆角

图7.7 表示轴的圆角半径 r 与疲劳极限 σ_{-1} 之间的关系。图中表明随圆角半径 r 减

小,直径d增大,疲劳缺口应力集中系数急剧增大;反之,随圆角半径r增大,疲劳缺口应力集中系数减小,疲劳强度升高。钢的拉伸强度σ_b越高,这种效果越明显。例如,我国某拖拉机厂统计分析了180根曲轴的疲劳断裂案例,发现大多数断裂是由于大修时轴颈磨削使轴径的圆角半径小于设计规定要求($r = 6$ mm)所致,其中圆角$r = 1.5 \sim 3.0$ mm的占断轴率的70.8%,$r = 3 \sim 4$ mm的占18%,$r = 4 \sim 5$ mm的占4%,可见圆角半径对疲劳寿命的影响之巨。

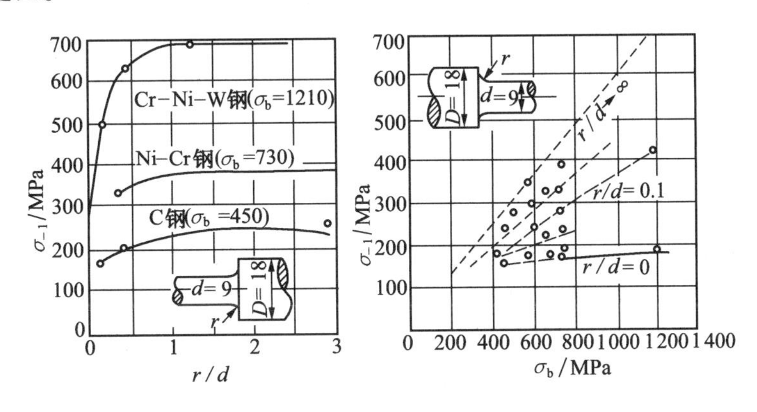

图7.7　圆角r对疲劳极限σ_{-1}的影响

(2)纵向沟槽

如键槽和花键等轴上的纵向沟槽是承受扭转应力轴件常见的失效发源地。这类失效的大多数是在尖角处,因应力集中而萌生小裂纹造成疲劳断裂。在工作应力循环作用下,裂纹逐渐扩展,直到残余截面断裂时为止。分析表明键槽尖角引起的局部应力可达到平均额定应力的十倍。

采用半圆键槽(以便于使用圆键),或对键槽采用大的圆角半径,就可以避免这类失效。采用键槽深度一半的圆半径可获得良好效果。一个半圆键槽产生的局部应力集中仅仅是平均应力的二倍,因此,所允许施加的载荷比方键槽要大。带有方键槽的许多轴件在工作时之所以未发生断裂,乃是由于应力较低,或者是因为采用了具有大半径圆角的键槽。

在用键使构件与轴松配合的组合件中,几乎所有的交变扭矩都是经过键来传递的,造成的裂纹是从轴的键槽底部的边缘处萌生,且产生鳞剥型式的断裂(见图7.8(a)),有时,鳞剥发展到轴的整个圆周,并产生如图7.8(b)所示的刃形的薄壳。

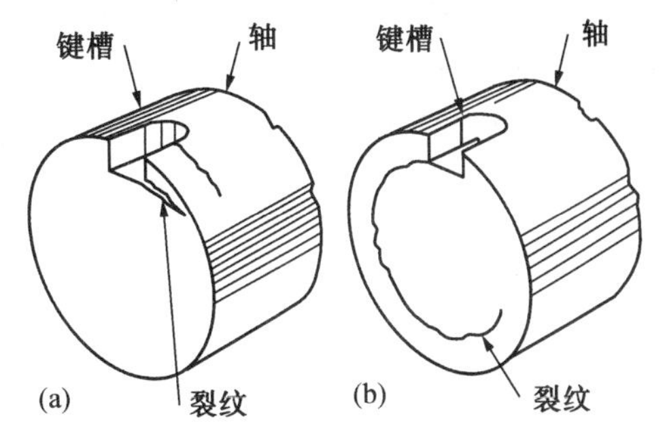

图7.8　在键槽处萌生的轴上的鳞剥型裂纹

带有键槽或花键的轴中的应力场和相应的扭转疲劳裂纹示于图7.9(a)。在图7.9(a)中,键槽一个拐角切削成圆角而另一个拐角是尖角,结果产生了一条裂纹;可以看到此裂纹几乎是按垂直于原来应力场的方向发展。在图7.9(b)中,键槽的两个拐角都是尖锐的,结果产生不是沿着原来的应力场方向的两条裂纹,此情况是裂纹在应力场中的交叉效应造成的。

承受交变扭力的一些花键,可能沿着花键底部的边角开裂,如图7.9(c)所示。这是强烈的局部应力场对裂纹发展影响的另一种情况。

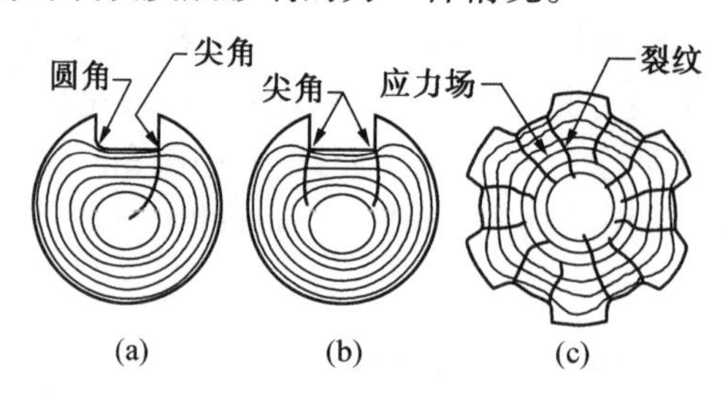

图 7.9 在有键槽或花键的轴中的应力场和相应的扭转疲劳裂纹

(3) 孔

轴类零件开一横孔后,孔内侧的理论应力集中系数 K_t 随着 d/D 比值的上升而剧烈增大(d 为横孔直径,D 为轴直径)。

曲轴连杆轴径的油孔取向影响到油孔处的应力状态。若椭圆形油孔口的长轴与最大主应力(拉应力)的方向平行,这时取向对曲轴的疲劳强度有利。例如,东风 EQ - 140 型汽车球墨铸铁曲轴单拐疲劳试验结果表明($\tau = 106 \pm 86$ MPa),椭圆形油孔为有利取向时,曲轴的寿命 $N_f > 100 \times 10^5$ 次;不利取向时,$N_f \approx 2.0 \times 10^5$。

7.2.2 刚 度

零件的几何形状、截面尺寸决定其刚度和承载能力。对于限制弹性变形的零件,有时因刚度不足,工作中产生过大的弹性变形而直接导致失效;有时则因弹性变形量过大而诱发其他的失效形式,如磨损、微动损伤等。零件对弹性变形的抗力被定义为刚度,即

$$Q = P/\varepsilon = EA_0 \tag{7.5}$$

式中,Q 为刚度;P 为载荷;ε 为弹性应变;E 为弹性模量;A_0 为截面积。可见要提高零件刚度可选用高弹性模量的材料或增大截面积。

不同类型材料的弹性模量相差很大,常用材料的弹性模量见表 7.2,可见金刚石和各种碳化物、硼化物陶瓷的弹性模量最高,氧化物陶瓷和难熔金属次之,高分子材料的弹性模量最低。在金属材料中,钢铁材料的弹性模量比有色金属高。这也是钢铁材料在工程结构中得到广泛应用的主要原因。表中数据还表明,有些纤维复合材料也具有很高的弹性模量,更兼其比重较小,所以在许多特殊的场合,如飞行器结构中的应用,显示出其性能的优势。

表 7.2 各类材料的弹性模量

材料	$E \times 10^3$ /MPa	材料	$E \times 10^3$ /MPa
金刚石	1020	Cu	126
WC	460 ~ 670	Cu 合金	122 ~ 153
硬质合金	410 ~ 550	Ti 合金	81 ~ 133
Ti,Zr,Hf 的硼化物	510	黄铜及青铜	105 ~ 126
SiC	460	石英玻璃	95
W	410	Al	70

续表7.2

材料	$E\times10^3$ /MPa	材料	$E\times10^3$ /MPa
Al_2O_3	400	Al 合金	70 ~ 81
TiC	390	钠玻璃	70
Mo 及其合金	325 ~ 370	混凝土	46 ~ 51
Si_3N_4	300	玻璃纤维复合材料	7 ~ 46
MgO	255	木材(纵向)	9 ~ 17
Ni 合金	130 ~ 240	聚酯塑料	1 ~ 5
碳纤维复合材料(CFRP)	700 ~ 200	尼龙	2 ~ 4
铁及低碳钢	200	有机玻璃	3.4
铸铁	173 ~ 194	聚乙烯	0.02 ~ 0.7
低合金钢	204 ~ 210	橡胶	0.01 ~ 0.1
奥氏体不锈钢	194 ~ 204	聚氯乙烯	0.003 ~ 0.01

弹性模量是主要决定于材料基体特性的一种性能,对材料成分和组织的变化不敏感。例如对于钢铁材料,从廉价的铸铁到高合金钢,弹性模量都相差不大,因此在主要按刚度选材时,应首选一般的钢铁材料,而没有必要选用高级合金钢。

决定零件刚度的另一重要因素是截面尺寸,增加零件截面积也可增加刚度。若零件受扭转,例如一圆柱形杆件,可通过增加圆形截面极惯性矩 J 来增加刚度,由于 $J=\frac{\pi d^4}{32}$,故也就是增加杆的直径。对于零件的弯曲变形,可通过增加截面对中性轴的惯性矩 I_y 来减少变形量。对零件截面几何形状、尺寸的改变,可改变 I_y。对截面作有利的设计,可增加 I_y 但不增加截面积。

对于工程塑料,其缺点是弹性模量远低于金属的弹性模量。但若在零件的截面形状上加以考虑,则可以弥补这种不足。许多矩形梁是设计成实心的,但把它设计成空心的、有凹槽的、或 T 型、工字形的截面,可以在不改变梁的重量的情况下增大截面的惯性矩,提高其刚度。

1. 截面形状的影响

零件截面形状和尺寸等因素不仅影响其受力状态,对承载能力构成影响,而且与外界工作条件也有密切联系。以东-50拖拉机钢板弹簧的断裂为例说明。该机钢板弹簧由60Si2MnA钢制造,经淬火、回火处理,要求硬度HRC 42 ~ 45,弹簧工作300 h后发生断裂,断裂部位在悬臂梁根部,如图7.10所示。

弹簧断口为单向疲劳特征,断口特征如图7.11所示,疲劳源有3处,即图中的1,2及3处,且分布在弹簧宽的一侧,这表明该部位承受了较大的拉应力,疲劳裂纹扩展区约占整个截面积的80%,最后断裂区所占面积较小(取下板簧时人为折断的),这表明该板簧承受的载荷不高。

板簧的硬度经测定后为HRC 46 ~ 48,它比原技术要求偏高。显微分析表明,组织为匀细的回火马氏体,说明板簧的热处理工艺正常。

根据调查,东-50拖拉机的板簧比较容易发生断裂失效,而东-40拖拉机的板簧却

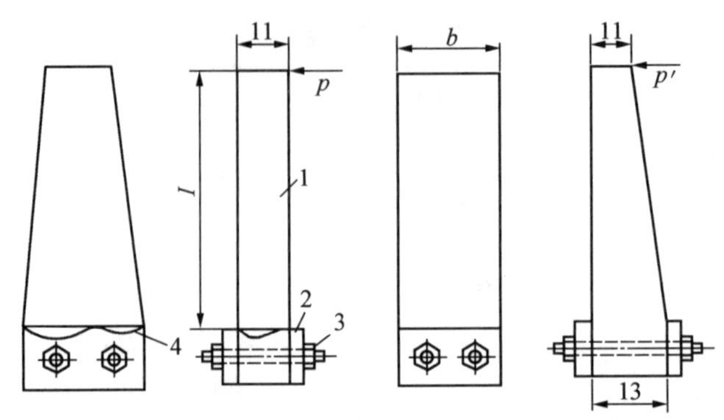

图 7.10　结构特点对弹簧刚度的影响

1— 板簧;2— 挡板;3— 压紧螺栓;4— 断裂处

很少发生这种断裂现象。经过分析,认为这与二者的结构及受力情况不同有关。

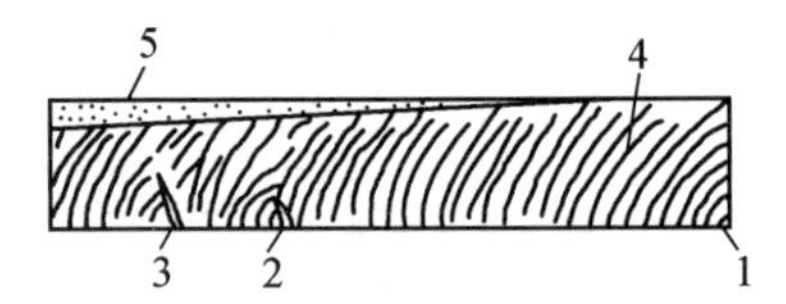

图 7.11　板簧断口示意图

1、2、3— 为疲劳源;4— 疲劳裂纹扩展区;5— 最后断裂区

两种板簧的结构形状如图 7.10 所示。由图可见,东 - 40 板簧的结构比较合理,因为它采用了等宽不等厚的截面形状,基本上属于等强度梁的情况。而东 - 50 板簧采用的是等厚不等宽的截面形状,没有获得等强度梁的效果。另外,东 - 50 板簧危险截面的厚度(11 mm) 比东 - 40 的厚度(13 mm) 还要小,而此处承受的载荷却比东 - 40 的要大。

板簧所受的弯曲应力为

$$\sigma_{\max} = \frac{6PL}{bh^2} = \frac{6M}{bh^2} \tag{7.6}$$

式中,M 为弯矩($M = PL$);b 为板簧矩形截面的宽度;h 为板簧矩形截面的厚度。

由上式可看出,增大 b 和 h 时都能减小板簧单位截面上承受的弯曲应力 $\sigma_{\max}$,但增大 h 比增大 b 的效果要好得多。

若仔细地观察,发现板簧断裂部位并不是在与挡板平齐的根部,而是发生在稍靠挡板压紧之处。产生这种现象的原因可能与压紧螺栓安装不正或变形,使挡板与弹簧之间存在间隙有关。因挡板压不紧弹簧板,使受力最大的截面稍向内移。

根据上述分析可以认为:该板簧断裂失效的主要原因是其结构设计不合理,即危险截面的厚度不够所致。改进措施:参照东 - 40 板簧的结构形状,结合东 - 50 板簧的受力特点,重新设计这种板弹簧。例如适当增加危险截面处的厚度,获得等强度梁的效果。

2. 结构与尺寸的影响

零件都是在完成某种功能的机器系统中工作的,每一个零件都是结构中的一部分,其工作受到结构中其他零件的影响。因此,结构尺寸及工作参数对每一个零件的失效都有影响,这里以齿轮结构及参数为例讨论。

齿轮结构尺寸、齿轮参数以及支承结构等对齿轮承受的载荷水平及分布有直接影响。为了保证齿轮传动系统既有紧凑的结构,又有高的承载能力,需要综合考虑诸多方面的因素。一般情况,在既定中心距的条件下,模数应选得使齿轮有足够的抗弯强度。但并非抗弯强度越高越好。在不发生疲劳断齿的前提下,尽可能使弯曲应力适当,齿轮受载后可发生适量变形以使齿轮表面载荷分配更均匀,这对提高接触强度和工作平稳性都有利。

采用大啮合角、多齿数、小模数齿轮有利于提高齿轮承载能力。增加齿数可以增加重合度,缩小单齿啮合区和使啮合内界点外移,降低该点的接触应力,使单齿啮合外界点内移,改善抗弯条件,并提高啮合的平顺性;减小模数,缩短齿高,使比滑降低,减轻重量。当然增加齿数势必减小模数,因而会使弯曲应力增大,这就需要综合考虑。啮合角增大可增加相啮合齿面的综合曲率半径,直接降低接触应力,但啮合角增大会引起齿顶变尖,轴向力增大,重合度降低,噪声增加。

支撑结构的刚度对齿轮强度和耐久性有着重大影响,东方红 - 75 和上海 - 50 等拖拉机(原机结构)最终传动齿轮齿面早期疲劳剥落,其主要原因之一是从动大齿轮是悬臂支撑的。上海 - 50 最终传动齿轮轴上增加支撑之后(图 7.12),支撑刚度增加了,明显的提高了齿轮的强度和寿命。

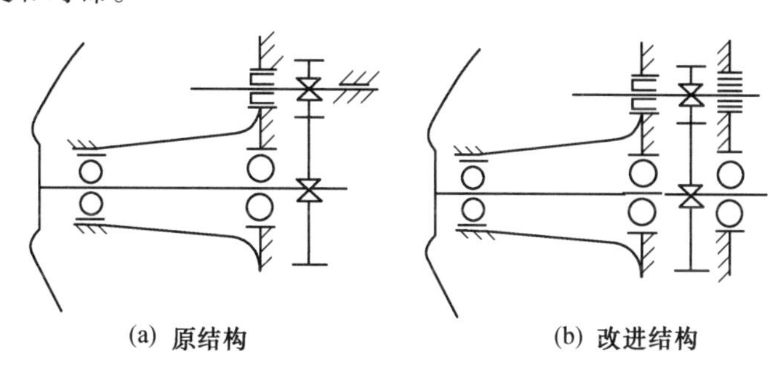

(a) 原结构　　(b) 改进结构

图 7.12　上海 - 50 拖拉机后桥结构示意图

表 7.3　原结构和改进结构齿轮的寿命

项目	原结构 $\alpha' = 24°12'35''$ $m = 6$					加支承 $\alpha' = 24°12'35''$ $m = 6$					加支承 $\alpha' = 26°4'22''$ $m = 5$			
试验时间 /h	23	48	135	127	35	105	200	325	1216	390	600	817	2021	966
平均时间 /h	74					447					1100			
应力循环数 $N = 10^7$,cycles	0.2	0.42	1.17	1.1	0.3	0.91	1.74	2.83	10.58	3.39	5.22	7.11	17.58	8.40
损伤形式	麻点疲劳剥落					麻点疲劳剥落					未损伤		麻点疲劳剥落	

表 7.3 中列出了上海 - 50 拖拉机最终传动小齿轮台架试验数据(超载强化试验)。可以看出,当齿轮参数不变,增加支撑后,齿轮齿面出现麻点的运转时间,由平均 74 h 提高到447 h,如果再进一步改进齿轮参数,啮合角由 $\alpha' = 24°12'35''$ 增加到 $\alpha' = 26°4'24''$,模数由 $m = 6$ 变 $m = 5$ 为,其平均运转时间可提高到 1 100 h。

7.2.3　结构设计不合理引起零件失效的实例

例 1　由于长度设计不合适等原因造成的奔驰 2626K38 型翻斗载重汽车后钢板簧的早期疲劳断裂

该车从西德进口。服役中路面质量、路面坡度、拐弯半径等条件均比原设计规定的优越,使用保养正常,28 台车只行驶 3 000 ~ 7 000 km 就先后发生板簧的严重断裂。对弹簧的宏观观察分析发现,断裂的弹簧主要集中于每付弹簧的第一、第二片,而且断口均分布在距端头 200 ~ 250 mm 处。断口有单疲劳源的、双疲劳源的和多疲劳源的,瞬断区在断口上占的比例较大,个别断口上有肉眼可见的大块夹杂。化学分析证明弹簧材料相当于原联邦德国标准的 58CrV4 钢,接近我国的 50CrVA,机械性能试验得 σ_b = 1 274 ~ 1 441 MPa,σ_s = 1 274 ~ 1 333 MPa,δ = 10% ~ 14%,ψ = 43% ~ 48%,$a_{k纵向}$ = 29.4 ~35.3 J/cm^2,(比国产 60Si2Mn 高一些),$a_{k横向}$ = 9.8 ~ 11.8 J/cm^2(比国产 60Si2Mn 低一倍),故在纵向试样冲击断口上出现垂直于断口的裂纹,经扫描电镜观察发现裂纹两侧有大量硫化物夹杂,这亦为硫印试验所证实,金相测得在疲劳源区硫化物夹杂高达 5 级。断口扫描电镜分析还发现了不少硅酸盐夹杂,粗视分析证明板簧中存在缩孔残余。

原设计要求采用 1200 - 20 或 1200 - 22.5 轮胎,其后桥的轴间距为 1 350 mm。而这 28 台车实际装的是 1200 - 24 轮胎。因此轴间距加大到 1 450 mm,由弹簧受力分析得知,当轴间距为 1 350 mm 时,这种板簧上的应力分布较均匀,满载时为 σ_{max} = 416.7 MPa。如同样板簧用在轴间距为 1 450 mm 的车上,使应力分布极不均匀,在第二片端部形成一处极高的应力区。静载时 σ_{max} = 658.0 MPa,假设动荷系数为 3,则最高应力可达 1 960 MPa 以上。分析得到的结论认为,由于后钢板弹簧单片长度设计不合理,造成第二、三片间的级差过大,使应力分布极不均匀,在第二片的近端部形成一极高的应力区,再加上材质上的缺陷,有大量夹杂物,同时脆性转变温度高了,造成过早的疲劳断裂。因此建议,只有改进设计,严格控制材质,才能有效地解决过早疲劳断裂的问题。

7.3 减小应力集中的措施

由于对应力集中处理不妥引起的零件失效在各类失效中占有最大的比例,因此设计阶段设法缓和和避免应力集中具有非常重要的意义。这里介绍工程设计中经常采用的一些措施:

1. 零件的结构应有利于载荷的均匀分布

对于轴与轮毂连接和轴与轴承连接,要力求避免力的传递存在急转弯,如图 7.13(a) 所示,造成轴上载荷分布不均匀,而应使力的传递转弯缓和,使轴受力均匀分布,如图 7.13(b) 所示。

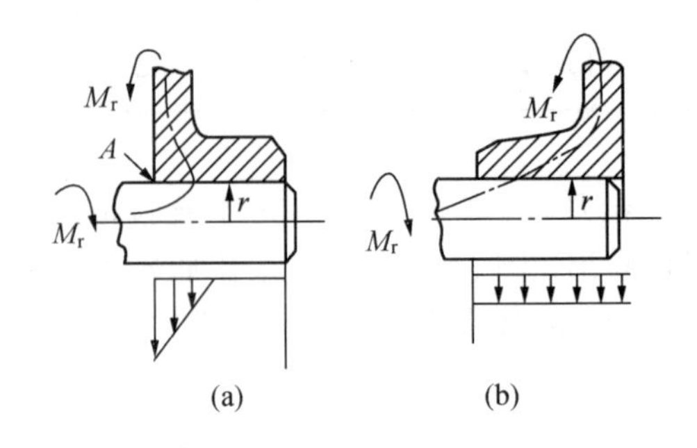

图 7.13　力的传递途径对载荷分布的影响(M_T 为扭转力矩)

从图 7.14 中刚度对载荷分布的影响可以看出:当齿轮的布置如图 7.14(a) 所示时,齿轮传递扭矩时,轴上载荷容易集中在刚度大的部位;将齿轮反向安装,如图 7.14(b) 的结构布局,在轴上的载荷分布较为均匀,因而比较合理。若轮幅压配在空心轴上,接触表面的压力在刚度大的部位 —— 轮幅处集中,如图7.14(c)所示;若将轮幅的位置设计在轮毂的中部,则压力分布就较为均匀,如图7.14(d)所示。

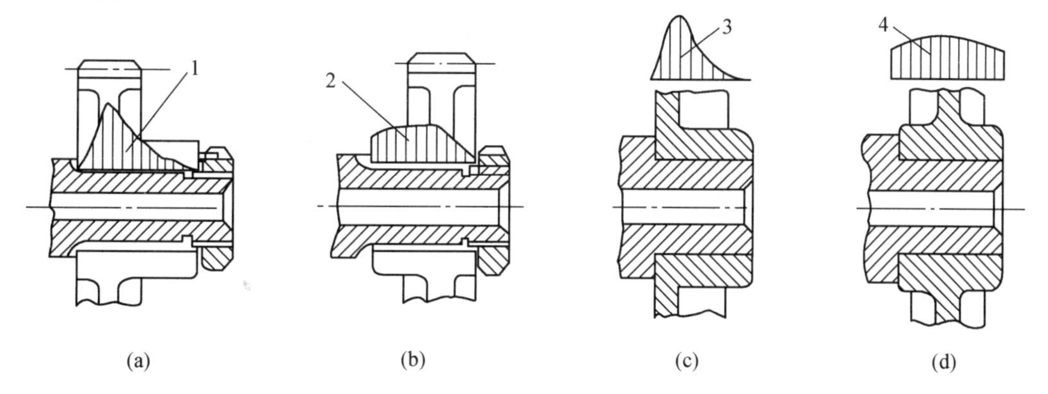

图7.14　刚度对载荷分布的影响(图中1、2、3、4指相应结构时轴上的载荷分布)

对于轴与轴承连接,如果将轴瓦做成球形结构,则轴上所承受的压力便会均匀分布,如图7.15所示。

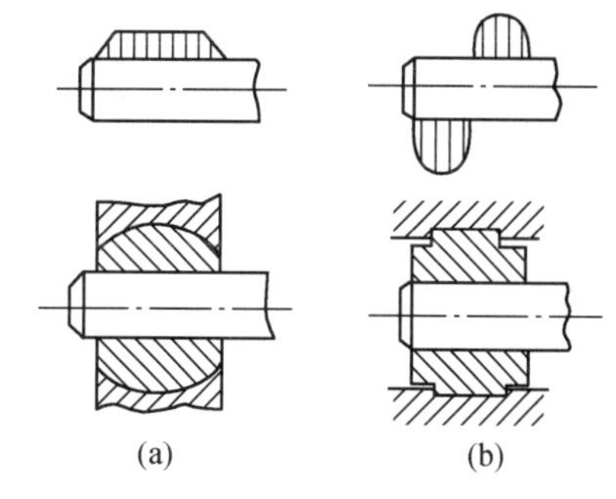

图7.15　轴瓦结构对轴上载荷分布的影响

2. 加大轴径变化处的圆角半径

轴的直径变化能引起应力集中,并且是发生在直径变化处较小直径的部分。

一种截面突然变化和三种逐渐变化对应力集中的影响示意地表示在图7.16中。在图7.16(a)中,轴肩与轴相交处的尖角使应力在其大直径通向小直径时集中在尖角上。图7.16(d)中所示的大半径圆角使应力通过时受到最小的限制,只产生轻微的应力集中。图7.16(c)为小圆角过渡,应力集中程度部分得到缓解。当采用大圆角在机件装配方而存在困难(如装配导角很小)时,可以采用内圆角,如图7.16(b)所示。只要内圆角半径足够大,同样可大幅度减缓应力集中程度。圆角必须和小直径部分相切,否则会形成带尖角的交线,抵消大圆角的有利影响。

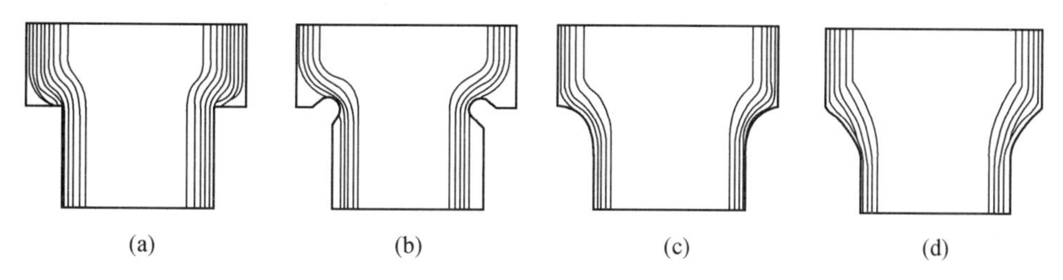

图7.16　圆角半径尺寸对轴径变化处应力集中的影响

3. 降低承受冲击载荷零件的刚度

承受冲击载荷的零件要求吸收能量的能力强。例如承受冲击载荷的螺栓,可以部分减小螺栓杆直径或做成中空的(即所谓柔性螺栓)。图7.17列举了改进零件疲劳抗力所采取的结构设计措施。

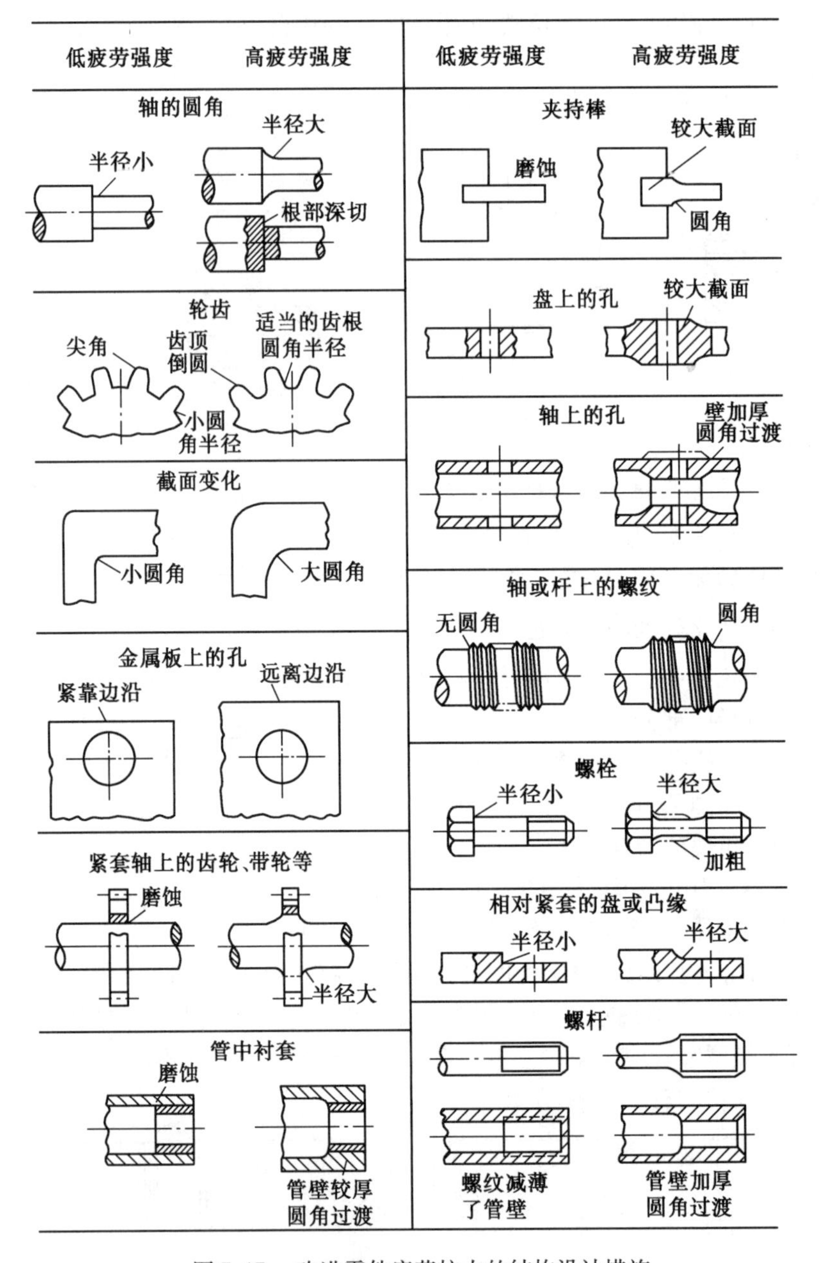

图 7.17　改进零件疲劳抗力的结构设计措施

4. 加大压配合部分轴的尺寸或开卸载槽

在机械设计中，齿轮、皮带轮、叶轮等常采用压配合或热压配合的方法装配在轴上。当轴受弯曲时，在这些机件的边缘处则会产生严重的应力集中。为缓和这种条件下的应力集中，可将轴的配合部分适当加粗，并使加粗部分与相邻部分有一个大的圆角过渡，产生的应力分布如图7.18(b)所示。也可以在配合件的轮毂上或在轴配合部分的两端开卸载槽，如图7.19所示。

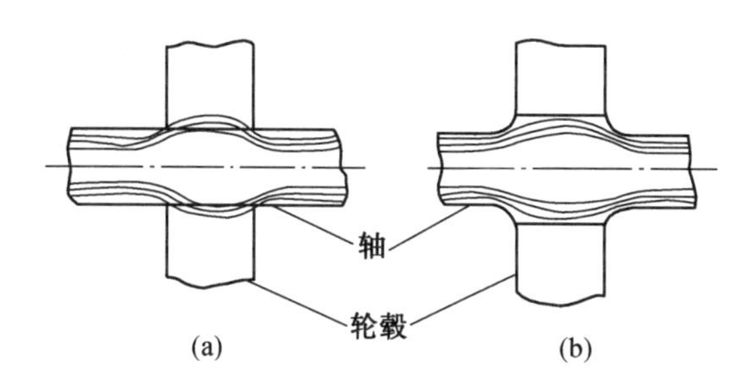

图7.18　压配合件上的圆角结构

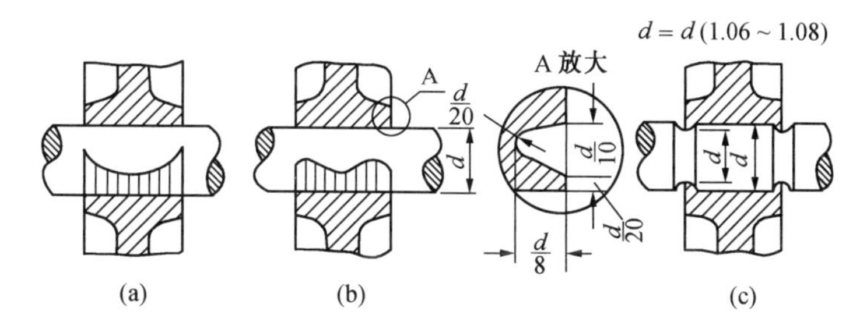

图7.19　压配合件的卸载槽结构

7.4　零件材料选择与失效

7.4.1　机械设计中选材的意义与思路

机械设计中,从各种不同的材料中选择出合用的材料,使之既满足于零件服役性能要求,又能保证产品生产过程的可行和经济,是一项重要又复杂的工作,受多方面因素的制约。这需要设计者、制造者与材料工作者的通力合作,在改造客观世界的同时,不断提高认识,逐步趋于完善。例如拖拉机发动机气缸套用材的发展过程就是一个逐步完善的过程。

气缸套属于易磨损件,当气缸套严重磨损后,发动机功率下降,耗油增加。为提高其寿命,国内先后研制了 Cr－Mo－Cu 铸铁、Ni－Cr 铸铁、P 铸铁、含 B 铸铁、含 Nb 铸铁等,并且在工艺上采用了表面淬火、氧化处理和激光处理等表面强化工艺,使气缸套的耐磨性不断提高,寿命不断延长。但从失效分析的观点看,适合于某种特定工况条件的最佳材料,应根据具体工况条件下的失效形式和失效抗力指标选择。对于气缸套来说,不同的磨损形式,则应选用不同的耐磨材料。气缸套的失效分析表明,其磨损的主要机制为磨料磨损和粘着磨损。磨料磨损来自道路灰尘和燃烧产物以及缸套与活塞环磨损下来的金属碎屑。从微观上看,摩擦表面上存在着两个滑动面。铸铁在磨损过程中凸出于基体组织的高硬度相构成第一滑动面,基体组织为第二滑动面,金属碎片或灰尘存在于两个滑动面之间,在活塞环的压力作用下,随着活塞环一起往复滑动,缸套工作时表面温度较高,基体硬度下降,则磨粒切割犁削基体产生磨料磨损。而粘着磨损主要发生在第一滑动面上。缸套中受燃烧气体的压力冲击易造成润滑油膜的中断,使摩擦副之间的金属直接接触,其接触面积比表观接触面积小得多。在燃烧热和摩擦热的共同作用下,使直接接触的金属发生焊合撕落，产生粘着磨损。因此，提高缸套耐磨性应从提高抗磨料磨损性能和抗粘着磨损性能入手，材料的成分及组织均希望能有利于抵抗上述两种磨损的性能。基于上述性能要求研制了中硅矾铁缸套材料，使用结果表明其寿命比高磷铸铁缸套寿命提高4倍以上，而且耐蚀性能良好。

7.4.2　因选材不当造成零件失效的实例

例1　选材不当的失效

工程实际中经常发生因选材不当造成零件失效，例如152mm口径大炮的驻退复进机构控制阀阀杆在工作期间发生早期断裂。如图7.20所示，该阀杆采用17－4PH不锈钢制造，钢材屈服强度为1 172 MPa，该控制阀的作用是开启和关闭排气口，承受炮弹发射时的冲击和拉伸载荷。阀杆断裂于上部的螺纹部位。检查阀杆表面显示，螺纹部位有轻微腐蚀，并有几个螺纹齿顶变平，在一些螺纹边上存在机加工痕迹。不过从断口看，这些缺陷均未成为裂纹源。考虑到阀杆在开炮循环中被加热，故检查了失效阀杆的显微组织，结果表明与未失效阀杆的组织并无差异，均为沉淀硬化马氏体不锈钢的典型组织。阀杆硬度符合技术条件。对断裂处（第一个螺纹部位）进行应力分析表明，在受载时，螺纹处张应力达到1 206 MPa水平，超过了材料的屈服强度。因此认为阀杆断裂属超载断裂，螺纹起到应力集中作用。只要选择具有更高强度水平和更高冲击韧性的材料就可以防止断裂。对于本例的阀杆来说，并不必要改变零件尺寸，建议采用PH13～8Mo（H1000）之类的合金钢处理成1 380 MPa屈服强度，室温冲击功为81J以上即可防止断裂发生。

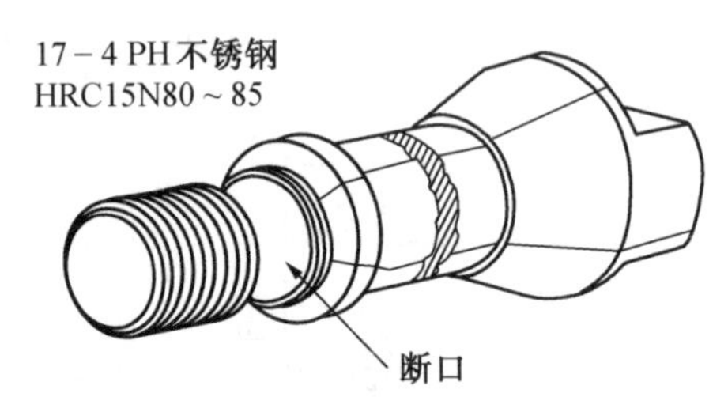

图7.20　火炮驻退机构控制阀阀杆断裂

由上述可见，机械设计中选用材料的合理化主要决定于人们对“材料性能－服役条件－失效表现”三者关系的深入理解。此外还要考虑到材料的工艺性能，零件的结构特点等因素。机械设计中选材的一般思路如图7.21所示。表4.1中列出了典型机器零件的服役条件、常见失效形式及材料选择的一般标准。

7.4.3　设计选材的一般原则

设计与制造新零件选择材料时，通常考虑下列几方面因素：

1. 服役条件和失效形式

不同零件的工作条件不同，承受负荷的情况不同，对材料力学性能的要求也不同，从材料强度角度考虑，当材料在特定的工作条件下的失效抗力大于在该条件下引起失效的载荷或环境强度时，即可以避免失效，反之亦然。图7.20的失效就是在材料的失效抗力低于螺纹根部的应力条件下发生的。因此，合理选材的目标在于寻找适于特定工作条件并具有足够失效抗力指标的材料。例如，设计载重汽车发动机曲轴时，工况分析表明，该轴主要承受着扭转与弯曲的交变负荷，且以扭转为主。该轴的主要失效形式是轴颈磨损和疲劳断裂。同时必须注意到曲轴形状的复杂性和油孔的存在，因此选用的材料要具有较小的应力集中敏感性，足够的抗扭转疲劳性能，以及良好的耐磨性能。又如设计发动机

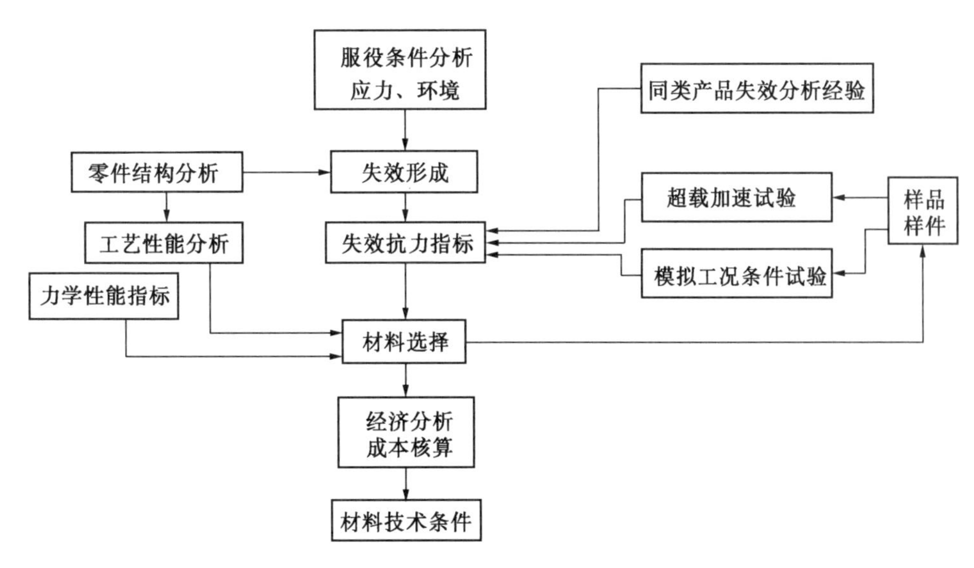

图 7.21　机械设计中选材的思路

连杆时，工况分析表明，该零件是作复合平面运动。它除受拉压应力外，还受弯曲应力。这些应力带有剧烈冲击和反复交变的特性。连杆的损坏形式主要是疲劳断裂。所以决定以拉压疲劳断裂抗力为其选用材料的主要依据。

应当说明，设计者参考或依据的材料机械性能指标（手册、资料提供的数据）是在实验室中对样品进行试验而获得的性能数据，并不能完全反映真实零件在服役过程中的性能。这是由于试验样品形状简单，表面光滑，而实际零件形状多变，受力复杂，因此二者的应力状态、载荷模拟以及服役形态等都有很大的差异。

基于上述情况，对于某一零件而言，应视其特定的服役条件进行具体分析。选择材料时，最好是将其制成零件进行实际运转试验，根据使用情况做出结论。但是这种实际的使用试验，往往需要很长时间，而且有时试验结果也难以比较。因此通常是通过真实零件的超载破坏性试验和模拟服役条件的实验室试验进行鉴定。这两种试验虽然都有其局限性，只能评定该种材料在特定条件下的性能，但是这些资料与其机械性能试验相互配合，则可较好地给出这种零件应该具备的抗力指标。并且可以评定所选用的材料能否经得起考验，从而保证零件的正常运行。

工作温度也是影响材料选择的重要因素，一方面互相配合的两零件材料的线膨胀系数不能相差太大，以免温度变化时产生过大的热应力，或者使配合松动；另一方面也要考虑材料力学性能随温度而改变的情况。

对于工作中可能发生磨损的地方，应采取局部强化工艺，提高其耐磨性，因此所选用的材料应适于进行表面强化处理，如表面淬火、渗碳或氮化等。

2. 零件生产过程中的工艺性能

选材不能单纯依据使用性能指标，材料的工艺性能也是必须考虑的一个重要因素。因为材料工艺性能的好坏，直接决定了零件加工的难易程度、生产效率和产品成本。当材料的工艺性能和使用性能（材料的力学性能）发生矛盾时，往往出于对工艺性能的要求，而对力学性能最适合的材料不得不加以弃舍。这对于流水生产线上成批生产的零件尤为重要。

材料的工艺性能是指零件在生产过程中经受各种加工操作而不丧失其力学性能的能力。绝大多数零件是经过锻造成形、切削加工和热处理后方成为成品的。因此应该考虑材料在这整个生产流程中的工艺性能。

(1) 锻造性能

钢材加热到锻造温度时,其塑性变形的能力决定着工件成形的难易,也间接地影响着锻模的使用寿命。此外在锻造过程中,零件表面形成氧化皮的性质 —— 脆或粘,影响着清理工序的时间和成本。因此从锻造工艺的角度出发,希望钢材高温塑性好,成形后表面的氧化皮疏松。通常钢中合金元素含量增高,会使其高温塑性降低,锻造性能恶化。

(2) 切削性能

钢材的切削性能是指将其加工成一定形状的零件并达到所要求粗糙度的难易程度。一般说,材料的断裂抗力、塑性、韧性越低,其切削性能越好。钢中加入合金元素会使钢材的切削性能变坏。就钢材的硬度而言,其硬度越高,切削性能越差,刀具寿命越低。但钢材硬度过低,切削时,在刀刃上容易附着一层被切削的金属,而使切削性能恶化。当前国内外对含硫、钙和硒的易切削钢的发展和应用,即是改善切削性能的重要措施。

(3) 热处理工艺性能

材料的热处理工艺性能包括淬透性、变形开裂倾向、过热敏感性、回火脆性倾向、氧化脱碳倾向等。

锻造成形的零件毛坯,经过切削加工成为半成品后,必须经过热处理,即包括淬火及回火两道工序。淬火时主要考虑形成淬火裂纹的倾向性。钢中碳含量及合金元素含量越高,淬火开裂的倾向性越大。淬火后的零件进行回火时,则须考虑材料的抗回火稳定性和回火脆性。此外要求钢材的热处理变形应有一定的规律,变形量尽量控制在一定的范围之内。

(4) 零件生产的经济性和实现先进工艺的可能性

生产一种零件,在满足使用性能和加工工艺要求的前提下,还应注意降低零件的总成本。它包括所用材料费用的高低,加工过程是否复杂,以及产品的成品率。这些因素都直接涉及产品的经济性。同时在零件的加工过程中,必须考虑采用先进工艺的可能性、现时所具备的条件以及应该采取的措施。

3. 零件尺寸和结构特点

材料选择还与零件的尺寸、重量和结构特点密切相关,对于一些大型的和不受尺寸、重量限制的,或者形状复杂的零件,可选用铸造材料制取铸造毛坯;对于结构简单的零件可选用锻造方法制取毛坯,但应考虑材料的可锻性和锻压设备的生产能力。另外,零件的尺寸和重量还与材料的强重比有关,在可能的条件下,应尽量选用强重比高的材料,以便减轻零件的重量。

另外在产品改型,以增加其功率时,设计者往往首先考虑增大零件尺寸,而较少考虑如何充分发挥材料的性能潜力的办法。零件设计中加大尺寸的考虑,往往来源于:① 失效判据选择不当;② 材料的使用强度水平低。其后果有:增加零件重量,浪费材料;尺寸增加,降低热处理效率;为了提高淬透性,选择合金元素较高的材料,浪费合金,或者采用急冷淬火,以致增加零件变形;尺寸因素增加,冶金缺陷增加,容易造成零件处于平面应变状态,安全性反而下降,尺寸增加也导致疲劳强度降低。例如汽车零件尺寸加大后,增加自重与载重比例,经济效果差;又如大电机转子、护环重量增加后,运转过程中离心力增加,反而不安全。

4. 材料的经济性

材料的经济性首先表现为材料本身的相对价格。当选用廉价材料可以满足使用要求时,就不应选用价格较高的材料,这对于成批生产的零件尤为重要。其次为材料的加工费用,例如某些箱体零件,虽然选用铸铁比钢板廉价,但在生产批量小时,选用钢板焊接反较有利,因为可以省掉模型加工费。此外,材料的经济性还表现在材料利用率上,在结构设计和工艺选择时,应设法提高材料利用率,降低材料费用。

工程上还经常采用组合结构来降低材料的费用,例如火车车轮是在一般钢材的轮芯外部热套上高硬度、耐磨损的轮箍,这种选材方法称为局部品质原则。此外,材料经济性还体现在节约稀有材料资源方面,如用铝青铜代替锡青铜制造轴瓦,用锰硼系合金钢代替镍系合金钢等。

5. 典型零件的选材

(1) 轴类零件选材的常规方法

一根 ϕ45 mm × 192 mm 的发动机轴,承受最大扭应力为 176 MPa,弯曲应力为 563 MPa,试选择合适的材料。

首先,由于扭转所产生的剪应力尚不及弯曲所产生的应力之半,因而,只考虑弯曲时所产生的应力。既然弯曲应力在轴的中心线上接近于零,显然没有必要全部淬透,而且淬透了还有发生淬火裂纹的危险,同时也对表面残余应力不利(淬透了表面容易产生拉应力)。其次,还要考虑到轴是在疲劳载荷下工作的,因此根据疲劳强度和硬度的关系曲线,可以确定若要有效地抵抗疲劳载荷,应该热处理至 HRC 36 的硬度值(图 7.22)。试验指出,调质后要求得到这样的硬度,淬火后必须得到 HRC 45 左右的硬度(图 7.23)。由于轴类零件一般选用中碳钢制造,这样,对 0.4%C 的钢来说,在组织中应不少于 80% 马氏体。(图 7.24),即受弯、扭零件距表面 1/4R(即距中心 3/4R) 处应有 80% 马氏体组织。由图 7.25 可知,直径 45 mm 的轴,在油中淬火时,其距中心 3/4R 处的冷速是同顶端淬火样品 11 mm 处的冷速相同的。因而所选择的钢材其端淬样品距顶端 11 mm 处,能否达到 HRC 45 是该钢是否合格的标准。

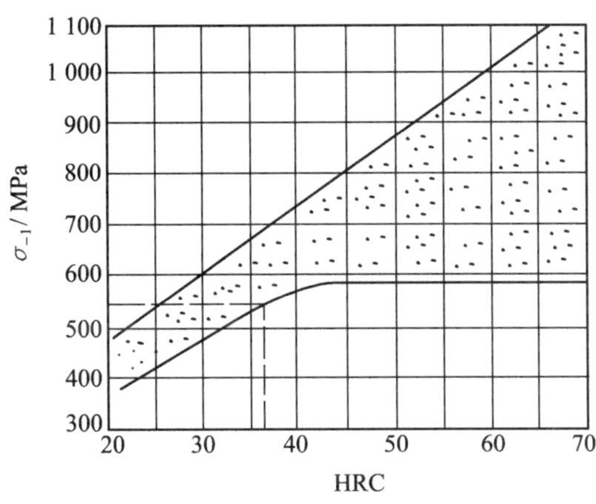

图 7.22　硬度与疲劳强度之间的关系

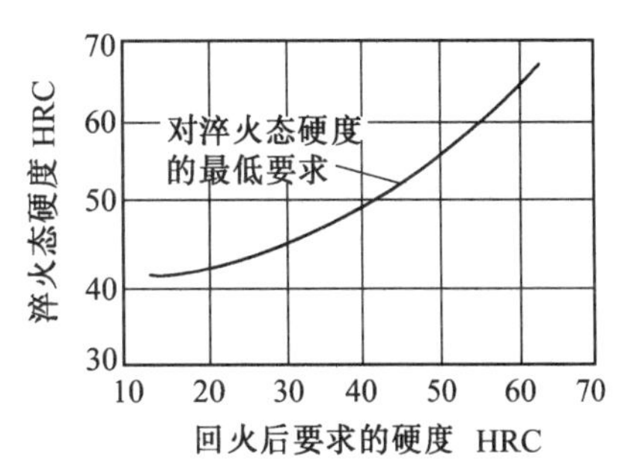

图 7.23　钢回火后的硬度与淬火后硬度的关系

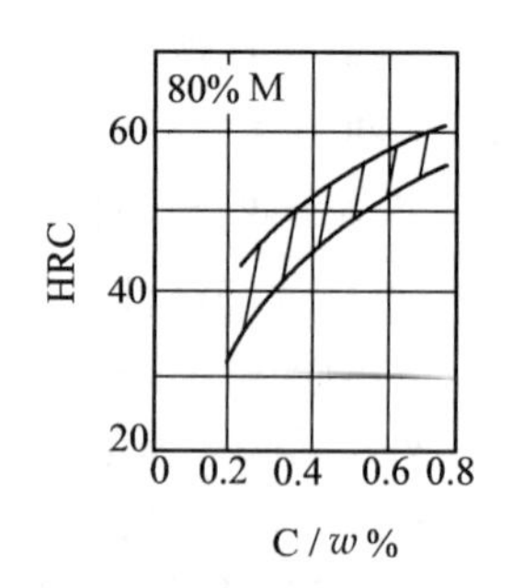

图 7.24　淬火钢的硬度与马氏体数量及含碳量的关系

根据 40Cr,35CrMo 和 40CrMnMo 钢的端淬曲线,查出距顶端 11 mm 处的硬度值分别是 40Cr,HRC 32;35CrMo,HRC 37;40CrMnMo,HRC 49(图 7.26)。因此应选 40CrMnMo 来制这根轴,其距轴表层 1/4*R* 处能达到 HRC 49,超过了规定数值 HRC 45,保证淬透性有一定储备,从而可以保证该轴安全可靠。

(2) 高强度冷镦螺栓的选材问题

螺栓在机械设备中起着联接、紧固、定位和密封等作用,除了简单作定位的螺栓以外,在安装时均需预紧,因而螺栓均承受静拉伸载荷。预紧力越大,则连接强度和紧固、密封性越高。为克服联结件间的相对位移,避免螺栓承受弯曲、剪切载荷,必须设计足够高的预紧力。许多螺栓,例如连杆螺栓、缸盖螺栓、机翼螺栓、桥梁螺栓等,除了承受预紧力以外,还要受到脉动载荷的作用,有时还会出现冲击载荷。因此,螺栓的失效,往往是过载拉伸或疲劳断裂。所以高强度螺栓用钢必须有足够高的抗拉强度,以抵抗拉长、拉断、滑扣和磨损;以及较高的疲劳抗力和冲击韧性,以抵抗疲劳、冲击断裂。

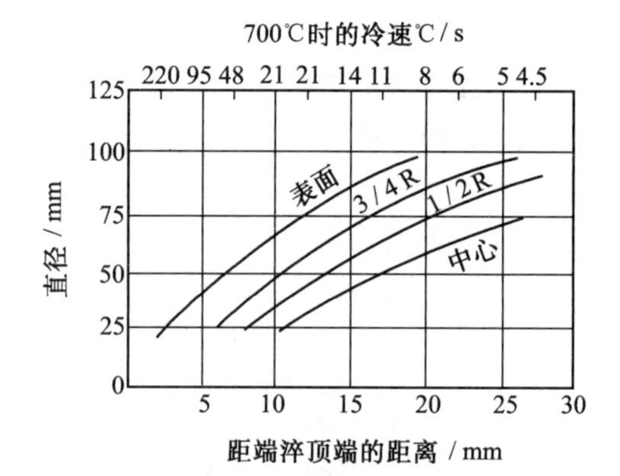

图 7.25　淬火棒材沿截面径向各点的冷却速度与顶端淬火试样沿长度上各点的冷却速度的对应关系

众所周知,螺栓的多缺口结构特性,决定了它在高应力集中状态下工作。又由于制造精度、安装不当等因素,会产生偏斜拉伸的附加载荷。因此,螺栓用钢也必须有足够的塑性、韧性,以削减对偏斜、缺口应力集中和表面质量的敏感性。

螺栓可能在严寒地区或江河湖海附近、油田、工业气氛等各种带腐蚀性的环境中工作,所以,还要求螺栓用钢具有低的塑 - 脆转折温度和低的延迟断裂敏感性,这样才能保证其工作安全可靠。

由于中小直径的螺栓往往采用冷镦成形六角螺栓头,采用搓丝或滚丝生产螺纹,这就要求螺栓用钢具有良好的冷镦、搓(滚)丝等工艺性能。

过去高强度螺栓多用中碳合金调质钢制造(如40Cr 等),如果改用 15MnVB 钢淬成低碳马氏体来代替,不仅可以提高其承载能力而且可为工艺上带来许多优越性。

(3) 选材中对钢材表面缺陷的处理

例如,某工厂生产混凝土轨枕用高强度预应力钢筋。钢筋为 45MnSiV 的 $\phi 9$ 螺纹钢筋,960℃ 连续炉加热后水淬,420 ℃ 回火,性能要求 $\sigma_b \geqslant 1\,600$ MPa,$\delta \geqslant 6\%$,性能检验全部合格。在轨枕厂加 1 200 MPa 预应力浇灌混凝土后进行 5 h 蒸汽养护,但在养护 1.5 ~ 4 h 后,钢筋几乎全部脆断。要求分析脆断原因并提出解决措施。

对断裂钢筋的分析发现,裂纹从纵筋与螺纹横筋交角处发生。此处为下凹约1 mm的扁椭坑。将扁椭坑作为预裂纹,可估算加预应力后的应力强度因子

$$K_I = Y\sigma\sqrt{a} \tag{7.7}$$

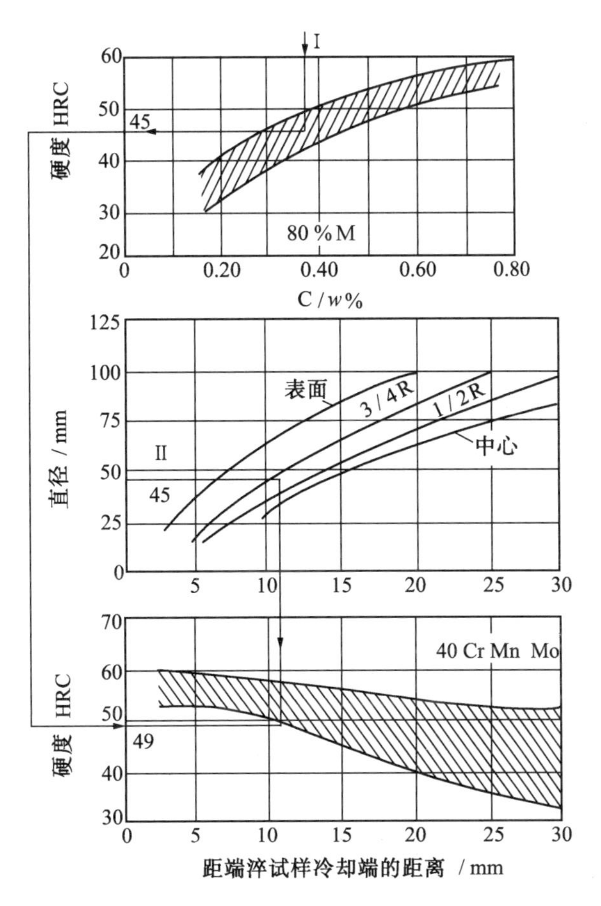

图7.26 用淬透性带选择钢材的步骤

（淬火介质 —— 油）

由预裂纹几何因素取 $Y = 1.42$，$\sigma = 1\ 200$ MPa，$a = 1$ mm 得 $K_{\mathrm{I}} \approx 170\ \mathrm{kg/mm^{3/2}}$。由于加预应力后未发生断裂，故材料的 $K_{\mathrm{IC}} > 170\ \mathrm{kg/mm^{3/2}}$。从45MnSiV不同回火温度得到的性能（图7.27）可知，420 ℃ 回火后的钢材，$K_{\mathrm{IC}} \approx 180\ \mathrm{kg/mm^2}$。由此估算其发生脆断的临界裂纹尺寸

$$a_{\mathrm{c}} = \frac{1}{Y^2}\left(\frac{K_{\mathrm{IC}}}{\sigma}\right) \approx 1.12\ \mathrm{mm} \tag{7.8}$$

即原来1 mm的裂纹只要在养护过程中发生0.12 mm的亚临界扩展，钢筋便会发生脆断。裂纹亚临界扩展的原因经分析为蒸汽养护环境下发生应力腐蚀所致。由于断裂发生在养护1.5 h以后，所以可估计应力腐蚀的裂纹扩展速度小于0.1 mm/h。从安全考虑，以0.1 mm/h 计，蒸汽养护时间为5 h，即养护期间裂纹将扩展0.5 mm。因此要保证在养护期间不发生脆断，则材料脆断的临界裂纹尺寸 $a_{\mathrm{c}} \geqslant 1.5$ mm（养护后不再有应力腐蚀环境，裂纹将不会继续扩展）。

由图7.27可知，如果提高回火温度，在455 ±5 ℃ 回火时，则 $\mathrm{K_{IC}} \simeq 270\ \mathrm{kg/mm^{3/2}}$ 其临界裂纹长度

$$a_{\mathrm{c}} = \frac{1}{Y^2}\left(\frac{K_{\mathrm{IC}}}{\sigma}\right)^2 \approx 2.5\ \mathrm{mm} > 1.5\ \mathrm{mm}$$

这样就可以保证养护过程中不发生脆断。经实践证明，在提高回火温度后，脆断不再发生。但提高回火温度后材料强度 σ_b 略低于 160 kg/mm²，不符合性能指标。然而此时材料的 σ_s 比工作应力 120 kg/mm² 高，能够满足使用要求，这说明原定性能指标不合理，经过上述理论分析和实践以后，修改了性能指标。

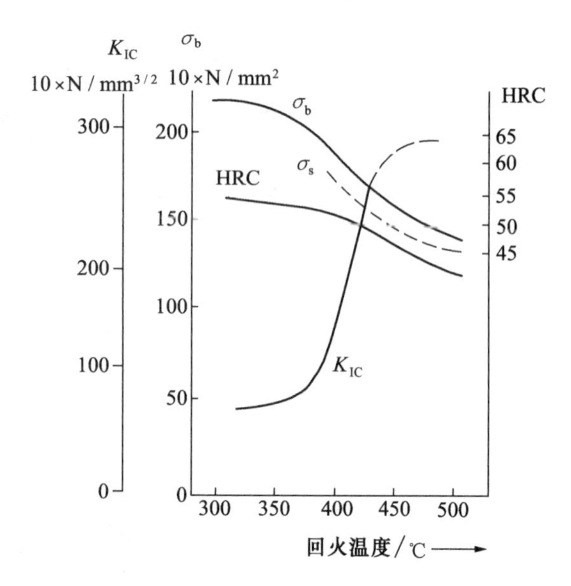

图 7.27　45MnSiV(0.52C,1.38Si,1.45Mn,0.041V,0.014P,0.0185S) 在 920 ℃ 淬火后，不同温度回火时 K_{IC} 及 σ_b，$\sigma_{0.2}$，HRC 的变化

按上述方法处理，解决了预应力轨枕的断裂问题，也通过了轨枕实物疲劳试验。但这一问题解决之后，有一个值得反思的问题。现在的处理方法是不允许改变材料和环境的做法，认为轨枕养护之后不再有应力腐蚀环境，裂纹不再扩展。但如果轨枕在服役期间，因某种意外情况发生裂纹的话，则不能不说现在的处理方法还是遗留下了不安全的隐患。经仔细考虑认为，要彻底解决问题，并消除隐患的话，成本最低的方法也许就是改变钢筋的几何外观，防止纵筋与横筋交接处形成凹痕，避免应力集中。

7.4.4　因选材失误造成的失效实例

例 1　30 万吨合成氨合成塔吊耳螺栓断裂分析

某化肥厂由法国进口的 300 000 t 合成氨合成塔，在吊装时，吊耳与塔体连接的 12 个螺栓突然全部断裂。从螺栓的受力状态可知，有一根螺栓处于受最大载荷的状态，这一根螺栓首先发生塑性变形和断裂，再导致其他螺栓相继发生断裂。螺栓断裂前都经过大量的塑性变形。材料检验表明，该螺栓材料相当于国产 20# 钢热轧状态。模拟试验得到螺栓的屈服载荷为 9.9 ~ 16.5t，而合成塔重 208 t，处于最大载荷的螺栓承载 18.7 t，这不仅超过了螺栓的预紧力，而且超过了螺栓的屈服载荷。因此认为螺栓断裂属超载破坏。在过载条件下，螺栓先发生塑性变形，直至断裂。这应属于设计选材错误造成的事故。

例 2　1040 钢制挖土机提升主轴疲劳断裂

一轻便挖土机的提升主轴采用 1040 钢制造，直径为 139.7 mm，已工作三年。在大修检验中发现，在距齿轮端约 152 mm 处有一裂纹，在邻近轴承的截面变化处围绕轴线扩展。裂纹处的圆角部分磨光良好，并无粗大的切削痕迹。在该轴的表面台阶处，与小直径(114.3 mm) 部分相接的圆角($R=7.9$) 过渡处有几条较重的刀痕，显微检验发现，有一细小裂纹由刀痕处萌生，从表面向内扩展约0.25 mm。化学分析表明，轴的材料确为 1040 钢，硬度为 HB 170，组织为细晶的正火组织。由上述分析得到的结论为，该断裂为疲劳失效，圆角基部的台阶处是疲劳裂纹萌生的地方。从材料强度考虑，该轴的设计是不安全的。1040 钢的硬度为 HB 170，其疲劳强度是过于低了。因此建议，将轴材料更换为 4140 钢，油淬并回火到 HB 300 ~ 350，注意轴表面圆角的光滑过渡。经这样改进后，该轴未再发生类似失效。

7.4.5　充分发挥材料性能潜力的思考

零件失效是在材料的强度、塑性和韧性诸项性能指标中的某一项或某几项的综合不能胜任环境条件时发生的，是在特定服役环境中材料的力学行为与环境条件之间矛盾运动的结果。其实质在于材料强度、塑性和韧性的合理配合及其作为矛盾的一方与服役条件的对抗。合理选材的本质在于如何实现材料强度、塑性和韧性的合理配合，充分发挥材料在特定服役条件下的性能潜力，并使其在这一矛盾运动中占据主导地位。

1. 关于材料强度、塑性和韧度之间的合理配合

材料强度是指材料对塑性变形和断裂的抗力，一般用标准试样在特定实验条件下测得的数据来表征。一个零件中最薄弱环节（危险截面）的实际（或有效）强度，由于材料方面（内因）和服役条件方面的具体情况，并不一定与材料本身的强度相一致。因此，从失效分析的角度考虑，材料强度的更确切定义应该是材料在一定条件下宏观及微观范畴抵抗变形和断裂的能力。要保证高的材料强度充分发挥作用，材料必须要同时具备一定的塑性和韧度等。

材料的强度和塑性可以看做是两个独立存在的力学性能，而韧度则是强度与塑性的综合体现，是一个能量概念。例如，静载荷下的韧度即断裂前单位体积材料所吸收的功，以应力应变曲线包围的面积度量；缺口冲击韧度 CVN 为标准缺口试样一次冲断所吸收的能量；断裂韧度 K_{IC} 为平面应变条件下裂纹扩展单位面积所需要的能量。这些韧度指标具有不同的含义，分别为相应条件下断裂的能量判据。既然韧度是个能量判据，它必然既决定于强度又决定于塑性。

塑性的作用主要在于通过足够的塑性变形吸收变形功，松弛应力集中处的应力峰，使高应力重新分布，缺口或裂纹顶端钝化，结合形变强化的作用，使局部继续变形或裂纹的扩展得到缓和乃至停止，从而保证了强度作用的充分发挥。如果能使材料既具有高强度又具有大的塑性，选材问题就不会存在困难，这也正是材料科学工作者长期以来奋斗的目标。但这是非常困难的。材料的强度和塑性在一般情况下总呈现出互相矛盾、此消彼长的关系，二者不可兼得。即使采取特殊的合金化（如高镍马氏体时效钢和 TRIP 钢等）或复杂的强化工艺（如某些钢的形变热处理工艺）可以达到高强度大塑性的结合，但其成本特别高昂，在一般工业部门也难以推广应用。

其实，在大多数情况下，同时要求很高的强度和很大的塑性韧性是不必要的，甚至是浪费的。零件的失效往往是在失效抗力指标选择不当的情况下发生的，要么在要求足够塑性韧性的场合下，塑性韧性不足而强度有余，要么在要求足够强度的场合下强度不足而塑性韧性过剩。1965 年美国发生的 260SL – 1 固体火箭发动机压力壳体的爆炸事故即属前者，该壳体采用 18Cr – Ni – Mo – Ti 钢制成，时效强化到 σ_s = 1 750 MPa，设计应力为 1 100 MPa，但爆炸时内压只有 380 MPa，折合断裂应力为 676 MPa，不但低于屈服强度，而且低于工作应力。采用 45Cr 钢油淬，650 ℃ 高温回火制造的一吨模锻锤锤杆，改用盐水淬火加中温回火工艺后，将使用寿命从不足一个月提高到十个月以上的事例属于后者。上述两种典型实例说明，盲目追求高强度或盲目追求高韧性，都不能提高失效抗力，所得结果是事与愿违的。因此合理选择材料的关键在于根据具体的服役条件，确定强度与塑性、韧度的合理配合。例如超高强度钢焊接的火箭壳体,由于难以避免焊接裂纹,为了绝对安全而必须追求足够的断裂韧度,这时稍稍降低屈服强度换取较大的断裂韧度是合理的,实际上是保证了材料强度的充分发挥。如果一味追求高强度就可能发生低应力下裂纹失稳扩展,造成脆性断裂,反而失掉超高强度的作用。许多大铸锻件、焊接件(例如大电机转子、厚壁高压容器等)由于缺陷不可避免和特大断面在承载时裂纹前沿处于平面应变状态或在腐蚀介质中工作,同样存在低应力裂纹失稳扩展的危险。但这类服役条件的产品是为数不多的。另一方面,对于一般机械制造中量大面广,只带有缓和应力集中因素的中小零件,大部分是经表面加工而很少有宏观缺陷的,其所用材料属于中低强度范围,应力设计是遵循无限寿命或很长的有限寿命的准则,失效方式多属高周次疲劳断裂。在这种情况下,大量的试验研究表明,选材和制订工艺的原则应是在保证最高强度的前提下取得适当的塑性韧度配合,一般要求不大的塑性、韧度就能保证充分发挥材料的强度潜力,取得减轻产品重量、延长使用寿命的效果。例如用高强度球墨铸铁制造柴油机曲轴,用高碳工具钢T10V淬火低温回火制造凿岩机活塞,用40MnB钢260 ~ 280℃ 回火制造汽车半轴等都是这方面得到成功考验的事例。

设计选材中经常遇到的另一种情况是,由于设计结构、形状尺寸或加工工艺及复杂的工况都可能给工件造成某种薄弱环节,例如承受交变载荷零件上带有尖锐缺口造成高度应力集中,有可能足以使原来整个工件承受的低应力高周次疲劳,在那个局部成为高应变塑性疲劳载荷。从设计的角度应当改进结构和形状,尽可能减少危险截面的载荷。针对这种情况,有两种方法处理这个问题:一种是按危险截面的实际服役条件选择相应的强度、塑性配合,例如采用较大塑性和较低强度的处理工艺;另一种方法是不改变整体材料和工艺,采取局部复合强化方法强化薄弱环节,使薄弱环节的塑性应变减小以至消除,并引进有利的残余压应力,提高局部有效承载能力,使之接近等强度设计。应该说后一种方法是积极的和更有效的。在很多场合采用的整体热处理后再施加局部冷变形强化的工艺,如喷丸、滚压、预变形等,都可大幅度地提高产品寿命,这也是充分发挥材料强度潜力的有效措施。

2. 失效抗力与材料强度、塑性和韧度配合间的关系

(1) 断裂韧度 K_{IC} 与强度和塑性的关系

一般情况下材料强度提高将导致断裂韧度降低,如图7.28 所示的40CrNiMo 钢 K_{IC} 随回火温度的变化规律。

但是,高强度低碳马氏体合金结构钢可以在得到高强度的同时,得到高的断裂韧度,说明上边讲到的规律并不是绝对的。对于另外类型的钢有可能得到既有高强度又有高 K_{IC} 的理想状态。几种合金低碳马氏体钢20SiMn2MoV,22CrMnSiMoV,25SiMn2MoV 的试验表明,这类钢在低温回火态有高的强度和高的断裂韧度,并且随回火温度变化,强度和断裂韧度有同样的变化趋势,如图 7.29 所示。

另外,对中碳合金结构钢,即使 K_{IC} 随强度指标升高而降低,值得注意的是,这种变化并不是直线关系,而是呈现出一定的阶段性,如图 7.30 所示,由图中 40CrNiMo 经不同温度回火后 K_{IC} 与 σ_b,σ_s 的关系曲线可以看出,在高强度范围($\sigma_b \geqslant$ 1 500 MPa),强度增加,K_{IC} 下降并不显著;在中等强度范围($\sigma_b \leqslant$ 1 500 MPa),强度稍有降低,K_{IC} 则急剧增加，亦即在高强度范围内，强度大大提高，K_{IC} 变化不大；在中强度范围，K_{IC} 大大提高，而强度损失不大。这样的试验结果表明，根据零件服役条件的需要，可以在韧度损失不大的情况下充分使用材料的强度；或在强度损失不大的情况下可大幅度提高材料的韧度，以充分发挥材料的性能。

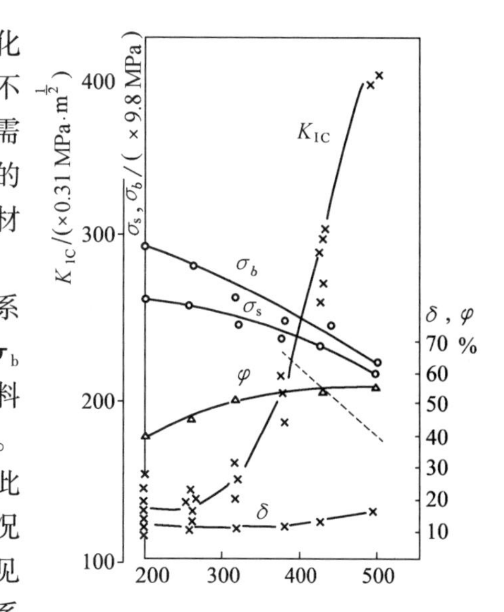

图 7.28 40CrNiMo 钢不同温度回火后的断裂韧度及其他机械性能

(2) 疲劳极限 σ_{-1} 和 σ_{-1n} 与强度和塑性的关系

实验表明，疲劳极限 $\sigma_{-1}(\sigma_{-1n})$ 与强度极限 σ_b 或硬度 HRC 是亦步亦趋的，在各种有关疲劳资料上可以找到大量的 $\sigma_{-1}(\sigma_{-1n})$ 与 σ_b 的关系曲线。表明 σ_{-1}/σ_b 约为0.35 ~ 0.5，如图7.31所示。此外，30CrMnSi 等温淬火回火状态在相同 HRC 情况下，$\sigma_{-1}(\sigma_{-1n})$ 的比较如图 7.32 所示，可见 $\sigma_{-1}(\sigma_{-1n})$ 与 σ_b 基本呈直线关系，但是，这种关系并不是始终一直保持的，当 σ_b 大于一定值时，σ_{-1} 不再增加而开始降低。而 σ_{-1n} 即缺口疲劳极限却

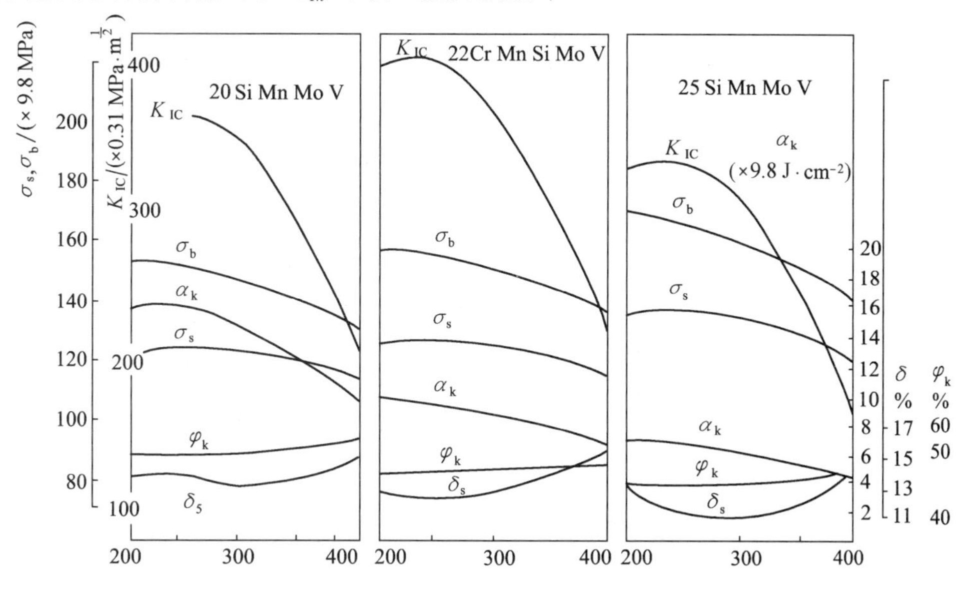

图 7.29 回火对几种低碳马氏体钢 K_{IC} 及其他机械性能的影响

是随着 σ_b 的升高而一直升高的。研究表明，与 σ_{-1} 开始降低时相对应的 σ_b 值的高低，主要决定于相同强度情况下钢的塑性大小。强度相同、塑性越高的，则保持直线关系的 σ_b 值越高。现代高强度材料普遍采用纯净化处理冶炼工艺，主要也就是为了在追求具有高强度的同时，能有较好的塑性韧性。

其次，缺口造成应力集中，降低疲劳强度。图 7.33 为 40Cr 钢在低、中、高三种回火温度下，疲劳极限与应力集中系数的关系（试样均为先热处理后开缺口）。由图可见，① 由于应力集中系数的增加，疲劳极限的绝对值显著下降。② 高强度、低塑性状态，比低强度高塑性状态的下降幅度稍大一些。但即使在应力集中系数达到 3.5 时，仍是高强度的

200 ℃ 回火状态的 σ_{-1n} 高于低强度的 550 ℃ 回火状态的 σ_{-1n}。这就说明，在机械制造中常见的较钝的缺口情况下，其缺口疲劳极限仍主要决定于材料的强度，当然也需要适当的塑性、韧度的配合。

另外，对要求有限寿命的机件，就不能按材料疲劳极限来确定机件的许用应力，而要按规定寿命来找相应的材料疲劳过载持久值。对要求无限寿命的机件，工作过程中也不可避免地要有偶然超载，在超载应力循环下材料的疲劳过负荷持久值也是必须考虑的。

以不同 K_t 情况下 40Cr 的旋转弯曲疲劳试验为例，如图 7.34。可见在试验所用各种 K_t（缺口半径 R 0.1,0.34,1 mm）情况下，疲劳极限都是以强度次序排队（回火温度从低到高）；但对过负荷持久值部分，则缺口影响随应力集中程度的增加而变得显著。对缓和缺口（如 $R=1$ mm），在过载应力从低到高的全部过载范围内，过负荷持久值大小都是依强度排队，显示了在过负荷持久值中强度的主导作用。在 R 0.34 mm 情况下，过载持久值仍然基本上依强度排队，但是在 R 0.1 mm 时过负荷持久值曲线出现了交点，表示对持久值，随应力集中程度的增加，塑性的作用增加。对于任一交点，交点以上，塑性起较大的作用；交点以下，强度起较大的作用。

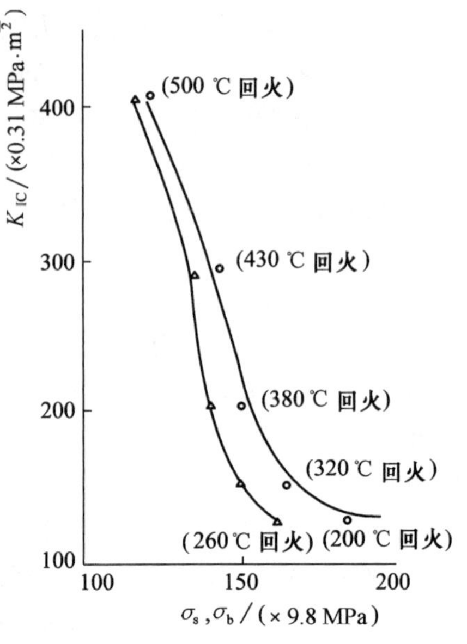

图 7.30　40CrNiMo 回火后 K_{IC} 与 σ_b,σ_s 关系曲线

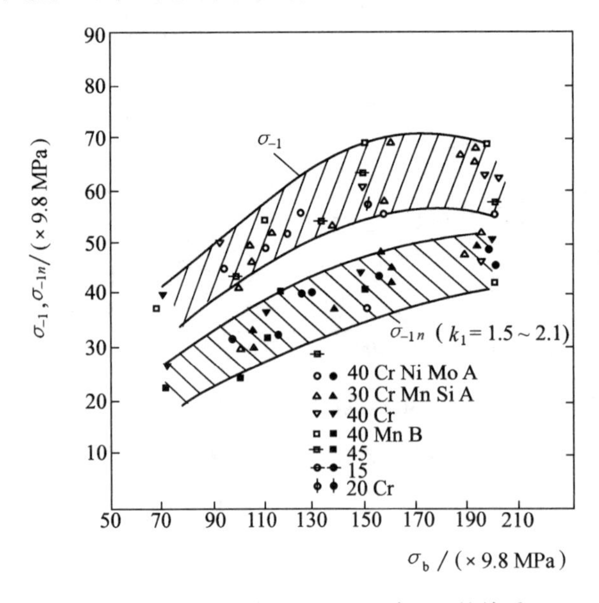

图 7.31　一些材料 σ_{-1}（σ_{-1n}）与 σ_b 的关系

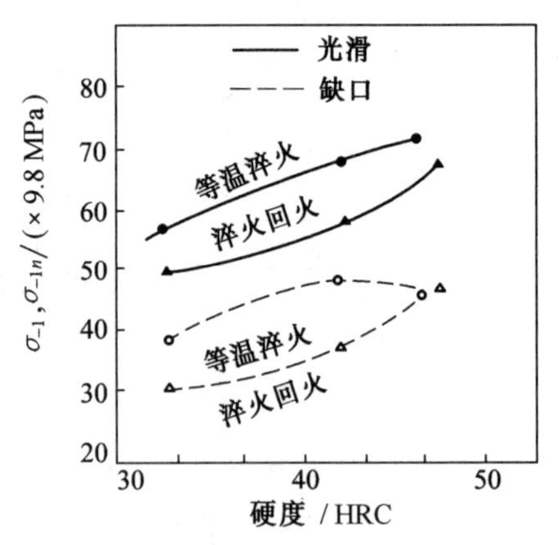

图 7.32　30CrMnSi 等温淬火 σ_{-1}、σ_{-1n} 与 HRC 的关系

由于材料的强度与韧性通常是有矛盾的，过去设计中常为避免灾难事故发生，对韧性指标提出了过高要求，这样就只好牺牲强度，σ_b 低了，σ_{-1} 必然低，就采用加粗截面的办

法，于是出现自重大，材料浪费大的问题。截面不加大，$\sigma_{\text{工作}} > \sigma_{-1}$，便发生早期疲劳断裂事故。因此设计中不应该去追求过度的韧性指标，这是一个很重要的设计思想。看来应坚持这样的原则："在保证足够韧性的基础上尽可能提高强度"，才能设计出小巧玲珑的产品。

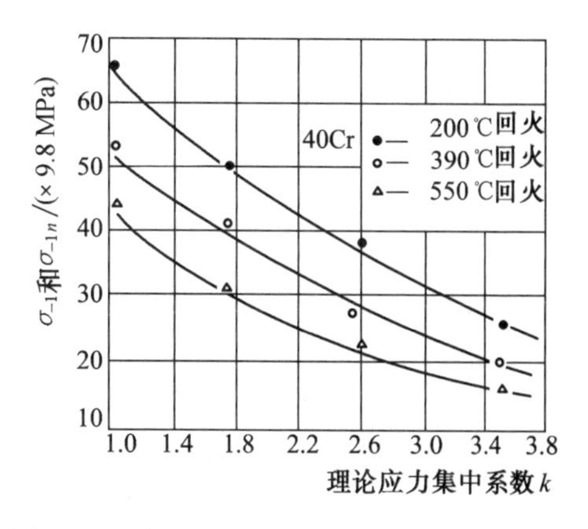

图7.33　缺口应力集中对疲劳极限的影响

提高强度的另一限制是加工性能，强度提高了焊接性能不好，或要采用预热措施，劳动条件变坏，还有的要进一步机加工，一般规定HB ≤ 280，超过了会影响车削效率和刀具寿命，改变工具又涉及一系列问题……，这一方面说明要突破限制不容易，另一方面也说明改革潜力很大。

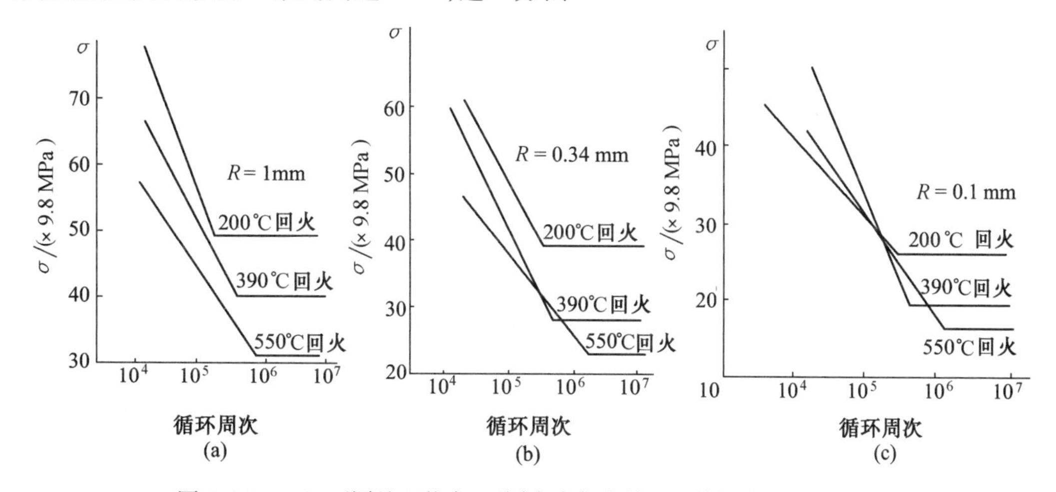

图7.34　40Cr不同处理状态，不同应力集中情况下旋转弯曲疲劳曲线

3. 对选择材料和确定工艺的传统观点的变革

设计选材和确定工艺的科学性是随着人们对材料和工艺知识的增长而增长的。材料科学中，变革材料与工艺的实践不断发展，人们对材料特性的认识不断深入，新工艺不断涌现，这些新的研究成果为充分发挥材料性能潜力，使机械设计中的选材和确定工艺的更加合理化和科学化拓宽了思路，从而对传统观点不断提出新的挑战。

（1）传统的按用途分类选材的片面性

按钢材用途分类选材是传统的选材方法之一，其优点是方便快捷，但这种选材方法常给我们套上一定的框框，思想受到束缚。实践证明，打破这种框框，按零件服役条件和失效特征选材，可收到更好的效果。例如，低碳钢经淬火强化获得低碳马氏体，已广泛应用于机械制造业中；弹簧钢用于冷变形模具，55SiMoV用于牙轮钻头滚动体和蜗轮钻机轴承套圈，5CrMnMo，50CrV作大型轴承，55D，60D低淬透性钢代替渗碳钢作齿轮。

（2）传统的按淬透性选材的局限性

由于表面残余压应力对疲劳断裂抗力的有利贡献，薄壳淬火零件的疲劳强度反而比全淬透的要好，从而打破了传统的按淬透性选材的规范，用低淬透性或限制淬透性的钢来制造某些轴类或齿轮，取得的效果也是很好的。另外，7 ~ 9 m^3 液压铲运机功率输出轴和 BJ - 130 汽车半轴用45 钢薄壳淬火，台架扭转疲劳试验证明其寿命超过了40Cr 钢中频淬火或淬火中温回火的。

(3) 充分利用我国富产的合金元素，发展我国的合金钢系统

这类合金钢，采用恰当的强化处理工艺，做成的机器零件其失效抗力赶上或超过了原有的 Cr, Ni 合金结构钢，这类新型合金结构钢有如：

① Si - Mn 系列低碳马氏体用钢：20SiMn2MoV（石油钻井用的吊卡、吊环）；15SiMn - 3WVA, 15SiMn2WVA（代18Cr2Ni4WA 制造高速柴油机曲轴）；20Mn2V（矿用圆环链）；16Mn, 15MnV, 15MnVB（汽车高强度螺栓）。

② 中碳结构钢：40MnB（代 40Cr）；30SiMnMoV（凿岩机大钎杆、钎尾）。

③ 低淬透性钢：55D, 60D（拖拉机小模数齿轮）；70D（大模数齿轮）；70V（泥浆泵拉杆），T9V, T10V（凿岩机活塞）。

④ 渗碳或碳氮共渗用钢：25MnTiBRe（拖拉机齿轮）。

(4) 对传统热处理工艺的突破

热处理理论和技术的许多研究成果打破了传统热处理工艺规范的束缚，在克服零件失效方面收到了良好的效果。例如，低碳钢直接淬火得低碳马氏体，在很多机器零件上运用；中碳钢用于渗碳或碳氮共渗；利用锻造余热淬火；高碳钢或渗碳件短时加热淬火；高速钢降温淬火；中碳钢不用传统的高温回火（调质），而用中、低温回火，等等。

(5) 复合强化 - 热处理（整体淬火或表面化学热处理）

加表面冷变形强化，其中局部冷变形是强化薄弱环节、大幅度提高零件疲劳强度的有效措施，见表 7.4。滚压强化提高疲劳强度的效果主要归因于有利的表面残余压应力。

表 7.4　提高零件疲劳强度的有效措施

材料	热处理	σ_{-1H}/(×9.8MPa)	
		未滚压	缺口滚压
40CrNiMo	淬火 200℃ 回火	50 ~ 53	104
25MnTiBRe	碳氮共渗直接淬火	55	100
40Cr	碳氮共渗直接淬火	54	97
Re - Mg 球铁	正火离子氮化		42

7.4.6 材料强度和韧性合理配合提高失效抗力的实例

例 1 合理配合提高失效抗力

张家口煤矿机械厂 M211 型 1 吨模锻锤 ϕ120 mm 锤杆，用45Cr 钢轧材车成，在不经任何热处理情况下，使用几天便断裂。改用油淬后 650 ℃ 回火，表面层硬度HB227 ~ 238，使用约 30 天后断裂。断裂多半在锤杆下部约 200 mm 处凸台附近发生，宏观断裂是典型疲劳断口，问如何提高寿命？

锤杆的作用是带动锤头打击工件，不断承受冲击负载，为此，在过去的设计上希望锤杆要有足够的冲击值，以免发生低应力脆断。故采用淬火后高温回火（45Cr 淬透后在 650 ℃ 回火，a_k 约 98 J/cm^2），但现断口分析是疲劳断裂（裂纹源在靠近凸台处表面），而

不是冲击值不够的低应力脆断。疲劳断裂说明这是由于反复的冲击应力超过疲劳极限，裂纹源由表面开始，说明锤杆在工作过程中有偏载，即附加弯曲应力，造成应力过大引起的，因此要进一步提高寿命，应考虑提高疲劳极限，有偏载现象说明特别要注意提高表面层的疲劳极限。

一般锤杆采用 30CrNi3Mo，18Cr2Ni4W 等淬透性更高的钢种，希望 ϕ 120 锤杆全部淬透。这对外加应力在垂直轴向的截面上平均分布时是合适的，但现证明有偏载，因之考虑像 45Cr，只要能有一定厚度的淬硬层便可以，如淬硬层按 1/4R 考虑，则应为 15 mm，45Cr 钢的淬透性是达不到的。最好改用淬透性更好些的钢。

在没有其他钢料的情况下，把 ϕ120 mm 的 45Cr 经 850 ℃ 加热后淬入盐水（尽可能增加冷速），马氏体层深可达 6 ~ 7 mm，后来实践证明这层深浅了点，但已够了。原用油淬，最表层都未淬硬。

为提高 σ_{-1}，应提高 σ_b，由疲劳极限与硬度之间的关系曲线可见，硬度由前图看，应 HRC 40，对 45Cr 钢此时冲击值 a_k 约为 40 ~ 50 J/cm^2，由于锤是室内工作的，考虑最低工作温度 a_k 值，可大于 30 J/cm^2，因此发生低应力脆断的可能性也不大了。（由 K_{IC} 考虑，达 HRC 40，回火温度约 450 ~ 460 ℃，此时 K_{IC} 值已明显上升，估计可超过 77.5 MPa$\sqrt{m}$。当 HRC 40 时，估计 σ_b 约为 1 274 MPa，σ_s 约 1 070 MPa，估算表面裂纹 a_c 时，设 $Y = 0.7$，则 $a_c \approx (1/Y)^2(K_{IC}/\sigma_s)^2 \approx 2.5$ mm。宽度约 5 mm，完全可达易检查范围）。

因此西安交大协助该厂把 45Cr 钢 ϕ130 mm 坯料，先车到 ϕ124，经 850 ℃ 盐水淬火，450 ℃ 回火，校直后再车到 ϕ 120，此时表面硬度 HRC 42（原来只有 HRC 23）。σ_{-1} 提高了近一倍，实践中使用了近半年多仍然完好。当然表面如再经滚压，预计可更安全。

例 2　复合强化提高使用寿命

以 YG - 80 型凿岩机钎尾为例，这个零件如图 7.35 所示。用于传递凿岩机活塞的冲击功给钎杆，它受到的是多次冲击载荷，使用中的失效方式之一，是在螺纹退刀槽处早期疲劳断，平均凿岩进尺仅 100 m 左右（每根钎尾）。后来采用复合强化，即 30SiMnMoVA 钢制钎尾，渗碳或碳氮共渗淬火低温回火之后，再在波形螺纹退刀槽处施加冷滚压强化使钎尾寿命提高到 750 ~ 1 000 m 左右。

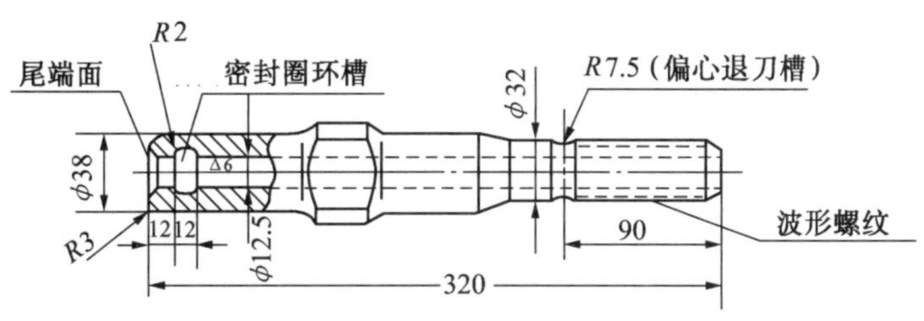

图 7.35　YG - 80 凿岩机钎尾结构图

再以吊环为例，吊环在石油钻井时用于提吊钻具。国产轻型吊环受载后在小环部有三处存在应力峰（图 7.36），使用过程中常在小环部位发生疲劳断裂。由于它是锻造后不经机械加工的零件，表面缺陷难以避免，这些缺陷处往往成为疲劳源。为了克服表面薄弱环节，采用了喷丸强化措施。吊环表面原存在残余拉应力（20 ~ 90 MPa），经喷丸之后表面还存在 400 ~ 490 MPa 的残余压应力。实物疲劳试验结果，喷丸强化吊环比不喷丸的吊环疲劳寿命有显著提高,尤其是在缺口存在时,喷丸后总寿命提高 2 倍以上。

7.4.7　组合件(或偶件)的强度协调

在选择最适宜的材料和热处理状态时,不但要考虑单个零件本身的工作条件,还要考虑与其相关的组合件或偶合件的情况,组合件或偶合件之间相互接触或既相互接触又相对运动,因此它们之间不但在完成动作上要相互协调,而且在材料性能上也要具有适应性和相容性,即组合件之间的强度应合理匹配或协调。

对于滚动轴承而言,如果滚珠的硬度比轴承套圈约高 2HRC 单位(二者的洛氏硬度基数为 HRC 60),则如图 7.37 所示,寿命最长。图中 L10 是当试验用的许多试件中 10% 破坏时的寿命。由图中可见,当滚珠硬度低于内圈硬度时,寿命极低;当硬度差大于 2HRC 单位时,寿命又逐渐降低。这种硬度匹配对疲劳寿命影响的原因尚不清楚,可能与在轴承圈中造成的残余应力有关。但不管原因如何,这一规律对指导生产是有实际意义的。

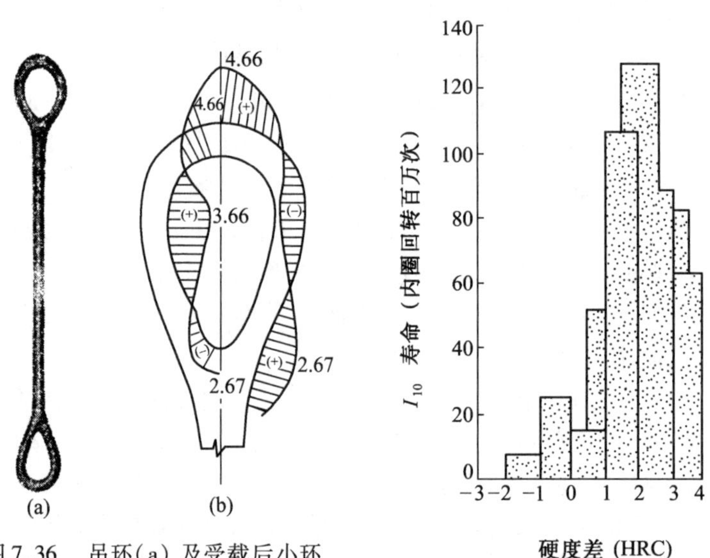

图 7.36　吊环(a)及受载后小环应力分布(b),图中所注数字为杆部(拉伸区)应力的倍数

图 7.37　滚珠与轴承套圈之间硬度匹配对疲劳寿命的影响(滚珠和套圈之间各种硬度差的轴承寿命,径向加载,207 球轴承)

对于齿轮副也有类似情况,即主动齿轮的齿面硬度应比被动齿轮的齿面硬度略高一些,以求合理的强度匹配。主、被动齿轮齿面硬度匹配推荐值可参考表 7.5。

表 7.5　齿轮副的硬度匹配(推荐值)

接触应力高低	材料处理状态及齿面硬度	
	主动小齿轮	从动大齿轮
低接触应力	调质,HB 210	正火或退火 HB 100
高接触应力	淬火	调质
更高接触应力	淬火*	淬火*

* 渗碳淬火主动齿轮的表面硬度应比从动齿轮高 2 ~ 4 HRC。

然而对于承受冲击循环接触应力的零件，例如石油钻机用三牙轮钻头，压爪上的滚柱跑道最佳寿命所对应的硬度范围为 HRC 58 ~ 60，那么，滚柱过硬容易在冲击载荷下产生碎裂，因此其最佳硬度范围为 HRC 54 ~ 58，亦即在这种服役条件下，滚柱应比跑道稍微软一些为佳。

对于蜗杆传动，其滑动速度较大，主要失效形式为蜗轮齿面胶合、点蚀及磨损。一般情况下，蜗轮轮齿因弯曲疲劳强度不足而失效的情况较少，只在蜗轮齿数很多或开式传动中，才需要以保护齿根弯曲疲劳强度为主的设计。因此，在闭式蜗杆传动设计中，通常是按齿面接触疲劳强度进行设计，而按齿根弯曲疲劳强度进行校核。对于开式蜗杆传动，则只需按齿根弯曲疲劳强度进行设计。由上述可见，蜗杆、蜗轮的材料不但要有足够的强度，更重要的是要有良好的耐磨性。蜗杆一般用碳钢和合金钢制造，淬火回火，对于重载蜗杆，为提高齿面硬度，再经氮化处理，蜗轮材料则采用青铜。

有时对同一零件的不同位置要求性能不同，为了保证达到所要求的性能，将零件设计成组合结构。如东方红 - 40 拖拉机驱动轴，原来为整体结构，40Cr 调质后花键部分再经高频淬火强化，由于存在淬火过渡区，锥度部位经常早期疲劳断裂，甚至造成人身伤亡事故。若结构不变，只经调制处理，不再高频淬火，情况有好转，但材料强度潜力未能充分发挥，仍有断裂。后来改为组合结构，即法兰盘与花键分开制造，花键轴采用中频淬火。台架试验和田间使用都证明，疲劳寿命比原设计结构大有提高。

第 8 章　工艺因素引起的失效

工艺因素引起的机械零件失效是各类失效原因中占比例较高的，它主要包括机械零件在生产过程中因各种冷加工、热加工和装配过程中产生的缺陷或工艺不合理而直接或间接导致的失效。在各类加工缺陷中，最重要的是零件表面或内部的不连续性缺陷，其次是在加工过程中产生的缺陷组织及其诱发的在服役过程中产生的缺陷和损伤。本章主要介绍各种工艺缺陷引起的失效。

8.1　概　述

机械零件所用原材料系经熔炼、脱氧、浇注以及冷热轧制或锻造而成，原材料在机器制造厂又经一系列冷热加工而成为零件。在这些加工过程中都可能造成某种缺陷，例如铸锭或铸件中可能产生偏析或不希望有的组织、夹杂、孔隙、裂纹以及其他不连续性缺陷。铸件中的一些缺陷对铸件的工作性能也许并不构成严重影响，但有可能在后续锻造中造成锻件缺陷，从而成为零件的失效原因。

在工艺因素引起的零件失效中，技术条件的不合理性占有一定比例，例如表面强化零件的硬化层深度不足引起的接触疲劳破坏，采用提高塑性韧性的工艺方法企图提高高周疲劳抗力，但却事与愿违等。此类问题充分表现了失效分析的复杂性及其对工业发展的意义。对于具体失效案例的分析，要按照具体的服役条件和失效形式，确定合理的失效抗力指标，提出不同的强度、塑性、韧性合理配合的思路，进行选材，制定加工工艺，进而对传统的工艺规程和技术条件进行变革，从而达到充分发挥材料性能潜力，提高产品质量，延长使用寿命的目的。总之，引起零件失效的工艺因素是非常广泛的，而且还存在着不同因素的相互作用以及因环境条件的变化等。造成零件失效的工艺因素分析的主要思路如图 8.1 所示。

8.2　铸造缺陷与失效

铸件缺陷有很多种，但从失效分析角度看，可归纳为两类，一类为破坏了材料连续性的缺陷，如材料中的孔洞、裂纹以及与基体结合很弱的夹杂物等。此类缺陷可以作为材料中的既存裂纹处理。另一类是因材料成分或生产工艺不当，造成不正常的组织（缺陷组织），导致材料断裂韧性或缺口韧性下降，或者脆性转变温度提高。

8.2.1　孔　洞

孔洞一般指存在于材料内部的具有三维空间形貌的缺陷。孔洞破坏了材料的连续性。引起断裂的孔洞一定会在失效件的断口上显示。为控制零件质量，要用无损探伤手

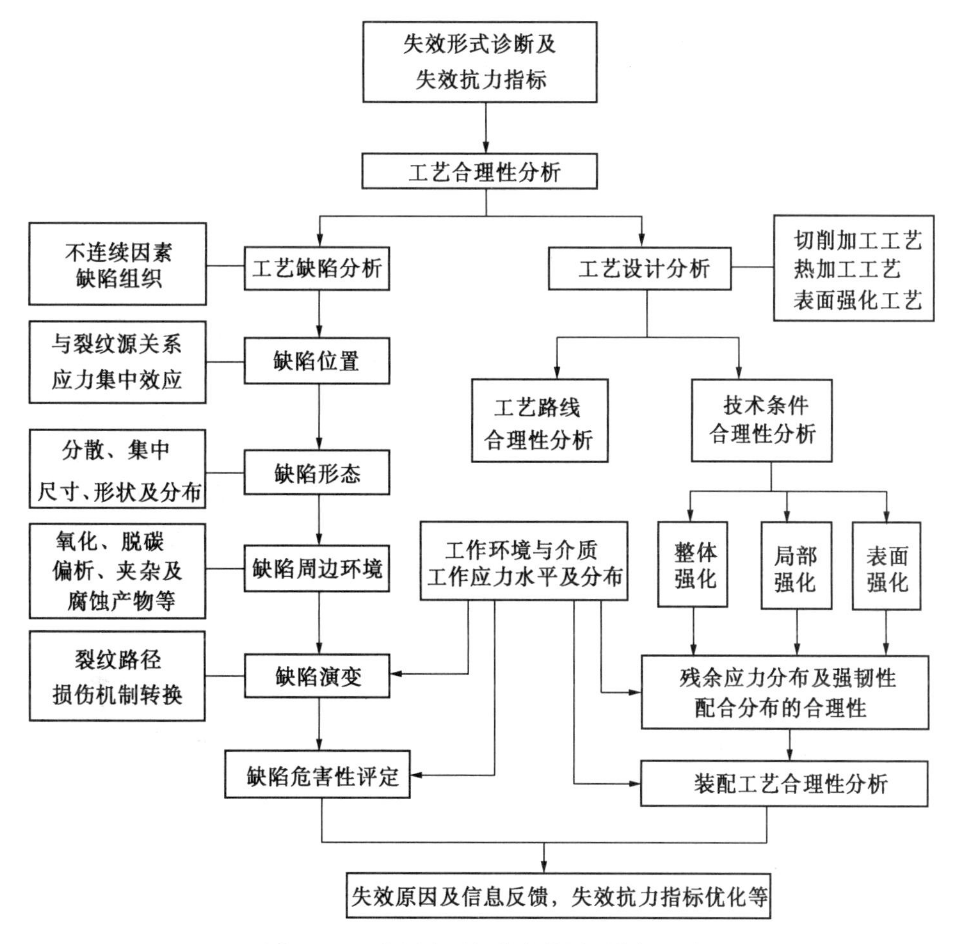

图8.1 工艺因素引起的失效原因分析思路

段确定其分布、位置及三维尺寸，然后根据零件承受载荷时的应力应变分布去判断孔洞存在的危害性，确定零件是否有必要报废或降级使用。在失效零件断口上出现孔洞遗迹后，首先可根据断口形貌观察确定该孔洞是否裂纹源，并根据零件受力情况、孔洞形状和尺寸及材料 K_{IC} 值判断该孔洞是否就是达到临界尺寸的孔洞，如果达到了，就能确认这种孔洞是引起失效的主要原因，然后寻找孔洞漏检的原因及孔洞形成的原因，制定相应措施防止重现类似事故。如果根据断裂力学计算这类孔洞尺寸(一定形状下)还未达到临界值，那么就要考虑材质上是否有其他质量问题导致 K_{IC} 下降，如组织是否正常，当然同时也应注意调研零件在发生事故时的运行情况，是否有超负荷运行、振动、环境介质和温度情况等，因为如零件的材料正常，孔洞又未达到临界尺寸，那只能从运行过程中超负荷去分析。当然也有可能是该孔洞先经疲劳或应力腐蚀等发生亚临界扩展，在尺寸达到临界值后发生断裂的。

材料中的孔洞可能有以下几种情况：

1.缩孔

液态金属凝固时，要发生很大的体积收缩，若凝固过程中不断有液态金属补充，则不会在材料内部形成缩孔。铸件缩孔一般会在最后凝固的部位形成，例如钢锭顶部或铸件冒口处。这些有集中缩孔的部位都应在钢锭或工件加工成形时切除掉。但如果在液态金属凝固过程中控制不当,或铸件工艺设计不合理,液态金属不能随时补充凝固收缩所需的量,则会在工件内部留下缩孔。由于金属凝固时晶体是按树枝状方式生长的,所以缩孔一般都是存在于相邻枝晶间的间隙处,此时分散的小缩孔呈树枝状排列,集中一点的大缩孔则在孔壁留有枝晶形貌,故缩孔的内表面是不平整的。铸件缩孔的部位常位于厚截面心部(特别是变截面处)。

对锻、轧件来说,集中缩孔和缩松位于钢锭冒口部分,加工时一般都将其切去。但曾多次发生过 GCr15 轴承钢制成滚珠后,在静载下或淬火时发生裂成两半的脆断事故。这是因初轧时钢坯切头不够,最后在钢材中心残留的缩管引起的。

在大型铸锻件中,容易存在缩孔、缩松(密集的小缩孔)等冶金缺陷。可用探伤手段确定其存在部位和尺寸,发现此类缺陷超标时,一般按报废处理。但也有采用挖空补焊办法挽救的。例如某电站 17 万 kW 水轮机铸造叶片,毛重 46t,探伤发现叶片的叶根部位的 250 mm 厚截面处存在直径约 100 mm 的缩孔,按规定应予报废。但考虑到强度设计时所取安全系数很大,挖空补焊后复核计算也表明,在最大负荷情况下,仍有足够大的安全储备。经审核批准后投入使用。已运行多年未发生问题。

铸件中的缩孔经锻轧变形后,随着锻造比的增大会改变其形状,在长度方向伸长,厚度方向压缩,成为二维的内裂缝,这种裂缝断口的相邻表面上有顺长度方向的沟槽纹路。

一浮桥设计承重为 54 t,浮桥连接器如图 8.2 所示,采用 ASTM A148,150-125 级低合金钢砂型铸造而成,其尺寸为 98 mm× 127 mm,浮桥通过上下孔眼与 U 型夹用销钉固定在一起。该桥设计寿命为 5 000 次全负荷循环。但在使用中发生早期断裂。检查发现断裂由连接器铸件下表面开始,首先穿过断面右下角的缩松区,然后扩展穿过整个截面,最后在孔眼上部形成剪切唇。由断口形貌判断,造成开裂的应力状态为单纯拉应力。分析认为连接器断裂是其下部存在的缩松区造成的,浮桥在允许承载范围工作时,其应力水平对于缩松区可能已达到超载工作的状态,过应力损伤的积累导致在薄弱环节形成裂纹并不断扩展至整个零件断裂。因此建议对铸件承载的关键部位应进行 X 射线检验,按标准规定保证产品质量。

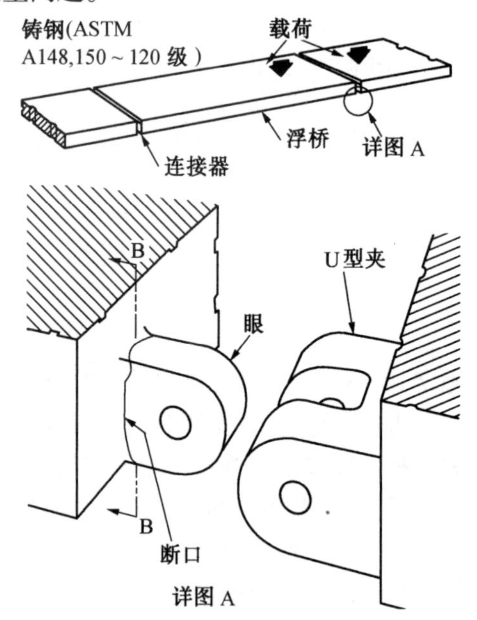

图 8.2　砂型铸造低合金钢浮桥连接器的断裂示意图

2. 气孔

气孔是因为液态金属中气体溶解度比固态金属中大得多,液态金属中溶入气体量多(如在大气中熔化温度过高,则溶入气体更多),在凝固时,便有气体形成气泡排出,此时如气体来不及从尚未凝固的液态金属中排出,便会以气孔的形式留在固态金属内部。炼钢时温度未控制好或者脱氧不完善常会存在气孔。

气孔是液态金属中的气泡在凝固时形成的,铸件中气孔大都呈球形或椭球形,表面光滑。判断是气孔还是缩孔可从孔洞外形和内壁表面光滑与否来确定。作为已有裂纹考虑时,气孔与缩孔的危害是等同的,均可按临界尺寸判断其影响。计算证明一次加载下不发生脆断的孔洞,也可因为应力强度因子达到疲劳或应力腐蚀门槛值,发生亚临界扩展,扩展到临界值后骤然断裂。对强韧性要求不高的钢材,用有皮下气泡的沸腾钢或半镇静钢钢锭锻轧,由于碳含量低,在轧成带材或板材时变形量大,气孔可以在高温热轧过程中焊合,可以提高钢材的成材率。但对合金钢、有色金属及合金,因为在锻轧变形中气孔很难焊合而以裂纹的形式出现,所以这种铸锭中就不允许出现气孔。钢锭浇铸时采用发热剂或铸件浇注时采用发热冒口,是排除内部气孔,使缩孔集中到冒口中去的有效措施。钢中气孔主要是由氧引起的,也可因氢含量高($>2\times10^{-4}\%$)而出现白点。铝合金铸件中气孔则主要是氢造成的。

缩孔和气孔都使材料致密度降低,对材料冶金质量构成影响,有时虽不能成为失效的直接原因,但却可能促进失效的发展。例如缩松严重影响高铬白口铁磨球的耐磨性。当磨球密度从6.9 g/cm^3 提高到7.48 g/cm^3 时,碎球率从5%以上降到0.03%以下,使耐磨性大幅度提高。

8.2.2　裂　纹

裂纹无论存在于零件的表面或内部,都起破坏金属连续性的作用,在传递应力时会在裂纹顶端造成应力集中。在失效分析中,可根据裂纹的形状、尺寸及应力条件进行断裂力学分析,若其应力强度因子已超过疲劳裂纹门槛值或应力腐蚀门槛值,则裂纹处于亚临界扩展状态,待裂纹扩展到临界尺寸 a_c 时,应力强度因子 K_I 便达到临界值 K_{IC},裂纹失稳扩展,发生断裂。

铸件中的裂纹分为热裂纹和冷裂纹,都属于体积收缩裂纹,其形成原因及特征简述如下:

液态金属凝固时要有较大的体积收缩,凝固后的金属在冷却过程中也会有冷却的先后,后冷却部分受已冷却部分的牵制使进一步收缩受到拘束而产生内应力,这种情况在铸件和焊缝中都会出现。当这一内应力过大时,就会出现裂纹。如果裂纹是在高温时形成的,则称为热裂纹,由于材料在高温时晶界强度低于晶内强度(即在等强温度以上),故这种裂纹具有沿晶界断裂的特征。在铸件中这种裂纹常出现在最后凝固部分,因之沿裂纹还可能伴有晶间显微缩孔和有害的低熔点杂质偏聚。当热裂纹与表面贯通时,裂纹表面有氧化色,这是判断热裂纹的主要依据。

还有一类收缩裂纹是冷裂纹,发生在等强度温度以下,也是由于冷却不均匀导致收缩不同时引起的,冷裂纹一般是穿晶的,裂纹平面与导热方向垂直,反映冷却的先后次序。冷裂纹即使穿透表面,裂纹面上氧化也不严重,不像穿透表面的热裂纹,一般都严重氧化。

8.2.3　缺陷组织

铸件中对使用性能有害的显微组织包括脆性的晶界网状组织,形态不良的石墨以及表面缺陷组织,如脱碳和增碳及热处理工艺不正确产生的不良组织等。在某些特殊情况下,一种通常可以允许的显微组织可能成为不合要求的组织。例如一灰口铸铁凸轮,在凸角顶部的显微组织，因其含有过量的铁素体而大大损伤了其滑动磨损抗力，虽然凸轮表面润滑条件良好，但大量游离铁素体的存在导致了凸轮的早期失效。采用低的硅含量和稍高的铬含量，可减少自由铁素体的数量，并抑制灰口铸铁中的石墨析出。

1. 晶界网状组织

钢铁铸件中有时会出现先共析铁素体（指亚共析钢）或碳化物（指过共析钢）的晶界网状组织，这是在较慢的冷却速度下通过奥氏体温度范围时形成的。这种组织会降低铸件的塑性和韧性，并且由于铁素体的低强度和碳化物的高脆性为裂纹扩展提供一低阻力通道。这种组织对性能的影响，可以通过冲击试验检验出来。将含有这种缺陷的铸件加热到奥氏体化温度正火，可以消除上述两种类型的网状组织，随后回火可以得到所要求的性能。

钢中微量硼可以显著地提高淬透性，从而为节约镍、铬等合金元素开辟了一条新路。但硼质量分数必须控制在0.003% ~0.006%的范围内，处于游离状态时，才能使其充分发挥作用。在含硼的大型铸钢件中曾遇到异常脆性、晶粒非常粗大和石状断口的情况。分析认为这是因为钢中硼质量分数量超过0.006%，导致大量晶界沉淀物析出和一些非常粗大的晶粒，因此形成粗大的沿晶断口和穿越几个晶粒的解理断口。

又如ZGMn13制造的碎石机破碎壁，如果热处理不能消除晶界碳化物，工作中应变疲劳裂纹会沿着晶界发展，造成整块的沿晶剥落，严重影响零件工作寿命。

2. 石墨

在灰口铸铁、球墨铸铁和可锻铸铁件中，石墨的尺寸、形状和分布情况对铸件性能起到决定性作用。对于一定成分的灰口铸铁，其石墨的形态以及化合碳量与石墨碳量之比决定于从凝固温度到约650 ℃之间的冷却速度。一般常用的灰口铸铁的显微组织为珠光体基体和分散的石墨片。当冷却速度太快时，会产生“麻口铁”，它是由珠光体基体与初生渗碳体和石墨组成的。含碳、硅较高的铸铁，当非常缓慢地冷却时，容易产生含有较多铁素体的珠光体基体及粗大的石墨片。石墨片的含量和形态是决定性能的重要因素。要使铸件达到预期的性能，必须在铸造生产中控制石墨的形态。如果在铸造生产中不能有效地控制石墨的形态，铸件就不能达到预期的性能，如下面火炮驻退机构活塞失效的情况。

某175 mm口径火炮的驻退机构油缸活塞为砂型铸造的球墨铸铁制成，活塞上有几个油孔，其作用为使流体通过、吸收火炮反冲能量。活塞服役中发生多次断裂，断裂起源于大油孔的右上角，并且大体沿水平方向扩展，在其左边开狭口处与对面扩展的裂纹相连。该铸件是按照MIL-1-11466标准制造的，标准规定性能为$\sigma_b \geq 68.9$ MPa，$\sigma_s \geq 48.3$ MPa，$\delta_5 > 3\%$，同时规定石墨必须基本上呈球状，但对基体无要求。对17件断裂活塞的分析表明：11个活塞强度达到标准要求；9个活塞延伸率达到要求，其余8个的延伸率只有2.1%。组织检查表明13件石墨形态不合格，呈蠕虫状，基本不含有球状石墨。组织了不同石墨形态活塞材料在20.67 MPa循环应力条件下的疲劳试验，结果表明球状石墨试样的疲劳寿命是蠕虫状石墨试样的18倍。这些工作表明，大多数使用中的断裂都发生在含蠕虫状石墨的活塞上，结论认为，石墨形态不合格以及大块碳化物造成的脆性是活塞早期断裂的原因。

8.3　锻造缺陷与失效

锻件质量对机械零件,特别是重要零件的性能影响很大。锻造工艺不仅可保证达到零件所要求的形状和尺寸,而且对零件的强度、塑性、韧性等有重要影响。航空发动机涡轮盘、涡轮叶片、压气机叶片等的炸裂和折断事故,电站主轴叶轮的爆炸事故,汽车或高速柴油机连杆在运行中的折断事故等,都与其锻件质量有关。又如锻造质量优良的铬钢冲模可冲压 300 万次以上,而质量低劣的同样模具寿命却不足 5 万次;采用压力加工方法提高了表面质量的涡轮叶片寿命在 1 000 h 以上,而通常的涡轮叶片寿命仅为 200 h 左右。这些事实说明提高锻件质量的重要意义,但另一方面,锻造工艺不当时,将产生各种缺陷,这些缺陷常成为锻件失效的原因。

8.3.1　锻造工艺对锻件组织和性能的影响

锻造工艺主要包括加热、成形、锻后冷却和锻后热处理等。对锻件组织和性能发生影响的主要工艺参数有加热温度、加热速度、变形温度、变形程度、冷却条件及应力状态等。

关于变形温度的影响,对钢件而言,锻造加热温度一般比零件的最终热处理温度高,因此高温下形成的晶粒尺寸及随后冷却时的组织转变会对锻件质量有一定影响,不合适的加热温度总会造成锻件的缺陷。若加热温度过高或保温时间过长,会引起脱碳、过热和过烧等。例如合金结构钢的过热断口,马氏体不锈钢出现铁素体,奥氏体不锈钢出现铁素体,9Cr18 轴承钢碳化物沿孪晶线析出,耐热合金出现粗晶,钛合金出现 β 组织粗化等。而渗碳钢的锻造过热,则使渗碳后出现粗大针状马氏体和网状碳化物。上述这些组织缺陷均对锻件机械性能有不良影响,尤其会使材料韧性和疲劳抗力受损。若加热温度太低,则易引起变形不均匀,使耐热合金及铝合金淬火加热后易出现粗晶或晶粒粗细不均现象,或使亚共析钢形成带状组织,更甚者在锻造时还会引起不同形式的裂纹。

关于变形程度对锻件质量的影响,主要决定于锻造比,锻造比对钢锭中的孔隙度、非金属夹杂物和钢韧性的影响示于图 8.3。可见横向韧性随变形量增大开始是提高的,变形量较大时,又逐渐降低,其原因在于变形量较大时形成了纤维组织。采用合适的锻造工艺可以使锻件中的纤维沿零件最大受力方向分布。流线沿锻件外形均匀而连续地分布时,对零件力学性能,尤其是疲劳性能有利。

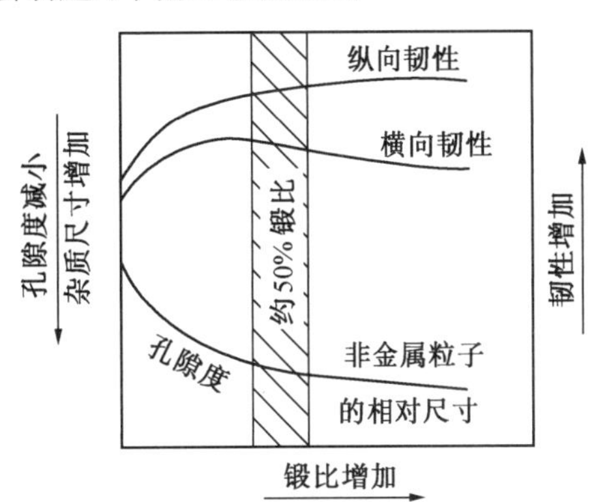

图 8.3　锻造比对孔隙度、夹杂物粒子尺寸和韧性的影响

锻造工艺中最终成形工序的变形程度是影响锻件晶粒度的重要因素,对无同素异构转变的材料尤其如此。如果最终工序的变形量处于临界变形区,则将形成特别粗大的晶粒,严重降低材料的塑性和韧性。一般情况下的变形都大于临界变形度,可获得细晶组织,但这又在很大程度上决定于终锻温度。如果变形程度过大,则引起织构现象,使铝合金锻件产生粗大晶粒。

对于高速钢,铬12型钢,3Cr2W8V钢,有时采用反复镦拔的变形方式和足够大的变形程度,是为了细化其中的碳化物,使其提高性能。对于铝合金、钛合金则是为了消除组织和性能的方向性。

关于加热速度对锻件质量的影响主要与锻件截面尺寸和材料的导热性有关,截面尺寸越大,导热能力越差,造成的热应力越大,尤其对于高合金钢,如果加热不当,常因热应力造成开裂。冷却条件的影响除与热应力有关外,还与冷却过程中发生相变,产生的组织应力有关。对于马氏体不锈钢和莱氏体钢等,如果锻后冷却太快,往往由于马氏体相变引起的组织应力造成锻件开裂。关于应力状态的影响主要体现在不同应力条件下材料的变形能力不同,从而构成对材料可锻性和流动性的影响。应力状态越软,金属表现出的塑性即可锻性越大。

8.3.2　锻件中的常见缺陷

锻件缺陷有的是在不合理的锻造工艺中形成的,有的则是由于原材料质量不良引起的。表8.1~8.3分别列出原材料缺陷引起的锻件缺陷,加热不当引起的锻件缺陷和锻造工艺不当引起的锻件缺陷。

表8.1　原材料的主要缺陷及其引起的锻件缺陷

名称	主要特征	产生原因及影响
毛细裂纹	位于金属表面,深约0.5~1.5 mm的细微裂纹	金属轧制时,将钢锭内的皮下气泡辗长后破裂形成的,锻造前若不去掉,可能引起锻件裂纹
折叠	在金属表层深达1 mm左右,在直径两端折缝方向相反。横向观察,折叠同圆弧切线构成一角度,折缝内有氧化铁夹杂,四周有脱碳	因轧辊上的型槽定径不正确,或因型槽磨损面产生的毛刺在轧制时被卷入,导致形成折叠; 锻造前若不去掉,可能引起锻件折叠
结疤	轧材表面局部区域的一层可剥落的薄膜,其厚度约1.5 mm左右	浇铸时,由于钢液飞溅而凝结在钢锭表面,轧制时被压成薄膜而贴附在轧材表面,即为结疤; 锻后经酸洗清理,薄膜剥落成为锻件表面缺陷
层状断口	断口或断面与折断了的石板、树皮很相似。这种缺陷在合金钢(铬镍钢,铬镍钨钢等)中较多,碳钢中亦有发现	主要是原材料冶炼质量的问题,往往在轴心部分出现,一般认为,钢中存在非金属夹杂物,枝晶偏析以及气孔疏松等缺陷,在锻、轧过程中沿轧制方向被拉长,使钢材呈现片层状; 如果杂质过多,锻造就有分层破裂的危险,层状断口越严重,钢的塑性、韧性越差,尤其是横向机械性能很低,所以钢材如具有明显的层片状缺陷是不合格的

续表 8.1

名称	主要特征	产生原因及影响
亮线(亮区)	在纵向断口上呈现现结晶发亮的有反射能力的细条线,多数贯穿整个断口,大多数产生在轴心部分	亮线主要是由于合金元素偏析造成的; 轻微的亮线对机械性能影响不大,严重的亮线将明显降低材料的塑性和韧性
非金属夹杂	在轧材的纵断面上表面为被轧长了的或被破碎的非金属夹杂。前者如硫化物,后者如氧化物、脆性硅酸盐	非金属夹杂物主要是熔炼或浇铸的钢水冷却过程中由于成分之间或金属与炉气、容器之间的化学反应形成的。另外,在金属熔炼和浇铸时,由于耐火材料落入钢液中,也能形成夹杂物,这种夹杂物统称夹渣; 严重的夹杂物容易引起锻造开裂或降低材料的使用性能
碳化物偏析	经常在含碳高的合金钢中发现(例如高速钢等),其特点是局部区域有较多的碳化物集聚	钢中的莱氏体共晶碳化物和二次网状碳化物在开坯和轧制时未被打碎和均匀分布造成的; 碳化物偏析降低钢的锻造变形性能,易引起锻件开裂。锻件热处理淬火时容易局部过热、过烧和淬裂。制成的刀具使用时刃口易崩裂
铝合金氧化膜	一般多位于模锻件的腹板上和分模面附近。在低倍组织上,呈微细的裂口;在高倍组织上,呈现涡纹状。在断口上的特征可分两类:其一,呈平整的片状,颜色从银灰色、浅黄色直至褐色、暗褐色;其二,呈细小密集而带闪光的点状物	熔铸过程中敞露的熔体液面与大气中的水蒸气或其他金属氧化物相互作用时所形成的氧化膜在转铸过程中被卷入液体金属的内部形成的锻件和模锻件中的氧化膜对纵向机械性能无明显影响,但对高度方向机械性能影响较大,它降低了高度方向强度性能,特别是高度方向伸长率、冲击韧性和高度方向抗腐蚀性能
异金属夹杂物	与基体金属有明显的界限	熔炼时外来金属混入造成的,异金属的存在,降低了零件的使用性能,且易引起锻件各种形式的裂纹
白点	在钢坯的纵向断口上呈现圆形或椭圆魂银白色斑点,在横向断口上呈现细小的裂纹。白点的大小不一,长度由 1 ~ 20 mm 或更长; 白点在合金钢中常见,普通碳钢中也有发现,是隐藏在内部的缺陷	白点是在氢和相变时的组织应力以及热应力的共同作用下产生,当钢中含氢量较多和热压力加工后冷却(或锻后热处理)太快时较易产生; 用带有白点的钢锻造出来的锻件,在热处理时(淬火)易发生龟裂,有时甚至成块掉下。白点降低钢的塑性和零件的强度,是应力集中点,它像尖锐的切刀一样,在交变载荷的作用下,很容易变成疲劳裂纹而导致疲劳破坏

续表 8.1

名称	主要特征	产生原因及影响
粗晶环	经热处理后供应的铝及其合金的挤压棒材,在其圆断面的外层常常有粗晶环。粗晶环的厚度,由挤压时的始端到末端是逐渐增加的。若挤压时的润滑条件良好,则在热处理后可以减小或避免粗晶环。反之,环的厚度会增加	粗晶环的产生原因与很多因素有关,但主要因素是由于挤压过程中金属与挤压筒之间产生的摩擦。这种摩擦致使出来的棒材横断面的外表层晶粒要比棒材中心层晶粒的破碎程度大得多。但是由于筒壁的影响,此区温度低,挤压时未能完全再结晶,淬火加热时未再结晶的晶粒再结晶并长大吞并已经再结晶的晶粒,于是在表层形成了粗晶环; 有粗晶环的坯料锻造时容易开裂,如粗晶环保留在锻件表层,则将降低零件的性能
缩管残余	缩管残余附近区域一般会出现密集的夹杂物、疏松或偏析,在横向低倍中呈现不规则的皱褶的缝隙	一般是由于钢锭冒口部分产生的集中缩孔未切除干净,开坯和轧制时残留在钢材内部而产生的

表 8.2　加热不当产生的缺陷

名称	主要特征	产生原因及影响
过热	一般是指金属由于加热温度过高引起粗大晶粒的现象。碳钢(亚共析钢或过共析钢)以出现魏氏组织为特征。工模具钢(或高合金钢)以一次碳化物角状化为特征。一些合金结构钢过热后除晶粒粗大外,沿晶界还有析出物,而且用一般热处理办法也不易消除	加热温度过高,或在规定的锻造与热处理温度范围内停留时间太长,或由于热效应而引起的; 过热组织由于晶粒粗大,将引起机械性能降低,尤其是冲击性能降低
过烧	过烧的严重的金属,镦粗时轻轻一击就裂,拔长时在过烧处出现横向裂口; 过烧部位的晶粒特别粗大,裂口间的表面呈现浅灰蓝色,过烧的铝合金锻件,表面呈现黑色或暗黑色,并且表面形成鸡皮状气泡。从高倍组织看,一般以晶界出现氧化和熔化现象为特征。对钢来说,晶界出现氧化和熔化;工模具钢(高速钢、铬 12 型钢)过烧时晶界因熔化而出现鱼骨状莱氏体;铝合金过烧往往出现晶界熔化三角区域或复熔球等	加热温度过高或高温加热时间过长引起的。炉中的氧及其他氧化性气体渗透到金属晶粒间的空隙,并与铁、硫、碳等氧化,形成了易熔的氧化物的共晶体,它破坏了晶粒间的联系

续表 8.2

名称	主要特征	产生原因及影响
铜脆	锻造时锻件表面龟裂。高倍观察，有淡黄色的铜（或铜的固溶体）沿晶界分布	炉内残存氧化铜屑，加热时氧化铜还原为自由铜，熔融的铜原子在高温下沿奥氏体晶界扩展，削弱了晶粒间的联系。另外，钢中含铜量较高（>2%）时，如在氧化性气氛中加热，在氧化铁皮下形成富铜层，也引起铜脆
加热裂纹	沿坯料的横断面开裂，裂纹由中心向四周呈现辐射状扩展	由于坯料尺寸大，钢的导热性差，加之加热速度过快，形成坯料内外温度相差很大，产生的热应力超过坯料的强度极限所致； 这种缺陷多产生于高合金钢和高温合金的加热中
石状断口	在纤维断口基体上，呈现不同取向、无金属光泽、灰白色粒状断面；石状断口多发生于锻件的表面部分	它是由严重过热引起的，该断面相当于钢过热时形成的粗大奥氏体晶粒界面。钢件过热后冷却时 MnS 等异相质点沿粗大奥氏体晶界析出。当钢由于调质使基体的韧性增强后折断时，则断裂沿原来的奥氏体晶粒界面发生。这样，在纤维状断口基体上就呈现出许多过热小平面，形成石状断口； 严重的石状断口不能用普通的热处理方法加以改善，具有石状断口的锻件的冲击值下降
萘状断口	断口上有许多取向不同、比较光滑的小平面，像萘状晶体一样闪闪发光；合金结构钢的萘状断口不如高速钢的特征明显	合金结构钢的萘状断口一般是由于过热，晶粒粗大引起的。高速钢终锻温度过高和最后一次变形程度落入临界变形区，加之锻后的退火时间不充分时，就常形成萘状断口；或者两次淬火，中间没有退火时也产生萘状组织
脱碳	锻件表层的含碳量较内部有明显降低，在高倍组织上表层渗碳体的数量减少，在机械性能上表层的硬度或强度下降	金属在高温下表层的碳被氧化。脱碳层的深度与钢的成分、炉气的成分、温度和在此温度下保温时间有关。采用氧化性气氛加热易发生脱碳，高碳钢易脱碳，含硅量多的钢也易脱碳； 脱碳使零件的强度和疲劳性能下降，磨损抗力减弱

续表 8.2

名称	主要特征	产生原因及影响
增碳	经油炉加热的锻件,其表面或部分表面发生增碳现象。有时增碳层厚度达 1.5 ~ 1.6 mm,增碳层的含碳量达 1% 左右,局部点含碳量甚至超过 2%,出现莱氏体组织	坯料在油炉里加热时,两个喷油嘴的喷射交叉区得不到充分燃烧,造成渗透气氛,或喷嘴雾不良喷出油滴,使锻件的表面出现增碳现象; 增碳使锻件的机械加工性能变坏,切削时易打刀
9Cr18 不锈钢轴承链状碳化物	9Cr18 不锈钢锻造及退火后出现孪晶组织,而且退火组织中一次碳化物沿孪晶线呈现链状析出	锻造加热温度超过 1 160 ℃是出现孪晶及退火后出现链状碳化物的原因;状碳化物析出使钢的冲击韧性下降(这种缺陷属于稳定过敏)
热透不足引起心部开裂	心部开裂常在坯料的头部,其开裂深度与加热和锻造有关,有时裂纹贯穿整个坯料	锻造高合金钢时,坯料未热透,坯料内部温度低,外部温度高。锻造时,外部塑性好、变形大,而内部塑性差,变形小,甚至没有变形。由于严重的不均匀变形,引起金属坯料心部开裂
铝合金锻件表面气泡	在水中铲除气泡表层,可发现气泡内有气体逸出。在气泡内壁上灰黑色的、类似燃烧后的产生,如同树木的年轮。气泡内壁不是撕裂的断口,而是呈现波纹的光滑表面	1. 由挤压坯料表面气泡带来的; 2. 在高温下加热(热处理或锻造加热炉温失控)时,铝合金,特别是含镁量高的铝合金与炉内水蒸气发生作用形成的; 3. 火焰炉炉氯中存在有硫,或者电炉中加热时锻件表面残留有含硫的润滑剂

表 8.3　锻造工艺不当产生的缺陷

名称	主要特征	产生原因及影响
大晶粒	在锻件低倍上晶粒粗大	始锻温度过高和变形程度不足;终锻温度过高;变形程度落入临界变形区;铝合金成变形程度过大,形成织构;高温合金形温度过低,形成混合变形组织等均能形成粗大晶粒; 粗晶使锻件的塑性、韧性降低,疲劳性能明显下降
晶粒不均匀	锻件某些部位的晶粒特别粗大,某些部位却较小,形成整个锻件内部晶粒大小不均; 耐热钢及高温合金对晶粒不均匀特别敏感	变形不均匀使晶粒破碎不一,或局部区域变表程度落入临界变形区,高温合金局部加工硬化,淬火加热时局部晶粒粗大; 晶粒不均匀使锻件的持久性能、疲劳性能明显下降

续表 8.3

名称	主要特征	产生原因及影响
冷硬现象	热锻后锻件内仍部分保留冷变形组织,锻件的强度和硬度比正常热锻的要高,而塑性和韧性下降	变形时温度偏低或变形速度太快,以及锻后冷却过快,以致再结晶引起的软化跟不上变形引起的强化(硬化),从而出现热加工后的冷硬现象
脱碳层堆积	锻件上局部地方脱碳层堆积,硬度低于正常组织部位的硬度	这种缺陷是由于锻造工艺不当引起的。例如圆棒料拔长时由于锤击过重,压下量过大,翻转90°压缩时形成双鼓形,再拔长时,双鼓形的金属一部分向外流动,增加宽度,一部分金属向中心流动,因而形成中心区的脱碳层堆积现象
十字裂纹	裂纹沿锻件横断面的对角线方向分布,其长度不一,有时可能完全贯穿整个坯料。这种缺陷在低塑性开的高速钢、高铬钢的拔长工序中常出现	这是在反复对坯料进行翻转90°的拔长过程中,送进量过大,且在同一处反复重击造成的。矩形断面坯料在平砧下拔长时,对角线两侧金属进行剧烈的交错流动,产生很大的交变剪切,当切变程度或切应力超过材料允许的数值时,便沿对角线方向产生裂纹
龟裂	锻件表面出现较浅的龟状裂纹	1. 原材料含 Cu、Sn 等易熔元素量过多; 2. 高温长时间加热时,钢表面铜析出、表面晶粒粗大、脱碳,或经多次加热的表面; 3. 燃料中含硫量过高; 4. 锻件成形中受拉应力的表面(例如,未充满的凸出部分或受弯曲的部分)最容易产生这种缺陷
飞边裂纹	模锻及切边时,在分模面处产生的裂纹	在模锻操作中,由于重击使金属强裂流动产生穿筋现象,镁合金模锻件切边温度过低;铜合金模锻件切边温度过高
分模面裂纹	锻件沿分模面开裂	原材料非金属夹杂物多,锻造时向分模面流动与集中,或轧制过的原材料缩孔或疏松的边缘挤入飞边后形成
孔边龟裂	在冲孔边缘有龟裂或裂纹,铬钢冲孔时出现较多	主要是冲孔芯子没有预热、预热不够或因一次冲孔变形太大造成
裂纹	锻件的完整性和连续性被破坏	1. 坯料表面和内部有微裂纹,锻造时进一步扩展; 2. 坯料内存在组织缺陷或热加工温度不当,使材料塑性下降; 3. 造时存在较大的拉应力、剪应力或附加拉应力; 4. 形速度过快,变形程度过大

续表 8.3

名称	主要特征	产生原因及影响
锻造折叠	折叠与金属流线方向一致，折叠尾端一般呈现小圆角，但随后的锻造变形又会使折叠发生开裂，使折叠的尾端呈现尖角形，一般折叠两侧有较重的氧化脱碳现象，在个别情况下也有发生增碳现象	折叠是金属变形过程中已氧化过的表层金属汇合在一起而形成的。与原材料和坯料的形状、模具的设计、成形工序的安排、润滑情况及锻造的实际操作等有关。折叠不仅减少了零件的承载面积，而且工作时由于此处的应力集中往往成为疲劳源
穿流	穿流是流线分布不当的一种形式，在穿流区，原先成一定角度分布的流线汇合在一起。穿流区内、外晶粒大小常常相差较悬殊	穿流产生的原因与折叠相似，它是由两股金属或一股金属带着另一股金属汇流而形成的，但穿流部分的金属仍是一整体；穿流使锻件的机械性能降低，尤其当穿流两侧晶粒相差较悬殊，性能降低较明显
锻件流线分布不当	在锻件低倍上发生流线切断、回流、涡流等流线紊乱现象	1. 模具设计不当或锻造方法选择不合理，预制毛坯流线紊乱； 2. 操作不当及模具磨损使金属产生不均匀流动
带状组织	铁素体和珠光体、铁素体和奥氏体、铁素体和贝氏体以及铁素体和马氏体在锻件中呈现带状分布的一种组织，它们多出现在亚共析钢、奥氏体钢和半马氏体钢中	这种组织，是在两相共存的情况下锻造变形时产生的； 带状组织能降低材料的横向塑性指标，特别是冲击韧性。在锻造或零件工作时常易沿铁素体带或两相的交界处开裂
剪切带	锻件的横向低倍上出现波浪状的细晶区，多出现在钛合金和低温锻造的高温合金锻件中	由于钛合金和高温合金对激冷敏感性大，在模锻过程中，坯料接触表面附近难变形区逐步扩大，在难变形区间发生强裂剪切变形所致。结果形成强烈的方向性。使锻件性能降低
碳化物偏析级别不符要求	碳化物分布不均匀，呈现大块状集中分布或呈现网状分布。这种缺陷主要出现于莱氏体工模具钢中	原材料碳化物偏析严重，加之改锻时锻比不够或锻造方法不当； 具有这种缺陷的锻件，热处理淬火时容易局部过热和淬裂。制成的刃具和模具使用时易崩刃等
铸造组织残留	在锻件组织中，存在有铸态组织，主要出现在用铸锭作坯料的锻件中；铸态组织主要残留在锻件的难变形区	锻比不够和锻造方法不当。这种缺陷使锻件的性能下降，尤其是冲击韧性和疲劳性能等
铜合金锻件应力腐蚀开裂（季裂）	主要产生于含锌的黄铜中，低倍和高倍观察表明，裂纹的扩展呈现树枝状形态	锻造时变形不均匀，锻后又未及时退火，使锻件内存在残余应力； 存在残余应力的锻件，在潮湿的空气中，特别是在含氨盐的大气中放置时会引起应力腐蚀开裂

对470起锻件失效事故的分析表明,造成锻件失效的原因中,设计因素、工艺与材料因素以及服役条件各约占三分之一。设计因素方面,因尖角和尖锐圆角引起的失效约占12%,设计选材引起的失效约占8%,工艺因素中,与磨削、焊接缺陷以及安装、润滑等有关的失效占17%,与热处理、锻造及残余应力有关的占13%,运行条件方面,因操作失误、超载引起的失效占28%。这些统计数字只在统计范围内是准确的,它可定性说明引起零件失效的各种原因的大致趋势。对于组织和管理欠佳的生产环境,工艺因素引起产品失效的比例会相应地更高一些。对于锻件失效,出现频率比较高的失效原因有过热与过烧、折叠、显微组织(或流线)分布不合理以及氧化与脱碳、锻比太小、锕裂和开裂等。下面介绍几种常见的锻造缺陷及与其有关的失效。

8.3.3　过热与过烧

一般认为由于加热温度过高或保温时间过长引起金属晶粒粗大的现象称为过热。

碳钢(亚共析或过共析钢)过热之后往往出现魏氏组织。马氏体钢过热之后,往往出现晶内织构。工模具钢(或高合金钢,含有大量一次碳化物等)往往以一次碳化物角状化为特征判定过热组织。钛合金过热后,出现明显的β相晶界和平直细长的魏氏组织。

过热后的组织,按照用正常热处理工艺消除的难易程度分为不稳定过热和稳定过热两种情况。用正常热处理工艺可以消除的过热称为不稳定过热。用一般的正火、退火或淬火处理不能完全消除的过热称为稳定过热。合金结构钢的严重过热常表现为稳定过热。当加热温度比过热更高,晶粒边界出现氧化或熔化时,称为过烧。

1. 过热过烧的产生

钢在热加工时,加热温度超过其过热温度以后,钢中的MnS夹杂溶解,在随后的冷却时以非常细小的MnS颗粒优先析出于高温奥氏体晶界上,从而削弱了这种晶界的结合力。因此在淬火或调质处理后折断时,便沿这些晶界开裂,因此,过热后钢的力学性能,尤其是冲击韧性显著降低。加热温度越高,固溶于奥氏体中的硫化物等越多,奥氏体晶粒长得越大,冷却过程中沿原奥氏体晶界析出的硫化物等质点越多,原奥氏体晶界也越稳定。

但是,在某些特定的情况下,有几种合金结构钢的过热只表现为奥氏体晶粒粗大这一特点。例如,经电渣重熔仅用适量Al脱氧的18Cr2Ni4WA钢,因硫和其他杂质含量极少,在1 350 ℃加热空冷后获得的过热断口上,出现类似上述沿晶界有杂质析出的"过热小刻面",形成结晶状断口。微观检查这些刻面,没有看到极细小的MnS等异相质点存在,而发现这种结晶粒状断口,完全是晶粒粗大造成的沿晶韧性和沿晶脆性的混合断裂。它与有MnS等异相质点存在的沿晶韧性断裂是有重要区别的。这种类型的过热经一般的淬火或正火可以消除,因此属于不稳定过热。

近年来对其他合金结构钢的研究发现,引起稳定过热的析出相除硫化锰外,还有碳化物、氮化物、硼碳化物、Ti(NC),Ti_2SC等。例如,40MnB钢高温加热锻后空冷时,沿奥氏体晶界有硼碳化合物[$Fe_3(CB)$,$Fe_{23}(CB)_6$]析出;25MnTiB钢过热后,有Ti_2SC,Ti(CW),Ti(CN),TiN等析出。这些析出相之所以能引起稳定过热,是由于它们的固溶温度高,因此一般热处理(淬火、正火)时,在较低的奥氏体化温度下不易溶入基体和改变其分布状况。

过烧是以晶界氧化或熔化为特征的。对于碳钢来说,以晶界严重氧化或熔化为特征,工具钢过烧,则因晶界熔化而出现鱼骨状莱氏体,铝合金过烧时则出现晶界熔化三角区和复熔球等。过烧的锻件是无法挽救的,只得报废。

2. 合金结构钢过烧的鉴别方法

对过热过烧的判定，目前最广泛应用的是低倍（50 倍以下）检查、金相分析和断口分析三种方法。这三种方法互相配合，相辅相成地使用。

（1）低倍检查

合金结构钢过热之后，在锻件低倍上表现为低倍粗晶。低倍粗晶的显示方法如下：一般采用 1∶1 的盐酸水溶液热侵蚀。对材质纯洁度较差的电弧钢，采用含 10% ~20% 的过硫酸氨水溶液等冷蚀剂效果较好。在酸浸低倍试片上，按过热程度不同，用肉眼可观察到：轻微过热时有分散、零星的闪点状晶粒；一般过热时晶粒呈片状或多边形；严重过热时则呈雪片状。目前尚无统一的低倍检验标准。

（2）金相分析

对磨好的金相试样进行电解腐蚀或化学腐蚀，然后在金相显微镜下观察晶界及附近有无过热、过烧特征，进而判定钢材是否过热与过烧。

在大多数情况下，应用饱和的硝酸铵水溶液对试样进行电解腐蚀，然后在显微镜下观察基体和晶界的颜色。过热钢奥氏体晶界呈白色，基体呈黑色。过烧钢晶界呈黑色，基体呈白色。

也有应用硝酸（10%）加硫酸（10%）的水溶液或奥勃试剂对试样进行化学腐蚀，效果也理想。已过热的钢在显微镜下可见到黑色断续或完整的晶界（有人认为黑色晶界是由于沿晶界析出的 MnS 被腐蚀后造成的），而过烧钢的晶界则呈白色。

对含合金元素较少的结构钢进行过烧检查时，可在显微镜下观察未腐蚀的金相试样。在过烧部位，除基体组织上保留有锻造加热时已熔化或氧化的粗大奥氏体晶界外，晶界上有的存在有浅灰色的氧化亚铁（氧化亚铁在暗场中不透明）。边缘有细小亮线，在偏振光下各向同性，有的存在低熔点 FeS 夹杂物或 FeS-Fe 的共晶体。严重过烧的试样，在已氧化的晶界周围还能看到有颗粒状氧化物。进而观察已腐蚀的试样（经 4% 硝酸酒精溶液处理），在已氧化的晶界两侧边缘有脱碳现象，氧化脱碳的程度取决于过烧程度。

另外，还有用 H_3PO_4（980 mL），H_2SO_4（20 mL）及 CrO_3（100 g）的混合液对含合金元素较少的结构钢的试样进行电解抛光，来检查是否过烧，效果同样良好。已过烧的钢经电解抛光后，用肉眼观察，晶界呈白色龟纹状网络，网络中间有断续空洞。晶界呈白色，是氧化或脱碳的晶界附近组织抗腐蚀能力提高的特征。空洞是由于晶界上的夹杂物脱落产生的。

（3）断口分析

用断口分析来检验材料的过热过烧，是一种既简便又可靠的方法。通常遇到有两类断口：一类叫“萘状断口”，另一类叫“石状断口”。前一种断口已纳入部颁标准。

所谓“萘状断口”是典型的穿晶解理断裂，如图 8.4 所示；而所谓“石状断口”是典型的沿晶断裂，如图 8.5 所示。这两种断口在形态和本质上是完全不同的。但是在完全相同（如钢种、冶炼方式、取样部位、加热温度及时间、冷却速度）的严重过热条件下，既可以出现“萘状断口”，也可以出现“石状断口”。其差别只是对过热本质没有直接影响的最后一道热处理工艺不同而已。例如，35CrNiMo 钢在 1 390 ℃ 加热空冷后得到的是过热穿晶解理断口，而在 1 390 ℃ 加热空冷后再经调质处理得到的则是沿晶韧性断口。

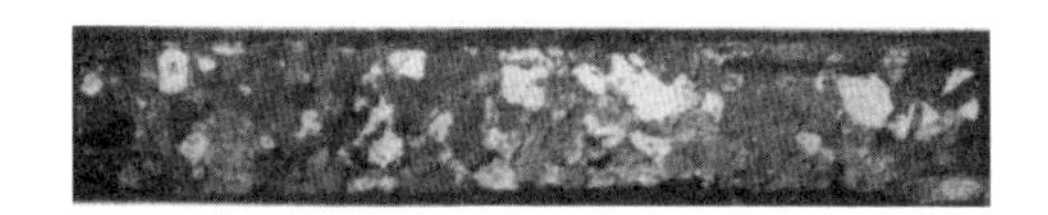

(a)宏观断口,1×

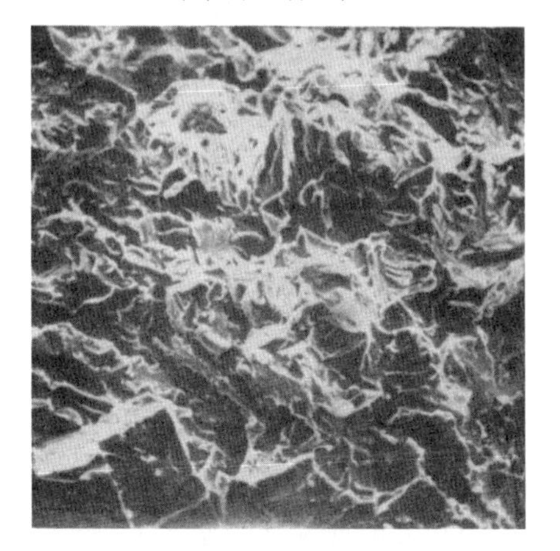

(b)局部放大,350×

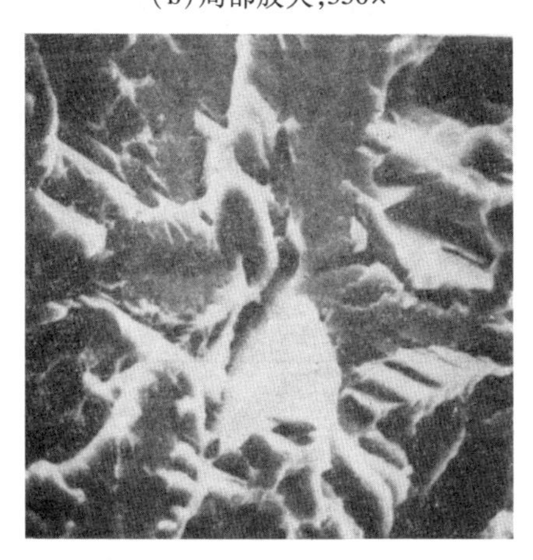

(c)萘状断口的准解理图像,1 400×

图 8.4　35CrNiMo 钢的萘状断口

(a)断口宏观,2×

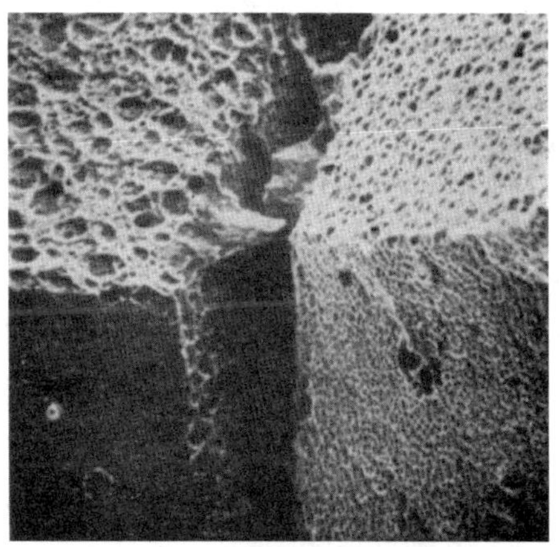

(b)局部放大,350×

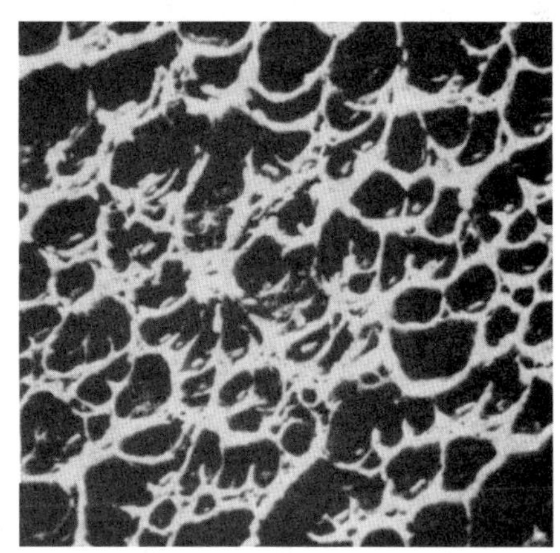

(c)石状断口的晶面上的夹杂物,1 400×

图 8.5　35CrNiMo 钢的石状断口

因此,断口检验时的热处理状态很重要。例如,35CrNiMo 钢选定正火状态检验时,表现为萘状断口,按这种断口评定过热有不够全面的地方,现讨论如下:

①出现“萘状断口”并不一定能表征材料的稳定过热。如 35CrNiMo 钢在 1 250～1 450 ℃加热范围内,空冷后均可得到“萘状断口”,而此钢出现稳定过热的温度却在 1 350 ℃以上。

②“萘状断口”可以反映出材料过热时的晶粒大小,但对某些合金结构钢过热时沿原奥氏体晶界析出的硫化物等夹杂物不能直接反映出来。

③“萘状断口”不能充分准确地反映出材料过热程度以及稳定过热开始的温度。

若采用“石状断口”来评定过热，则有以下优点：

①“石状断口”表面上出现的“过热刻面”的大小，反映了晶粒的大小、韧窝的大小和数量的多少，反映了 MnS 夹杂沿原奥氏体晶界的析出情况。

②在纤维状断口上出不出现“过热刻面”，标志着稳定过热是否开始。

③“过热刻面”的尺寸、形状、数量及分布情况，反映了过热的严重程度。

当断口由纤维状完全变为过热刻面（石状断口）时，就表示严重过热了。所以在韧性状态下检查钢材是否过热，是比较合理的。

例如，某厂对 18Cr2Ni4WA 钢过热断口进行了研究，在 950℃ 加热时获得正常纤维状断口，在 1 150℃ 加热时在纤维状断口基体上出现了少数分散而细小的“过热刻面”，此时开始轻度过热。随着加热温度的进一步升高，“过热刻面”增多增大，到 1 400℃ 时断口的表面上全是由大颗粒灰白色“过热刻面”组成，此时为严重过热断口。

3. 过热对机械性能的影响

对只是晶粒粗大的过热情况（即不稳定过热），当试样主要呈延性断裂时，对机械性能影响不大；当试样呈穿晶解理断裂或沿晶脆性断裂时，晶粒越粗大，则塑性和韧性下降越大。对稳定过热，即晶粒粗大并同时有夹杂物沿原奥氏体晶界析出的情况，试样断口呈穿晶韧性和沿晶韧性的混合断裂或沿晶韧性断裂，过热越严重，即“过热刻面”尺寸越大并且在断口上所占的比例越大时，塑性指标及冲击韧性降低也越显著。18Cr2Ni4WA 钢的过热对机械性能的影响见表 8.4。另外，过热也影响疲劳强度和断裂韧性。特别是严重过热时，使疲劳强度和断裂韧性下降较大。表 8.5 列出了 40CrMnSiMoVA 钢过热对疲劳强度和断裂韧性的影响。

表 8.4　18CrNi4WA 钢过热对机械性能的影响

序号	断口形态	机械性能				
		σ_b/(×9.8 MPa)	σ_s/(×9.8 MPa)	δ %	ψ /%	a_k/(×9.8 J·cm^{-2})
1	正常纤维状断口	120.1	110.1	14.0	54.0	7.8
2	纤维状断口+极少“过热小平面”	119.9	103.5	11.0	42.5	7.9
3	纤维状断口+分散“过热小平面”	117.0	101.0	11.0	42.5	7.9
4	纤维状断口+密集“过热小平面”	115.0	98.0	12.5	42.5	5.5
5	纤维状断口+中等尺下放“过热小平面”	113.0	98.0	11.0	41.0	5.0

表 8.5　过热对 40CrMnSiMoVA 钢疲劳强度和断裂韧性的影响

加热温度/℃	低倍情况	取样方向	周期强度			断裂韧性 K_{IC}/(×0.31MPa · $m^{1/2}$)
			应力比 R	$\sigma_{最大}$/(×9.8 MPa)	N_P/次	
1 350	严重低倍粗晶	纵向	0.6	146	1260	200
1 250	轻微低倍粗晶	纵向	0.6	146	1422	214.5
1 150	无低倍粗晶	纵向	0.6	146	1654	248.8

4. 防止和消除过热过烧的方法

(1)防止过热过烧的措施

加热时严格控制坯料的实际加热温度,这是防止过热过烧的有效手段,具体措施如下:

①正确地制定加热规范,确保合适的始锻温度和加热时间。

②严格控制炉温,并且要使炉温均匀。加热炉应有控制仪表,对控制仪表要经常检查和校准。

③合理地放置坯料。在火焰炉内加热时,要使坯料避开火焰喷射到的高温区。在油炉内加热时,油嘴设计要高出坯料一定距离,防止燃烧油直接喷打坯料。在盐浴炉或电炉内加热时要避开电极(或电阻丝)及附近的高温区。

④装炉量要合适。在满足生产的前提下,要少装勤装,以缩短坯料在高温下的停留时间。如果生产中出了故障,需要停产时,应将坯料从炉中取出或迅速停炉,采取降温措施。

(2)用增加锻比消除过热断口

锻造变形可以破碎粗大的奥氏体晶粒,并能破坏其晶界上 MnS 等析出相的连续分布,从而消除过热断口。锻比越大,效果越显著。如某厂锻造一种塔形轴,经常出现萘状断口,经过试验,锻比大于 1.3 时,即可消除萘状断口。再如 18Cr2Ni4WA 钢 1 350℃ 加热,试料断面产生 80% 的低倍粗晶,当锻比为 1.5 ~2 时,低倍粗晶面积为 10% ~20%,再增大锻比,低倍粗晶即可消除。

(3)用热处理方法消除过热断口

一般根据断口上“过热刻面”的情况,采取不同的热处理工艺来消除过热断口。例如,某厂的 18Cr2Ni4WA 曲轴锻件有轻度过热(断口上有少量分散、细小的“过热刻面”),经 880 ℃淬火(空冷)、220 ℃回火的正常工艺处理后,断口变为细纤维状。对具有少量大而分散的“过热刻面”的断口,需用二次热处理,才能使断口获得改善,即在正常正火工艺前增加一道正火加高温回火工序。对于较严重过热的断口,则应采用 1 050 ℃扩散退火、调质处理(950 ℃正火、650 ℃高温回火),然后按正常工艺热处理,才能改善或消除过热断口(高温正火、扩散退火可部分消除夹杂沿原奥氏体晶界分布的状态,然后进行第二次正火处理可以细化晶粒)。

对于严重的过热石状断口,进行多次均匀化退火和正火也难以消除,只得报废。

对于过烧的锻件,无法用热处理的办法挽救。

8.3.4　因过热过烧造成零件失效的实例

例 1　某汽车变速箱二轴断裂

该二轴调质处理后校直时发生横向断裂，断裂面垂直于轴线方向，断口暗灰、呈颗粒状。在断口附近切取平行于断口平面的横截面试样，进行热酸浸试验，发现截面上有明显的沿晶裂纹。同时制取显微分析样品，进行组织分析表明，该轴材料中夹杂物数量和形态符合技术条件要求，但显微组织中存在晶界熔化和晶间开裂等缺陷，裂纹两侧明显脱碳，裂纹内存在较严重的氧化物夹杂，基本组织为索氏体和珠光体，实际晶粒度不大。这是由于经调质处理后，使锻造时的粗大组织重新细化的结果。调质处理虽可以细化基体组织，但不能消除锻造加热过程中发生的晶界熔化和锻造开裂的特征。为进一步确定是否存在其他的致脆因素，对裂纹中的夹杂物进行了扫描电镜波谱分析，结果表明钢中 B，Cu，P 等元素含量很低，Mn，C，O 元素含量较高。上述分析充分说明该轴在锻造成型过程中，由于坯件过烧显著恶化了材料的塑性和韧性，严重损伤了其承载能力，故热处理后，在校直过程中，稍加弯曲载荷即发生脆断。

例 2　1015 钢锻制吊钩失效

钓钩上挂有两根 $\phi12.7$ mm 的链子，在起吊 48 899N 重物时，钓钩断裂，此时两根链子夹角为 60°。该吊钩断裂于链绳孔与钩身的连接处，此处吊钩直径为 22.23 mm，断口具有疲劳断口特征，海滩花样约占断口 50%，裂纹源位于表面，裂纹源处有轻微的晶界氧化，静断区为解理断裂特征。金相观察发现吊钩具有较粗大的针状锻造组织，钢中夹杂物含量及形态符合技术条件，成分符合 1015 沸腾钢的成分。综合上述分析认为，晶界氧化和较大的针状组织是锻造过热造成的，过热组织导致疲劳强度和冲击韧性降低，因此在工作条件下，疲劳裂纹优先在零件表面的晶界氧化处形成并扩展导致疲劳断裂。

例 3　桥式起重机车轮由于锻造缺陷引起断裂

该车轮采用 1055 钢锻造，使用一年后在辐板处断裂。断口有贝纹特征区，裂纹起源于辐板表面，金相分析表明零件表面过烧，深度达 0.76 mm，裂纹起源于表面过烧严重处，另外有明显的折叠和表面脱碳现象。分析结论认为，零件锻造过程中产生的表面过烧和折叠促使疲劳裂纹产生和扩展导致失效。为防止此类失效重复发生，应严格控制锻造加热温度，防止锻造过热和过烧，如果发生过烧时，若比较轻微，则可用机加方法将过烧层加工掉，若比较严重时，则应报废。

例 4　合金钢夹脆性断裂

图 8.6 所示的环形夹是用来将导管固定在飞机发动机上的。该夹工作三小时后松动，把夹子卸下来时，发现一个环夹上的两铰链凸耳已破裂。该环形夹采用 AMS 6322 钢锻造后进行机械加工并镀镉。

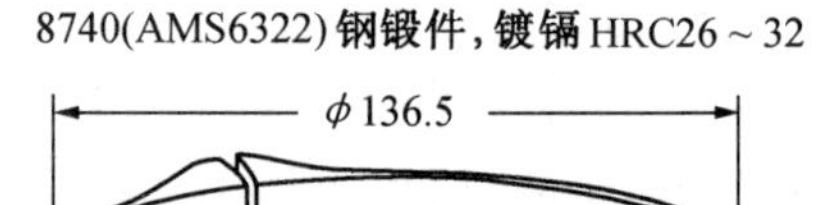

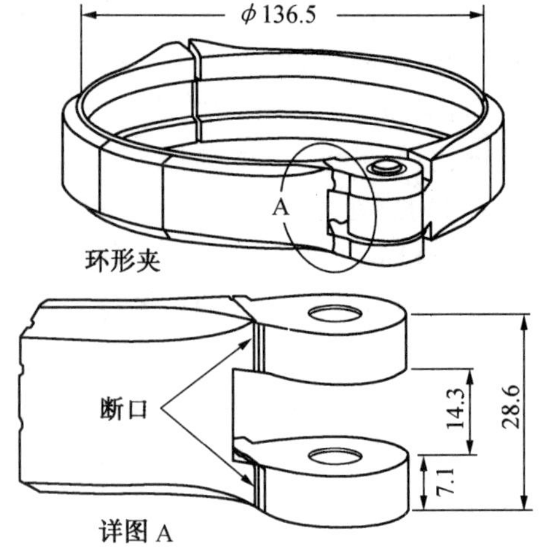

图 8.6　环形夹（飞机发动机零件）因锻造过烧而失效

环形夹断裂位置示于图 8.6,断口特征表明,断裂属脆性沿晶断裂。剖面试样金相检验显示晶界初熔和晶界脱碳,这表明材料已严重过烧。剥掉断口附近的镀镉层,用 5% 硝酸酒精浸蚀,宏观检验证实,过烧只局限于环形夹的凸耳端。这是在镦锻铰链凸耳时发生的过烧。从硬度、显微组织和化学组成来说,在远离过烧区的地方的冶金质量都符合该钢的技术条件,铰链凸耳的尺寸也符合设计要求。

上述分析的结论认为,环形夹上两个铰链凸耳脆性断裂,是锻造时严重过热过烧引起的。由于过烧,材料力学性能,尤其是延性和韧性严重降低,承载能力受到严重损失的材料又处在应力集中的位置上,受到工作应力后,很快发生沿晶脆断。

例 5 灭火器壳体因旋压过烧而开裂

一灭火器壳体采用 1541 钢制成,壳体直径为 171.5 mm,壁厚 4.2 mm,封头经旋压成形。该壳体渗漏检验时,发现封头处渗漏。目视检查未发现明显裂纹,仅在封头顶部发现三处小折叠,如图 8.7 所示。切取其中的一个折叠进行分析。检验表明,钢材化学成分符合 1541 钢技术条件;组织分析发现,截面内有很多细微的横向龟裂,组织中有带状铁素体。该钢正常的显微组织应是铁素体和珠光体。分析认为这种带状铁素体是钢曾在熔点附近加热形成的。因此认为壳体在起始成形温度下旋压变形,旋压产生的摩擦热(变形热)使钢件严重过热,并有局部熔化,微裂纹就是在这种条件下变形时产生的。因此建议封头旋压加工的起始温度适当降低,并严格控制,以免出现初熔和带状铁素体。

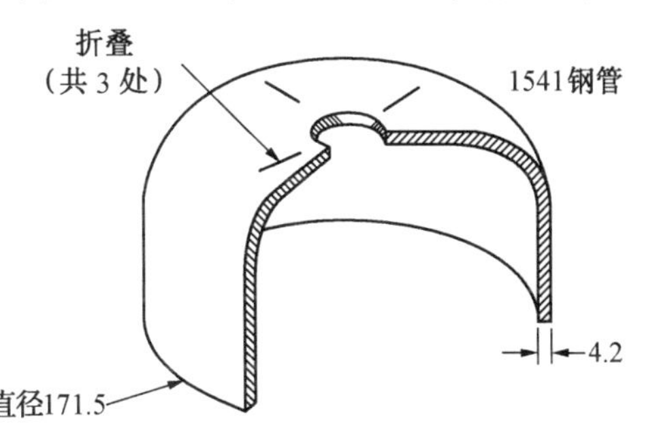

图 8.7 灭火器壳体封头因过热而开裂

8.3.5 显微组织(流线)

1. 金属显微组织的形成

金属的杂质、化合物、偏析、晶界等在低倍试片上沿主伸长方向成纤维状分布的组织,称为金属纤维组织或流线。

这种纤维组织,是铸锭中的杂质,化合物偏析和晶界在热塑性变形(锻压、挤压或轧制等)过程中发生形态改变而形成的。铸锭中的脆性杂质和化合物(例如,钢中的硅酸盐、氧化物、碳化物和氮化物,铝合金中的 α,β 杂质相、$CuAl_2$,Mg_2Si,S 相、T 相等)在变形时被破碎,顺着金属变形方向伸长,并呈碎粒状或链状分布;铸锭中的塑性夹杂和化合物(例如,钢中的硫化物等)在变形时随着金属一起变形,沿变形方向成带状分布。大多数类型的夹杂和化合物在再结晶后,沿主伸长变形方向的分布不能改变,所以热变形后的金属组织具有一定的方向性。同时,单向变形程度越大,金属纤维的方向也越明显,如图8.8 所示。

树枝状晶粒主干上的高熔点金属与枝晶间的低熔点金属和杂质的抗化学腐蚀性能不一样,如果未经均匀化处理,塑性变形后的组织,在宏观上也呈流线形式分布。

纯金属中由于仍有极少杂质,所以随变形被拉长了的晶界,在宏观上也呈流线形式分布。

因此,金属纤维组织的形成条件是:①金属内存在有杂质、化合物、铸造结晶时的偏析和晶界等,这是形成金属纤维组织的内因;②金属沿某一方向应有足够大的变形程度(锻比),这是形成金属纤维组织的外因。

在锻件和钢材中常常见到一种带状组织,它在宏观上与纤维组织相似,其形成的外因与纤维组织相同,但形成的内因不同。

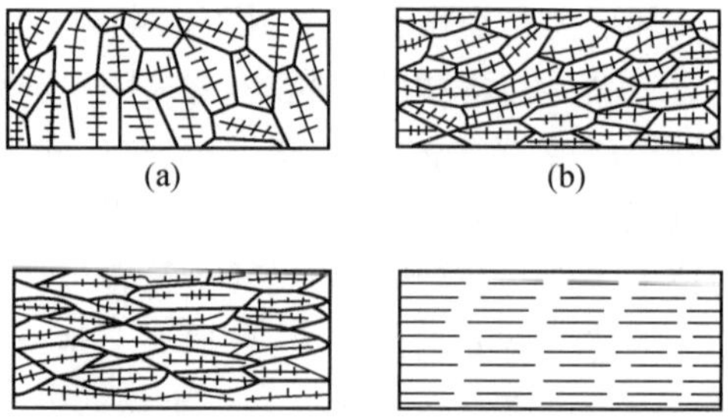

(a)　(b)　(c)　(d)

图 8.8　铸造树枝状组织随变形程度增大逐渐变为纤维组织(示意图)

2. 纤维组织对性能的影响

纤维组织使金属的性能在不同方向上有明显的差异,即呈现异向性。下面讨论纤维组织对各种性能的影响。

(1)对力学性能的影响

表 8.6 中列出了几种材料相对纤维的不同取向对常规力学性能的影响。由表中可以看出,流线方向对强度指标影响不大,而对塑性指标影响很大。但不同材料,影响程度不同。

表 8.6　纤维方向对不同材料常规力学性能的影响

材料	取样方向	机械性能(平均值)					
		σ_b/(×9.8 MPa)	$\sigma_{0.2}$/(×9.8 MPa)	δ/%	ψ/%	HB	a_k/(×9.8 J·cm^{-2})
45	纵向(0°)	71.5	47	17.5	62.8	—	6.2
	横向(90°)	67.2	44	10	31	—	3.0
40CrNiMoA	纵向(0°)	105.4	95.2	18.2	63.5	3.41	14.8
	横向(90°)	105.4	95.2	16.0	55.0	3.43	11.4
	弦向(45°)	105.6	95.5	17.3	62.1	3.43	13.7
30CrMnSiA	纵向(0°)	119.5	108.6	53.7	14.2	—	9.0
	横向(90°)	116.0	107.5	45.0	10.1	—	6.7
	弦向(45°)	118.7	103.2	53.4	14.1	—	8.5
$30CrMnSiNi_2A$	纵向(0°)	165.5	—	12.5	47.3	—	7.63
	横向(90°)	163.3	—	8.5	27.6	—	5.29
	弦向(45°)	166.2	—	11.4	44.4	—	7.53
LD_2(模锻件)	纵向(0°)	30	22	12	—	—	—
	横向(沿宽度)	27	—	4	—	—	—
LD_5(模锻件)	纵向(0°)	39	28	10	—	—	—
	横向(沿宽度)	37	25	7	—	—	—
	横向(沿高度)	35	—	5	—	—	—
LD_{10}	纵向(0°)	41	28	10	—	—	—
	横向(沿宽度)	38	25	7	—	—	—
	横向(沿高度)	35	—	5	—	—	—

纤维方向对塑性指标之所以影响很大，是因为有大量脆性杂质和化合物等沿材料流线分布，所以，横向试样受拉伸应力变形时，将以这些异相质点为核心形成显微孔洞，并不断扩大和连接成裂纹。孔洞的排列方向与纤维方向是一致的。因此，横向试样在不太大的拉伸变形之后，裂纹便贯穿试样的整个横断面，使试样发生断裂。而纵向试样则不然。纤维组织对不同材料横向塑性指标的影响程度不同，是因为不同材料的杂质和化合物的种类、性质和含量不同。例如，硫化锰与铁的结合力很弱，在较小的塑性变形后便与基体分离，在硫化锰与基体的交界处发生开裂。而 Fe_3C 与铁的结合力较强，需在较大的塑性变形后才能与基体分离，或本身被折断。

纤维方向对接触疲劳性能有很大影响。对轴承而言，主要破坏形式是疲劳剥落，而轴承的疲劳剥落与纤维组织有很大关系。试验表明，材料的疲劳剥落都发生在纤维露头的地方。例如，在试验一批轴承时，钢球有 87%、套圈有 91% 是在流线露头的地方破坏的。因此，无论是钢球或套圈，金属纤维与工件表面平行为最好，与工件表面所成的角度越大性能越差，垂直于工件表面为最差。例如，310 套圈的试验数据表明，钢管车削的套圈，因为沟道部位纤维被切断，平均寿命最低(4 892 h)；而用钢管碾出沟道的套圈，纤维与工件表面平行，纤维分布最理想，平均寿命也最高(8 509 h)；平锻的套圈，纤维分布混乱，平均寿命为 5 847 h。

纤维分布对疲劳极限的影响也很大，因为疲劳破断时的初裂纹最易在表面出现。而纤维露头的地方在微观上是一个缺陷，容易成为应力集中源，在重复载荷作用下常易成为疲劳源。因此，应当使纤维与零件几何外形相一致。例如 6160 曲轴全纤维锻造后，疲劳极限提高了 30% 以上。

(2)对耐蚀性的影响

纤维分布情况对耐腐蚀性能也有一定影响。轴承套圈或钢球在流线露头的地方也易被腐蚀。高强度钢和铝合金锻件的横向抗腐蚀能力远较纵向为低。某厂所进行的试验表明，在铝合金锻件有穿流和涡流的地方抗腐蚀能力比纤维分布正常的地方低 1 ~ 2 级；在潮湿的环境里，当主拉应力与流线方向垂直时，某些高强度合金很容易产生应力腐蚀裂纹，这种横向抗应力腐蚀能力的降低也与纤维露头有关。

纤维露头的地方抗腐蚀性能下降的原因是：

①此处裸露在外的杂质，由于与基体的电极电位不同，容易产生电化学腐蚀。

②此处原子排列不规则，能量较高，容易接受腐蚀。

③有些杂质本身的抗腐蚀性能低，容易接受腐蚀。

对于锻轧件的失效分析，首先应注意流线分布是否合理。钢材纤维组织分析一般先研磨表面(600 号 SiC 砂纸)，再在 10% 硝酸酒精溶液中浸泡几分钟，即可显示纤维组织。不锈钢可用 20% 硝酸水溶液浸蚀。铝合金可用 15 mg 氢氧化钠在 100 mL 水中的溶液浸泡 7 ~ 8 min，溶液可适当加热，也可用 10 mL 氢氟酸(40%)和 15 mL 盐酸与 90 mL 水的溶液浸泡 1 ~ 2 min。

3. 流线分布的原则和实例

流线分布的原则，应根据零件受力情况和具体的破坏形式来确定。对受力比较简单的零件，如水压机立柱、叶片、曲轴、扭力轴等应尽量使流线与零件的几何外形相符合，使流线方向与最大拉应力方向一致。对形状复杂的零件，当流线与零件几何外形难于保证完全一致时，应当保证在受力较大的关键部位使流线方向与最大拉应力方向一致。例如，航空零件中承受高应力部位上的金属流线，必须与主应力方向平行，不能有穿流和明显的涡流。某厂对由30CrMnSiNiA钢制造的承受拉应力的重要连接螺栓规定：纤维方向应平行于螺栓外形，切削加工时螺栓头部与杆部连接断面的机械加工余量不能超过2 mm，以免切断螺栓头部纤维。曾经发生过铝合金大梁由于局部地方有流线不顺而引起机械性能（主要是塑性指标）达不到要求，造成报废的实例。

受力比较复杂的零件，例如汽轮机和电机主轴，不仅对轴向，而且对径向和切向性能都有要求，故不希望流线的方向性太明显。

纤维方向对Cr12型钢冷变形模具的强度和使用寿命影响很大。例如某冷精压的压花冲头（图8.9），原纤维方向与冲头轴线一致，工作时齿根部分受拉应力作用，常常沿纵向开裂。后来改为纤维与冲头轴线垂直，使用寿命就显著提高了。

搓丝板工作时，由于螺钉轴向伸长，在垂直于刃槽的方向受较大的变形力，常发生折齿现象。因此用冷滚方法加工搓丝板时，其纤维方向应与刃槽垂直，以保证流线完全与齿形一致。当刃槽用磨削方法加工时，纤维方向应与刃槽平行。

冷镦模工作时切向拉应力较大，常易沿纵向开裂，纤维沿周围分布较好。

等轴类锻件的热锻模纤维方向应按图8.10所示的方向分布；长轴类锻件的热锻模，从防止模具的破裂出发，纤维方向应当与锻件轴线垂直，如图8.11所示。

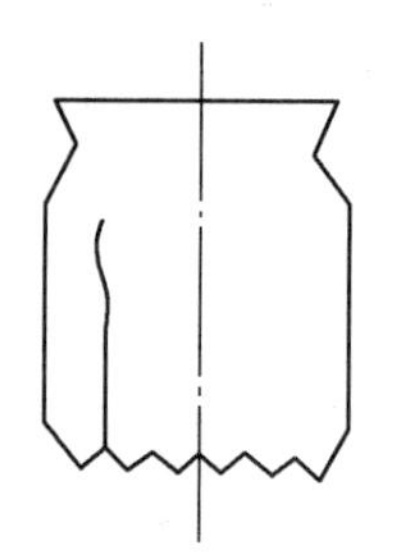

图8.9　沿纵向开裂的压花冲头示意图

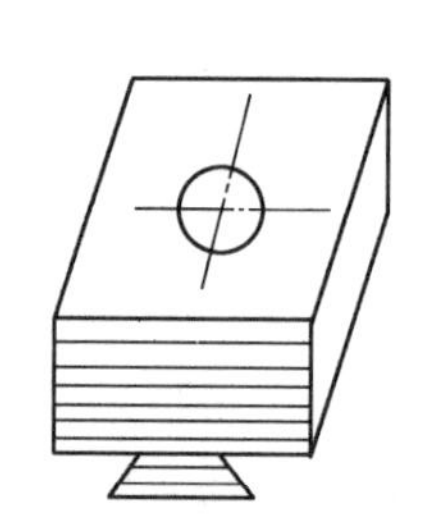

图8.10　等轴类锻件的热模锻纤维方向

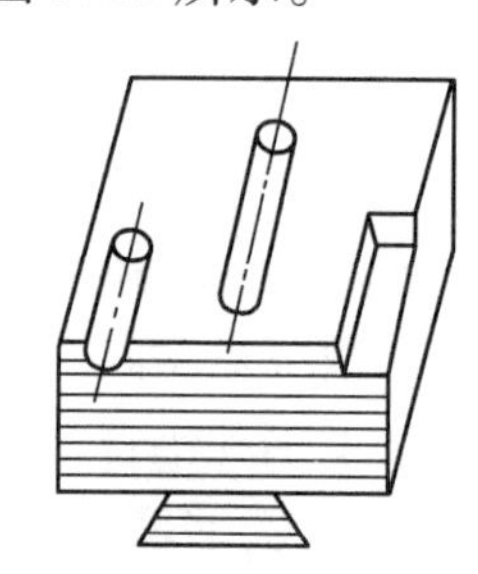

图8.11　长轴类锻件的热模锻纤维方向

高速钢刀具和Cr12型钢冲模，其工作部分是刃口，常常由于碳化物分布不均匀而产生崩刃现象，因此，应尽可能地将碳化物打碎并均匀分布，不希望有呈带状的碳化物。

对于要求抗腐蚀性能高的重要零件，最好采用无飞边模锻，以避免流线露头。

合理地布置流线可以充分发挥材料的潜力，提高零件的性能和寿命。但是，这样做在锻压工艺上要带来一些困难，生产率和成本也要受到一定影响。因此，对一般机械上的普通零件在保证机械性能合格的条件下，对纤维分布无严格要求。

8.3.6　流线分布不合理引起零件失效的实例

例1　锻压铝合金液压缸体腐蚀疲劳失效

某飞机液压缸采用7079-T6锻造铝合金实心锻件经机械加工而成，液压缸工作压力为20.68 MPa，该缸工作中发生泄漏，其工作时间不详，但实验室的报告表明，同种锻件制成的其他动力缸也曾在工作中或飞行之前的试验中发生过失效。

从飞机中拆卸下液压缸，目视检查，发现缸体飞边附近有一纵向裂纹已扩展到缸体整个长度，还发现有因锻模不对中引起的错配。裂纹发生在有工作液体输送孔的一侧，如图8.12所示。将缸体横向剖开，进行尺寸检查，鉴定模具错配。

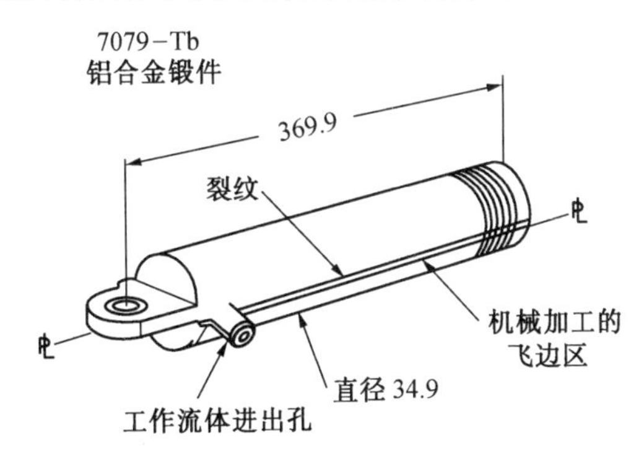

图8.12　7079-T6铝合金锻造液压缸因锻模错配造成飞边，晶粒流动不合理而腐蚀疲劳失效

化学成分分析和金相检验表明，材料成分符合7079铝合金，纤维组织和硬度都符合技术条件规定。技术条件规定缸体壁厚为4.19～5.49 mm，外径为69.06～71.44 mm，内径为60.35±0.025 mm，实测内径为60.37～60.42 mm，最薄弱区域位于模具错配的飞边处。

剖开裂纹对断口检查发现断口为具有贝纹特征的疲劳断口，疲劳源位于内表面飞边处，从腐蚀坑发源。对蚀坑的微观检查表明，腐蚀具有晶间腐蚀特征。对飞边处腐蚀坑的剖面检查发现飞边处晶粒方向的突然变化，即暴露出飞边处晶粒的径向流动特征。上述分析表明，缸体毛坯模锻时在模具分型面处形成飞边，使该局部晶粒流动方向几乎与表面垂直，机加工后使飞边处的纤维组织与缸体内表面相交。受流动介质的作用，首先在这里形成腐蚀坑，从而为局部应力集中创造了条件，然后以腐蚀坑为核心，在循环应力作用下，逐渐发展成裂纹。

此案例说明纤维组织被切断的地方腐蚀抗力降低，在介质作用下容易发生腐蚀。还说明失效机制在整个失效进程中是随条件的变化而改变的，以腐蚀机制开始，在零件表面形成腐蚀坑，其作用相当于表面缺口，从而使本来光滑的壁面上产生了应力集中因素，此后在应力集中作用下，以腐蚀坑为核心发展成裂纹。裂纹形成后在循环应力和介质的联合作用下继续扩展。在这一过程中，失效机制由初期的腐蚀，经过裂纹形成又发展成裂纹扩展。虽然整个过程都是在循环应力和腐蚀介质的作用下进行的，但在过程的不同时期会有一种机制起主导作用。

8.3.7 裂　纹

裂纹是锻造生产中常见的缺陷之一。从根本上说，裂纹的产生是材料在一定应力条件下所表现出来的行为。对于一定成分的材料，由于温度、变形速度及变形方式的不同，会有不同的行为表现。应力条件和材料的变形能力是裂纹产生与扩展的决定性条件，当材料的变形能力不能满足应力条件的要求时便产生裂纹。

从应力方面来讲，锻造过程中，锻件除受模具给予的压力外，还受由于变形不均匀引起的附加应力，由温度不均匀引起的热应力和因组织转变不同时进行而产生的组织应力。从材料方面讲，原材料中的中心疏松，异金属引起晶脆化以及非金属夹杂往往是裂纹的策源地。断裂的产生就是应力条件与材料因素相互作用的结果。

例如镦粗时，锻件轴向受压应力，但与轴线成45°方向上有最大切应力，对于变形能力较小的材料则可能形成斜裂纹。如镁合金的镦粗，在变形温度较低时，材料塑性较差，很容易产生斜裂。相反对于塑性较高的材料，镦粗时不出现斜裂，而由于鼓胀产生的复杂应力状态而出现纵向开裂。又如高速钢类钢坯锻打时，会出现因锻造变形升温造成过烧熔化开裂的问题，这类钢铸态为熔点低的共晶组织，锻造加热温度已接近共晶温度。在自由锻方坯时，坯料上下表面与锤、砧有摩擦力出现锥形不变形区，四周自由表面往中心是易变形区，变形热会导致锻坯升温。如果锻打速度快，变形大，就会使中心升温，出现十字形亮线，若温度过高，则顺方坯对角线开裂，如图8.13所示。在高温合金锻造时，如合金中低熔点有害杂质含量高，使晶界熔点降低，锻打时因加热温度接近熔点，也会出现类似裂纹。方坯中间形成的十字形锻造过热裂纹在滚圆后也可保留十字形。

挤压板料是由于受模口摩擦力影响，表层金属流动得慢，中部金属流动得快，外表层受拉，中部受压，在坯料表面容易产生横裂。基于同样的原因，正挤或反挤空心件时易在内壁产生横裂。坯料上的附加应力在外应力去除后仍以残余应力的形式存在于其中，这种残余应力往往是挤压零件延滞开裂的主要原因。挤压后的黄铜棒在潮湿空气中，由于应力腐蚀而开裂的实例是经常见到的。

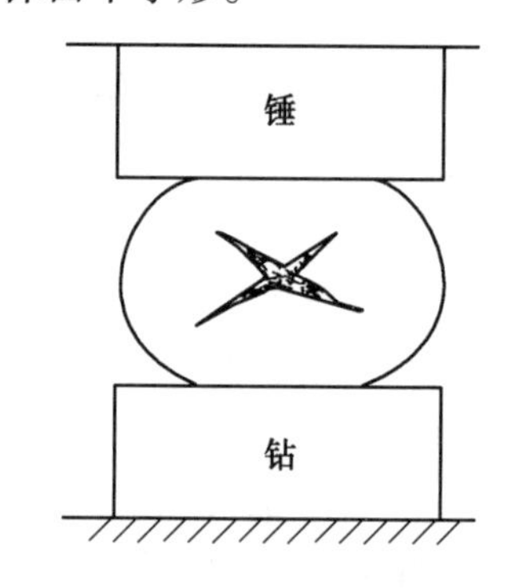

图8.13 高速钢锻造过程中因加热、锻打工艺操作不当出现的十字形裂纹示意图

锻件锻后冷却时，对于无同素异构转变者，所产生的热应力通常不致引起严重后果，虽然冷却初期温差大，表层为拉应力，但因温度较高，材料塑性尚好，不致引起开裂，冷却后期温差变小且表层为压应力，所以也不会引起开裂。如奥氏体钢1Cr8Ni9Ti，50Mn18Cr4WN等的大截面锻件都可以锻后直接空冷，甚至水冷也不致开裂。但对于冷却过程中有相变发生者，组织应力的作用，必须予以充分考虑。由于组织应力产生于较低温度下，这时材料塑性较低，容易造成开裂。高速钢和马氏体不锈钢的冷却裂纹即属此类。这类冷却裂纹的特点是裂纹附近没有氧化脱碳现象。对于马氏体不锈钢即使采取一些缓冷措施，仍必须退火后才能进行酸洗，否则在腐蚀时，很容易出现应力腐蚀开裂。

低熔点异金属的混入，往往可引起热锻开裂。这是因为在热锻时，低熔点金属已经或接近熔化，从而削弱了基体金属晶粒间的联系。例如，钢件加热时接触到熔化的铜或者坯件表面附着有铜或铜合金，则铜即向坯件内部扩散，而且渗入速度较快。有资料表明，钢件在1 100 ℃的铜介质中，保温30 min，表面以下0.8 mm处的含铜量可达20%以上。高温下铜在钢中的扩散是沿奥氏体晶界进行的。另外，当钢中含铜量较高(>0.2%)时，在锻造过程中，由于表面发生选择性氧化，使铜含量相对增高，从而沿晶界聚集并向钢材内部扩散，在铜含量相对增加的区域内将形成富铜相的网络。根据Fe-Cu状态图，在1 094 ℃以上时，这种沿晶界分布的铜基含铁固溶体将熔化成液态。如果这时锻造，将发生沿晶界的开裂，即铜裂。铜裂本质上也属于过烧开裂。例如，某厂在生产锅炉用无缝耐热钢管时,因该加热炉事前加热过铜坯发生过烧熔化,在加热钢管坯时未清理掉炉底上残留铜,以致钢坯局部沾铜,轧管时未出现异常,但交货钢管表面沾铜,交锅炉厂做锅炉管热弯后发现部分弯管处水压试验时漏水,检查中查出大部分弯管都有裂纹,有的已穿透漏水,原因是管表面沾铜,在热弯加热温度超过 Fe-Cu 包晶(>1 094 ℃)线时,形成沿晶裂纹。

还曾发生因燃料油中含硫过高,在加热镍基合金(80% Ni,余铁)时,硫侵入晶界形成低熔点 NiS 共晶的黑色网络状裂纹。此时加热温度未超过规定(规定 1 380 ℃)。主要是炉气不正常表面沾污引起的。

关于锻造裂纹的鉴别,应首先了解工艺过程,以便找出裂纹形成的客观条件;其次应当观察裂纹本身的状态;然后再进行必要的有针对性的显微组织分析、微区成分分析。举例如下。

对于产生龟裂的锻件,粗略的分析可能是:①由于过烧;②由于易熔金属渗入基体金属(如铜渗入钢中);③应力腐蚀裂纹;④锻件表面严重脱碳。这可从工艺过程调查及组织分析中进一步判别。例如,在加热铜以后加热钢料或两者混合加热时,则有可能是铜脆。从显微组织上看,铜脆开裂在晶界上除了能找到裂纹外,还能找到亮的铜网,而在单纯过烧的晶界上只能找到氧化物。应力腐蚀开裂,在高倍观察时,裂纹的扩展呈树枝状形态。锻件严重脱碳时,在试片上可以观察到一层较厚的脱碳层。

对于十字裂纹有可能是在拔方时形成的,也可能是在滚圆时形成;可能由于温度高而形成,也可能由于温度低而形成。除了通过仔细观察外,从断面上看,裂纹的形状和裂纹附近的显微组织也有助于判断。如裂纹比较平滑,多是由切应力产生,即在拔方时沿对角线形成,不一定靠近坯料中心;而滚圆时出现的裂纹一般是由拉应力引起,裂纹表面粗糙,位于坯料中心。对 W18Cr4V 高速钢,在高温形成的裂纹,裂纹附近呈细晶;在低温出现的裂纹则晶粒大小无很大差别。

裂纹与折叠的鉴别,不仅可以从受力及变形的条件考察,也可从低倍和高倍组织看。一般裂纹与流线成一定夹角,而折叠附近的流线与折叠方向平行,而且对于中、高碳钢来说,折叠表面有氧化脱碳现象。折叠的尾部一般呈圆角,而裂纹通常是尖的。

具有裂纹的锻件经加热后,裂纹附近有严重的氧化脱碳,冷裂纹则无此现象。

由缩管残余引起的裂纹通常是粗大而不规则的。

由于冷校正及冷切边引起的裂纹,在裂纹的周围有滑移带等冷变形痕迹。

8.3.8 折 叠

折叠引起锻件失效是锻件失效原因中出现较多的。所谓折叠是指在金属流动变形过程中已氧化过的表层金属汇合在一起而形成的一种缺陷。

在零件上,折叠是一种内患。它不仅减小了零件的承载面积,而且工作时此处产生应力集中,常常成为疲劳源。因此,技术条件中规定锻件上一般不允许有折叠。

锻件经酸洗后,一般折叠用肉眼就可以观察到。用肉眼不易检查出的折叠,可以用磁粉检验或渗透检验。

锻件折叠一般具有下列特征:①折叠与其周围金属流线方向一致,如图 8.14 所示。②折叠尾端一般呈小圆角,如图 8.15 所示。有时,在折叠之前先有折皱,这时尾端一般呈枝杈形(或鸡爪形),如图 8.16 所示。③折叠两侧有较重的氧化、脱碳现象。但也有例外,例如热轧齿轮时,用石墨作润滑剂,由于石墨被带入折叠内,并经高温扩散,故在折叠两侧出现增碳现象。

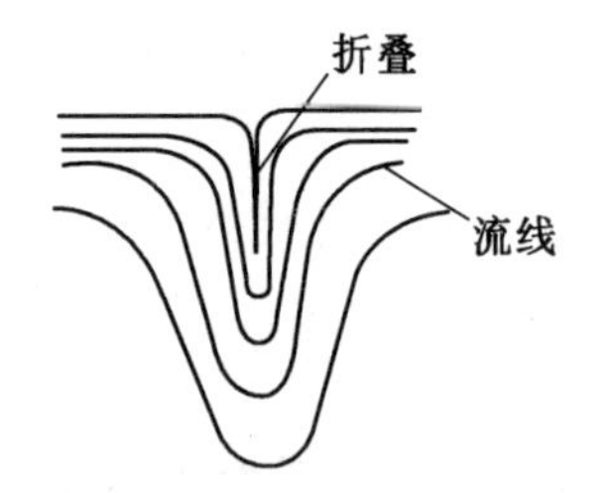

图 8.14　折叠与金属流线方向一致

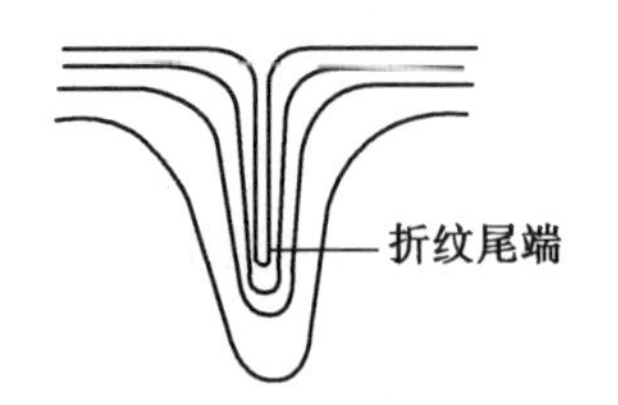

图 8.15　折叠尾端呈小圆角

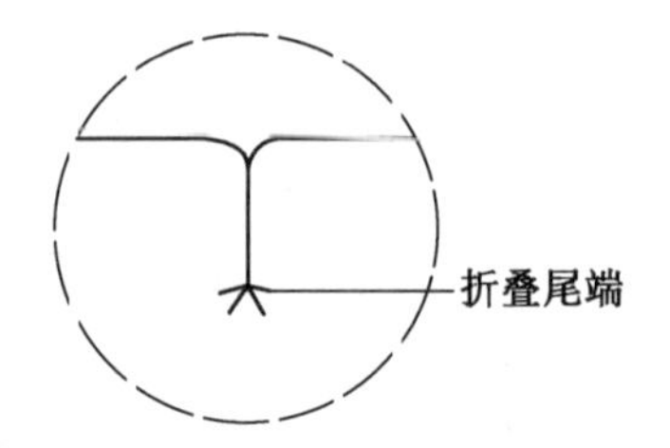

图 8.16　折叠尾端呈枝杈形

各种锻件,尤其是各种形状模锻件的折叠形式和位置一般是有规律的。折叠的类型和形成原因,大致有下列几种:①可能是两股(或多股)流动金属对流汇合而形成的;②可能是一股金属急速流动,将邻近的金属带着流动面形成的;③可能是变形金属弯曲、回流并进一步发展而形成的;④也可能是一部分金属的局部变形被压入到另一部分金属内形成的。

由两股或多股金属对流汇合形成折叠的最简单的例子是拔长坯料端部时,如果送进量小,表层金属变形大,形成端部内凹,严重时则可发展成折叠,如图 8.17 所示。此外,挤压时,当挤压的坯料较高时,与凸模端面接触的部分金属,由于摩擦阻力很大不易变形。但当压余高度 h 较小,尤其当挤压比较大时,与凸模端面中间处接触的部分金属便被拉着离开凸模端面,并往孔口部分流动,于是在制件中产生图 8.18 所示的缩孔。

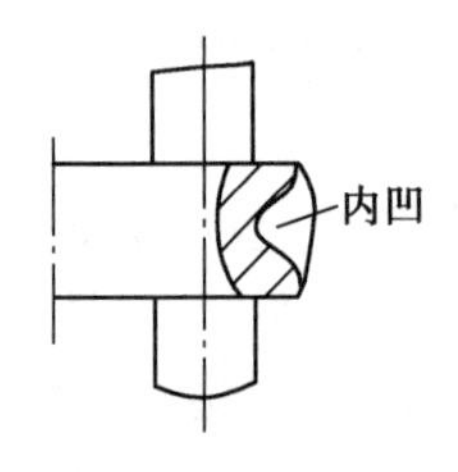

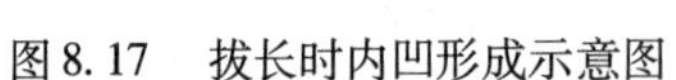
图 8.17　拔长时内凹形成示意图

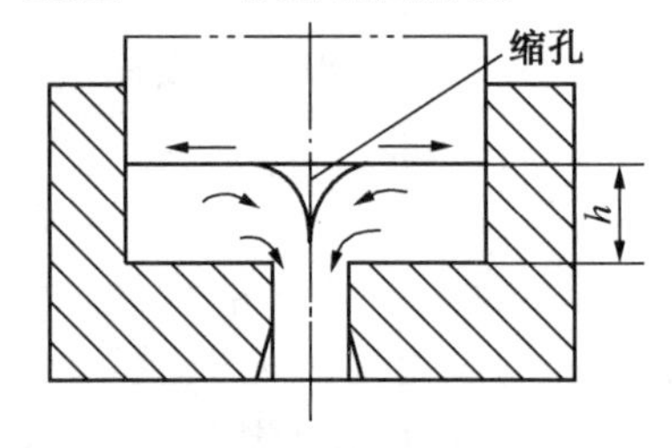

图 8.18　挤压时缩孔形成示意图

由于变形金属发生弯曲、回流形成折叠的简单情况如图 8.19,8.20,8.21 所示的细长或扁薄坯料的镦粗(压缩)或 $l_B/d > 3$ 的顶锻的情况。

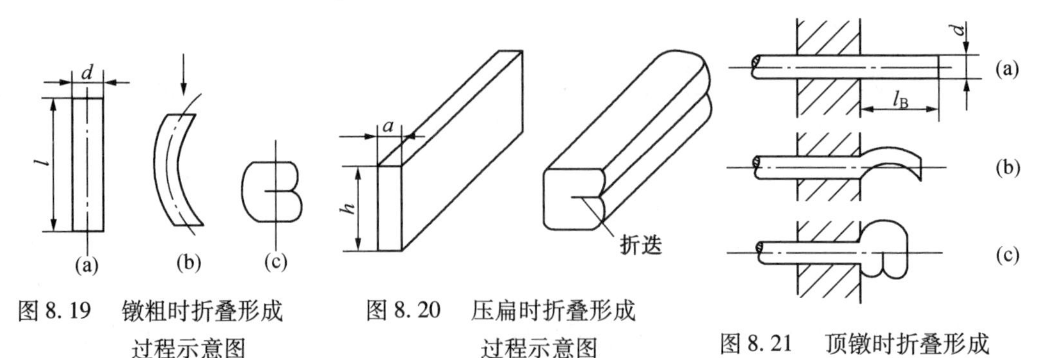

图 8.19　镦粗时折叠形成过程示意图

图 8.20　压扁时折叠形成过程示意图

图 8.21　顶镦时折叠形成过程示意图

齿类锻件锻造的原则是

$$\frac{l}{d} \leqslant 2.5 \sim 3\,,\quad \frac{h}{a} \leqslant 2 \sim 2.5\,,\quad \frac{l_B}{d} \leqslant 2.5 \sim 2$$

当$\frac{l_B}{d} > 3$时,需要在模具内顶锻。顶锻开始时会产生一些弯曲,但与模壁接触之后便不再发展,所以不致形成折叠。在磨具内顶镦,关键是控制$\frac{D}{d}$值,如一次顶镦能产生折叠,则可用多次顶镦。例如,气阀$\frac{l_B}{d} \geqslant 13$,顶镦时一般需 5 ~ 6 个工步。

部分金属局部变形后被压入另一部分金属中形成折叠的最简单的例子,如图 8.22 所示的坯料拔长的情况,当送进量很小而压下量很大时,上、下两端金属局部变形并形成折叠。避免产生这种折叠的措施是增大送进量,使得每次送进量与单边压缩量之比大于 1 ~ 1.5, 即$\frac{2l}{\Delta h} > 1 \sim 1.5$。

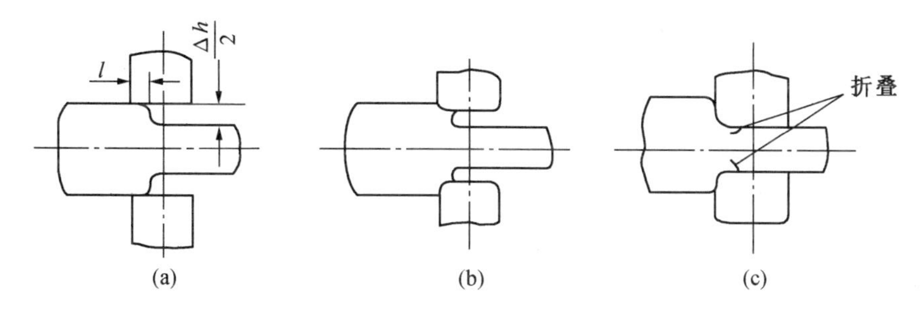

图 8.22　拔长时折叠形成过程示意图

模锻时,上、下模错移会在锻件上啃掉一块金属,再压入本体内便成为折叠。

另外,预锻模圆角过大,而终锻模相应处圆角过小,终锻时也会在圆角处啃下一块金属并压入锻件内形成折叠,如图 8.23 所示。故一般取 $R_{预} = 1.2R_{终} + 3$。模锻铝合金锻件时,如果因为原角 R 的缘故,一次预锻不行时,则可采用两次预锻。

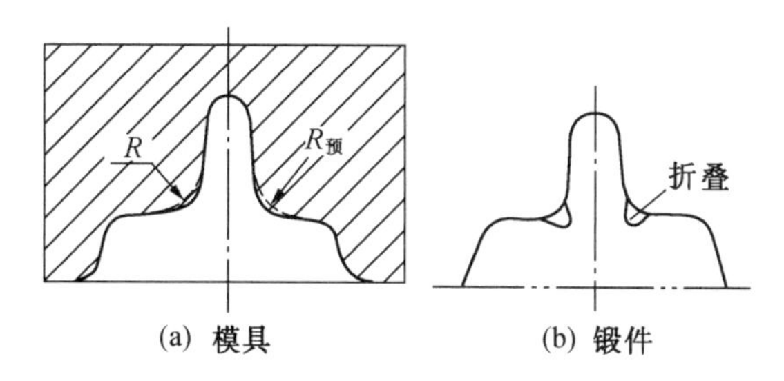

图 8.23　预锻模圆角过大(a) 终锻时形成折叠(b) 的示意图

斜轧和横轧时,如果乱牙也将产生这类折叠。

实际生产中折叠的形式是多种多样的,但其类型和形成原因大致不外乎以上几种。掌握和正确运用这些规律,便可以在实践中避免产生折叠。同时,按照这些道理,也可以解决锻件中流线的合理分布的问题。

8.3.9　由折叠引起零件失效的实例

例 1　某载重汽车发动机连杆疲劳断裂

该发动机在运行 72 887 km 时连杆断裂。此连杆如图 8.24 所示，系采用 15B41 钢锻造并热处理达到 HRC 29 ~ 35。用荧光探伤检查连杆工字形横杆侧壁和梁腹等区域，发现沿侧壁边缘存在一缺陷，深约 6.35 mm，长约 38 mm，与断口垂直，并确定此缺陷为锻压折叠。断口具有典型的海滩花样，疲劳源位于折叠处的表面以下4.7 mm 处，疲劳裂纹扩展区略超过纵向钻透梁腹的润滑孔。金相检验显示材料基体组织为正常的回火马氏体，HRC 30 ~ 31，取自垂直于折叠、平行于梁腹剖面的试样检查发现，折叠面两侧脱碳层约深 0.25 mm，在折叠面下 0.51 mm 处有分散的氧化物。分析结论认为该连杆疲劳断裂，裂纹起源于零件表面以下 4.7 mm，靠近锻造折叠处。折叠犹如一根部尖锐的不连续性缺陷，引起应力集中，氧化物的存在促进了疲劳裂纹的产生与扩展。

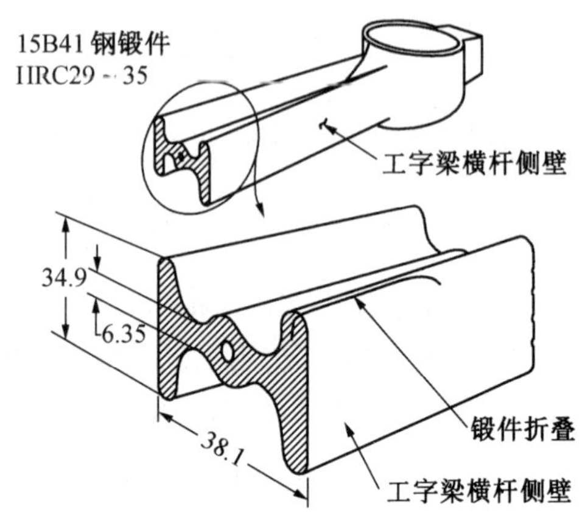

图 8.24　汽车发动机连杆，疲劳起源于锻造折叠

例 2　某飞机腹翼促动器的锻压铝合金 7079 – T6 动力缸体疲劳断裂

断裂起源于锻压折叠。在一飞机副翼组装的最后检查中发现，腹翼促动器的缸体上有一条152.4 mm 长的纵向裂纹，裂纹沿着与锻件分型面约成 90° 的平面穿过缸壁，该缸体系采用 7079 – T6 锻件经机加工而成，该副翼系统在发现失效前已运行过 6 次。

将缸体剖开使裂纹面暴露出来，显示裂纹为长 63.5 mm，深 3.81 mm 的锻造缺陷，在缺陷底部即裂纹前沿有宽 1.78 mm 的条带状裂纹休止标记。将裂纹附近刮去油漆后，显示裂纹邻近有晶粒纵向流动的不规则花样，表明这里有锻造缺陷特征。

对断口的电镜观察表明，锻造缺陷底部的贝壳花样区存在疲劳辉纹，表明这里是裂纹扩展区。但是显示的疲劳辉纹与所报告的机翼运行次数不一致，这表明每次促动都包括许多次脉冲循环。在疲劳标记区外，有表明过载失效的韧窝特征。

对锻造缺陷区的剖面试样进行金相分析，表明在裂纹形成之前，缸壁中就已经存在有锻压折叠，该折叠在锻压时未被焊合。从缺陷表面上的阳极氧化层判断，该折叠在机械加工后仍然处于张开状态。在显微组织中发现有相当数量的非金属夹杂物，电子探针分析表明是铁和镁的尖晶石型粒子。铝合金中含有这种非金属夹杂物较多时，将严重损害其可锻性。基体材料的硬度和导电率都在正常范围，表明合金的热处理工艺是适宜的。

上述分析的结论认为，断裂起源于锻压折叠，从折叠起始的疲劳裂纹扩展了很短距离之后，缸壁的剩余截面才因过载而快速断裂。很明显，局部可锻性不良是非金属夹杂物过分集中的结果。

例 3　4140 钢制纺织机曲轴因折叠或表面粗糙而疲劳断裂

图 8.25 所示的纺织机曲轴，采用直径为 55 mm 的圆钢料经热弯成型、镦锻、飞边热整形和热压等热加工操作制成毛坯，经目视检查后发货。该曲轴设计寿命为 20 年，但一些

曲轴仅工作 1 ~ 3 年即断裂。断裂均表现为曲柄横向断裂，如图 8.25 所示。现对两根断裂曲轴进行分析，目视检查发现，断口均呈疲劳断口特征。其中一只锻件的曲柄外侧有一块区域上存在一些浅的折叠，金相检查发现折叠周围为铁素体，锻件表面有轻微脱碳，疲劳裂纹由此折叠处萌生。另一件裂纹则起源于飞边热整形和粗磨所产生的粗糙沟纹处。力学性能试验表明 σ = 579 ~ 620 MPa，σ_b = 789 ~ 817 MPa，ψ = 56.2% ~ 59.4%，HRC 20 ~ 22，均符合工作条件要求。金相检查未发现晶界氧化，亦未发现过热过烧，显微组织为回火贝氏体，晶粒度 6 ~ 8 级。因此认为，曲轴疲劳断裂归因于锻造折叠或粗糙的加工表面。

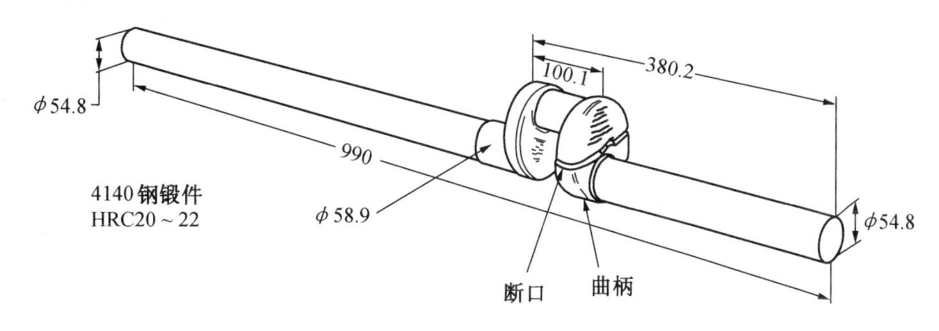

图 8.25　4140 钢制某纺织机曲轴

8.3.10　氧化与脱碳

氧化与脱碳是钢与氧或其他氧化性气体以及氢相互作用的结果。在锻造加热过程中，这两种现象经常在锻件上同时出现。但从本质上讲，氧化是指铁与氧、二氧化碳、水蒸气、二氧化硫等相互作用生成铁的氧化物的过程。在这一过程中，铁以离子状态由内部向表层扩散，氧化性气体以原子状态由外表层经吸附后向内部扩散，在外表层由于有足够的氧存在，因而形成 Fe_2O_3，稍向内形成 FeO 和 Fe_3O_4。而脱碳则是加热时，钢中的碳在高温下与氢或氧发生作用生成甲烷或一氧化碳，从而使表层含碳量降低的过程。在这一过程中，氧向钢内扩散，而钢中的碳向外扩散。从最终结果看，脱碳层是在脱碳速度超过氧化速度时形成的。当氧化速度足够大时，脱碳层生成后立即被氧化而生成氧化铁皮，而不形成脱碳效果。因此，锻件表面的脱碳层是在氧化作用较弱的气氛中形成的。

氧化的结果一方面使钢料大量烧损，另一方面表面粘结有氧化皮的钢，在拔丝、冲压、模锻时易引起模具损坏，切削加工时易引起刀具磨损。此外，锻件表面粘有氧化皮时，不仅影响锻件的表面质量和尺寸精度，而且容易引起热处理时的组织和性能不均匀。

脱碳的结果从化学成分上说，使锻件表面含碳量降低，反映在组织上，则是组织中的渗碳体分数减少，铁素体分数增加，从而导致表层硬度、强度降低。对于需要淬火的钢件，由于脱碳层含碳量降低，淬火后不能形成马氏体组织，结果得不到所要求的性能，如轴承钢表面脱碳后会造成淬火软点，降低接触疲劳强度，高速钢表面脱碳会使红硬性下降。对于不需进一步机械加工的零件，或机械加工不能将脱碳层完全去除而保留部分脱碳层的零件，由于脱碳层的低强度而严重地损伤其疲劳抗力。有时因锻造工艺不当，使脱碳层局部堆积，机械加工时不能完全将其去除而引起性能不均匀，严重时造成零件报废。

8.3.11　由于表面脱碳影响零件寿命的实例

例 1　飞机起落架用合金钢弹簧疲劳断裂

飞机起落架齿轮的上柄尾，如图 8.26 所示，在着陆过程中断裂。该弹簧已工作了1 207 h，4 000 ~6 000 次起飞和着陆。该弹簧采用 6150 钢制造，要求热处理到 HRC 46 ~ 49。

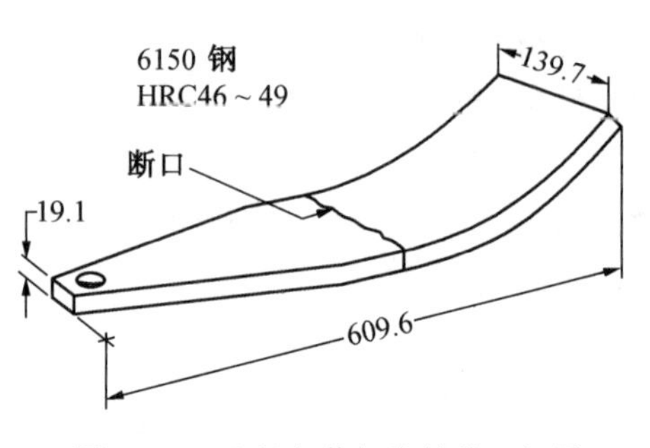

图 8.26　飞机起落架齿轮的上柄尾

观察断口具有明显的疲劳特征，疲劳裂纹起源于弹簧弯曲部分的内侧中点位置的表面，疲劳裂纹已扩展长 7.49 mm，深 2.38 mm，外表面上有多个小的疲劳源。弹簧表面的磁粉探伤未发现其他缺陷。金相分析表明，断口是穿晶的，弹簧表面脱碳深度为 0.43 mm，并有 0.13 mm 深的填满氧化物的裂缝和 0.05 mm 深的局部沿晶氧化。对弹簧制造过程的审查指出，在弹簧热处理之前加工的螺栓孔周围有 0.08 mm 的脱碳层，局部沿晶氧化，与弹簧表面内外侧所发现的局部氧化相似。显然，孔内的氧化是热处理过程中产生的，这似应归因于炉内气氛不当。距表面一定距离处的材料硬度为 HRC 46 ~ 47，材料成分分析证明弹簧材料符合 6150 钢的技术要求。由上述分析得出结论，该弹簧断裂属疲劳断裂。引起疲劳断裂的主要原因有：

① 弹簧表面 0.13 mm 深的裂缝引起的应力集中效应。② 深达 0.43 mm 的脱碳层严重降低了弹簧疲劳强度。③ 在正常工况条件下产生的循环弯曲应力。

因此，建议弹簧热处理必须采取正确的炉膛气氛，以减少表面脱碳和氧化；采用不易脱碳的钢，增大弹簧截面尺寸，降低工作应力水平。

8.3.12　锻　比

锻比是衡量锻造过程中金属变形程度的一个参量，是影响锻件质量的重要因素之一。对铸锭或其他坯件进行锻造，一方面是为了得到必要的外形，另一方面是为了获得合理的（预期的）组织状态，提高锻件的力学性能。对于铸锭来说，由铸态组织变成变形组织的主要过程是通过加大变形量，即增大锻比来实现的。在这一过程中，粗大的树枝状结晶组织和柱状结晶组织被压（打）碎，变得细化，并沿主伸长方向分布。同时，也将铸锭中的疏松、气孔和缩孔等缺陷压实、焊合，使组织致密，还将偏析和夹杂物等破碎，使之分布均匀。

锻造比的计算方法如下，对于拔长变形

$$y = L_2/L_1 \tag{8.1}$$

式中，y 为锻造比；L_1 和 L_2 分别为变形前后的坯料长度。

对于镦粗

$$y = H_1/H_2 \tag{8.2}$$

式中，H_1 和 H_2 分别为变形前后的坯料高度。

锻比对常规力学性能的影响如图 8.27 所示。图中将锻比分为三个阶段，在不同的阶段上，性能的差别与组织的变化相对应：

在阶段 Ⅰ，$y = 0 \sim 2$，在这一阶段中，钢锭中的气泡、疏松和微裂缝等在压力作用下焊合,材料致密度提高。其次,粗大的树枝状晶和柱状晶被破碎并再结晶成为较细小的晶粒,材料塑性、韧性提高。另外,晶界处的碳化物和非金属夹杂物的形态得以改变。在这一阶段,材料的纵向和横向延伸率和面缩率均有明显提高。

在阶段 Ⅱ,$y = 2 \sim 5$,晶界处的夹杂物和杂质随金属流动,纤维组织形成,使钢材性能呈现方向性。在此阶段,纵向塑性指标随锻比增加仍略有提高,而横向塑性却明显降低。

在阶段 Ⅲ,$y > 5$,随锻比进一步增大,钢中纤维组织更加明显。纵向强度和塑性不再升高,横向性能,主要是塑性指标显著下降。以下举例说明锻比对锻件力学性能和工艺性能的影响。

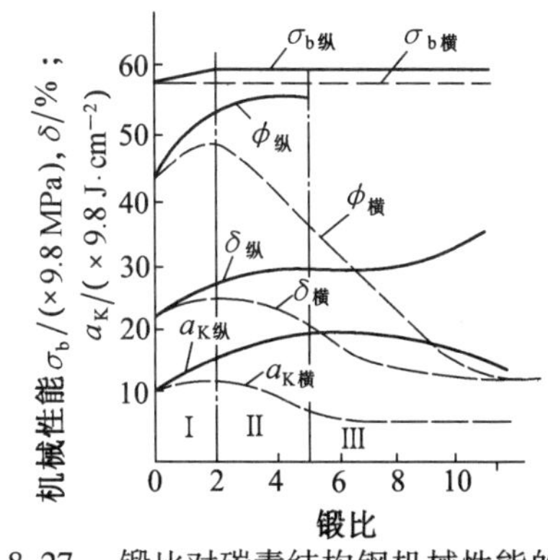

图 8.27　锻比对碳素结构钢机械性能的影响

8.3.13　锻比影响零件使用寿命的实例

例 1　W18Cr4V 指形铣刀

W18Cr4V 指形铣刀,其锻件直径为 ϕ 140 mm,用 165 mm 的坯料改锻而成,未经反复镦粗拔长。由于刀具要求硬度高(HRC 64),故采用较高温度(1 290 ℃)淬火。热处理时,12 件中有 7 件淬裂,裂纹条数不一,一般为 2 ~ 4 条,都是从头部开始,有的纵裂到底。对裂纹解剖分析发现,裂纹沿碳化物偏析开裂,周边未发生氧化脱碳现象,裂纹附近为粗针状马氏体 + 块状碳化物 + 残余奥氏体。因此认为铣刀淬火开裂的原因是选用的坯料尺寸太大,中心硫化物偏析严重,锻造比太小,未能将碳化物打碎,使中心仍保留有粗大成堆的碳化物,致使材料塑性差,局部熔点降低,热处理时产生过热。此外,工件尺寸较大,淬火温度偏高,在尖角处易产生应力集中。经改进设计后,采用 ϕ 100 mm 坯料,进行三次单向镦拔,并镦至所需尺寸,锻后碳化物偏析等级为 5 ~ 6 级,淬火温度改为 1 280 ℃,未再出现淬裂,使用情况良好。

例 2　齿轮铣刀

齿轮铣刀材料为 W18Cr4V,坯料尺寸为 ϕ150 × 70 mm,一次镦粗成形,终锻温度为 1 150 ~1 180 ℃,锻后进行退火和最终热处理。锻件热处理后未发现开裂,但在磨削过程中发生齿根断裂。金相检查发现断裂部位有未被打碎的莱氏体,碳化物分布严重不均匀。因此认为断裂的原因是坯料尺寸较大,一次镦粗,由 70 mm 镦粗到 40 mm,锻比太小,变形不充分,锻件内的碳化物偏析及莱氏体组织被保留下来,严重降低了材料的力学性能。改用较细的坯料(ϕ70 × 160 mm),进行 3 次镦粗,2 次拔长后,锻后碳化物分布得到明显改善,达到 3 ~ 4 级,未再发生类似开裂。

8.4　热处理缺陷与失效

热处理工艺是使一定材料获得预期的显微组织和性能的重要手段。根据目的不同,热处理操作可安排在零件生产过程的不同阶段,如冷成型工艺之间的中间退火,机械加工之前的预备热处理和赋予零件使用性能的最终热处理等。热处理工艺无论对改善材料工艺性能,使各种加工得以顺利进行,或者对赋予材料预期性能,充分发挥材料性能潜力都是必要的工艺手段,在零件制造过程中占有很重要的地位。但另一方面,如果热处理工艺不当,将造成缺陷,导致废品,或不能得到预期的组织和性能,影响零件的进一步加工或影响材料性能的发挥,导致早期失效。这里所谓热处理不当包括热处理技术条件设计不当、工艺规程的制订和工艺方法的选择不当及工艺操作不当等。零件热处理工艺评价的主要内容列于图8.28。曾经对模具失效进行过调查,结果表明模具失效约70%归因于热处理不当,设计失误、磨削不合理、工作失误及选材不合适等加在一起约占30%。由此可见热处理工艺对保证产品质量的重要性。

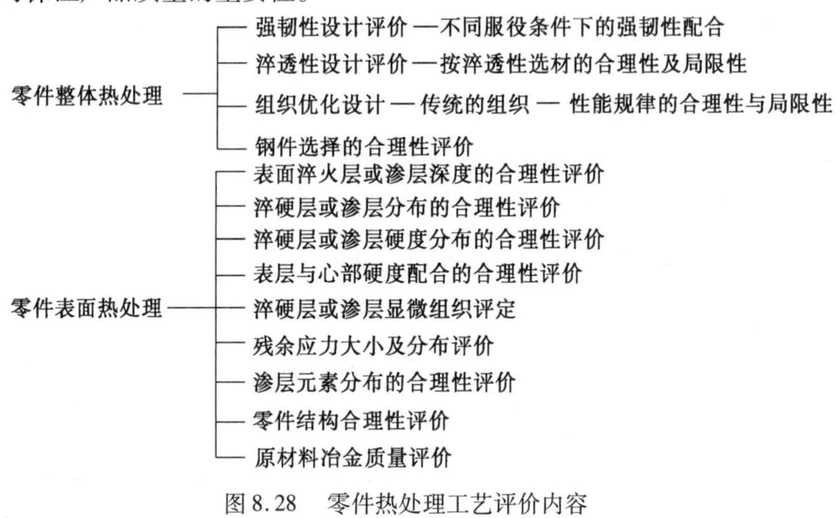

图8.28 零件热处理工艺评价内容

8.4.1 常见热处理缺陷原因

通常所谓热处理缺陷分为加热不当、保温不合适或冷却不当所产生的缺陷,以及由原材料因素,设计因素和先前加工不当所引起的缺陷。热处理缺陷的表现形式与造成缺陷的原因存在一定程度的交叉和重叠。从零件失效分析的角度考虑,这里对与零件失效有关的热处理缺陷更关心。一旦查明是什么缺陷导致了零件失效,便可直接找到造成热处理缺陷的原因,从而为克服失效指明了直接有效的措施。零件整体热处理(包括调质处理和模具处理)、化学热处理(包括渗碳和氮化)和感应热处理工艺中造成的缺陷及其原因分别列于图8.29、图8.30、图8.31。

机械零件常见的热处理缺陷,除前已述及的过热、过烧和氧化、脱碳外,还有热处理开裂、表面脱碳、淬硬层不均匀和硬度不足等。下面介绍这几种直接影响零件正常工作的热处理缺陷。

8.4.2 热处理开裂

热处理开裂包括淬火开裂和回火开裂。淬火开裂的零件,裂纹往往很明显,大多数情况下在机器制造厂就已经将其报废,但也有时由于某些原因弄得模糊不清而混入出厂的产品中。淬火裂纹是在奥氏体转变为马氏体时,因二者的比容差产生的内应力引起的。钢件淬火时,表层冷却比内部快,比容较大的马氏体首先在表层形成。在继续冷却过程中,内部奥氏体逐步进行转变,体积膨胀,从而使已经冷却下来的表层马氏体处于张应力状态。马氏体未回火之前是硬而脆的。已淬成马氏体的表层成为高强度材料,质硬而脆,

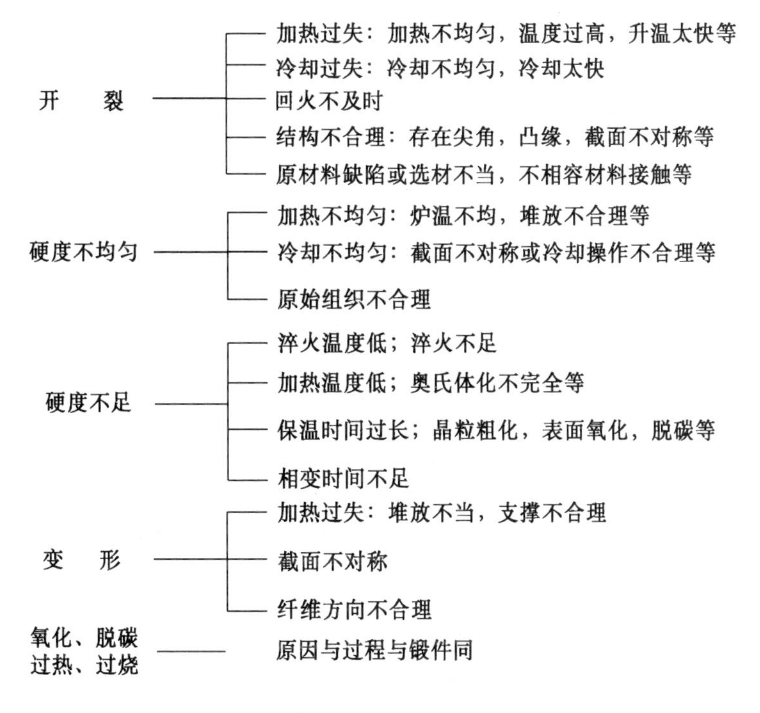

图 8.29　整体热处理缺陷及主要原因

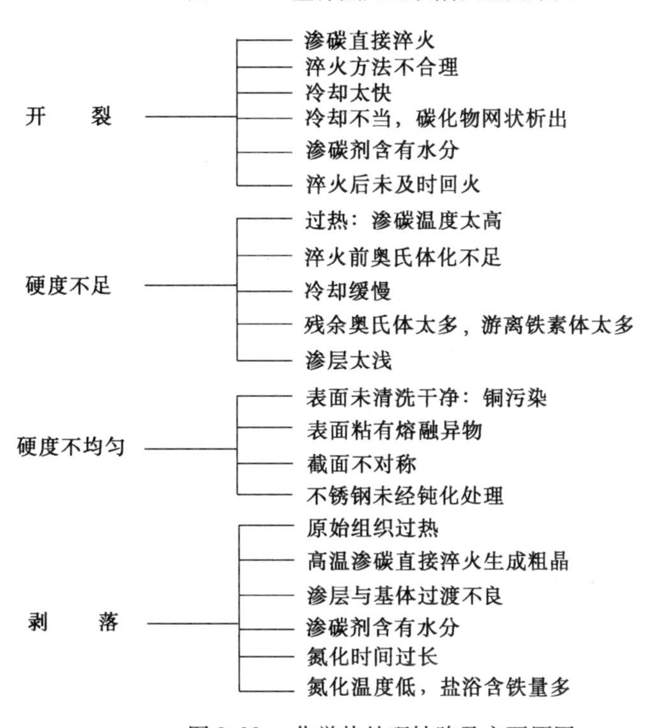

图 8.30　化学热处理缺陷及主要原因

对缺口、裂纹、材料缺陷等应力集中高度敏感。不同应力状态下高强度材料的缺口敏感程度见表 8.7，数据表明，应力集中使高硬度材料的拉伸、弯曲、扭转等强度大幅度降低。已淬硬的表层材料在不太大的张应力作用下，很易因应力集中而开裂。

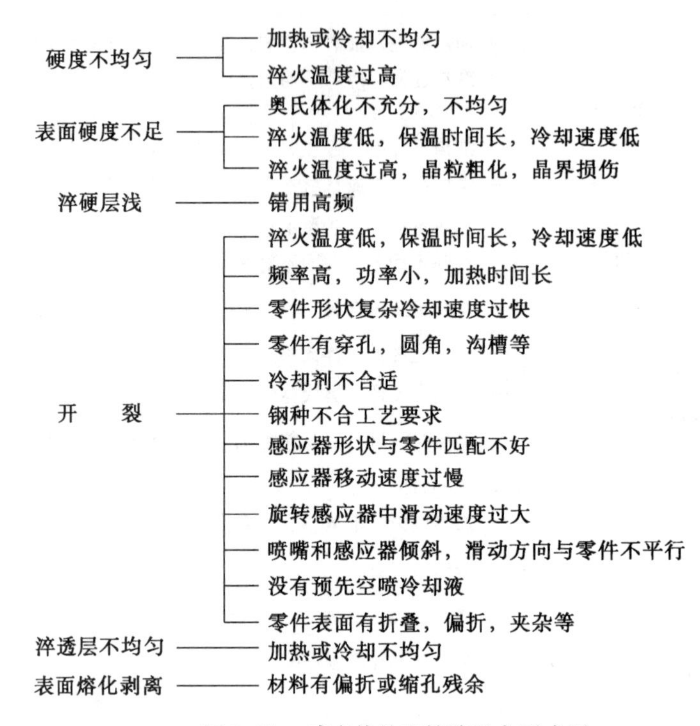

图 8.31　感应热处理缺陷及主要成因

表 8.7　在不同应力状态下缺口对高硬度试样的强度极限的影响

试验方法	钢号	强度极限/(×9.8MPa)				
		无缺口	半圆形缺口		60° 尖角缺口	
			$r=0.3$mm $h=0.3$mm	$r=1$mm $h=1$mm	$h=3$mm	$h=1$mm
弯曲	W18Cr4V	313.6 (320)	125.4 (128)	170.5 (174)	122 (125)	109 (111)
	9SiCr	284 (292)	146 (149)	168.5 (172)	100 (102)	133 (136)
	T12	300 (306)	144 (147)	311.6 (318)	— —	— —
拉伸	W18Cr4V	186 (190)	65.6 (67.2)	101 (103)	87 (89)	47 (48)
	9SiCr	160.6 (164)	69.6 (71)	75.5 (77)	59 (60)	42 (43)
	T12	168.5 (172)	128 (131)	116.6 (119)	140 (143)	48 (49)
扭转	W18Cr4V	168.5 (172)	185 (189)	180 (184)	93 (95)	154 (157)
	9SiCr	175.4 (179)	185 (189)	190 (194)	137 (140)	171.5 (175)
	T12	172.5 (176)	168.5 (172)	205 (209)	193 (197)	165.6 (169)

续表8.7

试验方法	钢号	强度极限/(×9.8 MPa)				
		无缺口	半圆形缺口		60°尖角缺口	
			r = 0.3 mm h = 0.3 mm	r = 1 mm h = 1 mm	h = 3 mm	h = 1 mm
压缩	W18Cr4V	328 (335)	465 (475)	482 (493)	374 (382)	501 (512)
	9SiCr	349 (357)	449 (458)	577 (609)	377 (385)	766.4 (782)
	T12	338 (345)	473 (483)	613.5 (626)	473 (483)	573 (548)

注:① 强度值取五次平均值,括弧内为最高值。

② 试样两端距离为12 mm,试验部分直径为6 mm。

③ 热处理规范:W18Cr4V,1 280 ℃淬火,560 ℃回火三次,每次1 h;9SiCr。870 ℃淬火,160 ℃回火1 h;T12,790 ℃淬火,140 ℃回火2 h。

对于轴类锻件,如果在完全淬透的情况下,易于产生纵向开裂,而且随着淬火温度升高,开裂倾向性增大,纵向开裂的特征是裂纹深而长,呈直线状;如果在未淬透的情况下,易于产生横向开裂,如轧辊等大型锻件中,常存在夹杂白点和气泡等缺陷,在热处理应力的作用下,这些缺陷将成为横向断裂的裂纹源。当轴类零件表面淬火时,在硬化层与心部之间的过渡区存在着很高的内应力,容易产生过渡区的开裂,这种开裂从内部向表面发展,在表面呈弧形。化学热处理如渗碳或氮化时,在扩散层与心部之间产生的开裂,可使渗层或硬化层剥离,称为剥离裂纹。剥离裂纹的形成是由于表层淬成马氏体组织时,体积膨胀,并且受到过渡层和心部的牵制,从而使表层马氏体在轴向和切向均呈现为压应力,而邻近的过渡层则呈拉应力状态,剥离裂纹就产生在由拉应力向压应力过渡的极薄层区域之内。一般情况下这种裂纹隐藏于平行于表面的次表层之中,严重时才造成表面剥离。

对于模具钢,其淬火工艺与机械零件相同。但模具的淬火开裂则主要决定于钢材淬透性、截面尺寸及模具的结构特点与淬火工艺的适应性。较常发生的是模具淬透性或设计原因与淬火工艺不适应而产生的淬火开裂。例如,由于模具结构特点或淬火介质的冷却能力造成不对称的截面上的淬火程度的差异,经常成为模具失效的原因。

钢件淬火开裂的敏感性,原则上主要决定于淬火时产生的内应力水平和材料的强度。内应力的大小和分布与材料的淬透性、导热性和零件的几何形状有关,而材料的强度则与其晶粒度、相结构及其均匀性和残余奥氏体含量及分布有关。因此,影响淬裂的因素是比较复杂的。但概括起来讲,可分为三个方面的因素:

① 材料的化学成分是决定材料的淬透性、导热性和力学性能等的主要因素。对钢材来说,各种元素中,以碳对机械性能的影响最大。碳含量越高,晶格畸变越大,强度水平越高,抗断性能越低,所以淬裂倾向性随碳含量增加而增大。另外,大多数合金元素都增加过冷奥氏体的稳定性,提高淬透性,同时降低马氏体点 Ms,增加淬火组织中的残余奥氏体,从而减少组织应力,降低淬裂倾向。但另一方面,Ms点降低,使片状马氏体量增加,同时随合金元素含量增加,钢的导热能力降低,淬裂倾向增加。

②原材料缺陷和淬火前的原始组织与淬裂倾向性有直接关系。原材料中的发纹、气

泡、夹层和非金属夹杂等，不但起割裂基体、降低强度的作用，而且在淬火过程中可作为应力集中因素，直接导致淬裂。此外，在铸、锻、焊加工过程中产生的缺陷，如折叠、裂纹、发纹等往往不易被及时发现，隐藏在工件内部。淬火过程中，这些缺陷可继续扩展成宏观裂纹。再者，淬火前的原始组织，如珠光体片越细小，淬火后得到的马氏体组织也越细小，残余应力越低，淬裂倾向性越小。片状珠光体与球状珠光体相比，可在较低的加热温度下完成相变，开始晶粒长大，因而容易导致工件过热，具有较大的淬裂敏感性。原始组织中流线分布不良时，也容易造成淬火开裂。

③零件结构特点对淬裂倾向性的影响是通过不等速加热或冷却产生的内应力而起作用的。加热因素的影响，概括起来说就是，促进淬火拉应力发展的条件都增加淬裂的敏感性，如加热速度增大，组织应力和热应力都显著增加；加热温度太高，则奥氏体晶粒长大，钢材抗断强度降低，增加淬裂敏感性。冷却不当是影响淬火开裂的另一重要因素。所谓冷却不当是指在过冷奥氏体区冷却速度小，而在马氏体转变温度范围冷却过快。零件在淬火时的开裂都发生在由奥氏体向马氏体的转变期间，这一转变伴随着4% ~5%的体积变化，所以这时增加冷却速度，显著增加淬裂倾向。相反，从加热温度到相变开始的温度区间，钢处于奥氏体状态，屈服强度很低而塑性很大，这时以较快的速度冷却也不会引起开裂。

对淬火开裂的鉴别是失效分析的重要工作，其关键在于对裂纹起源位置、裂纹走向和裂纹环境的分析。考虑到淬火裂纹实质上是内应力作用下的脆性断裂，所以裂纹扩展方向一般都与拉应力垂直，并且沿阻力最小的路径扩展，向最薄弱的环节和缺陷处延伸。淬火开裂通常是在应力集中的作用下起源于材料缺陷处，因此零件上的刀痕、划伤、尖角或台阶等处经常是裂纹起源位置，由材料缺陷作为应力集中引起的淬火开裂，则一般起源于疏松、偏析和发纹等处。宏观上看来，淬火开裂通常呈直线状，从表面（应力集中部位）向零件内部伸展。由于裂纹通向表面，所以可用磁粉、超声波或涡流方法检测。

从微观上看，淬火开裂总是沿晶的。在显微镜下裂纹形态呈直线状，线条刚劲有许多棱角。裂纹头部宽阔，尾部尖细并迅速消失。

上述为淬火开裂的共同特征。由于裂纹产生的具体原因不同，在不同条件下，也显示出一些不同的特征，正是这些特殊点，对失效分析具有特殊的意义。如果裂纹是在淬火时产生的，则裂纹两侧的显微组织与其他部位无异，也不存在氧化、脱碳等痕迹。如果淬火裂纹是毛坯原有裂纹的扩大或延伸，则裂纹一般较宽阔，原来裂纹处有脱碳现象而淬火时扩展的部分无氧化、脱碳现象。如果是严重的非金属夹杂物引起的淬火裂纹，则其形状蜿蜒曲折，两侧犬牙交错，在裂纹附近延伸方向可以找到非金属夹杂物。此外，回火前发现的淬火裂纹，其开裂端无氧化色，回火后发现的淬火裂纹，其开裂端有氧化色。

对零件失效有重要影响的另一种热处理开裂是回火开裂。回火开裂多发生于合金元素（包括碳）含量较高的模具钢和工具钢中。这类钢淬火后处于超高强度状态，质硬而脆，几乎没有塑性变形能力，而且对缺口或裂纹很敏感，所以淬火后要及时回火。因淬火后未立即回火导致开裂的实例是很多的。也有些模具因回火过早而开裂，这是由于模具温度还没达到均匀，某些组织转变仍在进行。很多实践表明，模具未经适当回火就投入工作的，几乎都要发生早期断裂。

对于高合金钢制成的模具，需要进行多次回火，以防止其在工作中早期失效。例如高速钢模具淬火后含有大量奥氏体,当其在第一次回火的冷却时,这些奥氏体转变为马氏体,因此,至少需要一次附加回火来消除前一次回火冷却时产生的残余应力。

除上述淬火开裂和回火开裂外,在热处理过程中还会发生因表面脱碳在淬火时发生的表面龟裂和因过热过烧,在晶界被削弱的情况下发生的淬火开裂等。

8.4.3　由热处理开裂造成零件失效的实例

例 1　某汽车发动机连杆因脆裂造成早期断裂

某中型载重汽车行使约 30 000 km 时,发动机连杆断裂。该连杆系采用 55 钢制造。断裂发生于小头一端,断口齐平,与连杆轴向垂直。断口有明显的贝纹花样,属疲劳断裂,瞬断区面积很小。化学分析表明,连杆成分符合 55 钢技术条件。金相检验证明,基体为回火索氏体,硬度为 HB 248 ~ 255,均符合设计要求。断口仔细观察发现,疲劳源区有原始开裂痕迹,位于连杆加强筋处的断口表面,原始开裂区含有大量氧化物。还有以原始开裂为核心发展出的次生裂纹,标志疲劳裂纹扩展的贝纹特征区以次生裂纹为源向内延伸。分析认为加强筋处的原始开裂为锻造折叠,次生裂纹是以折叠为核心发展的淬火开裂。连杆的疲劳断裂是在服役过程中的循环应力作用下以淬火开裂为裂纹源逐渐发展的。

例 2　合金钢管锻件因淬火裂纹造成断裂

某设备中工作的合金钢管承受反复的内压,为造成钢管壁的残余压应力,制造中对钢管施以内孔胀形。钢管锻件先经热处理达 1172 MPa 屈服强度,然后对钢管打压使产生一定的残余变形,以造成管内壁的残余压应力。在这种内膛打压的工艺操作中,有一根管件在远低于管子的屈服强度时,发生突然断裂。对断件进行解剖分析,发现断裂起源于淬火裂纹,是淬火裂纹在增加液压时扩展的结果。淬火开裂部分呈平滑的断口形貌。淬火开裂起源于钢管内壁上的机械擦伤。机械加工过程中造成的这一机械伤作为应力集中因素在淬火时引起淬火开裂。

8.4.4　增　碳

虽然通常用渗碳来提高很多零件,尤其轴类零件和齿轮等的耐磨性及综合性能,但有时因热处理操作不当,意外地提高了零件表面的碳含量,从而改变了零件的力学性能。由于原设计中未考虑到这种改变而产生了开裂问题。因为增碳而导致零件开裂的情况主要表现在用高碳高合金钢制成的模具上。据统计模具因热处理不当造成的失效中,有 40% 是由于未能控制钢的表面成分造成的,其中主要是由于增碳。其次,对于渗碳件,也必须仔细地控制渗碳工艺参数,因为渗层深度及渗层分布对获得良好的性能很重要。如果渗层过厚或渗层含碳量过高,都有可能导致零件脆性断裂。另外渗层含碳量过高时,可能发生渗层中的显微开裂或表层与心部交界处的开裂,这种微裂纹在服役中受到循环载荷作用时,可诱发疲劳断裂,导致零件早期失效。在多数情况下,造成增碳的条件是加热炉的高碳气氛。有时也因零件表面受油或碳玷污造成了增碳条件。齿轮厂经常遇到齿轮的增碳问题,增碳齿轮的组织特点是含有大量残余奥氏体和粗针状马氏体以及粗大的网状碳化物析出,这种组织对冲击载荷敏感,容易发生严重的剥落,形成粗晶断口。

8.4.5 由增碳引起零件失效的实例

例1 工具钢制塑料成形模具由于增碳而失效

一塑料成形模具由 S7 工具钢制成,经淬火回火到 HRC 50~52,经很短时间的工作后发生断裂。断口与模具纵向垂直,裂纹穿过模具一端附近的安装导向销的孔,断裂源区有回火色,灰暗不清。在残骸上切取试样进行金相分析,表层组织为粗大马氏体和残余奥氏体,内部组织为回火马氏体。表层硬度为 HRC 52~54,心部为 HRC 54~56。将试样冷至液氮温度,再回到室温环境中,重测硬度表明,表层为 HRC 61~63,心部硬度不变。这一事实表明,模具表层组织中含有的相当大量的残余奥氏体在深冷过程中已转变为马氏体。从表面向心部分层测定材料碳质量分数,结果表明从表面的 0.76% C 变为内部的 0.51% C,增碳层深度达 0.5 mm。上述分析表明,模具的脆性断裂起源于其淬火过程中形成的局部开裂,即淬裂。模具的淬裂是由于在其热处理过程中发生了无意的增碳,严重地增加了钢材脆性。断口表面的回火色是淬火开裂在回火过程中被氧化的结果。

例2 宝石轴承冲模由于增碳而脆断

一宝石轴承冲模系采用 S7 工具钢制造,经 950 ℃喷油淬火和 204 ℃回火,达到 HRC 57,该模具经很短时间工作后发生断裂。断裂后检查发现在模具的圆角、凹槽与尖角等几个应力集中处均已发生开裂。将这些裂纹剖开观察发现,裂纹表面无回火色,证明这些裂纹是回火后形成的。切取试样,经液氮深冷后检查深冷前后的硬度变化,结果为试样心部深冷前后均为 HRC 56~57,试样表面硬度分别为 HRC 50~55 和 HRC 62~65,这表明深冷过程中有大量残余奥氏体发生了马氏体转变。深冷前的金相检查证明其组织中存在残余奥氏体。从表面向内分层测定含碳量表明,表层分数已达 0.79%,深度约为 0.51 mm,内部碳质量分数为 0.53%。分析得出的结论认为,模具断裂属脆性断裂,断裂起始于增碳的表层,热处理后表层含有相当多的残余奥氏体。模具表面的应力集中决定了裂纹源的位置,并认为增碳是加热炉气氛控制不良的结果。

8.4.6 淬火软点和淬硬层不均匀

这是零件热处理中常见的两种缺陷,由于零件形状和热处理工艺的不同,其表现形式和特征也各有差异。淬火软点、表层硬度不足或性能不均匀,不仅对零件表面耐磨性,而且对强度和抗疲劳性能都有影响,在实际工作条件下,这些缺陷常成为疲劳裂纹的发源地,加速裂纹的产生,导致早期失效。

1. 渗碳零件的淬火软点

零件渗碳后产生淬火软点,多数是由于渗碳层不均匀所致。造成零件渗碳层厚薄不均的主要原因在于渗碳气氛不佳,含不饱和碳氢化合物过多,在零件表面形成炭黑结焦,渗碳气氛循环不良,零件放置不当,互相接触或挤压。

有一越野车交付使用后,仅行驶 380 km 后即发生前桥半轴断裂事故。断裂发生在半轴球头部顶针孔附近。该半轴系采用 12Cr2Ni4 钢制造,经渗碳淬火处理。化学分析表明,钢种符合技术条件。在断口处切取试样进行金相检查发现,顶针孔底部几乎未渗碳;其他地方渗碳层深度为 1.30~1.40 mm;表层组织为中碳马氏体,硬度为 HRC 47~50;心部组织为低碳马氏体;断口边缘渗层深度为 1.00~1.10 mm,显微组织为马氏体+残余奥氏体+少量碳化物。由上述检验结果认为半轴顶针孔处未渗入碳,淬火后的性能必然不符合技术要求;断口边缘处渗碳层深度不足,更兼该部是设计上的危险截面,承受应力最高,因此使这一部位成为整个零件的薄弱环节,不胜服役载荷,早期断裂由此处发生。

2. 调质零件的淬火软点

调质件的淬火软点主要表现为零件显微组织不均匀,局部硬度低,以及淬硬层浅,达不到设计要求。对于调质零件产生这类缺陷的主要原因在于淬火工艺方面和材料方面的不合理。从工艺方面来说,加热温度低和保温时间不足,必不能保证组织充分奥氏体化,造成淬火组织不良;淬火冷却不力,部分发生珠光体转变或贝氏体转变必造成组织混杂,非马氏体区硬度不足,如淬火时零件在空气中停留时间太长,或者淬火介质老化等。从材料方面来说,材料淬透性太低,则得不到预期的淬硬层厚度,必然影响调质后的性能。

3. 感应淬火零件的淬硬层不均匀和淬火软点

造成感应淬火零件淬硬层厚度不均匀的主要原因在于感应器不合适,如轴件的轴径与感应器不同心,即感应器与零件表面的间隙不等;感应器电流分布不均匀,不能实现均匀加热;受零件结构影响如轴颈上的油孔、花键键槽尾部以及凸台等处,因表面不连续,必然导致磁力线分布不均匀。

造成淬火软点的原因也是多方面的。材质方面如含碳量偏低或有严重的带状组织,在铁素体带,淬火后硬度必然偏低;工艺方面如淬火温度低,淬火水温高,水压不足,冷却不力等必造成淬火零件的硬度不足或软块。有时也因感应加热设备的偶然原因如感应器喷水孔堵塞,喷水不均匀等导致冷却效果不均匀,造成淬火软点。

8.4.7　因热处理不当造成零件失效的实例

例 1　4140 钢制大型轴承因外套圈热处理不当而失效

某雷达天线用大型滚珠轴承采用 4140 钢制造,其尺寸如图 8.32 所示,技术条件要求滚道表面火焰淬火,硬度值达到 HRC 55,表面下 3.2 mm 处硬度为 HRC 50,套圈其他表面 HRC 24 ~ 28。轴承工作条件为 1.67 rpm,受径向载荷 713.6 t,轴向(推力)载荷为 459.4 t。现因其外滚道变形,表面开裂和剥落而被更换。失效分析情况如下:

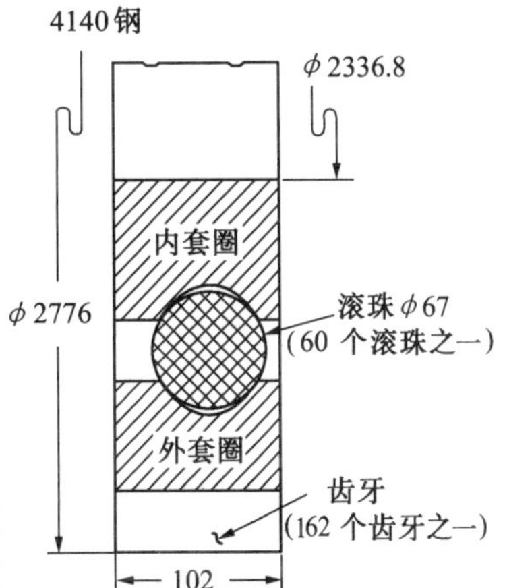

图 8.32　某雷达天线轴承示意图

材料成分分析表明轴承钢种确属 4140 钢,惟含钼量 0.31%,比规定含钼量高 0.15% ~ 0.25%,偏差不大,不至于影响钢的强度和淬透性。

从残骸上切取试样,测量硬度表明,外圈滚道 HRC 29.8 ~ 11.7,截面为 HRC 26.1 ~ 18.7,这些硬度值均不符合技术条件要求,说明火焰淬火不充分。内套圈未表现出明显的损伤和破坏,其滚道硬度检查结果为 HRC 46.8 ~ 54.8,略低于技术条件的下限值。经 3% 硝酸酒精溶液腐蚀以显示淬硬层,结果发现内圈滚道上呈分布良好的淬透层,外圈则不然。金相检验表明,内圈滚道部位组织为回火马氏体与一些铁素体的混合组织,这种组织特点说明,淬火时的加热未完全奥氏体化，因此未能充分发挥钢的淬硬性。远离硬化层的内部组织为细珠光体与铁素体的混合组织。外套圈滚道部位表层组织为铁素体+分散的片状珠光体+马氏体的混合组织，说明奥氏体化不完全，从而获得不完全淬火的混合组织。金相分析还表明，外套圈滚道处的晶粒有严重的塑性变形。上述分析表明，轴承外滚道表面的失效原因在于火焰淬火温度太低，未完全奥氏体化，从而未完全淬火，最高硬度只有 HRC 29.8，是热处理不当导致的淬火带低硬度，造成轴承在正常工作条件下的变形、开裂和剥落。

例 2　拖拉机半轴花键部分扭断

某拖拉机半轴要求半轴用 40Cr 制造，调质处理后，经高频表面淬火。规定表面硬度为 HRC 56 ~ 62，花键部位的硬度应为 HRC 28 ~ 32，硬化层深度为 1.5 ~ 2.0 mm。改用中频淬火后，硬化层深度规定为 6 mm，该半轴使用不到两个月，便发生扭断，断下的一段花键部分严重倾斜，断口呈“星状”，并明显可见有从花键槽根部圆角处开始、向心部扩展的裂纹。经化学分析，半轴材料为 45Cr(0.47% C，0.96% Cr，0.66% Mn)，测得该轴花键部位的硬度为 HRC 16 ~ 19（见图 8.33）。对花键轴横断面进行金相分析，发现裂纹自键槽底部向心部扩展，如图 8.34 所示，表面和心部组织均为珠光体+铁素体网。心部组织中还有少量铁素体块。裂纹周围组织有严重冷变形特征。断口的扫描电镜观察发现有夹杂及平行的疲劳条纹。该半轴承受的工作应力没有超出其许用应力范围。

分析认为，轴的硬度及金相组织不符合技术条件要求，但花键未经调质及高频淬火，心部又有较多的铁素体，因而大大降低了疲劳强度，抗变形能力低，故发生变形和疲劳断裂。推测很可能是热处理时混料漏检。因此建议应按规范要求进行调质及表面高频淬火处理。

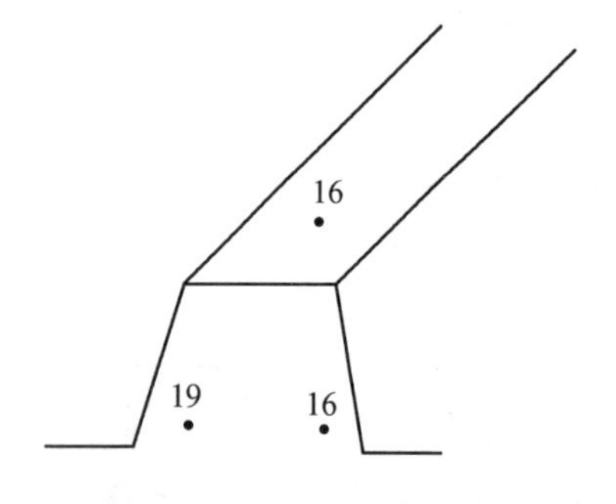

图 8.33　花键上硬度分布

图 8.34　花键横断面上裂纹走向

例 3　战车齿轮轮齿表面磨损、渗层压陷及变形原因的综合分析

一辆军用履带车在公路和粗糙路面混合行驶 13 676 km 后，左侧最后一段传动副出现打滑。打滑发生在最后一个驱动齿轮及与其相匹配的连接套筒的配合表面处，如图 8.35所示，为避免其他车辆也发生类似故障，进行了下列失效分析。

技术条件要求齿轮和内齿套筒用 4140 钢制造，淬火回火到硬度相当于 HRC 27 ~ 31，表面氮化层深为 0.51 mm，最低表面硬度相当于 HRC 58。

对齿轮副损坏检查结果为齿轮轮齿和套筒内齿环配合接触部分几乎完全磨掉了，齿轮表面损坏主要表现为严重的压陷和塑性变形，没有开裂、剥落等其他损坏形式。齿轮啮合部位齿面发生塑性变形并有金属流失，齿环损伤面积（轴向尺寸）比齿轮宽，这说明偶件间侧向窜动较大。检查齿环另一侧发现损坏比失效端小,齿环从动侧面上只有很浅的磨损,每个齿的工作面都有稍成弧形的下凹损伤,面积约为 25×6.4 mm,深约 0.13 mm,但这些损伤量对于只行驶 1.36×10^4 km 来讲实在是太小了。

对材料检验结果认为钢种确系 4140 钢,心部硬度和渗层深度(用 2% 硝酸酒精溶液浸蚀显示)都符合技术条件要求,但表面硬度明显低于技术条件的要求,只相当于 HRC 50。显微组织检查表明,偶件表面都有约 0.025 mm 的白色 Fe_2N 化合物层,并有轻微的铁的氮化物沿晶网络,心部组织为回火马氏体兼有大量块状铁素体。

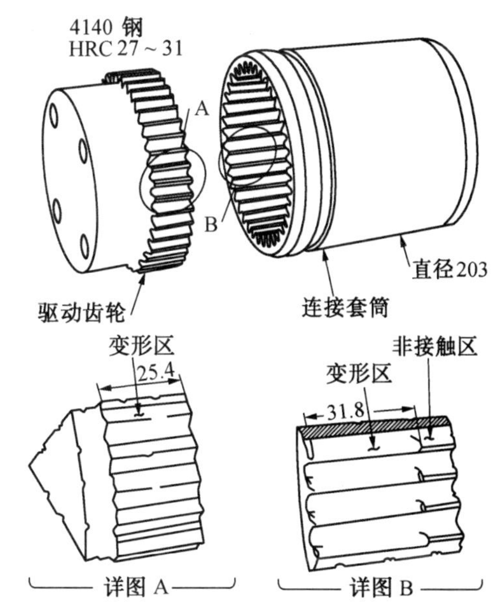

图 8.35　气体氮化的 4140 钢齿轮副失效情况简图

对齿轮和齿环几何形状测量发现零件刚加工完成时是符合图纸要求的:齿环的轴向是直的,径向稍有外凸。但失效的轮齿在啮合线附近的两个方向上均稍有外凸。这种设计的意图是安装时对中和调整比较容易,但却使得轮齿与齿环表面间的接触面积减小,造成啮合线局部接触应力剧烈升高。

上述分析结论认为,以“渗层压陷”形式发生的早期失效系由几种因素造成,按其重要程度依次列举如下:

①由于设计不当使得啮合零件啮合线上局部受力太高。

②技术条件不合理,心部硬度规定得太低,不足以支承渗层的压力,或者不能保证氮化后达到规定的硬度。

③心部组织中的大量块状铁素体说明氮化处理前的热处理状态不合理,正是这些铁素体造成渗层的压陷。

④渗层组织不合理,表层氮化物层及渗层氮化物网的存在说明氮化工艺不甚合理。

由上述分析可清楚表明,要改进传动齿轮副的工作性能,重要措施有下列两条:

①改变啮合线附近的齿廓,增加初始接触面积,以降低局部接触应力。

②提高零件心部硬度,氮化前作为预备热处理应进行调质,使心部硬度达到 HRC 35 ~40,给渗层以足够的支撑。

此外应改进氮化工艺以减小表面白层厚度和渗层中的氮化物网的程度,或者改用二次氮化法得到扩散的氮化物层,并规定最后用研磨法或喷砂法除去表面白色层。

例 4　柱状液压阀因渗层残余奥氏体转变而失效

某液压系统中所用柱状阀发生偶然失效。失效时,紧密配合的旋转阀卡死,引起液压油流量失控。阀中的旋转柱系由 8620 钢制造,经气体渗碳淬火处理。装配阀柱的油缸由 1117 钢制造,也经气体渗碳淬火处理。

对失效阀门的阀柱和油缸作宏观检查发现,二者表面都有些磨光,这是阀柱与油缸内壁接触的结果。检查柱阀表面形貌,未发现有磨损或划伤,与工作良好的阀门阀柱相比并无明显差异。从失效阀和工作良好的阀的油缸取样检查显微组织发现,后者渗碳层显微组织为清晰的马氏体,其间分散有少量残余奥氏体(在浸蚀后的试样上,白色区域为残余奥氏体)。但失效缸的渗层组织中含有大量的残余奥氏体,在近表面区域尤甚。另外,对失效油缸进行深浸蚀,在近表面区域还可发现一些未回火的马氏体。对两个试样测显微硬度发现,失效件的渗层硬度比未失效件低 100 努氏硬度单位,工作表面上的硬度要低 300 努氏硬度单位。由上述分析得出结论认为阀柱与油缸之间的滑动接触(可能在阀启动时),使油缸中不稳定的残余奥氏体转变为马氏体,体积增加使尺寸增大。这种变化不断积累,使尺寸增大到阀柱与油缸之间相互干扰,以至于卡死,丧失流量控制能力。渗层中残余奥氏体过多则应归因于零件渗碳时,碳势太高。

例 5　重载齿轮轴齿部压陷和剥落分析

某厂制造 745.7 kW 内燃机车二阶箱螺旋伞齿轮,该齿轮直接传动机车车轮(如图 8.36),机车载重 840 t,启动和运行过程中,该齿轮轴的齿部,都承受较大的扭矩,初步计算运行扭矩 13 400 N · m,运行一万公里后拆检时发现齿表面磨损、压陷和剥落,齿轮材料为 20CrMnTi,热处理工艺为 930 ℃气体渗碳,炉内预冷到 860 ℃空冷,再加热淬火,最后回火,要求渗碳淬火后表面硬度为 HRC56 ~ 62,层深为 1.5 ~ 2.0 mm,心部硬度为 HRC 30 ~48。

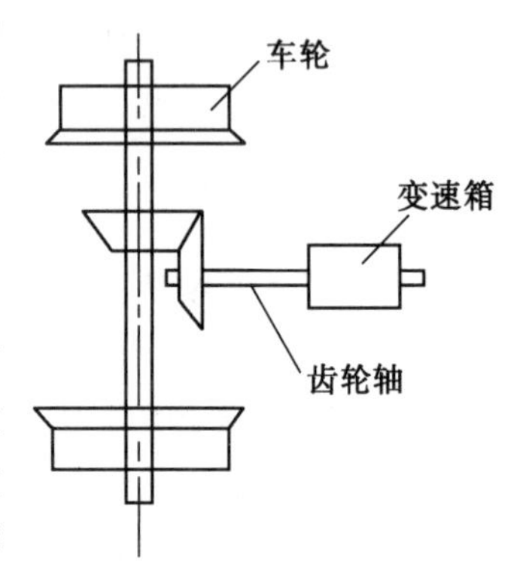

图 8.36　齿轮轴上工作位置示意图

检验结果表明,材料成分合格,渗层深度合格,硬度不合格(未经磨损的齿顶部 HRC 41.5 ~44,心部硬度 HRC 11.5,均低于标准),对齿横截面金相进行观察,表层组织为屈氏体+碳化物粒和屈氏体+碳化物网,而心部组织为铁素体+珠光体。

分析认为,由于渗碳正火后淬火时加热温度不够高或保温时间不够长,所以碳化物未完全溶解,铁素体未完全转变成奥氏体,再加上淬火(油淬)时冷速不够,发生了中温转变,结果导致表面和心部硬度都比较低,故抗磨、抗疲劳性能差,产生了较严重的磨损,点蚀和剥落。再加上载荷较高,抗塑性变形能力低,使齿表面发生局部塑性变形。

8.5　焊接缺欠与失效

焊接技术以其独特的灵活、高效和低成本等优越性在现代工程结构,尤其是大型工程结构如舰艇、桥梁、压力容器等的建造中得到广泛应用。二战期间,曾相继发生过多起焊接结构的断裂事故,这些失效事故一方面给社会、经济带来巨大损失,另一方面也极大地刺激了与焊接技术和焊接结构有关的学科的发展。多学科交融和相互渗透发展的结果,不但促进了冶金理论、焊接结构理论等的完善和发展,而且促进了结构设计、制造、安装和维修质量方面的规范化和标准化。国际标准化组织(ISO)中专门主管焊接的委员会 ISO/TC44 以及国际焊接学会(IIW),在制定焊接标准方面做出了很大贡献。这些标准都是各国多年研究和实践的总结,从而使得对焊接质量的控制有了统一的认识,从而更方便了焊接结构的更广泛应用。我国已在等效地采用这些标准,这必将进一步推动我国焊接结构的发展。尽管焊接结构有其固有的优越性,也尽管在焊接技术及其相关学科与工程领域已有了非常大的发展,但焊接结构失效的事故仍时有发生。这说明在焊接结构设计、施工及选材等方面还存在某些缺欠。据日本机械工程学会在60年代统计的数据表明,在当时的技术水平下,事故原因中由于施工方面占42%,设计方面占32%,材料方面占24%。在事故中,疲劳破坏占61%,脆性断裂占15%,因焊接裂纹引起的事故占13%,腐蚀及磨损占3%,而IIW第XIII委员会调查表明,疲劳破坏是由于设计不良而引起的占54%。显然,对于正确设计的结构,在当今的焊接技术水平下,理应获得优质的焊接结构,不致发生不应有的失效事故。但是广泛的统计表明,表8.8为因偶然失误造成的不良后果,还是难以避免的。

8.5.1　焊接缺欠与缺陷的定义及分类

根据美国焊接学会(AWS)给出Discontinuity和Defect的界定,应分别译为"缺欠"和"缺陷",其具体含义为:

缺欠。焊件典型构造上出现的一种不连续性,诸如材料或焊件在力学特性、冶金特性或物理特性上的不均匀性。"缺欠"不一定是"缺陷"。

缺陷。一种或多种不连续性或缺欠,按其特性或累加效果,使得零件或产品不能符合所提出的最低合用要求,称之为缺陷。此术语标志着判废。

美国金属手册强调指出:对于焊接接头的合用性(Fitness-For-Purpose,简写为FFP)构成危险的缺欠即是缺陷。根据定义,缺陷是必须予以去除或修补的一种状况。所以应当慎重地使用"缺陷"这个词。由于该词意味着焊接接头是不合格的,因而必须采取修理措施,否则就应报废。因此,工程界使用"缺欠"来代替"缺陷"一词。

表8.8　焊接结构的失效分析

失效原因	设计	外载算错	○								◎				
		局部应力算错	◎						◎		○				
		接头形式错误	○	○	○	○	○	○	○			○			
		形状不连续	○						◎						
		选材错误	○								○	◎			◎
		未注意材料各向异性						◎			○				
		使用条件认识不足	○								○	◎		◎	○
		退火的确定不当	○							○	○	◎	◎		
	施工	焊工技术不良	◎	◎	◎	◎	◎			○			○		
		焊接工艺错误	◎	◎	◎		◎			◎			◎		
		拘束过大	◎						○	◎					
		材料加工不当	◎							○		○	◎		
		自由端处理不当	○					○	○			○			
		热处理错误	○	○	◎					○	○	○	◎		
	材料	材质不良	◎								○	○	○		
		焊接性不良	◎					◎			○		◎		
		材料管理有误	○								○	○			

续表 8.8

影响后果	表现特征	裂纹	变形	精度	泄漏	工艺缺欠	剥离	应力集中	剩余应力	脆化[①]	腐蚀	硬化	氢脆	时效
破坏类型	疲劳破坏	◎				○		◎		○		◎		
	低周疲劳破坏	◎				○		◎		○		◎		
	延性断裂	◎				○		○	○	○				
	脆性断裂	◎				○		◎	○	○		◎	○	
	蠕变断裂	◎				○				○			○	○
	压曲失稳		◎							○				
	凹损		◎											
	腐蚀	◎												
	应力腐蚀开裂	◎							◎					
	泄漏	◎				○								○

注:◎:表示有很大关系;○表示有关系。

其实,AWS 对缺欠的定义已表明,它是泛指焊接接头中一切不连续性、不完善性、不健全性、不均匀性等,缺欠就是有所欠缺。因此,通常泛泛而论时,采用“缺欠”一词为宜。

缺欠可否容许,由具体技术标准规定,例如焊缝“余高",对于静载结构是容许的。但对于动载结构,就可能不符合技术标准要求。不过,这时缺欠是否可判废,则要根据合用性准则(FFP 准则)来判断,如果不能满足具体产品的具体使用要求,则应判为“缺陷”。否则便不应看做“缺陷”。

关于焊接缺陷的分类,从不同的角度可有不同的分类方法。每一种分类方法都可以从不同的侧面反映焊接缺欠的特点。例如,从缺欠分布特点分类,可分为焊缝缺欠、热影响区缺欠和熔合线缺欠等;从影响断裂机制上分类可分为平面缺欠和非平面缺欠。裂纹、未熔合和线状夹渣属于平面缺欠,气孔和圆形夹渣属于非平面缺欠;从缺欠成因上分类,可分为构造缺欠、工艺缺欠和冶金缺欠三类,如图8.37所示。其中裂纹对焊接结构失效有最直接和严重的影响。焊接裂纹主要分为热裂纹和冷裂

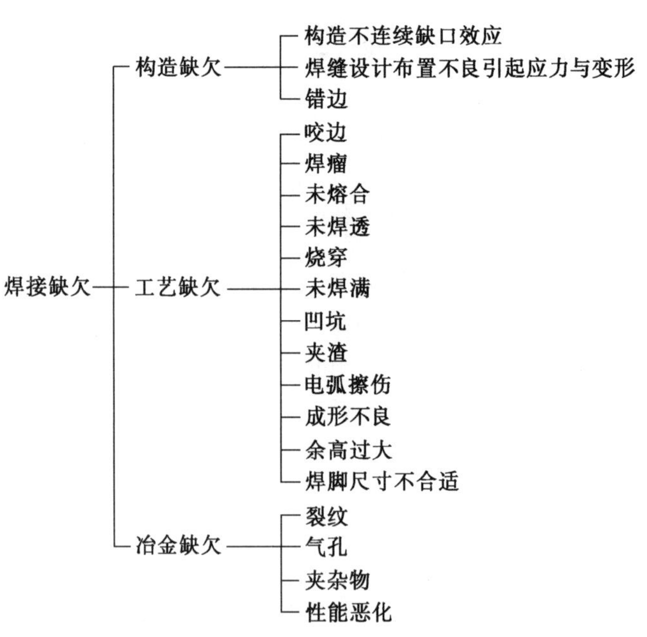

图 8.37　焊接缺欠从成因上的分类

纹两大类，按各类裂纹的形成时期、主要特征及分布概括见表8.9和表8.10。除上述产生于焊接过程中的裂纹，在失效分析中还经常遇到焊后热处理和服役期间受环境或介质作用而产生的裂纹，如消除应力裂纹（SR裂纹），应变时效裂纹（SA裂纹），再热裂纹（RC裂纹），应力腐蚀裂纹（SCC）和高温工作再热裂纹等。

表8.9　焊接热裂纹类型及特征

类　型	形成时期	主要特征	主要分布部位
凝固裂纹（结晶裂纹）	固相线温度附近，凝固前	1. 沿晶间开裂 2. 晶界有液膜 3. 开口裂纹断口有氧化色彩	1. 在焊缝中，沿纵向轴向分布 2. 在焊缝中，沿结晶方向呈“人字形” 3. 在弧坑中，沿各方向或呈星形
液化裂纹	固相线温度附近，也可为凝固裂纹延续	1. 沿晶间开裂 2. 晶间有液化 3. 断口有共晶凝固的现象	1. 在近缝区粗大奥氏体晶粒的晶界，在熔合区中发展 2. 在多层焊的前一层焊缝中
高温失延开裂	再结晶温度 T_R 附近	1. 表面较平整，有塑性变形痕迹 2. 沿奥氏体晶界形成和扩展 3. 无液膜	1. 在近缝区中 2. 多层焊前一层焊缝中 3. 单相合金或纯金属焊缝中

表8.10　焊接冷裂纹类型及特征

类　型	形成时期	主要特征	主要分布部位
氢致开裂	200℃至室温	1. 有延迟特征，焊后几分钟至几天出现； 2. 沿晶启裂，穿晶扩展； 3. 断口呈氢致准解理形态	1. 焊趾（缺口效应）； 2. 焊根（缺口效应）； 3. 焊道下，沿熔合区； 4. 大厚度多层焊焊缝偏上部
淬硬开裂	M_s 至室温	1. 无延时特征，（也可见到少许延迟情况）； 2. 沿晶启裂与扩展； 3. 断口非常光滑，极少塑性变形痕迹	主要在近缝区
热应力（低延）开裂	室温附近	母材延性很低（铸铁，硬质合金），无法承受应变，边焊边开裂，可听到脆性响声，脆性断口	熔合区、焊道
层状撕裂	室温附近	1. 沿轧层，呈阶梯状开裂； 2. 断口有明显的木纹特征； 3. 断口平台分布有夹杂物	1. HAZ，沿轧层； 2. HAZ以外的母材轧层中

上述对焊接缺欠的分类是广义的,为了反映缺欠形成过程,以便于对缺欠的直观理解,GB 6417 将焊接缺欠分为六大类,其中每一类又分为若干小类。下面将这些分类列于表 8.11 ~ 表 8.16 中。

表 8.11　第 1 类缺欠:裂纹(GB 6417)

数字序号	名　称	说　明	简　图
100	裂　纹	在焊接应力及其他致脆因素共同作用下,焊接接头中局部地区的金属原子结合力遭到破坏而形成新界面所产生的缝隙	
1001	微观裂纹	在显微镜下才能观察到的裂纹	
101 1011 1012 1013 1014	纵向裂纹	基本上与焊缝轴线平行的裂纹,可能位于: 焊缝金属中; 熔合线上; 热影响区中; 母材金属中	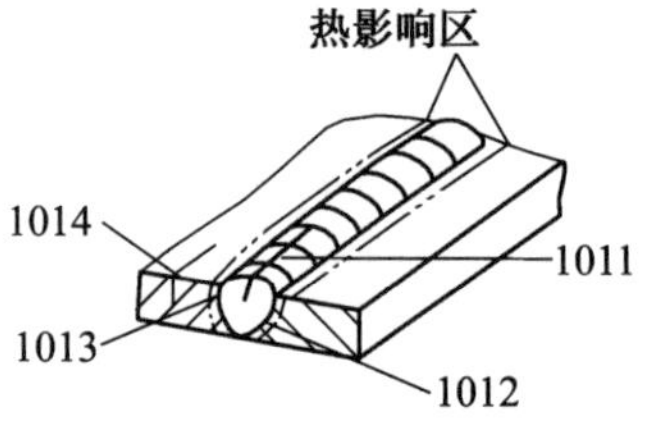
102 1021 1023 1024	横向裂纹	基本上与焊缝轴线垂直的裂纹,可能位于: 焊缝金属中; 热影响区中; 母材金属中	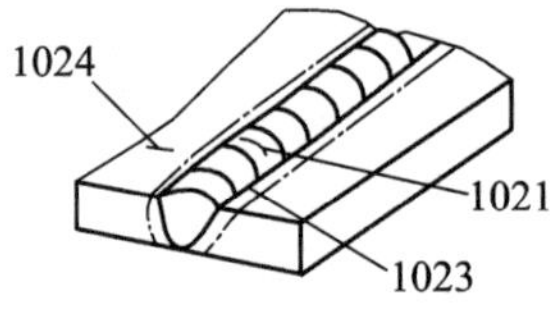
103 1031 1033 1034	放射状裂纹	具有某一公共点的放射裂纹,可能位于: 焊缝金属中; 热影响区中; 母材金属中; 注:这种类型的小裂纹也可叫做星形裂纹	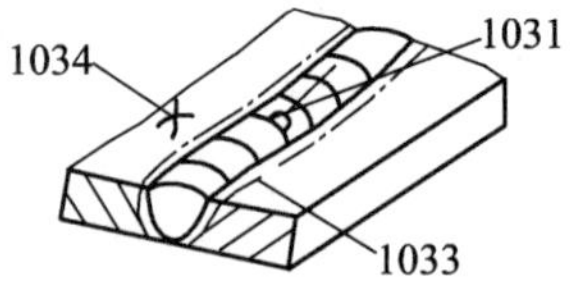
104 1045 1046 1047	弧坑裂纹	在焊缝收弧弧坑处的裂纹,可能是: 纵向的; 横向的; 星形的	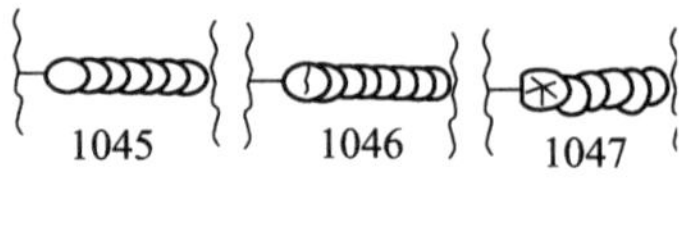

续表 8.11

数字序号	名　称	说　明	简　图
105 1051 1053 1054	间断裂纹群	一组间断的裂纹可能位于: 焊缝金属中; 热影响区中; 母材金属中	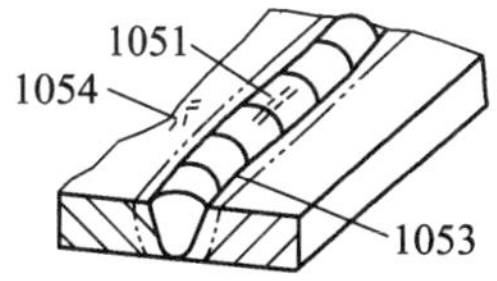
106 1061 1063 1064	枝状裂纹	由某一公共裂纹派生的一组裂纹,它与间断裂纹群(105)和放射状裂纹(103)不同,可能位于: 焊缝金属中; 热影响区中; 母材金属中	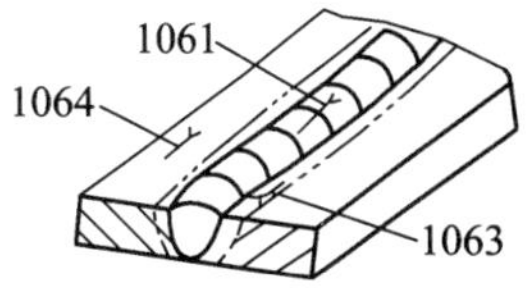

表 8.12　第 2 类缺欠:空穴(GB 6417)

数字序号	名　称	说　明	简　图
200	孔　穴		
201	气　孔	熔池中的气泡在凝固时未能逸出而残留下来所形成的空穴	
2011	球形气孔	近似球形的孔穴	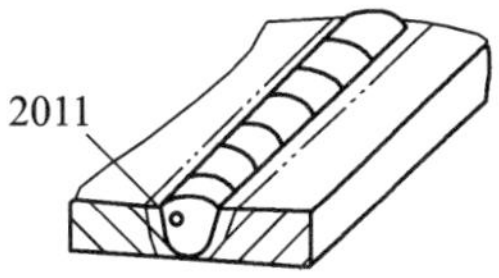
2012	均布气孔	大量气孔比较均匀地分布在整个焊缝金属中,不要与链状气孔(2014)相混淆	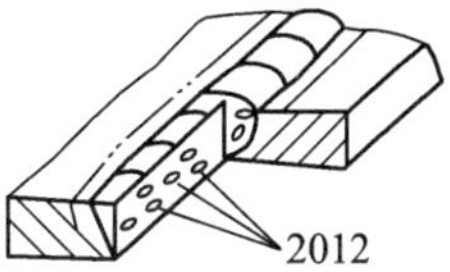
2013	局部密集气孔	气孔群	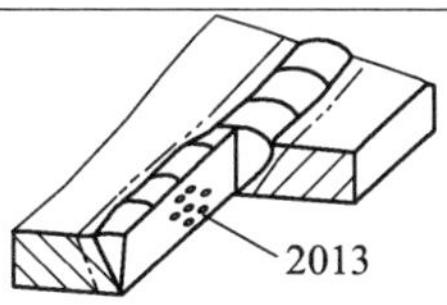

续表 8.12

数字序号	名　称	说　明	简　图
2014	链状气孔	与焊缝轴线平行的成串气孔	2014　2014
2015	条形气孔	长度方向与焊缝轴线近似平行的非球形长气孔	2015
2016	虫形气孔	由于气泡上浮面引起的焊缝管状孔穴,其位置和形状是由凝固的形式和气泡的来源来的,通常它们成群地出现并且成人字形分布	2016　2016　2016　2016
2017	表面气孔	暴露在焊缝表面气孔	2017
202	缩　孔	熔化金属在凝固过程中收缩而产生的残留在熔核中的孔穴	
2021	结晶缩孔	冷却过程中在焊缝中心形成的长形收缩孔,可能有残留气体,这种缺欠通常在垂直焊缝表面方向上出现	2021
2022	微缩孔	在显微镜下观察到的缩孔	
2023	枝晶间微缩孔	在显微镜下观察到的枝晶间微缩孔	
2024	弧坑缩孔	指焊道末端的凹陷,且在后续焊道焊接之间或在后续焊道焊接过程未被消除	2024　2024　2024

表 8.13　第 3 类缺欠:固体夹杂(GB 6417)

数字序号	名　　称	说　　明	简　　图
300	固体夹杂	在焊缝金属中残留的固体夹杂物	
301 3011 3012 3013	夹　渣	残留在焊缝中的熔渣,根据其形成情况分为: 线状的; 孤立的; 其他形式的	3011 3012　3013
302 3021 3022 3023	焊剂或熔剂夹渣	残留在焊缝金属中的焊剂或熔剂,根据其形成情况分为: 线状的; 孤立的; 其他形式的	见数字序号 3011 ~ 3013
303	氧化物夹杂	凝固过程中的焊缝金属中残留的金属氧化物	
3031	皱　褶	在某些情况下,特别是铝合金焊接时,由于对焊接熔池保护不良和熔池中紊流而产生的大量氧化膜	
304 3041 3042 3043	金属夹杂	残留在焊缝金属中的来自外部的金属颗粒,这种金属颗粒可能是: 钨; 铜; 其他金属	

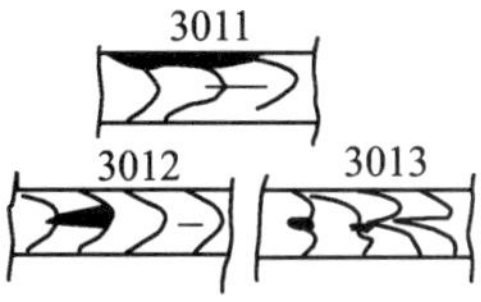

表 8.14　第 4 类缺欠:未熔合和未焊透(GB 6417)

数字序号	名　　称	说　　明	简　　图
400	未熔合和未焊透		
401 4011 4012 4013	未 熔 合	在焊缝金属和母材之间或焊道金属和焊道金属之间未完全熔化结合的部分,它可分为下述几种形式: 侧壁未熔合; 层间未熔合; 焊缝根部未熔合	4011　4012 4013　4013

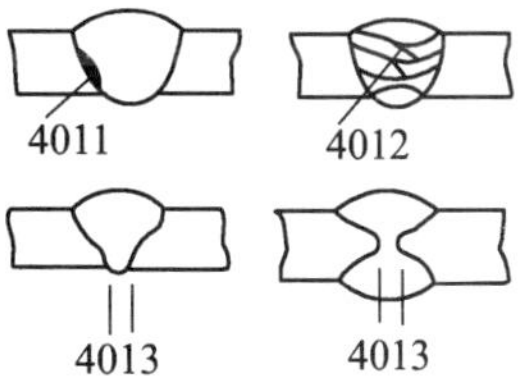

续表 8.14

数字序号	名　　称	说　　明	简　　图
402	未 焊 透	焊接时接头的根部未完全熔透的现象	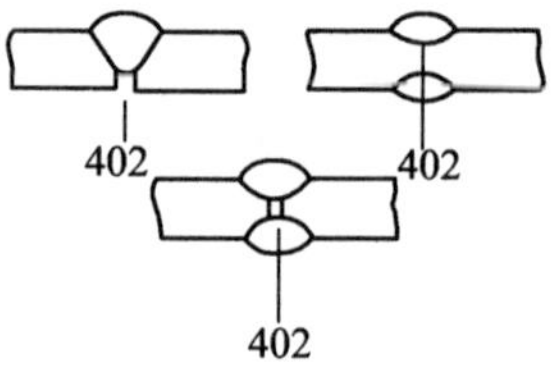 402 402 402

表 8.15　第 5 类缺欠:形状缺欠(GB 6417)

数字序号	名　　称	说　　明	简　　图
500	形状缺欠	焊缝的表面形状与原设计几何形状有偏差	
5001 5012	连续咬边 间断咬边	因焊接造成的焊趾(或焊根)处的沟槽,咬边可能是连续的(5011)或间断的(5012)	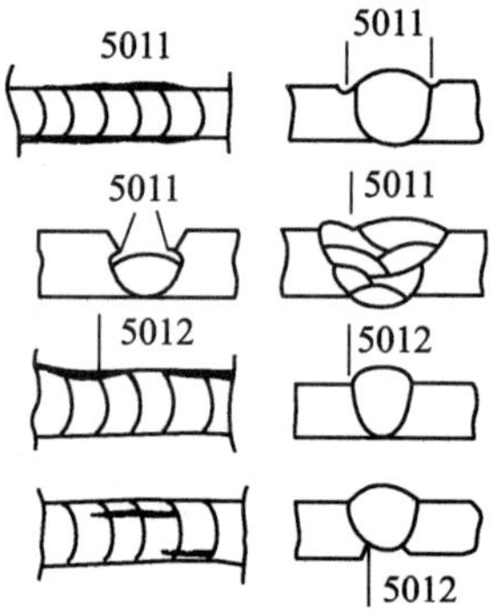 5011 5011 5011 5011 5012 5012 5012
5013	缩　沟	由于焊缝金属的收缩,在根部焊道第一侧产生的浅的沟槽(也可见 515)	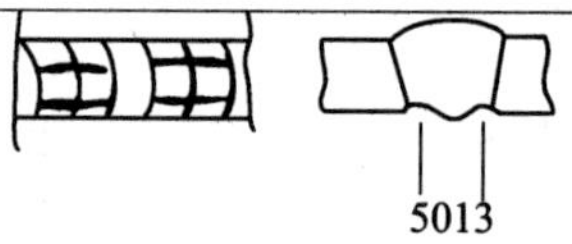 5013
502	焊缝超高	对接焊缝表面上焊缝金属过高	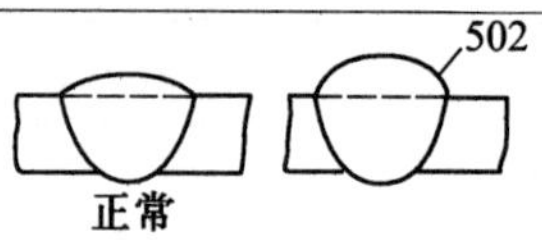 正常 502
503	凸度过大	角焊缝表面的焊缝金属过高	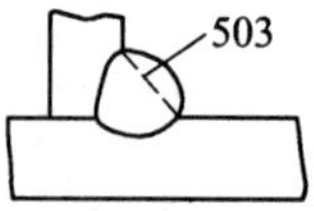 503
504	下　塌	穿过单层焊缝根部或多层焊时,穿过前道熔敷金属塌落的过量焊缝金属	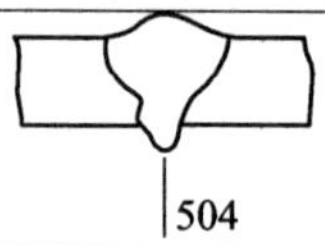 504
5041	局部下塌	局部塌落	

续表 8.15

数字序号	名称	说明	简图
505	焊缝成型不良	母材金属表面与靠近焊趾处焊缝表面的切面之间的角度 α 过小	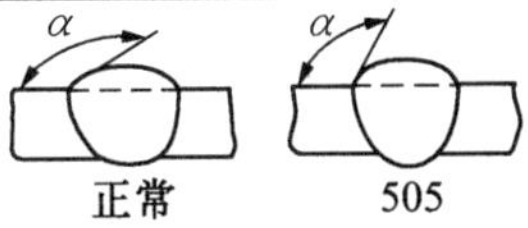 α α 正常 505
506	焊瘤	焊接过程中,熔化金属流淌到焊缝之外未熔化的母材上所形成的金属瘤	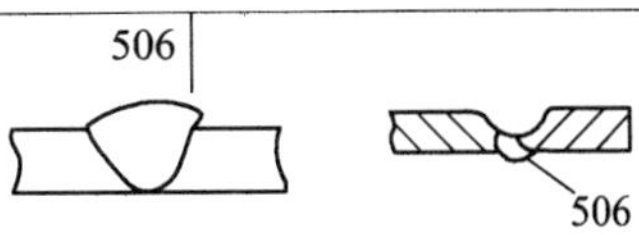 506 506
507	错边	由于两个焊件没有对正而造成板的中心线平行偏差	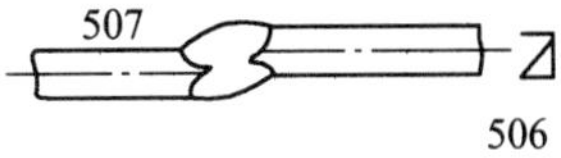 507 506
508	角度偏差	由于两个焊件没有对正而使它们的表面不平行(或不成预定的角度)	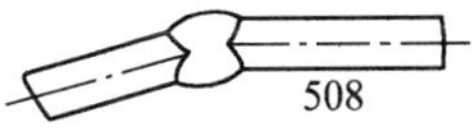 508
509 5091 5092 5093 5094	下垂	由于重力作用造成的焊缝金属塌落,分为: 横焊缝垂直下垂 平焊缝或仰焊缝下垂 角焊缝下垂 边缘下垂	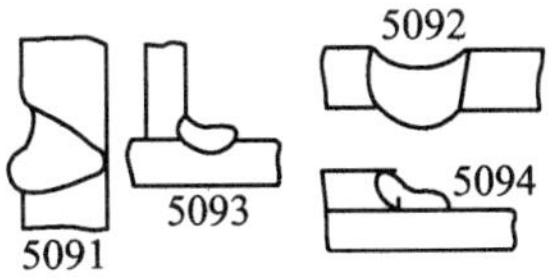 5092 5094 5093 5091
510	烧穿	焊接过程中,熔化金属坡口背面流出,形成穿孔的缺欠	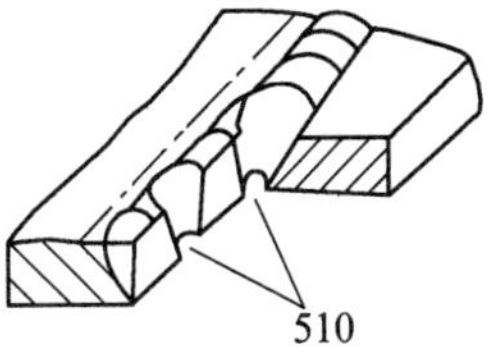 510
511	未焊满	由于填充金属不足,在焊缝表面形成的连续或断续的沟槽	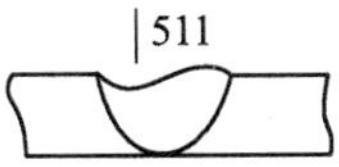 511
512	焊脚不对称		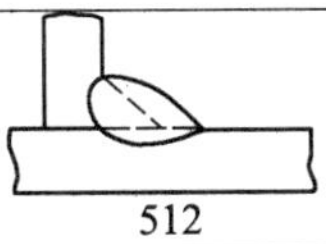 512
513	焊缝宽度不齐	焊缝宽度改变过大	
514	表面不规则	表面过分粗糙	
515	根部收缩	由于对接焊缝根部收缩造成的浅的沟槽(也可见5013)	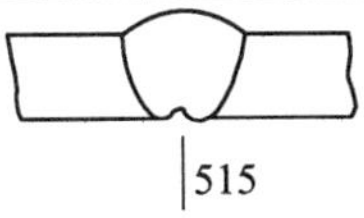 515

续表 8.15

数字序号	名　称	说　明	简　图
516	根部气孔	在凝固瞬间,由于焊缝析出气体而在焊缝根部形成的多孔状组织	
517	焊缝接头不良	焊缝衔接处的局部表面不规则	517

表 8.16　第 6 类缺欠:其他缺欠(GB 6417)

数字序号	名　称	说　明
600	其他缺欠	不能包括在 1 ~5 类缺欠的所有缺欠
601	电弧擦伤	在焊缝坡口外部引弧或打弧时产生于母材金属表面上的局部损伤
602	飞溅	熔焊过程中,熔化的金属颗粒和熔渣向周围飞散的现象。这种飞散出的金属颗粒和熔渣习惯上也叫飞溅
6021	钨飞溅	从钨电极过渡到母材金属表面或凝固焊缝金属表面上的钨颗粒
603	表面撕裂	不按操作规程拆除临时焊接的附件时产生于母材金属表面的损伤
604	磨痕	不按操作规程打磨引起的局部表面损伤
605	凿痕	不按操作规程使用扁铲或其他工具铲凿金属而产生的局部损伤
606	打磨过量	由于打磨引起的工件或焊缝的不允许的减薄
607	定位焊缺欠	
608	层间错位	不按规定程序熔敷的焊道

8.5.2　焊接缺欠对接头性能的影响及缺欠的安全评定

1. 缺欠对接头性能的影响

焊接缺欠对焊接接头或焊接结构性能的影响决定于缺欠的类型和尺寸,缺欠越大越长,越接近于表面,或者越密集,影响就越大。当一条焊缝中存在着许多同一类型或不同类型的缺欠时,评定它们之间的相互作用比较困难。英国标准学会在 PD 6493—1991 中规定,在同一横截面上出现多个夹渣,其缺欠间的距离小于较大缺欠高度的 1.25 倍时,应将它们当作一个大的单个平面缺欠来处理。

焊接缺欠对接头力学性能的影响,本质上决定于缺欠所引起的应力集中的程度,各种缺欠中,以裂纹的影响最为严重。裂纹,尤其位于熔合区的裂纹最有可能引起脆性断裂。对于裂纹来说,表面裂纹的有害程度最大。焊接缺欠对接头性能的影响程度见表 8.17。

表 8.17　焊接缺欠对接头性能的影响

焊接缺欠 \ 接头性能		力学的				环境的		
		静载强度	延性	疲劳强度	脆断	腐蚀	应力腐蚀开裂	腐蚀疲劳
形状缺欠	变形	○	◎	◎	◎	△	◎	◎
	余高过大	△	△	◎	△	○	◎	◎
	焊缝尺寸过小	◎	◎	◎	◎	◎	◎	◎
	形状不连续	○	○	◎	◎	◎	◎	◎
表面缺欠	气孔	△	△	○	△	△	△	△
	咬边	△	△	△	△	△	△	△
	焊瘤	△	△	◎	△	△	△	△
	裂纹	◎	◎	◎	△	△	△	△
内部缺欠	气孔	△	△	△	△	△	△	△
	孤立夹渣	△	△	○	△	△	△	△
	条状夹渣	○	○	○	○	△	△	△
	未熔合	◎	◎	◎	◎	○	○	○
	未焊透	◎	◎	◎	◎	○	○	○
	裂纹	◎	◎	◎	◎	○	○	○
性能缺欠	硬化	△	△	○	○	○	◎	○
	软化	○	◎	○	○	○	△	△
	脆化	△	◎	△	◎	△	△	△
	剩余应力	○	◎	○	◎	○	◎	○

2. 弹塑性断裂判据

在第 3 章已扼要说明了含裂纹零件低应力脆断的线弹性断裂力学判据

$$K_{IC}=Y\sigma\sqrt{\pi a} \tag{8.3}$$

该判据应用的条件为材料的应力与应变成线弹性关系，可用于高强度材料及其他表现为脆性断裂材料的安全性评定。但对于金属零件，即使其处于很脆的状态，裂纹顶端在断裂时，总是或多或少存在着塑性变形，因此应力与应变并不严格地遵循线弹性关系。K_{IC}则恰恰是在线弹性条件下成立的，属于线性断裂力学范畴。当有局部屈服发生时，必须对 K_{IC}修正。而当大屈服或全面屈服时，K_{IC}将失效，这时，属于塑性断裂力学范畴，而引进 δ_c 判据。如图 8.38 所示，板中央存在裂纹，其长度为 $2a$，开始施加拉应力 σ 时，裂纹顶端不同距离处的弹性应力分布如图 8.38(b)中的Ⅰ所示，随着应力增加，裂纹顶端的应力集中可能超过屈服点 σ_s(图 8.38(b)中的Ⅱ)，导致产生塑性变形，应力分布则为 CDE(其中 CD 为裂纹顶端屈服范围的应力分布，DE 为弹性变形范围的应力分布，D 为弹-塑性的边界)，裂纹顶端在拉应力方向上产生了“张口”，这就称之为“裂纹张开位移”(Crack Opening Displacement, COD)。这时 COD 的数值为 δ。当应力继续增加到某一临界值时，裂纹内部(距表面约 0.3 mm)又形成新的裂纹 β。这时的 COD 值称为临界 COD，其值以 δ_c 表示。δ_c 值越大，裂纹顶端的塑性储备也越大，新的裂纹 β 与初始裂纹 $2a$ 连续起来，缓缓地由 $B\rightarrow B'\rightarrow B''$徐徐发展，材料不易脆断。否则，若 δ_c 很小，在小裂纹 β 产生同时，解理型脆性裂纹将得以高速地瞬时性扩展(图 8.38(b)中的Ⅳ)，于是易于发生脆断。由此

可认定，δ_c应能做评价断裂韧度的参量，其公式如下

$$\delta_c = \frac{8\sigma_s a_c}{\pi E_0}\ln\sec\left(\frac{\pi\sigma}{2\sigma_s}\right) \tag{8.4}$$

当裂纹顶端只有很小的屈服时，δ_c 与 K_{IC}有下列近似关系

$$\delta_c \approx \frac{K_{IC}{}^2}{E_0\sigma_s}$$

若 $\sigma_\alpha/\sigma_s \leqslant 0.6 \sim 0.7$，上式成立。

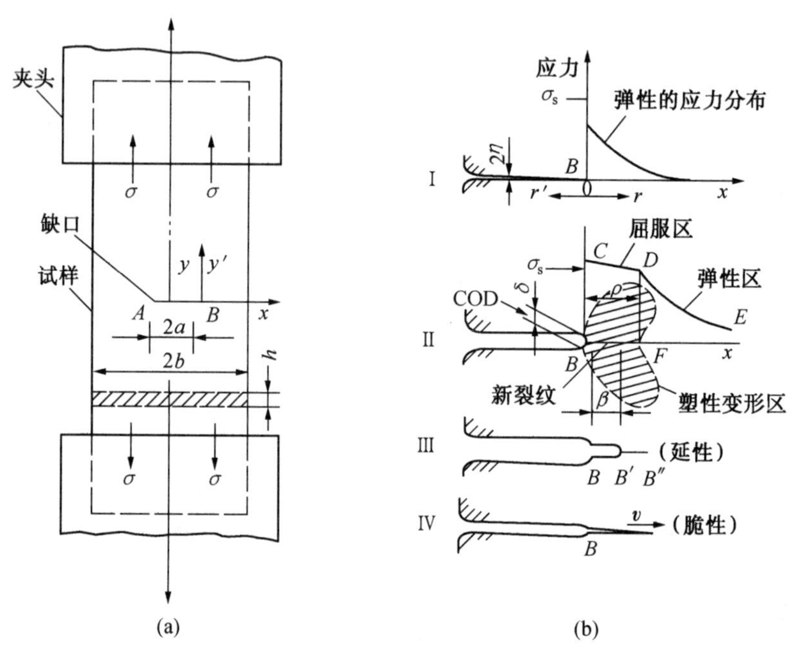

图 8.38　裂纹顶端应力集中与 COD

3. 焊接缺欠"合用性"评定

按"合用性"准则来评定含缺欠结构的合用性，已有多种标准，并且实践证明都是可行的。工程结构安全评定中受到较普遍重视的有下列几种：

①CVDA—1984《压力容器缺陷评定规范》。

②BSI PD6493—1991《熔焊结构缺欠验收的评定方法指南》。

③WES 2805—1983《按脆性破坏发生评定焊接缺欠验收规范》。

④ASME《锅炉与压力容器规范》第Ⅲ篇附录 G。

⑤IIW—SST—1157—90《IIW 焊接结构合用性评价指南》。

此外还有英国 CEGB R6 规范，澳大利亚 AS1210—1989—SAA 规范，英国BS5500—1991规范，德国 KTA 规范等。

上述这些缺欠评定标准是以断裂力学为基础的，主要运用线弹性条件的 K_{IC}判据和弹塑性条件的 δ_c 判据，考虑一定的安全系数以后给出实用的公式，用以计算允许的缺欠尺寸。由于无损探伤所检测得到的缺欠，可能在尺寸、形状及类型上各种各样，也必须加以规格化处理，确定一个"等效缺欠尺寸"$\bar{a}$。还要分析实际的应力应变情况，以求出总的作用应力或应变。然后通过计算求得容许的最大裂纹尺寸$\overline{a_m}$，或计算出 K_I 或 δ。最后通过

$\overline{a_m}$ 与 $\bar{a}$ 对比，或 δ 与 δ_c 对比，K_I 或 K_{IC} 与对比，可以最终做出判断，该缺欠是否容许存在。

所有现有各种缺欠评定规范，其实是大同小异，但计算公式所给出的裕度有所差别，因而计算表达式有些差别，关于缺欠规格化处理基本相同，至于在应力与应变分析上也并无不同。有文献曾对 PD6493—1980、WES2805—1983 及 CVDA—1984 做过对比分析，结论是，CVDA—1984 的 COD 设计曲线与 PD6493 大致相同，在安全裕度上，由大到小排列，依次是 PD6493、CVDA—1984、WES2805。

这三个规范采用 δ_c 判据时，所用公式列于表 8.18。CVDA—1984 摘要附于书后面，以便参考采用（见附录）。

表 8.18　按脆断评定缺欠容限的规范计算公式

规　范	计算公式	条　件
CVDA—84	$\overline{a_m} = \dfrac{\delta_c}{2\pi e_s (e/e_s)^2}$	$\dfrac{e}{e_s} \leqslant 1$
	$\overline{a_m} = \dfrac{\delta_c}{\pi(e+e_s)}$	$\dfrac{e}{e_s} \geqslant 1$
PD6493—1991	$\dfrac{\delta_c E_0}{2\pi\sigma_s \bar{a}_m} = \left(\dfrac{\sigma}{\sigma_s}\right)^2$	$\dfrac{\sigma}{\sigma_s} \leqslant 0.5$
	$\dfrac{\delta_c E_0}{2\pi\sigma_s \bar{a}_m} = \dfrac{\sigma}{\sigma_s}$	$\dfrac{\sigma}{\sigma_s} \geqslant 0.5$
WES—2805—1983	$\delta = 3.5 e\bar{a}_m$	
	建议改进中：	
	$\dfrac{\delta}{e_s \bar{a}} = 2\left(\dfrac{e}{e_s}\right)^2$	$\dfrac{e}{e_s} \leqslant 1$
	$\dfrac{\delta}{e_s \bar{a}} = 3.5\dfrac{e}{e_s} - 1.5$	$\dfrac{e}{e_s} \geqslant 1$

注：σ—最大应力；e—最大应变；σ_s—屈服点；e_s—屈服应变

应用“合用验收规范”的一般程序，归纳起来，如图 8.39 及 8.40 所示。

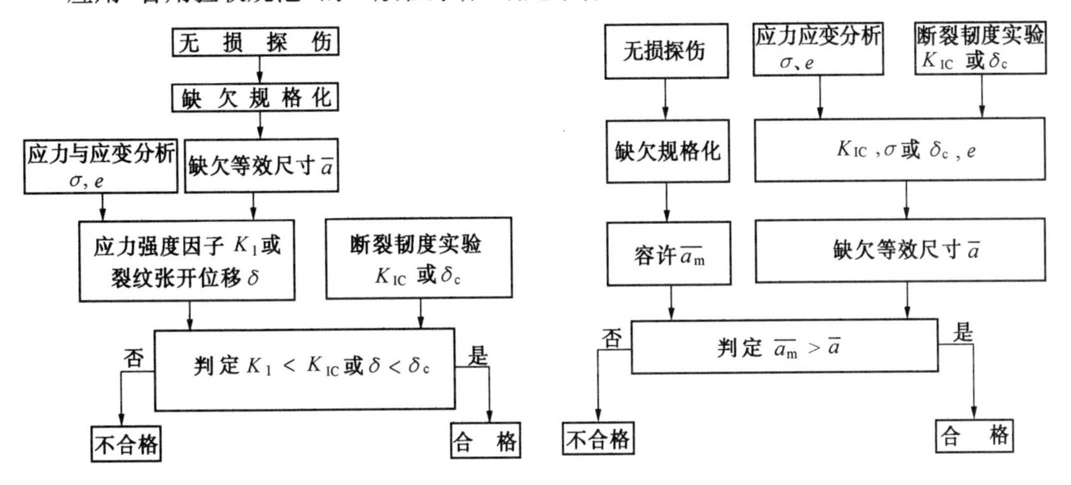

图 8.39　焊接缺欠合用验收评定程序（之一）　　图 8.40　焊接缺欠合用验收程序（之二）

8.5.3 焊接缺欠的安全评定实例

例 1 加氢换热器缺欠评定

两台换热器的型号为 FB－500－62－88－Ⅱ，规格为 ϕ 500×20×6 000 mm，材质为 15CrMo，使用温度为 300 ℃，操作压力为 2.8 MPa，介质：汽油加氢气。

1982 年进行全面无损探伤时发现这两台换热器筒体内壁环焊缝均有整周未焊透缺欠，普遍深 2～3 mm，最深处 5 mm。因容器筒体直径太小，CrMo 钢的挖补又需要热处理，所以焊工无法操作，缺欠也不能返修。按 CVDA—1984 进行安全评定。

(1)等效裂纹尺寸的计算

①缺欠尺寸长度为 $2c$，深度为 a，设壁厚为 t，则 $2c=1\ 570$ mm；$a=5$ mm；$t=20$ mm。

②视为表面裂纹，换算成等效裂纹

因为 $a/c=0.006\ 36$；$a/t=0.25$；所以$/t=0.56$(查附录)；$\bar{a}=11.2$ mm。

(2)应力(σ)及应变(e)值的计算

①膜应力计算。因为缺欠是环向的，膜应力 σ_m 为

$$\sigma_m=PR/2t=17.5\ \text{MPa} \tag{8.5}$$

②应用集中计算。应力集中造成的附加应力 σ_1：$\omega=0$，$h=5$ mm

$$K_t=1+\frac{3(\omega+h)}{t}\quad(\eta<0.5t) \tag{8.6}$$

所以

$$\sigma_1=K_t\cdot\sigma_m=30.6\ \text{MPa}$$

③剩余应力计算。因为容器长期在高温运行，且缺欠与熔合线平行，故按附录表 6 取系数值 0.2。

因为 σ_s(15CrMo)＝280 MPa，所以 $\sigma_3=0.2\sigma_s=56$ MPa，所以 $\sigma=\sigma_1+\sigma_3=86.6$ MPa。

④应变值的确定

$$e_s=\sigma_s/E=0.001\ 3;\ e=\sigma/E=0.000\ 4$$

(3)计算允许裂纹尺寸

因为 $e/e_s<1$，所以取

$$a_m=\frac{\delta_c}{\left[2\pi e_s\left(\frac{e}{e_s}\right)^2\right]} \tag{8.7}$$

根据冶金部钢铁研究总院在上海炼油厂反应塔盲板(15CrMo)实测值 $K_{IC}=5\ 000\ \text{N/mm}^{3/2}$，焊缝取 $0.8K_{IC}$为 4 000 $\text{N/mm}^{3/2}$，用公式

$$K_{IC}=\sqrt{2\sigma_s E\delta} \tag{8.8}$$

求 δ_c。将 $\delta_c=0.136$ mm，代入上式计算得

$$\overline{a_m}=165\ \text{mm}$$

(4)计算 K_I

$$F=1.12-0.23a/t+10.55(a/t)^2-21.71(a/t)^3+30.38(a/t)^4=1.1 \tag{8.9}$$

$$\varphi=1\qquad(\text{见附录，因 } a/c=0)$$

(5)评定

因为 $\bar{a}=11.2$ mm，$\overline{a_m}=165$ mm，$K_I=565$ ；$0.6K_{IC}=2\ 400$；所以 $\bar{a}<\overline{a_m}$；$K_I<0.6K_{IC}$。

结果表明两台换热器的缺欠可以保留。在保留缺欠使用 1 年的过程中未发生泄漏或断裂事故，于 1983 年装置大修期间整台更换。

以上为南京炼油厂依据 CVDA 规范进行的计算。

如依据 WES 2805—1983 规范评定,其结果将如何?

WES 2805 等效缺欠尺寸可利用图 8.41 换算(此处已将符号与 CVDA 规范统一化,壁厚均以 t 表示)。

已知 $a=5$ mm, $2c=1\ 570$ mm, $t=20$ mm, 则 $a/2c=0.003\approx0$, $a/t=0.25$。

由图 8.41 可求得 $\bar{a}/t=0.5$, 所以 $\bar{a}=10$ mm。

【解 1】 已知 $e=0.000\ 4$, $=10$ mm, $\delta_c=0.136$ mm。

由 $=3.5e\bar{a}$, 得 $\delta=0.014$ mm。

因为 $\delta<\delta_c$, 所以合格。

【解 2】 如设 $\delta_c=0.136$ mm$=\delta$, 则 $\delta_c=3.5e\,\overline{a_m}$

可求得 $\overline{a_m}=97$ mm

因为 $\bar{a}<c$, 所以合格。

由此计算知,据 WES 2805 求得的 $\overline{a_m}$ 与据 CVDA—84 规范求得的 $\overline{a_m}$ 相差交大,前者小于后者,当前条件下 WES 的要求似乎更严一些。

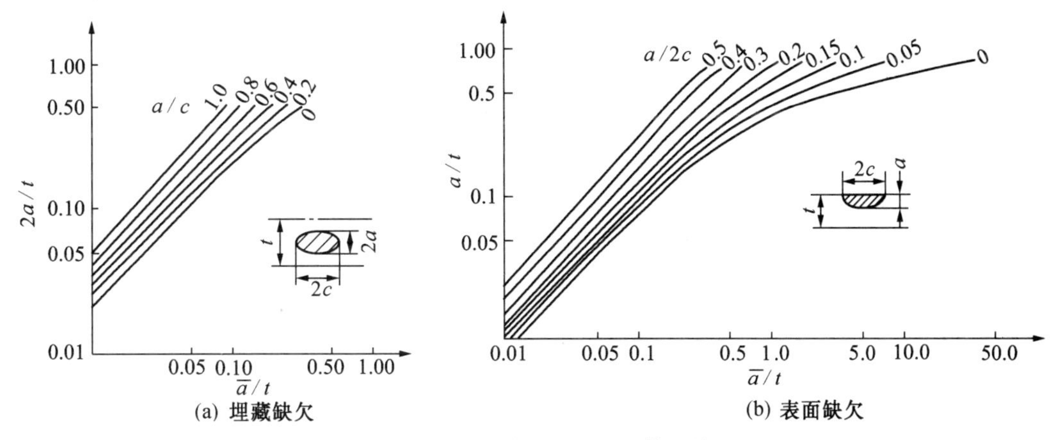

图 8.41 WES 2805 规范中等效缺欠尺寸 $\bar{a}$ 换算图(t–壁厚)

例 2 氨合成塔缺欠评定

1965 年英国一座氨合成塔在水压试验时破坏,当时水压 $P=34.3$ MPa,锻制法兰和钢板制的圆筒的一部分发生了破损。当时的温度约 10 ℃,破坏发生点是边长约 10 mm、接近正三角形的焊接裂纹。该三角形的一个顶点位于锻钢的焊接热影响区内,而该顶点对应的底边则位于焊缝金属中。从容器外壁至裂纹中心约深 20 mm,可视为埋藏缺欠,由壁厚 150 mm,确定等效缺欠尺寸 $\bar{a}$ 约 3 mm。

该容器外径 2 m,长 16 m,破坏时的环向应力约 196 MPa。焊接剩余应力的消除不完全。由于是环向焊缝,应考虑剩余应力的影响,假定 $\sigma_s=457$ N/mm^2,则应变 e 为

$$e=e_1+e_2=(196+0.6\times457)/205\ 000=2\ 293.7\times10^{-6}$$

由 $\delta=3.5e\bar{a}$, 如令 $\delta_c=\delta$, 可求得 $\delta_c=0.024$ mm。

容器破坏后,曾在焊缝表层取样做过断裂力学试验,求得 $K_{IC}=1\ 842.4$ N/mm$^{3/2}$,换算后可求得 $\delta_c=0.02$ mm。说明该缺欠是不能容许的,应定为缺陷。

所有上述均是从脆断角度来评价缺欠的容限。其实,还可以按疲劳和破裂前泄漏等准则来进行评价。PD6493 和 IIW—SST—1157 考虑了多方面,详见该规范,其换算图与 WES2805 相似。

还要说明,以上所列举的两类质量标准涉及的主要是狭义的焊接缺欠,这也确实是人们最关注的缺欠之一,其特点是可以采用无损探伤方法来检测。至于焊接变形以及性能缺欠等,是不能用无损探伤方法来检测的一类缺欠,对此尚无合用验收标准,但对具体产品都制定有质量管理标准。

例 3 贮氧球罐焊缝缺欠安全性分析

(1)球罐概况及材料性能

球罐材料为 16MnR 钢,内径 2 300 mm,壁厚 32 mm,采用南北极带各一块,南北温带各 9 块,赤道带 9 块拼焊而成。焊缝位置及方向编号如图 8.42 所示。经超声波及 X 射线探伤检查,发现焊缝存在有严重缺欠。超标缺欠可分为四类:①不连续点状夹杂或气孔;②未熔合;③密集型点状夹杂或气孔;④连续点状夹杂。

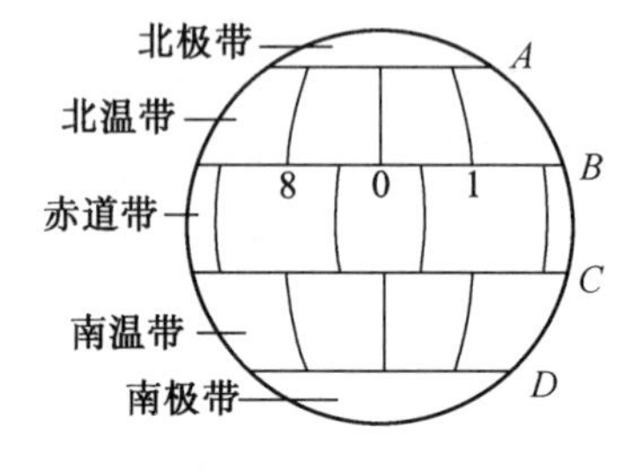

图 8.42 16MnR 球罐的分片及焊缝布置

球罐用 16MnR 钢力学性能符合规定,其

$\sigma_s = 365.3\ \text{MPa}, \quad \delta_c = 0.058\ 87\ \text{mm}$

(2)应力计算

①薄膜应力 σ_1。球面薄壳的薄膜应力

$$\sigma_1 = \frac{PR}{2\delta} \tag{8.10}$$

式中,P 为公称压力,其值为 294 N/cm^2;R 为中面半径,其值为 1 166 mm;δ 为壁厚,其值为 32 mm。则

$$\sigma_1 = 53.55\ \text{MPa}$$

②当量有矩弯曲应力 σ_2。球罐沿赤道线的 360°有 6 个铰支约束,边界约束构成的弯曲应力 σ_{bb}为

$$\sigma_{bb} = \frac{6M\varphi}{\delta^2} \tag{8.11}$$

理论分析及平衡条件计算结果表明,铰支附近弯曲应力的作用不可忽略,在安全性评价中采用最大弯曲应力 σ_{bbm}作为计算值,计算结果 σ_{bbm}为 68.07 MPa,当量弯曲应力 σ_2 按公式

$$\sigma_2 = \alpha \cdot \sigma_{bbm} \tag{8.12}$$

计算。根据 CVDA—1984 的建议,对埋藏裂纹和表面裂纹,α 分别取 0.25 和 0.75。计算结果埋藏裂纹的 σ_2 为 17.01 MPa;表面裂纹的 σ_2 为 51.048 MPa。

③剩余应力 σ_3。剩余应力的大小取决于焊接制品的壁厚及焊接工艺的实施,一般情况下,壁厚小于 32 mm 的焊接制品焊后剩余应力不太大。探伤中发现的缺欠均平行于熔合线。根据 CVDA—1984 规范的建议,取当量剩余应力 $\sigma_3 = \alpha \cdot \sigma_s$ 中的 α 为 0.5,则 σ_3 为 178 MPa。

计算出的总应力 $\sigma_{总}$ 为:埋藏裂纹:$\sigma_{总} = 248.9$ MPa;表面裂纹:$\sigma_{总} = 282.9$ MPa。

④应变值的确定。根据上述计算,不论是埋藏裂纹或是表面裂纹,均有 $\sigma_{总} < \sigma_s$,因此各应力对应的应变值为

$$\varepsilon_1=\sigma_1/E_0=2.602\times10^{-4}$$

$$\varepsilon_2=\sigma_1/E_0=\begin{cases}8.266\times10^{-5}\\2.48\times10^{-4}\end{cases}$$

$$\varepsilon_3=\sigma_2/E_0=8.666\times10^{-4}$$

$$\varepsilon_s=\sigma_s/E_0=1.733\times10^{-3}$$

(3)球罐运行工况

充氧至 $P=294\ \text{N/cm}^2$ 后球罐开始工作,5 h 后压力降至 $P=78.4\ \text{N/cm}^2$,补充新氧至 294 N/cm^2 继续运行。此过程不断循环,构成疲劳工况。

当 $P=294\ \text{N/cm}^2$ 时

$$\sigma_{\max}=\begin{cases}248.9\ \text{MPa} & (\text{埋藏裂纹})\\282.9\ \text{MPa} & (\text{表面裂纹})\end{cases}$$

当 $P=78.4\ \text{N/cm}^2$ 时

$$\sigma_{bb}=18.13\ \text{MPa}$$

$$\sigma_1=14.27\ \text{MPa}$$

$$\sigma_2=\begin{cases}4.53\ \text{MPa} & (\text{埋藏裂纹})\\13.61\ \text{MPa} & (\text{表面裂纹})\end{cases}$$

$$\sigma_3=178.3\ \text{MPa}$$

因此

$$\sigma_{\min}=\begin{cases}197.17\ \text{MPa} & (\text{埋藏裂纹})\\206.19\ \text{MPa} & (\text{表面裂纹})\end{cases}$$

$$\Delta\sigma=\begin{cases}51.74\ \text{MPa} & (\text{埋藏裂纹})\\76.63\ \text{MPa} & (\text{表面裂纹})\end{cases}$$

最终可得到 $\Delta\sigma$ 值见表 8.19。

表 8.19　$\Delta\sigma$ 计算值

	$\Delta\sigma_1$/MPa	$\Delta\sigma_2$/MPa	$\Delta\sigma_{bb}$/MPa
埋藏裂纹	39.26	12.48	49.88
表面裂纹	39.26	37.43	49.88

由此可绘成 $\Delta\sigma - t$ 曲线。

(4)安全性评价

①不连续点状夹杂或气孔的安全性评价。对球罐这类缺欠的测量,根据 CVDA—1984 规范其等效裂纹尺寸 $\bar{a}$ 的计算结果为 1.653 mm。对于埋藏裂纹,由上述可知 $e_s=1.733\times10^{-3}$,$e_{总}=1.029\times10^{-3}$,$e_{总}/e_s<1$,根据 CVDA—1984 规范,计算出允许的裂纹尺寸$\overline{a_m}$为 11.096 mm。而 $\bar{a}=1.65$ mm,有 $\bar{a}<\overline{a_m}$,按 COD 评价,这类缺欠也是可接受的。

②未熔合缺欠的安全性评价。根据对球罐的实际测试,未熔合缺欠在厚度方向的位置尺寸 P_1 为 24 mm;将此类缺欠等效为椭圆裂纹,$2C_1=40$ mm;$2C_2=17$ mm;$2C_3=15$ mm;$2C_4=10$ mm。按 CVDA—1984 规范,$2a$ 取两个焊层高度,即 $2a=2\times3=6$ mm。按照 CVDA—1984 规范及 ASME 压力容器规范,对上述 4 条缺欠进行处理,将 1 号和 4 号裂纹作为独立缺欠,2 号和 3 号裂纹复合成一条裂纹而上述未熔合缺欠作为内表面椭圆裂纹处理,计算得到二条内表面椭圆裂纹的尺寸:

1 号裂纹:$2C_1=40$ mm,$a_1=8$ mm

2 号裂纹:$2C_2=47$ mm, $a_2=8$ mm

4 号裂纹：$2C_4=10$ mm，$a_4=8$ mm
等效裂纹尺寸的计算结果为：

1 号裂纹：$\overline{a_1}=8.16$ mm

2 号裂纹：$\overline{a_2}=8.96$ mm

4 号裂纹：$\overline{a_4}=1.914$ mm

根据计算，对于表面裂纹 $e_{总}=1.3748\times10^{-3}$，$e_s=1.733\times10^{-3}$，有 $e_{总}/e_s<1$，按 CVDA—1984 规范，允许的裂纹尺寸$\overline{a_m}$为 8.596 mm。因而有$\overline{a}_1$、$\overline{a}_4<\overline{a}_m$，$\overline{a}_2>\overline{a}_m$。按照 COD 评价，1 号、4 号裂纹可以接受，2 号裂纹为不可接受的裂纹。如果考虑降压使用，设额定工作压力为 196 N/cm^2，则 $\sigma_1=33.67$ MPa，$\sigma_{max}=45.37$ MPa。对于表面裂纹 $\sigma_2=34$ MPa，$\sigma_3=178$ MPa，$\sigma_{总}=247.9$ MPa。这样 $e_1=1.733\times10^{-4}$，$e_2=1.652\times10^{-4}$，$e_3=8.666\times10^{-4}$，$e_{总}=1.205\times10^{-3}$，$e_s=1.733\times10^{-3}$。则允许的裂纹尺寸 a_m 为11.188 mm，均有$\overline{a_1}$，$\overline{a_2}$，$\overline{a_4}<\overline{a_m}$。可见若将工作压力降压 196 N/cm^2 下使用，三条裂纹均是可接受的。

③密集性点状夹杂物的安全评价。这类缺欠属于空间密集缺欠群。对于轴线与外力平行的空间群，不同平面内裂纹的相互作用，使得每个平面内裂纹的 K_I 降低，因此将空间群简化为与力线垂直的平面缺欠群来处理是偏于安全的，根据检测，计算的等效裂纹尺寸$\overline{a}$ 为 8.2 mm。

④连续点状夹杂的安全评价。根据探伤报告，最长的连续点状夹杂长约 30 mm，位置在南北极立 4-730 和 350 处。此类缺欠可按未熔合缺欠的同样方法来考虑，根据前面的计算，表明这类夹杂是可以接受的。

通过以上计算分析认为，对于该球罐 2 号缺欠应进行挖补处理；若降压使用，则所有缺欠均是可接受的。

例 4　卧式压缩空气储罐裂纹安全评定

航天部某实验厂 150 m^3 及 93 m^3 压缩空气储罐数十台，60 年代初制造运行以来已安全运行 20 年，未发生事故，也未作开罐检查。该储罐均为用低碳钢焊成，150 m^3 罐体材料为 20 g，93 m^3 罐体材料为 St37-21（德国）。罐体环向和纵向主焊缝采用埋弧自动焊，接管及补强等角焊缝用手弧焊完成。150 m^3 储罐直径为 2 700 mm。93 m^3 储罐直径为 2 150 mm。罐体长度均为 28 500 mm，壁厚均为 30 mm。两罐设计压力 P 为 2.63 kPa 与 2.53 kPa，水压试验压力均为 3.24 kPa。

1984 年以后分期分批开罐检查，10 余台 100% X 射线拍片表明，焊缝深埋缺欠相当严重，环焊缝未熔合、未焊透普遍存在，甚至存在整圈断续的深埋裂纹。Ⅳ级片有的高达 80%。内外表面 100% 磁粉检验表明，只有 4 台罐各有一处表面裂纹或弧坑裂纹。

（1）裂纹成因

为了判断裂纹的性质及其成因，以及在服役中是否有扩展，先后取了十多块试样，分别分析了表面裂纹及深埋裂纹。着重进行了断口观察。

深埋裂纹断口观察表明，都是制造时形成的凝固裂纹，断口呈泪滴状，说明焊缝金属尚处于半凝固状态就发生了开裂。未见裂纹扩展迹象。

表面裂纹也属于制造时的凝固裂纹，但有 2.8 mm 深度的解理扩展。由罐体工作条件可知，裂纹扩展或因疲劳所致，或属突进扩展（Pop-in）。

因为罐体不接触腐蚀介质，同时断口表现无锈蚀，所以难于判断它是早期扩展还是晚期扩展。扩展止裂的原因有二：一是裂纹通道穿过的柱状晶焊缝、粗晶及正火细晶热影响区的断裂韧性差别很大，裂纹进入细晶区时可以止裂。二是随裂纹扩展，焊接残余应力减小，裂纹顶端的 K_{I} 值下降，从而止裂。

(2)断裂安全评定

按 CVDA—1984 进行评定。由于缺欠主要处于焊缝部位，取 15MnV 钢采用 H08MnA 焊丝、HJ431 焊剂，进行埋弧自动焊，焊缝的断裂韧度测定值 $\delta_{\mathrm{c}}=0.6$ mm，作为安全分析的依据。它与实际罐体的焊缝组织相似，均是熔池大，柱晶区占主要部分。

①深埋缺欠的损伤裕度和韧性储备。环缝深埋缺欠自身长度 $2c$ 取 160 mm，325 mm 两种，纵缝的取 60 mm。裂纹自身深度 $2a$ 取 6 mm 和 12 mm，位置 d 取 9 mm 和 12 mm，表 8.20 列出各类缺欠的当量尺寸、损伤裕度及韧性储备。表中 a_{A} 是允许的缺欠当量尺寸。计算结果说明，这些制造质量标准所不允许的深埋缺欠，在罐体设计工作条件下，具有一定的损伤裕度和韧性储备度。20 多年的运行经验证实了这一点。

表 8.20　埋深裂纹的损伤裕度及韧性储备

缺陷尺寸及位置 $2a\times2c\times d/\mathrm{mm}^3$	缺欠的当量尺寸 a/mm	a_A/mm	损伤安全系数 n_a	裂纹顶端的 K_{I} /MPa · $\mathrm{m}^{1/2}$	韧性储备安全系数 n
6×160×8 环缝	3.3	75.4	23	7.87	9.2
12×160×12 环缝	7.5	75.4	10	11.9	6.1
6×324×9 环缝	3.3	75.4	23	7.87	9.2
12×325×12 环缝	7.6	75.4	9.9	11.97	6.0
6×60×9 环缝	3.2	18.3	5.7	15.56	4.6
12×60×12 环缝	6.9	18.3	2.6	22.88	3.2

②表面缺欠的损伤裕度和韧性储备。对于 33#罐和 1#罐上的大量表面裂纹，两个缺欠的尺寸统一取为 $a\times2c=17\times70$ mm，其当量缺欠尺寸为 $a=18.7$ mm，均已超过 CVDA 给出的允许值(150 m^3 罐的 = 8.3 mm，93 m^3 的为 11.3 mm)，裂纹顶端的 K_{I} 值已达 60MN/$\mathrm{m}^{3/2}$，韧性储备只有 1.15。

带裂纹($a\times2c=17\times70$ mm)罐体实际运行 20 年的大型试验结果表明，CVDA 规范的计算结果仍是偏安全的，安全系数为 1.65～2.15。它与过去对数十台在役球罐的安全分析结果给出的 WES2805 评定标准的安全裕度 1.25～2.7 相吻合。

③寿命估算。表 8.21 给出深埋缺欠在最大应力幅作用下的扩展速率及累积使用 20 年，压力变化 4 000 次时的扩展量。可以预期，焊缝中的深埋缺欠大多属稳定的非扩展性缺欠。断口分析结果初步证明了这一点。表 8.21 中还列出了 $a\times2c=5\times70$ mm 表面裂纹在最大应力幅作用下的扩展速率以及累积使用 20 年的扩展量。

表 8.21　深埋及表面缺欠的扩展速度及扩展量

缺欠位置	缺欠尺寸 $2a\times2c/\mathrm{mm}^2$(深埋) $a\times2c/\mathrm{mm}^2$(表面)	最大应力强度因子幅度 ΔK_m/(MN · $\mathrm{m}^{-3/2}$)	每压力循环的裂纹扩展量 $\mathrm{d}a/\mathrm{d}N$(mm/周)	20 年的扩展量 $\Delta2a$(深埋)Δa(表面)/mm
150 m^3	6×60	7.3	4.9×10^{-6}	3.9×-2
深埋裂纹缺欠	12×60	10.7	8.3×10^{-5}	1.8×10^{-1}
93 m^3 罐纵缝深埋	6×60	5.8	1.9×10^{-6}	1.5×10^{-2}
裂纹缺欠	12×60	8.5	9.0×10^{-5}	7.2×10^{-2}
150 m^3 罐纵缝表面裂纹	5×20	10.9	2.5×10^{-5}	1×10^{-1}
93 m^3 罐纵缝表面裂纹	5×20	8.7	9.9×10^{-6}	4×10^{-2}

总之,必须重视焊接工艺的控制,即使焊接性良好的低强度钢(如 20 g,16Mn),也会发生焊接缺欠。以断裂力学为基础的安全评定,有利于排除有害的缺陷,而可控制返修量最小,可避免大量修补带来新的隐患。

8.5.4　由焊接缺欠引起的结构失效

曾对 1950 ~ 1970 年间建造的几百艘大型船舶在外壳板和甲板发生的 144 例裂纹进行调查研究,结果如表 8.22。表中数据表明,这些船只在航行中所产生的裂纹,约 60% 是从设计的应力集中部位发生的,裂纹形成的原因则与焊接接头中存在的缺陷有关。而缺陷的形成则受设计因素、工艺因素和材料因素等的影响。例如裂纹和气孔是与冶金因素有直接关系的焊接缺欠,这缺欠的产生首先与选材的正确与否有关,其次,还受设计因素和工艺因素的影响。在产品失效分析中,不但要找到造成失效原因的焊接缺欠,同时也要指明造成焊接缺欠的原因。表 8.23 列出了与焊接缺欠有关的材料、结构和工艺三方面因素,可供参考。

表 8.22　海船壳板开裂的统计结果

推断原因	件数/%	推断原因	件数/%
结构设计	58	设计与材料	4
加工	20	腐蚀	3
设计与加工	9	加工与腐蚀	1
材料	5		

表 8.23　产生焊接缺欠的主要因素(以钢结构为例)

<table>
<tr><th>类别</th><th>名称</th><th>材料因素</th><th>结构因素</th><th>工艺因素</th></tr>
<tr><td rowspan="3">热裂纹</td><td>凝固裂纹</td><td>1. 钢中易熔杂质偏析;
2. 钢中或焊缝中 C,S,P 高,Ni 高;
3. 焊缝中 Mn/S 比例太小</td><td>1. 焊缝附近的刚度较大(如大厚度、高拘束度的构件);
2. 接头型式不合适,如熔深较大的对接接头和各种角焊缝(包括搭接接头、丁字接头和外角接焊缝)抗裂性差;
3. 接头附近的应力集中(如密集、交叉的焊缝)</td><td>1. 焊接线能量过大,使近缝区的过热倾向增加,晶粒长大,引起结晶裂纹;
2. 熔深与熔宽比过大;
3. 焊接顺序不合适,焊缝不能自由收缩</td></tr>
<tr><td>液化裂纹</td><td>钢中杂质多而易熔</td><td rowspan="2">1. 焊缝附近的刚度较大,如大厚度,高拘束度的构件;
2. 接头附近的应力集中,如密集、交叉的焊缝</td><td>1. 线能量过大,使过热区晶粒粗大,晶界熔化严重;
2. 熔池形状不合适,凹度太大</td></tr>
<tr><td>高温延裂裂纹</td><td>单相奥氏体组织</td><td>线能量过大,使温度过高,容易产生裂纹</td></tr>
</table>

续表8.23

类别	名称	材料因素	结构因素	工艺因素
冷裂纹	氢致裂纹	1. 钢中的C或合金元素含量增高,使淬硬倾向增大; 2. 焊接材料中的含氢量较高	1. 焊缝附近的刚度较大(如材料的厚度大,拘束度高); 2. 焊缝布置在应力集中区; 3. 坡口型式不合适(如V型坡口的拘束应力较大)	1. 接头熔合区附近的冷却时间(800 ~500 ℃)小于出现铁素体800~500 ℃临界冷却时间,线能量过小; 2. 未使用低氢焊条; 3. 焊接材料未烘干,焊口及工件表面有水分,油污及铁锈; 4. 焊后未进行保温处理
	淬火裂纹	1. 钢中的C或合金元素含量增高,使淬硬倾向增大; 2. 对于多组元合金的马氏体钢,焊缝中出现块状铁素体		1. 对冷裂倾向较大的材料,其预热温度未作相应的提高 2. 焊后未立即进行高温回火; 3. 焊条选择不合适
	层状撕裂	1. 焊缝中出现片状夹杂物(如硫化物、硅酸盐和氧化铝等); 2. 母材基体组织硬脆或产生时效脆化; 3. 钢中的含硫量过多	1. 接头设计不合理,拘束应力过大(如T型填角焊、角接头和贯通接头); 2. 拉应力沿板厚方向作用	1. 线能量过大,使拘束应力增加; 2. 预热温度较低; 3. 由于焊根裂纹的存在导致层状撕裂的产生
再热裂纹		1. 焊接材料的强度过高; 2. 母材中Cr,Mo,V,B,S,P,Cu,Nb,Ti的含量较高; 3. 热影响区粗晶区域的组织未得到改善(未减少或消除马氏体组织)	1. 结构设计不合理造成应力集中(如对接焊缝和填角焊缝重叠); 2. 坡口型式不合适导致较大的拘束应力	1. 回火温度不够,持续时间过长; 2. 焊趾处形成咬边而导致应力集中; 3. 焊接次序不对使焊接应力增大; 4. 焊缝的余高导致近缝区的应力集中
气孔		1. 熔渣的氧化性增大时,由CO引起气孔的倾向增加,当熔渣的还原性增大时,则氢气孔的倾向增加; 2. 焊件或焊接材料不清洁(有铁锈、油类和水分等杂质); 3. 与焊条、焊剂的成分及保护气体的气氛有关; 4. 焊条偏心,药皮脱落	仰焊、横焊易产生气孔	1. 当电弧功率不变,焊接速度增大时,增加了产生气孔的倾向; 2. 电弧电压太高(即电弧过长); 3. 焊条、焊剂在使用前未进行烘干; 4. 使用交流电源易产生气孔; 5. 气保焊时,气体流量不合适
夹渣		1. 焊条和焊剂的脱氧、脱硫效果不好; 2. 渣的流动性差; 3. 在原材料的夹杂中含硫量较高及硫的偏析程度较大	立焊、仰焊易产生夹渣	1. 电流大小不合适,熔池搅动不足; 2. 焊条药皮成块脱落; 3. 多层焊时层间清渣不够; 4. 电渣焊时焊接条件突然改变,母材熔深突然减小; 5. 操作不当

续表 8.23

类别	名称	材料因素	结构因素	工艺因素
未熔合				1. 焊接电流小或焊接速度快； 2. 坡口或焊道有氧化皮、熔渣及氧化物等高熔点物质； 3. 操作不当
未焊透		焊条偏心	坡口角度太小，钝边太厚，间隙太小	1. 焊接电流小或焊速太快； 2. 焊条角度不对或运条方法不当； 3. 电弧太长或电弧偏吹
形状缺欠	咬边		立焊、仰焊时易产生咬边	1. 焊接电流过大或焊接速度太慢； 2. 焊条角度不对或运条方法不当； 3. 焊条角度和摆动不正确或运条不当
	焊瘤		坡口太小	1. 焊接参数不当，电压太低，焊速不合适； 2. 焊条角度不对或电极未对准焊缝； 3. 运条不正确
	烧穿和下塌		1. 坡口间隙过大； 2. 薄板或管子的焊接易产生烧穿和下塌	1. 电流过大，焊速太慢； 2. 垫板托力不足
	错边			1. 装配不正确； 2. 焊接夹具质量不高
	角变形		1. 角变形程度与坡口形状有关(如对接焊缝 V 型坡口的角变形大于 X 型坡口； 2. 角变形与板厚有关，板厚为中等时角变形最大，厚板、薄板的角变形较小	1. 焊接顺序对角变形有影响； 2. 在一定范围内，线能量增加，则角变形也增加； 3. 反变形量未控制好； 4. 焊接夹具质量不高
	焊缝尺寸形状不合要求	1. 熔渣的熔点和粘度太高或太低都会导致焊缝尺寸、形状不合要求； 2. 熔渣的表面张力较大，不能很好地覆盖焊缝表面，使焊纹粗、焊缝高、表面不光滑	坡口不合适或装配间隙不均匀	1. 焊接参数不合适； 2. 焊条角度或运条手法不当
其他缺欠	电弧擦伤			1. 焊工随意在坡口外引弧； 2. 接地不良或电气接线不好

8.5.5　由焊接缺欠造成焊接结构失效的实例

例1　某合金钢压力容器因热影响区裂纹而失效

用于制氨厂的厚壁压力容器，设计承受压力为 35 MPa，预计最高试验压力为 47.9 MPa。该容器在进行液压试验时，压力增至 34.47 MPa 发生失效。如图 8.43 为容器简图，长 18 200.7 mm，外径为2 000.3 mm，重 183.5 t，由 10 节圆筒及三个锻件构成。其中圆筒由 149.2 mm 厚 Cr-Ni-Mo-V 钢板卷制并焊接而成，三个锻件中的两个作为容器两端的封头，另一个作为连接容器一端封头的凸缘。

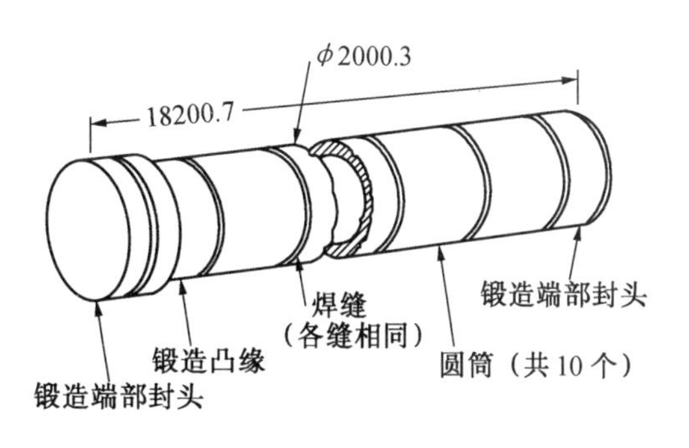

图 8.43　合金钢压力容器焊缝热影响区开裂

该容器失效造成大范围的破坏，一个封头锻件及相邻的三个圆筒壳体已毁坏，四个很大的碎片从容器爆出，最大一块有 2.3 t 重，穿透车间墙壁抛至 46.3 m 之外，损伤惨重。

(1)容器制造过程

容器的圆筒形壳体各部分均为热成形件，钢板轧向与容器轴向垂直，钢材供货状态为正火+回火；锻件经退火、正火、并在 654 ℃回火，以保证所要求的机械性能。

圆筒壳体纵向焊缝为电渣焊，焊缝经表面打磨加工，使与圆筒曲率相吻合。各段圆筒焊接后经 900 ~ 950 ℃加热，4 h 保温，空冷后，焊缝检验。沿周向焊接时，先预热至 200 ℃，采用埋弧焊工艺，每一局部装配件均经 620 ~ 660 ℃加热，6 h 保温，以消除内应力。三个局部装配件最后连接。在制造的各个阶段，对各条焊缝均作 γ 射线探伤，超声探伤和磁粉探伤等检验。

(2)液压试验

将容器顶端封闭，注满水后打压，试验按要求在环境温度不低于 7 ℃的室温进行，要求达到 47.9 MPa 压力。按规定加压至 34.47 MPa 时停顿，当停顿 30 s 后，容器端部凸缘发生无预兆爆炸。凸缘锻件上有两处完全开裂，前两节圆筒完全炸碎，碎片飞出很远距离。

断口检查表明，断裂呈脆性断裂特征，凸缘锻件上有两个断裂源。其中一个断裂源位于容器外表面下 14.3 mm 处，尺寸约 9.5 mm，该处位于周向焊缝凸缘一侧的热影响区。另一个断裂源位于外表面以下 11.1 mm 处，也位于轴向焊缝凸缘一侧的热影响区。热影响区上的这两个断裂源均呈平坦无特征的小刻面。

金相检验表明裂纹源区为贝氏体和奥氏体混合组织，维氏硬度(1 kg 载荷)为 426 ~ 420，裂纹源外的热影响区组织为粗大的锯齿状贝氏体，维氏硬度为 316 ~ 363，表明断裂处的硬度比相邻区域高。

检查焊缝截面组织，发现凸缘锻件具有明显的带状组织，而壳体板材没有。带与带之间的组织由铁素体和珠光体构成，维氏硬度(10 kg 载荷)为 180 ~ 200，带内组织为上贝氏体，维氏硬度为 251 ~ 265。切取该区域试样在 950 ℃奥氏体化，并在 10% NaOH 溶液中淬火，以得到全部马氏体组织，然后横贯试样带状组织测定各点的维氏硬度(1 kg 载荷)，结果带的一侧平均为507，带内为549，另一侧为488，对带状组织作成分扫描，发现带内外有差异，见表8.24，成分差异表明偏析带内具有较高淬透性，因此具有较大的开裂敏感性，特别是周向焊缝热影响区内的带状组织。

表8.24　带状组织处的材料成分(质量分数)　　%

成分	Mn	Cr	Mo
带内	1.94	0.81	0.35
带外	1.56	0.7	0.23

上述分析中，凸缘锻件内存在硬化区的事实说明，容器未按规定的温度进行去应力处理。为证明这一点，在热影响区切取一组试样，加热到不同温度回火后，测维氏硬度(1 kg 载荷)发现，加热温度达550 ℃时，仍未偏离失效的硬度范围，直到600 ℃或更高时，硬度开始明显降低。因此得出结论认为工件未能按规定温度进行去应力处理。还组织了焊缝试样的夏比V缺口试样系列冲击试验，结果如图8.44所示，焊缝金属在未重新回火之前的状态下冲击功很低，在650 ℃重新回火6 h后，室温冲击功有了明显的提高。这一试验也证明该容器去应力处理时的加热温度低于规定温度。

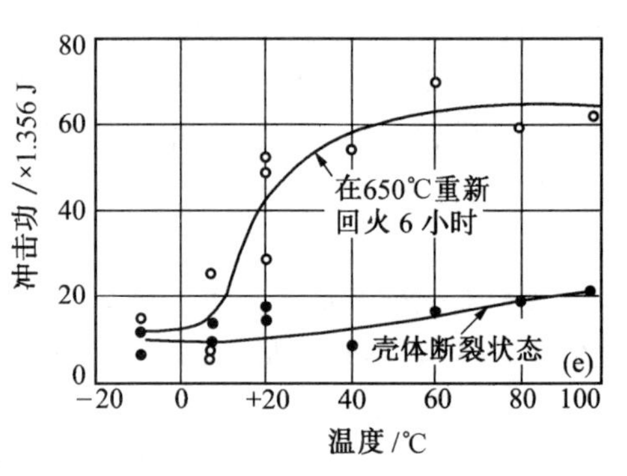

图8.44　焊缝金属V缺口试样冲击试验结果

由上述分析得出结论认为，该压力容器断裂起源于连接凸缘与第一节壳体的轴向焊缝热影响区内的横向裂纹；凸缘锻件中存在的合金元素偏析带引起局部硬化点，尤以热影响区的偏析带严重，从而成为促进裂纹产生的因素。容器去应力处理工艺不当，使焊缝近缝区保留了较高的残余应力和局部硬化区，从而降低了材料的缺口韧性。

例2　运输车中焊制的钢管柱因应力集中开裂

某运输车，为支持车辆底盘使之高于车轮以便装卸货物，而装有四根管柱。在大约四年时间内，发生过47根管柱失效。裂纹发生于管柱与法兰的角焊缝处。原设计采用低碳低合金钢1025平法兰与壁厚22.5 mm的管柱角焊在一起，再经机械加工成平滑的圆角，如图8.45所示，由于该拐角处承受应力很高，角焊缝处疲劳开裂，成为大批管柱失效的原因。

为防止这种开裂形式，提高焊接接头强度，改进了原设计，用102 mm厚的正火低合金钢板直接加工法兰，并将焊缝安排在距法兰圆角约50 mm处，图8.45为改进的设计图。但这样改进后，仅运行五周时间，一辆车上的两根管柱在法兰圆角处发生了与原设计相同的疲劳裂纹。

对这一失效现象进行了分析，认为法兰用钢的成分符合技术条件。断口区的金相检验表明，法兰钢板有轧制方向的带状组织，在圆角表面上有长条状氧化铝夹杂。后者无疑起到应力提升源的作用。因此认为改进设计后，断裂起源于法兰圆角处的氧化铝夹杂，断裂原因是法兰的强度不足。

因此，提出的改进措施是将法兰用钢改换成4140钢锻件，并经油淬和回火达到HB

240～285，焊前要预热到 370℃，并规定用 4130 钢丝焊接，焊缝要经过磁粉检验，然后在 590 ℃消除内应力，再机加工。经这样改进的一批管柱，在 4 年的服役中，没再发生类似失效。

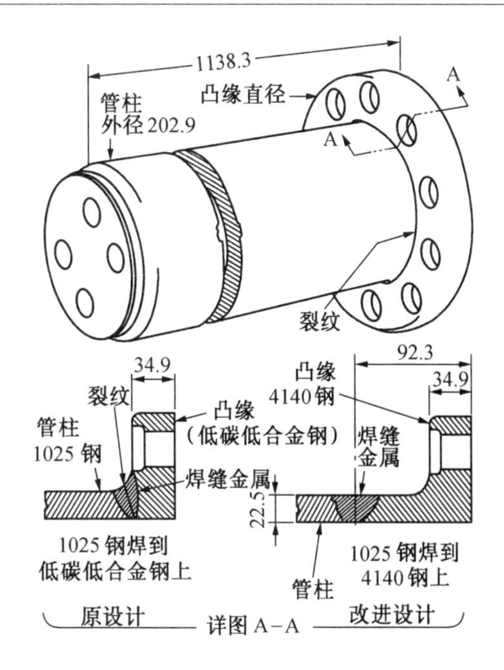

图 8.45 钢管与法兰之间的角焊缝因应力集中而开裂

例 3 1080 钢曲轴上的修补焊缝因含夹杂和气孔而失效

一台大功率双动式压力机曲轴，由 1080 钢制造。该曲轴在工作中局部破裂并进行焊接修复。曲轴重新投入工作后不久，修复焊缝处开裂。为了确定应采取什么措施挽救曲轴，使之继续工作，用超声波检查了修复焊缝的断口。

超声波检查表明，焊缝内部存在一些熔渣夹杂物和气孔，这是因为修复施焊不得不在一很狭窄的位置进行，使熔渣很难排除。另外，在修复焊接中，采用的是低碳钢焊条，焊前和焊后未进行任何加热，对于 1080 钢如此施焊，会在热影响区内有马氏体相变。

因此认为，修补焊缝失效属脆性断裂，归因于焊缝气孔和夹杂物的共同作用，以及热影响区内存在的马氏体。显然，如果采取措施，避免上述导致开裂的各种原因，重新修补应该是有希望的。基于这一设想，采用 E312 不锈钢焊条，以避免热裂，焊前预热到马氏体形成温度以上，焊后用石棉毡遮盖并加热保温，再缓慢冷却（焊后加热保温 24 h，焊后再经 24 h 缓冷到室温）。结果未出现开裂。

例 4 一低碳钢切屑传送管因安装不当而在凸缘焊缝处开裂

某切屑传送导管是由几节短管组成的。每节都是一根外径 560.4 mm，内径 546.1 mm的低碳钢管，导管两端有两个外径 712.8 mm，内径 562.4 mm，壁厚 12.7 mm 的低碳钢凸缘，管壁厚 7.0 mm。导管用钢的成分为 0.25% C－0.98% Mn－3.5% Ni－1.34% Cr－0.024% Mo，导管硬度为 HB 495，凸缘硬度为 HB 170，凸缘与导管的焊接用 E7108 焊条，手工电弧焊。该传送器的断裂发生于连接凸缘与导管的内角焊缝处。

分析发现导管一端在组装之前已切削成与其轴线成 76°39′的角度，呈椭圆形，见图 8.46，凸缘是用液压机压配在导管上的。导管切口处椭圆形长轴为 575.6 mm，而凸缘内径为 569.2 mm，二者的压配将在其间造成强烈的应力状态。此外导管轴线与凸缘轴线的不重合，将在二者之间造成约 1.2 mm 的间隙。图 8.46 中的详图 A 表示穿过最大过盈区中焊缝的一个剖面示意图。焊道下开裂始于管壁的第一条角焊道边缘，此处存在着不完全熔合以及第三条即最后一条焊道熔深不足，有几条裂纹起始于管壁上第三条焊道边缘，该处有轻微的咬边。

分析认为该切屑传送器导管的失效属脆性断裂，归因于环形凸缘压入导管椭圆截面上时所产生的应力。焊缝边缘的咬边起到应力提升源的作用。焊缝内部的不完全熔合点

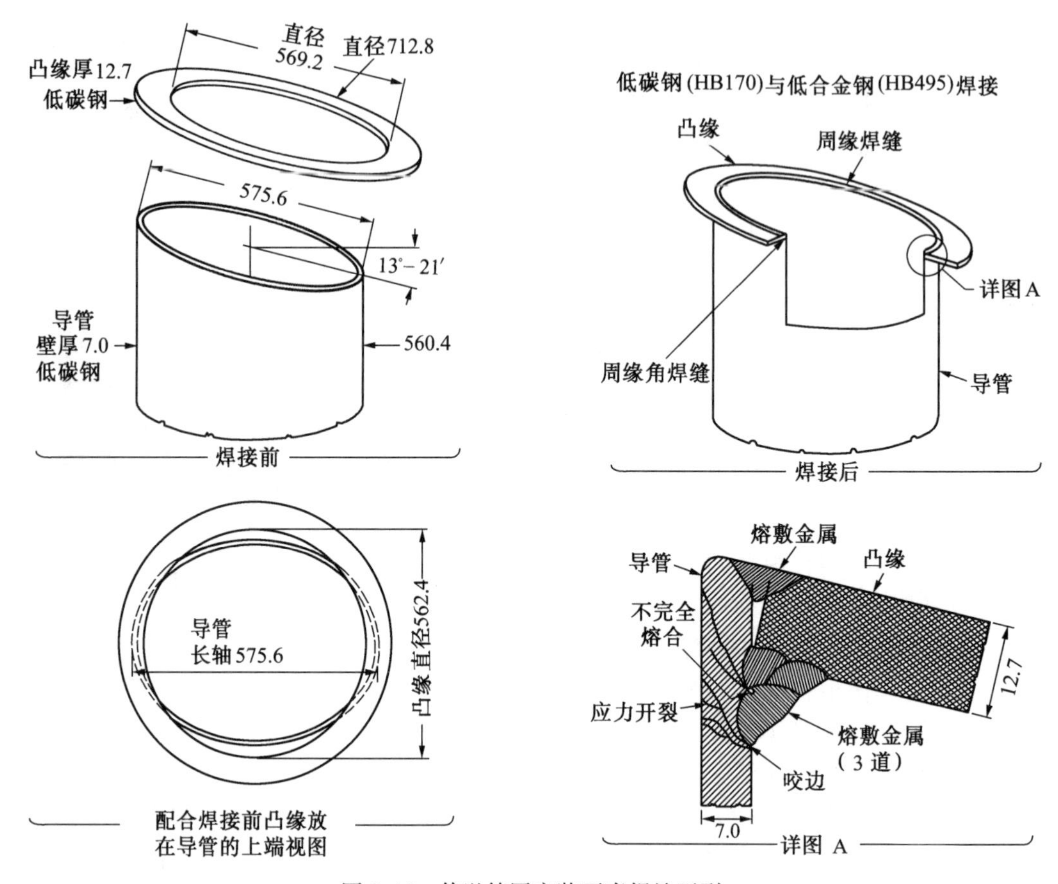

图 8.46　传送筒因安装不当焊缝开裂

在应力作用下也可导致开裂。

例 5　公路钢桥破坏事故分析

1975 年 5 月,横跨密西西比河的大桥,一条主梁的三跨结构的 110 m 主跨中发现了开裂(图 8.47)。裂纹完全穿透梁的下翼缘板(板厚 64 mm),并沿腹板(板厚 13 mm)向上延伸约 760 mm 的距离,而梁的总高为 3 500 mm。在靠近下翼缘板的腹板裂纹附近,焊有一块与横梁连接的角接板和垂直筋板。还看到裂纹沿角接板-筋板焊缝延伸。翼缘板和腹板用 ASTM A441 钢制造,角接板用 A36 钢材制造。对材料进行的化学分析和拉伸试验表明,均符合 ASTM 要求。

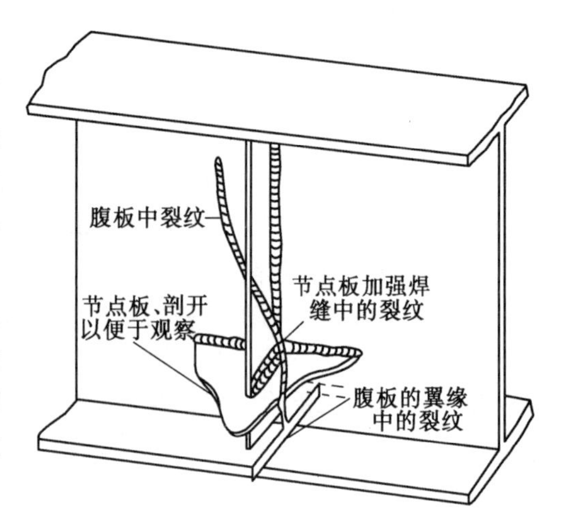

图 8.47　公路钢桥主跨的疲劳破坏

夏比 V 型冲击试验的 21J 延-脆转变温度约为 10 ℃,显然未达到该桥所处地理位置应有的韧度要求。1975 年 2 月该地区气温曾低达-30 ℃。经验证,腹板韧性较好并能满足现行规程(1974AAHTO)中关于21J延-脆转变温度为-9.5 ℃的规定。根据夏比冲击和紧凑拉伸试验,腹板在断裂温度(估计为-18 ℃)下的 K_{IC} 大约为 2 450 MPa · mm$^{1/2}$。

看到了开裂的几个阶段和不同的类型(疲劳和解理)。在侧向制成的连接板到横向筋板的焊缝中,疲劳裂纹是从一个大的未熔合处开始的,这个未熔合是开始焊接时产生在靠近衬垫部位的。这个坡口焊缝与横向筋板-腹板焊缝相交,为疲劳失效提供了一条进入梁的腹板的通道。当疲劳裂纹差不多已穿过腹板后,即在腹板部分和穿透受拉翼缘板诱发快速(脆性)断裂。由于横跨裂纹上的连接板的作用,阻止了完全断裂。随后的交变载荷促使裂纹进一步扩展,而造成可观的腹板裂纹扩展。这类焊缝细部并非只局限在这一部位或这一跨。检查了这类型的其他设计细部,也发现了裂纹。

该桥上的交通估计是每天通过 1 500 辆卡车,或者说在发现断裂时已通过了 330 万辆卡车。应力计算表明裂纹的动态驱动力(Δ_K)是小的,但足以造成未熔合部位的扩展。当有 3 百万次循环施加到桥梁上,即历时 7 年,焊缝缺欠和工作应力的联合作用就会使连接板-筋板焊缝开裂并穿透腹板约 9.5 mm。根据腹板中交叉焊缝处已知存在的较高的剩余应力,该 9.5 mm 的裂纹大概已有相当高的应力($K_{施加}$=2 450 MPa · mm$^{1/2}$)足以促成失稳并扩展。因为翼缘板的韧性比腹板的低,经过腹板快速扩展的裂纹很快导致了翼缘板的失效。

修复时要在腹板和连接板上钻止裂孔。还应改变细部结构,避免使连接板-筋板焊缝过于靠近横向筋板-腹板焊缝。这样万一横向筋板-连接板焊缝有裂纹时可避免提供向腹板扩展的直接通道。留出的间隙还可减少细部拘束度。此外还发现,与弯曲应力垂直的带垫板的坡口焊缝是不能令人满意的。这类坡口易于形成临界尺寸的未熔合。

再说明一次,未熔合之类焊接缺欠对疲劳强度有严重影响。

例 6　9% Ni 钢球罐水压试验开裂泄漏分析

大庆石化厂乙烯球罐及燕化厂乙烯球罐均采用 9% Ni 钢制成,焊条均为改进型 Cr17Ni13Mn8W3 奥氏体钢,但大庆石化厂乙烯工程选用的焊条牌号为 TH17/15TTW(德国),燕山石化厂乙烯工程选用的牌号为 OK69.54(瑞典)。表 8.25 列出各种材料的化学成分。

表 8.25　母材与焊条熔敷金属化学成分(质量分数)　%

材料牌号	C	Mn	Si	S	P	Cr	Ni	Mo	V
9% Ni (设计成分)	≤0.10	0.3 ~0.8	0.1 ~0.3	≤0.03	≤0.025	≤0.3	8.75 ~9.75	≤0.20	-
9% Ni (燕化分析)	0.095	0.56	0.24	0.004	0.011	-	9.1	-	-
TH17/15TTW	0.22	8.69	0.41	0.010	0.018	16.76	12.68	3.47	0.56
OK69.54	0.24	8.38	0.43	0.011	0.032	15.76	11.77	3.61	-

大庆石化厂与燕山石化厂先后施工时均发现了焊接裂纹,引起广泛重视,进行了失效分析。

大庆乙烯工程球罐共 4 台,均为用 9% Ni 钢焊成,球罐容积 1 500 m^3,壁厚 32 ~ 34 mm。先施焊的 A,C,D 三个球罐已通过了水压试验,最后焊的 B 球罐按规定水压试验时却发生泄漏,泄漏位置是在上环,如图 8.48 所示。经查明,该泄漏处曾经过二次补焊,最后一次补焊经 X 射线探伤并未发现超标缺欠。水压试验后着色探伤检验发现球罐外表面泄漏处有一条 13 mm 长的细裂纹，球罐内表面开裂较严重，其长度约为 74 mm，开口宽 0.5 mm，内外表面均无咬边。宏观浸蚀显示，内外表面开裂部位都在焊缝上侧熔合区。在水压试验后射线探伤的底片上有多条呈束状分布的清晰影像，在焊缝纵向的最大长度约 130 mm。超声波探伤表明裂纹处于上侧熔合线附近，长度为 130 ~ 135 mm。

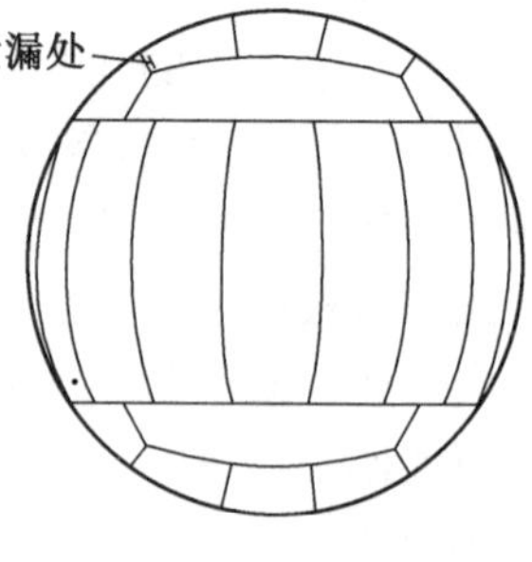

图 8.48　水压试验开裂泄漏部位示意图

在 B 球罐水压试验泄漏后，对四个 9% Ni 钢球罐焊缝重新进行了超声波探伤射线探伤，探伤结果表明 A 球罐有 9 处超标缺欠，C 球罐 1 处，*B* 球罐又发现了 47 处，缺欠全部集中于环焊缝上侧熔合线附近，但尚未扩展到表面，大多数超标缺欠都处于曾经修补过的位置，立焊缝未发现超标缺欠。

为了查明裂纹的性质及成因，以便为补焊时的焊接材料选择及焊接工艺的确定提供依据，对 B 罐上环开裂部位取样进行金相、化学及断口分析。

上环裂纹也是在内表面开裂比较长，说明最早开裂起始于内表面。

焊缝化学分析证明，使用的焊条无误，其成分与产品要求相符，见表 8.26。

表 8.26　焊缝化学分析（质量分数）　　%

C	Mn	Si	S	P	Cr	Ni	W	V	Fe
0.22	7.34	0.41	0.0045	0.021	14.65	12.07	2.99	0.54	余量

金相分析表明，熔合区组织显示出异种钢焊接的特征，在奥氏体焊缝的熔合区的不完全混合区分布有非奥氏体组织，是含碳量高和硬度高的马氏体带。这一马氏体带宽窄不一，一般为 0.04 mm 左右，裂纹正是出现在此马氏体带中，并在其中扩展。裂纹周围的硬度较高，$H_m = 370 \sim 441$；而奥氏体焊缝的硬度为 220 左右，热影响区的硬度也是 $H_m = 220$ 左右。热影响区粗晶区为低碳高镍的板条马氏体，而马氏体带则是高碳富合金的马氏体。

熔合区还会存在“母材半岛”，是由于母材熔入熔池中，因熔池搅拌不充分而形成。母材半岛伸入焊缝中有的长达 3 ~ 4 mm。分析发现，母材半岛也是起裂点。母材半岛的硬度也高达 380 ~ 420，也是高碳马氏体组织。

高硬度马氏体带与焊缝含碳量高有关。

形成的裂纹进入焊缝即停止扩展。主要沿马氏体平直晶界开裂，断口分析表明具有沿晶断裂和氢致准解理断裂特征，说明应属于氢致冷裂纹性质。

氢的作用与组织有联系。焊缝为奥氏体能大量固溶氢，对氢不敏感。而热影响区粗晶区低碳板条马氏体对氢也不太敏感。熔合区的不完全混合部分由于合金元素量较高而富碳，奥氏体相对稳定，所以将滞后于焊缝和热影响区发生奥氏体转变，造成了氢在此区域富集的机会。所以，马氏体带会对氢敏感，成为氢脆开裂的薄弱环节。

众所周知，高镍奥氏体组织焊缝不会产生冷裂纹。但有显著的热裂倾向。因此，采用斜 Y 坡口拘束抗裂试验，无论焊条烘干与否或施焊温度高低，用奥氏体钢焊条（OK 69.54）焊接所出现的裂纹完全是热裂纹，而不能见到冷裂纹。而如采用低碳钢焊条

J507(E5015)焊接9% Ni 钢,即使焊条烘干400 ℃ ,若不预热焊接时,则可见到冷裂纹,同时也会出现热裂纹,可参见表8.27。这说明,标准抗裂试验难以反映异种钢接头马氏体带部位的微小冷裂纹。不能因此而得出奥氏体焊条焊接9% Ni 钢不会产生冷裂纹的结论。

总之,用奥氏体钢焊条焊接调质9% Ni 钢,具有异种钢焊接接头特征,马氏体带的存在对氢有一定的敏感性,因而在有氢的条件下(如焊条烘干不足)仍会具有氢致延迟开裂的倾向。因此认为,应在工艺上设法减小马氏体带的形成,如减小熔合比,为此须正确控制线能量。

从失效分析可知,起裂点均曾进行过补焊,且存在超标缺欠。因此,必须全面提高焊接质量。

表8.27　9% Ni 钢斜 Y 坡口抗裂试验

试件号	焊条		试板温度 T	裂纹情况		
	型号	烘干条件		表面裂纹率 /%	其中冷裂数量	表面发现的热裂纹数
02	OK69.54	200℃×1.5h	室温		0	3 条
03	OK69.54	200℃×1.5h	室温	0	0	0
04	OK69.54	未烘干	-6℃	14	0	2 条
05	OK69.54	未烘干	-6℃	18	0	2 条
08	OK69.54	未烘干	-14℃	25	0	1 条
09	OK69.54	未烘干	-14℃	0	0	0
06	J507	400℃×1h	室温	4	有	1 条
07	J507	400℃×1h	室温	0	0	0

8.6　表面形变强化工艺与失效

断裂、腐蚀和磨损是机械零件失效的三种主要形式。其中断裂又可分为机械载荷引起的断裂、腐蚀以及热诱导的开裂和断裂等,这其中疲劳断裂是发生频率最高的。据不同工业部门统计的数据表明,疲劳失效占断裂失效总数的50% ~90% 。因此,从不同的角度,采取各种工艺措施改善和提高机械零构件的疲劳断裂抗力,是机械制造业或机械类各专业工程技术人员所面临的重要课题,也是提高机械产品可靠性、耐久性以及市场竞争能力的先决条件。

一般情况下,机械零件工作中表面所受的应力比内部高,另外零件表面容易与腐蚀性环境接触,所以失效往往从零件表面开始,如疲劳和腐蚀等。因此,改善和提高材料的表面性能成为提高零件疲劳强度、延长服役寿命的重要研究领域。表面形变强化就是改善材料表面性能的重要手段,其工艺方法包括喷丸、滚压和内孔挤压等。

8.6.1　表面形变强化对材料组织和性能的影响

借助表面冷变形实现材料表面强化的本质在于冷变形造成材料表层组织结构的变化、引入残余压应力以及表面形貌的变化。例如在喷丸过程中,材料表层承受弹丸的剧烈冲击产生形变硬化层,这将导致两种效果:一是在组织上造成亚晶细化,位错密度增加,晶格畸变加剧;二是引入高的宏观残余压应力。此外,由于弹丸冲击使表面粗糙度有所增加,但却使切削加工的尖锐刀痕圆滑化。这些变化将明显地提高材料的疲劳抗力和应力腐蚀抗力。

1. 表面性能改善的组织原因

现以表面未施和已施形变强化的两试样说明表面冷变形提高材料性能的组织原因,如图 8.49 所示。在未经表面冷变形强化时,材料内部运动的位错一旦到达表面,便在此形成尖锐的台阶(即滑移带),产生应力集中源,如图 8.49(a)所示。若表面存在喷丸塑变层,在与上述相同应力水平下塑变层内的位错较基体中的更难开动,而基体内运动的位错将出现两种情况:一部分位错到达界面上因受阻而终止运动;另一部分进入塑变层内并使层内位错开动直至运动到表面,但使表面形成缓慢过渡的台阶,如图 8.49(b)所示。所以,表层塑变层的存在改变了表面滑移带的形貌特征(指滑移带的分布形态、密度、间距、台阶高度等),它直接影响疲劳裂纹或应力腐蚀裂纹在表面上的萌生。表8.28中的试验数据表明,塑变层通过改变表面滑移带的特征而改善了铝合金板材的疲劳性能。

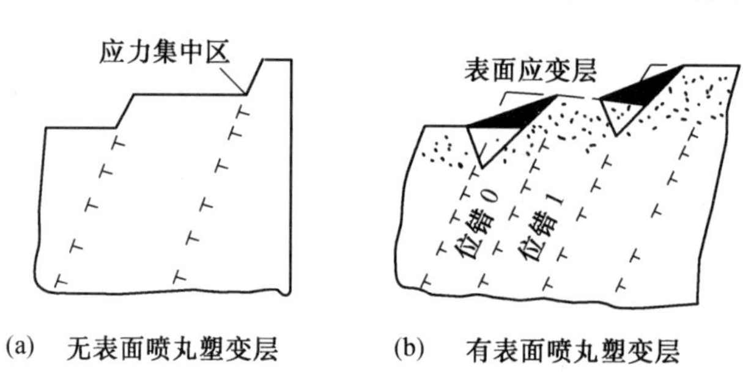

图 8.49　表面塑变层对运动位错阻碍作用的示意图

高温合金(如镍基高温合金)喷丸后,在高温(通常接近其本身的再结晶温度)疲劳试验(或服役)过程中,喷丸残余应力在约 10 h 内便松弛殆尽,但塑变层内的组织结构(如亚晶粒尺寸)却基本保持其喷丸后的状态。这里,对高温疲劳性能的改善起主要作用的就是组织强化。

表 8.28　LC 9 铝合金板材反复弯曲疲劳下的表面滑移特征

应力幅 σ_a/MPa	循环数(周)	表面滑移带特征	
		喷丸表面	未喷丸表面
200	3×10^4	滑移带粗大且分布不均匀,间距平均为 2.37 μm	表面未出现滑移带
250	5.8×10^5	已断裂	未断裂,滑移带细小且分布均匀,间距平均为 1.48 μm

2. 残余压应力

经滚压或喷丸等表面强化后,材料表面会产生残余压应力,残余压应力水平除与强化方法、工艺参数有关外,还与材料的晶体类型、强化水平以及形变强化特征有关。实验表明,材料的形变强化率越高,产生的残余压应力越大。例如,具有较高硬化率的面心立方晶型的镍基或铁基奥氏体热强合金,表面产生的残余压应力水平较高,可达材料自身屈服强度的 2 ~4 倍。几种典型金属材料经喷丸后产生的表面残余压应力列于表 8.29。

表 8.29　几种金属材料喷丸后的表面残余应力

材料类型	牌　号	强度水平/MPa		表面残余应力 σ_r/MPa	比值 σ_r/σ_s
		抗拉强度 σ_b	屈服强度 σ_s		
碳钢和合金钢	45	900	750	-400 ~ -500	≈0.5
	18Cr2Ni4WA	1 200	1 100	-600 ~ -700	0.55 ~0.64
	40CrNiMoA	1 100	970	-800 ~ -900	0.83 ~0.93
铝合金	LY12	440	280	-250 ~ -350	0.90 ~1.25
	LY11	360 ~380	200	-250 ~ -300	1.25 ~1.50
	LD5	380 ~400	280 ~300	-300 ~ -340	1.10 ~1.13
钛合金	TC4	950	800	-560 ~ -700	0.70 ~0.87
高温合金	GH36	850	600	-800	1.33
	GH33	1 020	660	-1 100 ~ -1 200	1.67 ~1.82
	GH30	780	275	-1 000 ~ -1 100	3.70 ~4.10

另外,经不同的表面处理后,造成的表面残余应力数值列于表 8.30 中,可见表面滚压强化可以获得最高的残余压应力。经表面形变强化后残余应力的分布规律如图 8.50 中的虚线所示,表层为残余压应力,内部为残余拉应力。正是零件表面层存在的这种残余压应力,全部或部分抵消了零件工作应力,即降低了零件工作时的表面应力水平,如图 8.50 中的曲线 2 所示,才使其获得了强化效果,使疲劳寿命得以延长。

表 8.30　经不同表面处理后的残余应力及疲劳极限

表面状态	疲劳极限 σ_a/MPa	疲劳极限增量 $\Delta\sigma_a$/MPa	残余应力 σ_r/MPa	硬度 HRC
磨削	360	0	-40	60 ~61
抛光	525	165	-10	60 ~61
喷丸	650	290	-880	60 ~61
喷丸后抛光	690	330	-800	60 ~61
滚压	690	330	-1 400	62 ~63

但是,对于疲劳条件下工作的零件,表面获得的残余应力在循环应力作用下会发生松弛。当外施的压应力振幅 $-\sigma_a$ 与残余压应力 $-\sigma_r$ 之和达到或超过材料的屈服强度 σ_s 时,即

$$|-\sigma_a|+|-\sigma_r|\geqslant\sigma_s$$

残余压应力就发生松弛。这一数值超过 σ_s 的量越大,残余应力松弛的量也越大。在旋转

弯曲疲劳过程中,残余应力的松弛具有以下规律:

①大幅度的残余应力松弛发生于最初的1～3次载荷循环之中;外施交变应力水平越高,松弛的量越大。这种松弛称为静载松弛,如图8.51所示。

②静载松弛之后,残余应力的松弛速率急速变缓,在此阶段中残余应力的松弛与载荷循环次数的对数值(lg$N$)成正比,即松弛后的残余应力$\boldsymbol{\sigma}_r'$与lg$N$的关系为

$$\boldsymbol{\sigma}_r' = k\lg N \qquad (k\text{ 为常数}) \qquad (8.13)$$

这种松弛称为动载松弛。

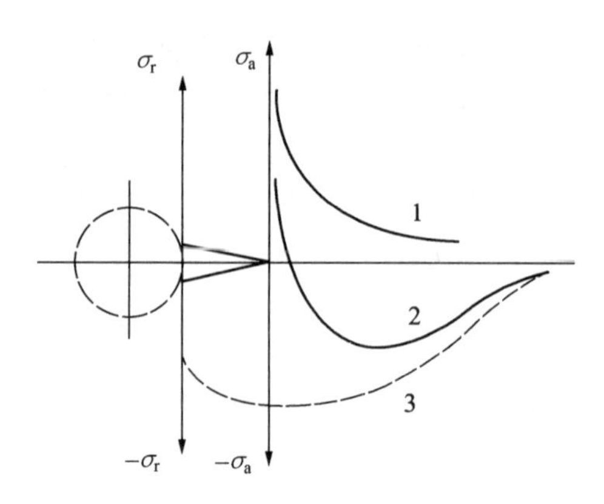

图8.50　孔冷挤压后,在残余应力场作用下的裂纹尖端附近实际应力状况

1—外加交变载荷时的瞬时拉应力;2—交变载荷处于最大拉应力水平时,裂尖区内实际应力水平分布;3—残余压应力

静载松弛往往伴随着表面微裂纹的萌生,所以是一种损伤性松弛。静载松弛量越大,造成的损伤程度越高。因此,为了减少或消除静载松弛,喷丸引入的残余压应力(场)应有一最佳值,即最佳应力场在疲劳载荷作用下不发生或只发生小量的静载松弛。最佳残余应力场的表面残余压应力值由下式决定

$$|-\boldsymbol{\sigma}_r| \approx \boldsymbol{\sigma}_s - |-\boldsymbol{\sigma}_a|$$

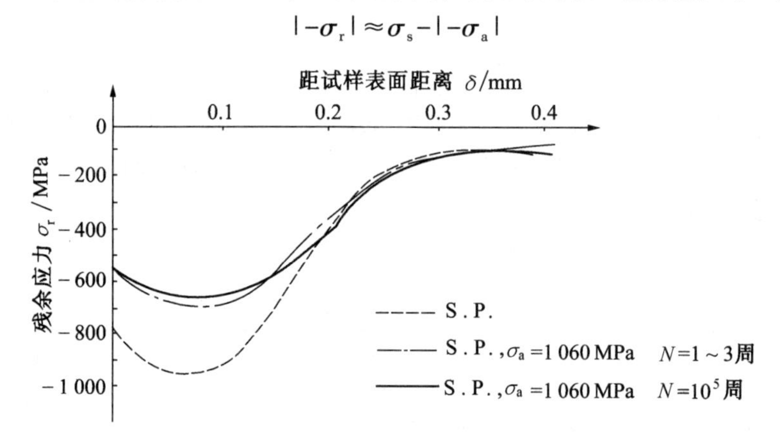

图8.51　GC4钢喷丸残余应力场及其在弯曲疲劳过程中的变化(S.P.表示喷丸)

在旋转弯曲疲劳情况下,喷丸引入的残余应力场只有满足最佳残余应力场的条件下,才能获得最佳的强化效果。

图8.51是GC4超高强钢喷丸残余应力场及在疲劳极限附近的交变载荷作用松弛后的稳定残余应力场。如对喷丸件采取热处理,使喷丸引入的过高残余应力场在加热过程中发生非损伤性松弛,最后达到最佳残余应力场(图8.52)。从图8.53所示的GC4钢两条旋转弯曲疲劳S-N曲线的变化可以看到,最佳残余应力场能够给出更高的疲劳强度。

另外,表面存在的残余压应力对零件截面的工作应力分布发挥了重要影响,从而影响到疲劳裂纹源的位置。反过来,疲劳源萌生的位置不同,喷丸残余压应力所起的作用也不尽相同。

(1)疲劳源萌生于表面

未经表面形变强化时,疲劳源大都萌生于表面,这种情况下获得的疲劳极限称为表面疲劳极限(SFL),它是材料的一个特征值。喷丸后表面粗糙度的增高或外施交变应力远高于材料的 SFL 时,这种情况下的疲劳源往往也萌生于表面。表面残余压应力在此起着抵抗外施拉应力的作用,其结果使表面上实际承受的交变拉应力水平降低,所以喷丸材料的疲劳强度得以提高。

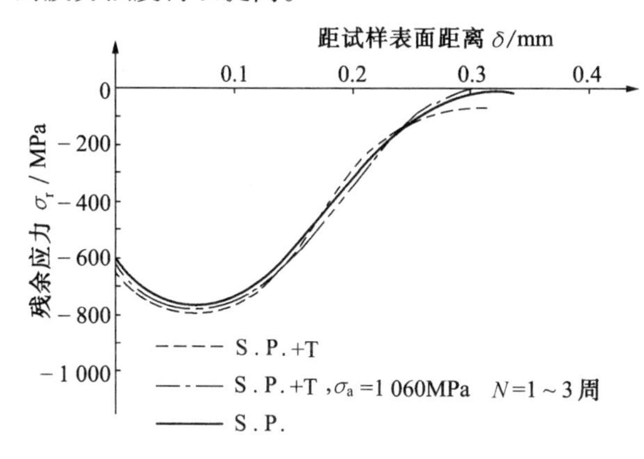

图 8.52 GC4 钢喷丸后经回火处理 T(300℃,5h)的残余应力场及其在弯曲疲劳过程中的变化

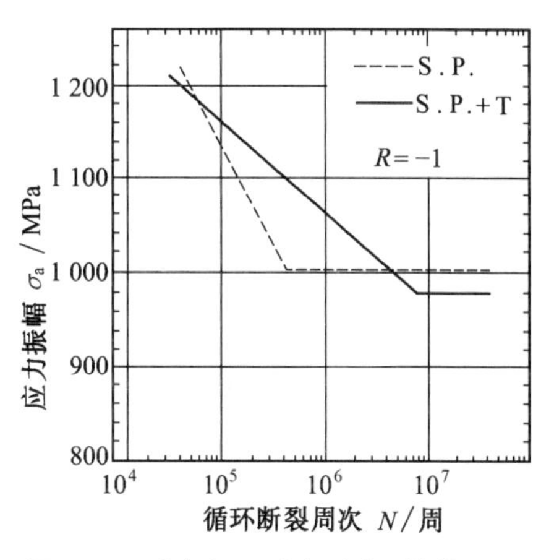

图 8.53 喷丸(S.P.)与喷丸+热处理(S.P.+T)应力松弛后的旋转弯曲疲劳 S-N 曲线

(2)疲劳源萌生于次表面

在喷丸不引起原始材料粗糙度发生明显增大,并且疲劳源萌生于喷丸残余压应力层下面的残余拉应力区的情况下,疲劳极限提高的幅值基本上与喷丸引入的残余压应力值、最大残余压应力值以及残余压应力层深度无关,并且接近于一个恒定值。由于疲劳源萌生于次表面,所以称为内部疲劳极限(IFL),该值是材料的另一个特征值。在此情况下,残余压应力场的作用只是把疲劳源由表面驱赶到次表面,所以残余压应力只是起着间接的强化作用。理论计算和大量的试验数据表明,IFL 与 SFL 之间存在着下述关系

$$IFL = 1.34SFL \tag{8.14}$$

这一关系表明,对于光滑表面的材料,最佳的喷丸强化工艺可使材料的单向弯曲疲劳强度极限提高 1.34 倍。

3. 表面形变强化效果

由于表面形变强化可以获得有益的表面残余压应力,因此各种表面强化工艺被广泛用来改善碳钢、合金钢、铝合金等金属零件的表面性能,从而显著提高在疲劳、腐蚀疲劳及应力腐蚀条件下的失效抗力。表 8.31 列出了 40Cr 和 GCr15 钢进行滚压强化和喷丸强化对疲劳强度的影响,可见滚压强化获得的疲劳极限增量最高,这一效果是与滚压获得的最高残余压应力相对应的。图 8.54 为一种超高强度钢圆试样经不同表面处理后的 S-N 曲线,图中表明,脱碳可降低材料的疲劳强度,镀铬使疲劳强度发生明显的跌落,但喷丸工艺可起到补偿脱碳和镀铬的损伤、挽救材料疲劳强度的作用。

表 8.31　表面形变强化的疲劳抗力增量

表面状态	40Cr			表面状态	GCr15		
	σ_a/MPa	$\Delta\sigma_a$/MPa	σ_r/MPa		σ_a/MPa	$\Delta\sigma_a$/MPa	σ_r/MPa
磨削	420	0	−30	磨削	360	0	−40
喷丸	570	150	−750	喷丸	650	290	−880
滚压	840	420	−1300	滚压	690	330	−1400

对于喷丸强化工艺,现已制定了一系列技术指导性文件,如 CMES0006/MI001,机械零件喷丸强化工艺(1985);HB/Z26-80 航空零件喷丸强化工艺说明书等。由大量材料试验和零件运行实践,已得到了下列具有普遍性的规律:

①喷丸可提高零件的室温、高温疲劳和应力腐蚀断裂抗力,提高的幅度取决于材料的屈服强度和强化工艺参数,通常材料强度越高,强化效果越显著。对于光滑表面,在适宜的喷丸强度下可使室温疲劳强度极限($N=10^6$ 周次)提高约 30%。

②对于强度相同的材料,缺口(应力集中)表面比光滑表面具有更高的强化效果。因此,喷丸强化对改善零件应力集中部位(键槽、圆角、焊趾等)的疲劳强度具有重要意义。

③喷丸可有效地改善带有表面浅裂纹(≈0.3 mm)零件的疲劳强度,对于带表面类裂纹缺陷的实际零件,也是提高其可靠性和耐久性的良好工艺。

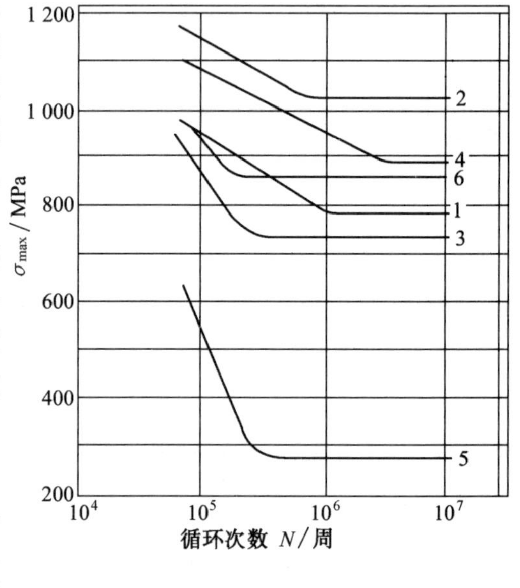

图 8.54　一种新型超高强度钢($\sigma_b=1\ 960$ MPa)不同表面状态试样的旋转弯曲疲劳 S-N 曲线

1—表面电抛光;2—喷丸;3—表面脱碳;4—表面脱碳+喷丸;5—电镀 Cr;6—喷丸+电镀 Cr

④对于表面需电镀 Cr 和 Ni 的钢质零件,电镀前的喷丸强化处理是惟一能提高疲劳强度的手段。

8.6.2　表面形变强化质量的检验与控制

前已述及,喷丸强化工艺现已得到广泛的工业应用,并制定了一系列技术指导性文件。相对来说,内孔冷挤压工艺正在发展之中,尚未形成比较完整的工业生产体系。这里主要介绍喷丸强化质量的检验与控制。

经喷丸处理的零件,其形状、尺寸和重量等基本上不发生明显变化,只是使零件的表层发生塑性变形,由此引起表层材料发生组织结构、残余应力、表面粗糙度的变化,车间生产的条件很难对这些变化进行快速的检测。通常的检测方法是利用一种 70 号弹簧钢片来评定弹丸喷射所产生的综合效应。因为这种方法简便易行,所以目前各国均采用此法来检验和控制喷丸强化质量。

1. 喷丸强化工艺参数

影响和决定喷丸强化效果的工艺参数包括:弹丸材料、弹丸尺寸、弹丸硬度、弹丸速度(压缩空气压力或离心轮转速)、弹丸流量、喷射角度、喷射时间、喷嘴(或离心轮)至零件表面的距离等。这些参数中任何一个发生变化,都会影响零件的强化效果。一定的强化工艺参数下产生一定的喷丸强度和表面覆盖率,而一定的喷丸强度和覆盖率下产生一定的强化效果。因此,喷丸强度和表面覆盖率是反映上述诸参数共同作用产生综合效果的另外两个参数。在实际操作中,可通过弹丸(尺寸、硬度、破碎率等)、喷丸强度和表面覆盖率这 3 个参数来检验、控制和评定喷丸强化质量。

2. 弧高度试片与固定夹具

弧高度试片是用来评定诸强化工艺参数在喷丸过程中产生综合效应的一种检测量规。标准弧高度试片(或称阿尔明试片)采用 70 号弹簧钢板制成,共有 3 种尺寸,其符号分别为 N、A、C。三种试片的主要技术条件应符合表 8.32 中规定的要求,其他技术条件应符合 GSB A69001 的要求。

表 8.32　3 种弧高度试片的技术要求

项目名称	试片代号		
	N	A	C
厚度/mm	0.79±0.025	1.29±0.025	2.39
宽/mm×长/mm	$19^{0}_{-0.1}$×76±0.2	$19^{0}_{-0.1}$×76±0.2	$19^{0}_{-0.1}$×76±0.2
平面度容差/mm	±0.025	±0.025	±0.025
粗糙度参数/μm	R_a=0.63~1.25	R_a=0.63~1.25	R_a=0.63~1.25
表面硬度/HRC	44~50	44~50	44~50

弧高度试片夹具是用来固定试片的工具,应采用高碳工具钢制造,硬度应为 HRC55 以上。夹具的形状及尺寸应符合图 8.55 的要求。

在某些情况下(如内孔喷丸等)需要制备在尺寸和/或材料均不同于标准试片的非标准试片。通过用两种试片的喷丸试验获得的标定曲线得出两种试片弧高度值的换算关系,由此得出这两种试片弧高度值(或喷丸强度)之间的一一对应关系。

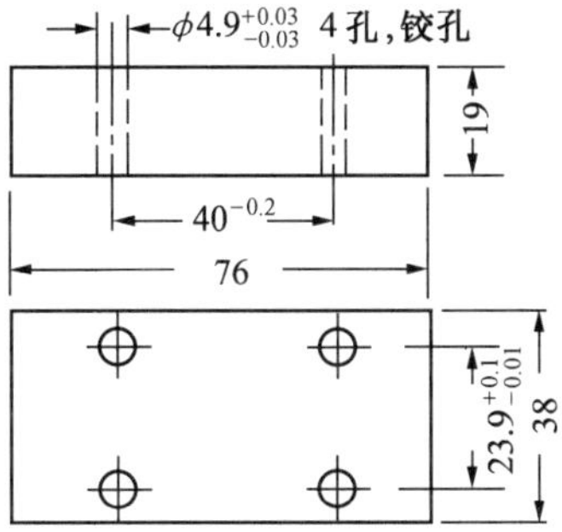

图 8.55　固定弧高度试片的专用夹具

3. 弧高度与弧高度曲线

一块薄板经受单面喷丸后,由于表层的塑性流变向喷丸面呈球面状弯曲,如图 8.56 所示。取一平面切入薄板球体,球面的最高点与此平面间的垂直距离称做此曲面的弧高度。这一平面就是测量弧高度的基准面,对它规定如下:基准面直径为 36 mm,使它沿薄板变形球体直径为 36 mm 的圆切入球内。基准面与球面最高点间的距离定义为薄片的弧高度。弧高度试片可看做是圆形薄板上的一窄板,喷丸后试片的变形就是球体的一部分。实际测量时在直径为 36 mm 的圆上取 4 个点,如图 8.57 所示。测定弧高度的专用测具为弧高度测具,示于图 8.58 中。

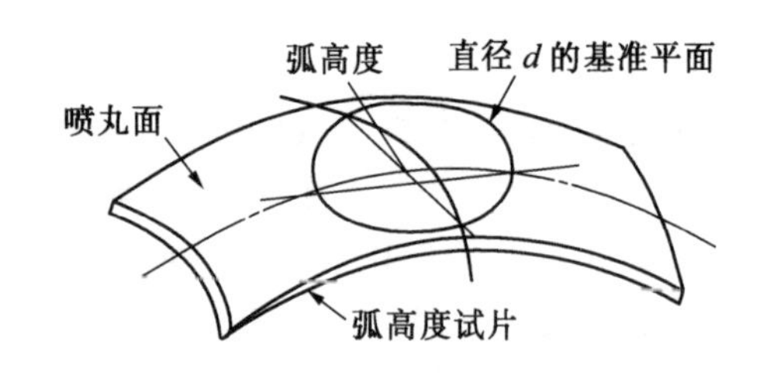

图 8.56　薄板单面受喷后所形成的球面及其与基准面间的弧高度

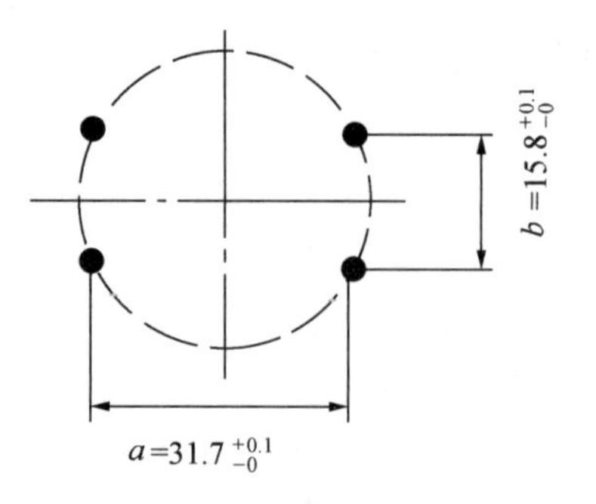

图 8.57　直径为 36mm 基准面上 4 点之间的距离

测定弧高度曲线时，首先取一片试片用 4 个螺钉固定在试片夹具上(图8.58)，然后置入喷丸室内接受喷丸。如试片在喷嘴下不移动，则以时间 t(通常取 5～10s)计算试片接受喷丸的时间；如试片在喷丸室转动，则以经过喷嘴下接受喷丸的次数 n 计算试片接受喷丸的时间。喷丸后从夹具上取下试片，在弧高测具上测定其弧高值，得 f_1。已喷过的试片不得使用第二次。取新试片，重复上述操作，得 f_2。通常重复操作约 10 次，获得约 10 个弧高值，以 f 值为纵坐标、时间 t(或喷丸次数 n)为横坐标绘制弧高度－时间(f–t)或弧高度－次数(f–n)曲线，通常称做弧高度曲线，示于图 8.59 中。任何一组强化工艺参数值下均可获得一条 f–t 曲线。

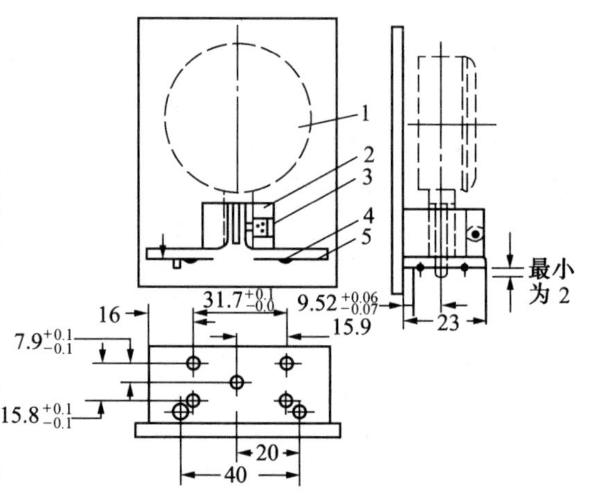

图 8.58　弧高度测具的几何尺寸及其他技术要求
1—百分表；2—百分表支架；3—百分表固定螺钉；4—淬火钢球(d=5)；5—试片定位销(碳素钢，淬火)

在实际生产条件下，做 f–n 曲线比 f–t 曲线更为方便。使用零件的模拟件来测定弧高度曲线时，绘制 f–n 曲线更为简便。

制作 f–t 或 f–n 曲线的目的，是为了最后确定喷丸强度。

4. 喷丸强度

任何一组喷丸强化工艺参数下的弧高度曲线上都有一个饱和点(确切说为准饱和点)，对该点规定如下：在一倍于饱和点的喷丸时间下，弧高度的增量不应超过饱和点弧高值的 10%(见图 8.59)，在此条件下饱和点下的弧高值定义为喷丸强度。因此，一组工艺参数下的弧高度曲线上只有一个喷丸强度。

喷丸强度是表征材料表面产生循环塑性变形程度及其深度的一个参量。喷丸强度越高，材料表层的塑性变形越强烈。喷丸强度分为高、中、低 3 个级别，分别用 C、A、N 三种试片测量(见表 8.32)，以符号 C、A、N 和前面的数字表示，单位为 mm。如用 A 试片测得的弧高度值为 0.4 mm 时，记作 0.4A；用 N 试片测得的弧高值为 0.36 mm 时，记作 0.36 N。对测定喷丸强度中使用的试片种类作如下规定：当喷丸强度低于 0.15A 时，应采用 N 试片测定喷丸强度；当喷丸强度高于 0.6A 时，应采用 C 试片；只有在 0.15 ~0.60A 的范围内，才采用 A 试片测定喷丸强度。

喷丸强度只有正容差，容差范围规定为 0 ~ 30%，但正容差的最小值不应低于 0.08 mm。如工程图纸上规定的喷丸强度为 0.45A 时，则其容差范围为 0.45 ~0.59A；如规定值为 0.2A 时，其容差范围则应为 0.2 ~0.28A。三种试片喷丸强度之间的关系如图 8.60所示，并存在以下近似关系

$$N \approx 3A \qquad A \approx 3.5C$$

5. 表面覆盖率

受喷零件表面上弹坑占据的面积与受喷表面总面积之比值，称做表面覆盖率（简称覆盖率），以百分数表示。凡规定强化的零件，覆盖率最低不应小于 100%。

零件表面达到 100% 覆盖率所需要的时间并不等于达到 50% 所需时间的 2 倍。若在 1min 内达到 50%，则下一个 1min 只能使剩下的 50% 面积获得 50% 的覆盖率，而达到的总覆盖率为 50% +25% =75%。n 次喷丸后的覆盖率为

$$C_n = 1-(1-C_1)^n \tag{8.15}$$

式中，C_1 为第一次喷丸的覆盖率，由此可计算出，由 50% 增加到 98% 的覆盖率，其喷丸时间需延长 5 倍。

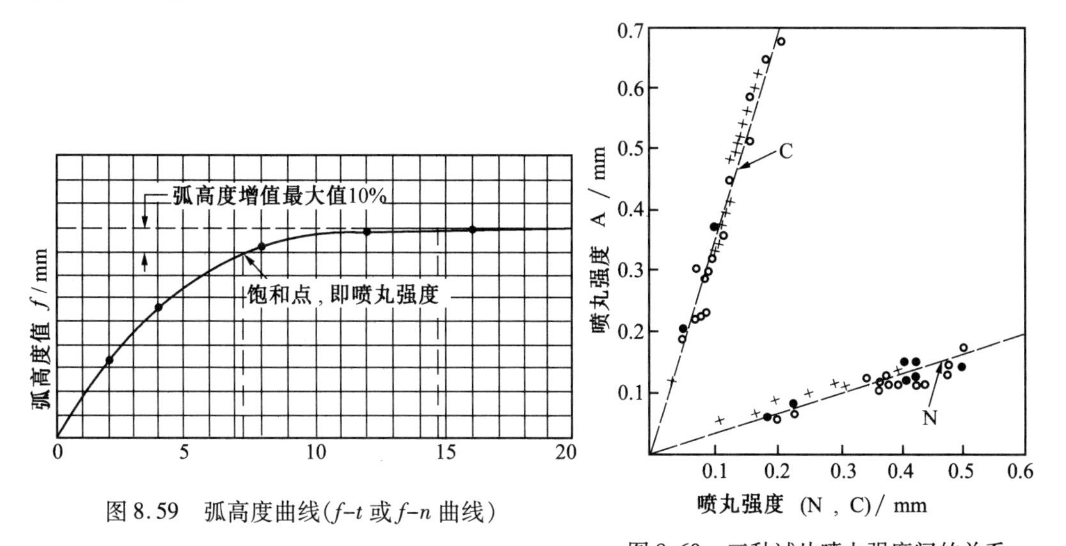

图 8.59　弧高度曲线（f–t 或 f–n 曲线）

图 8.60　三种试片喷丸强度间的关系

因为 98% 的试验容易实现，所以都以 98% 定为 100% 的覆盖率（或称全覆盖率），而达到 200% 覆盖率所需时间应为达到 100% 所需时间的 2 倍。

生产中可以用 10 倍放大镜目视检查零件的覆盖率，亦可采用事先准备好的标准喷丸件（或标准喷丸试块）对比进行检查。检验中如对零件的覆盖率数字有争议时，可用金相显微镜在 50 倍的放大倍率下进行检查，将喷丸表面的形貌投影到显微镜的毛玻璃上，用描图纸把弹坑占据的面积勾画出，然后用定量金相仪、求积仪或对两区面积称重等方法，定量计算出覆盖率的数值。

6. 零件喷丸强度的选择

根据零件材料的力学性能、几何形状、尺寸精度、表面粗糙度、服役中的受载方式和应力水平以及工作环境等诸因素来选择最适宜的喷丸强化工艺参数。

大量试验数据指出，材料的疲劳强度与喷丸强度之间存在如图 8.61 所示的一般关系，可见在一定的条件下存在一个最佳的喷丸强度。

可以参考图8.61、图8.62 与图8.63 上的数据来选择喷丸强度。对于重要的承力件，需做喷丸件的对比疲劳试验（或 S–N 曲线），以考核和验证喷丸强化效果。

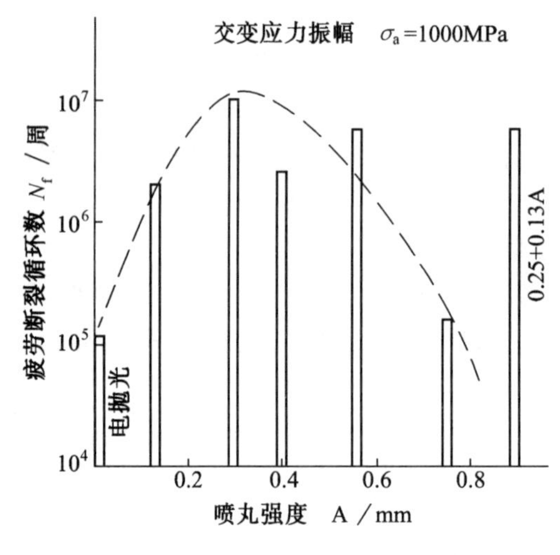

图 8.61　一种超高强钢（σ_b = 1 960 MPa）旋转弯曲疲劳断裂寿命与喷丸强度间的关系

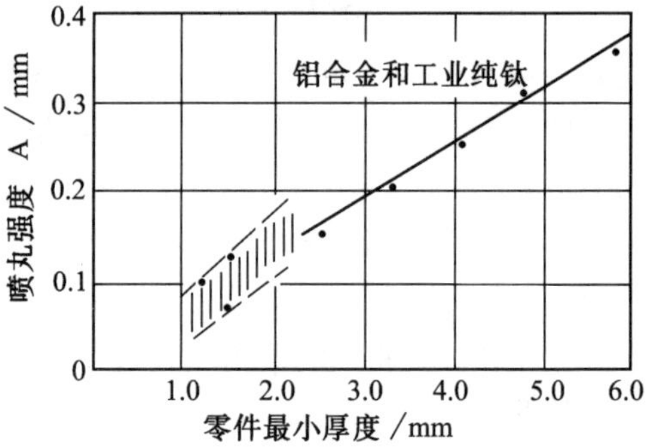

图 8.62　铝合金和工业纯钛零件最小厚度与喷丸强度间的关系

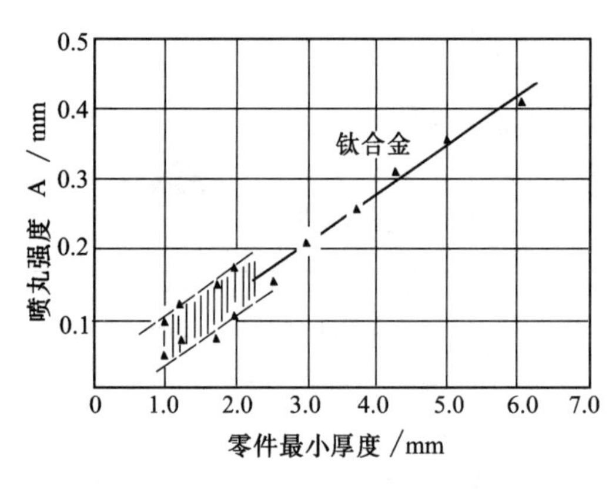

图 8.63　钛合金零件最小厚度与喷丸强度的关系

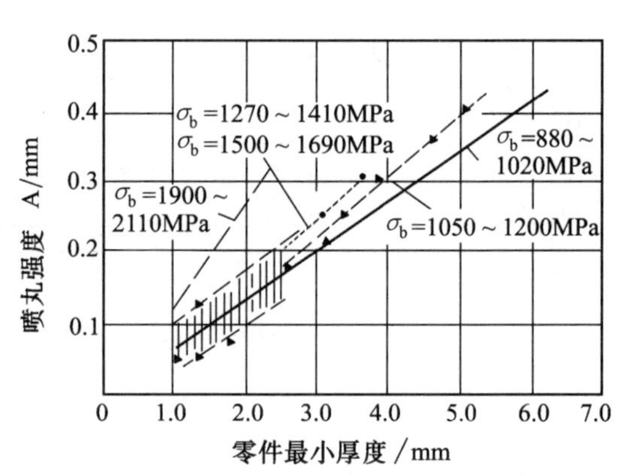

图 8.64　钢零件最小厚度与喷丸强度间的关系

8.6.3　表面形变强化工艺缺陷与失效

在对金属零件表面施以局部塑性变形的过程中，一方面改变了表面层的显微组织，引入了残余压应力，获得了表面强化的效果，但另一方面，增加了表面粗糙度，消耗了表面层材料的塑性和形变强化潜力，从而引起表面损伤，这是矛盾的两个方面。表面形变强化的最佳效果就是在这种矛盾中寻求平衡的结果。如果失去这种平衡，则可能非但得不到强化效果，还会导致表面损伤，引起“弱化效应”。

现以喷丸强化为例讨论表面形变强化引起的弱化效应。喷丸引起的表面粗糙度，一般情况下，它是与零件表面切削加工遗留下来的尖锐刀痕或其他机械损伤的被压平和圆滑化相平衡的，不会造成零件疲劳强度的削弱。反之，如果表面粗糙度造成了零件疲劳强度的降低，则可用表面应力集中系数 K 值来定量地描述表面粗糙度对疲劳强度的削弱程度。以 S 表示弹坑直径，R_{tm}表示弹坑的平均深度，则弹坑引起的应力集中系数

$$K \approx 1+18(R_{tm}/S) \tag{8.16}$$

上式表明，靶材的硬度越低，上式等号右面第二项的数值越大，粗糙度对疲劳强度的弱化效应越明显。对于高强度材料，喷丸不易改变其粗糙度，所以这方面的弱化效应较低。但从形变强化是以牺牲材料的塑性为代价的这一基本原则考虑，表层材料的塑性变形和形变强化势必造成材料塑性和韧性的消耗。因此超高强度钢如果过喷丸的话，很容易在表层引起微裂纹。这种损伤形式在循环应力作用下，很容易诱发疲劳裂纹萌生，导致早期疲劳断裂。

喷丸作为正在推广应用的工艺，与其他加工工艺一样，经常暴露出来的问题是不良操作造成的缺陷。零件失效分析中，除上述表面粗糙度和过喷丸外，还经常遇到覆盖率不够和表面不均匀等情况。这些都可能成为失效的原因。

8.6.4　由表面形变强化缺陷引起零件失效的实例

例1　某直升机桨轴因电镀前喷丸不完全而疲劳断裂

直升机的水平旋翼心轴，如图8.65所示，在飞行7 383 h后断裂，飞机坠毁。此类心轴每隔1 200 h或更短时间进行一次大修和检查。在第6次大修和失事之间，累计飞行了464 h。每次大修时，对心轴都进行荧光磁粉检验，而且对表面磨损情况仔细检查。凡有磨损，就要用磨削方法进行修补和翻修，将轴磨削到低于成品轴直径0.1 mm，然后用S170弹丸喷丸强化，喷丸强度为0.25 ~ 0.30A（A为弧高度试片），喷丸处理后，再镀Ni到高于成品直径0.05 mm，最后磨至成品直径并镀镉。该轴已大修过6次，翻修过2次。

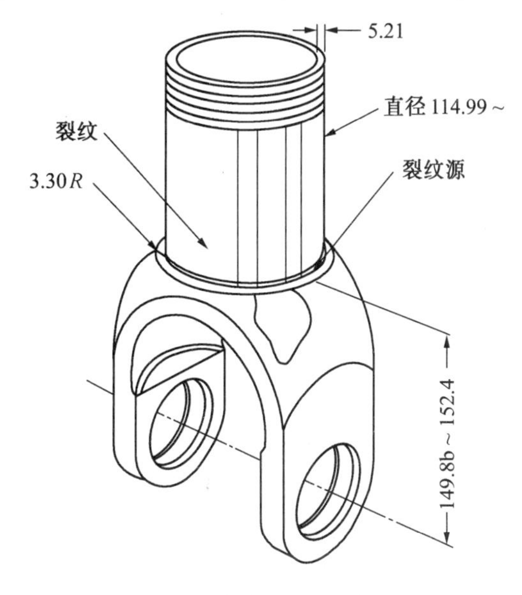

图8.65　直升机桨轴的断裂

该飞机坠毁后，5个旋翼中的四个都落在主坠毁区，第5个翼叶飞出约400 m远，与断轴落在一起。心轴断裂发生于轴杆与轴肩相连的一端。对断口的目视检查表明，在最终断裂前，疲劳裂纹已扩展达轴杆截面的72%左右。疲劳裂纹起源于接头附近，在这里，圆柱形轴杆与桨轴叉架接头部位有一半径为3.3 mm的圆角。裂纹源附近的硬度值为HRC 28，而技术条件要求为HRC 34 ~ 38，金相检验表明，低硬度区有带状组织特征。

另外，在半径为 3.3 mm 圆角附近的表面上有尚可辨认的磨削痕迹和周向沟槽。如果喷丸处理进行得合理的话，这些表面缺陷都会被压得圆滑甚至消失，并完全为喷丸特征的表面凹坑所覆盖。与圆角处形成对比的是，轴杆部位的表面形貌为典型的喷丸表面特征。因此，初步判断断裂圆角处喷丸不完全（即覆盖不够）是造成心轴断裂的原因。

事故发生后，曾对 30 根心轴（新的和旧的及喷丸和未喷丸的）进行了疲劳寿命试验，结果表明，未经喷丸的轴的断裂寿命显著低于喷丸的轴，其中两根轴的寿命只及喷丸轴的 10% 和 20% 。

由上述分析结果可以认为，该轴的断裂属疲劳失效，疲劳断裂起始于轴杆和叉架接头处，这里是存在应力集中的，又由于接头处喷丸不均匀、不完全，在这里将形成残余拉应力，该部位材料又存在带状偏析。所以在这里有残余拉应力与工作应力的叠加，并为应力集中因素所加剧，应力与材料本身的缺陷的综合作用造成了心轴的断裂。

例 2 变速器二轴因滚压表面缺陷而疲劳断裂

二轴是汽车变速器中用于换挡和传递动力的重要零件。某汽车二轴用 40MnB（或 40Cr 代）钢制造，调质处理。二轴上有多个台阶，工作中承受较高的扭转应力和一定的弯曲应力。为消除表面台阶产生的应力集中效应，对台阶处的圆角进行了表面滚压处理，并为改善轴的耐磨性对轴承表面进行了感应加热表面淬火。该二轴在使用中发生了批量性的早期断裂，断裂时的行驶里程为几千千米，最长不到 1 万千米。

断裂主要发生在三挡和四挡齿轮轴颈台阶根部，目视检查断口，具有旋转弯曲疲劳断裂特征，断口表面弧线间距较密，疲劳区占断口面积约 60% ~70% 。宏观疲劳断口分为单源疲劳和多源疲劳。单源疲劳裂纹起始于圆角滚压表面的凸出处。这是进行滚压处理时，滚压不足一周，局部漏滚而遗留下的痕迹。由于漏滚，使该局部没能得到光整，留下粗糙的表面。这里不但未能取得表层压应力效果，而且出现局部拉应力，以及表面不光整产生的新的应力集中因素。多源疲劳裂纹起源于圆角滚压表面的隆起凸缘处。滚压表面隆起位于滚压变形区的前沿。对未装车的成品轴进行检查，也发现有滚压变形区前端产生“表面起折”和“滚偏”的现象。从典型“表面起折”处切取试样，其剖面形态在显微镜下呈锋利的隆起状，留有表层材料在滚轮驱赶下沿轴向流动的痕迹，隆起前面与轴线约呈 40°角，这说明表面滚压的结果在表面形成了新的“毛刺”状凸缘。

材料检验表明，化学成分符合技术条件，组织为回火索氏体，硬度为 HRC 25 ~28。圆角半径为 $R=1.25$ mm，根据有效应力集中系数计算式求得三挡和四挡台阶圆角的应力集中系数分别为 $K_{\sigma_3}=2.82$ 和 $K_{\sigma_4}=2.58$，$K>2$ 说明应力集中较高。

对感应加热淬火层检验认为，淬硬层深度符合要求。对小轴颈磨损原因的分析认为是由于变速器止口孔与离合器止口的同轴度偏差超差，使小轴颈承受径向负荷，受径向负荷与一轴传给的扭曲负荷的共同作用，使小轴颈产生过量的变形造成的。

上述分析表明，二轴的疲劳断裂是由于表面滚压缺陷造成的。表面滚压确可提高零件疲劳抗力，但如果工艺不稳定或操作不当造成滚压缺陷的话，如本例的情况所表明的，则达不到预期效果，甚至会促进疲劳裂纹形成和扩展。为保证滚压处理的表面质量，该厂对滚压设备与工艺等进行了一系列调整：调整设备，使保证滚压部位正确；控制机械加工圆角尺寸，使与滚轮相匹配；规定必要的滚压圈数和时间范围。工艺调整后的滚压处理，可保证表面获得足够的残余压应力。同时对变速器止口孔与离合器止口的同轴度进行检验和调整,凡同轴度超差者一律翻修,并改进了相应的生产工艺,调整了加工尺寸,保证了二者的同心度。经上述多方改进后,对生产出的零件进行了装车跟踪考核,未再发生二轴的早期断裂。

8.7 机械加工缺陷与失效

机械加工是零件制造过程的重要组成部分,其作用为赋予零件外形、去掉多余的材料及得到所要求的形状、尺寸和表面状态。按照去除多余的材料的过程本质,机械加工可分为两类:剪切加工和切割加工。传统的车、铣、刨、磨、钻属于前者,电火花加工、离子束加工和激光加工等属于后者。剪切加工即通常所谓的切削加工过程中,除磨削加工外,形成的主要加工缺陷是表面粗糙、留有刀痕或毛刺等。磨削加工,由于磨削过程中产生大量的热将零件表面加热到高温而具有一些不同于其他切削加工的特点,如表层组织发生相变等,因此,可能形成一些特殊的缺陷,如烧伤和磨裂等。切割加工则是按照一种全新的机制,借助割缝金属的熔化而去除多余的材料的。因此,加工表面的薄层材料经历了高温熔化和冷却凝固的过程,其表层组织类似于焊接接头的显微组织、缺陷情况及其对零件失效的影响,也与切削加工不同。磨削加工和切割加工都是在较高或很高温度下进行的,加工表面的急剧冷却将在表层金属中形成剧烈的残余应力。

8.7.1 切削加工缺陷与失效

剪切加工即通常所谓的切削加工过程,实质上是被切削材料在切削刀具作用下被挤压撕裂的过程。这也是一个剪切变形过程,当剪切变形无限发展、材料的剪切变形能力被耗尽时,便被剪断,形成切屑。因此,切削加工材料的表面总伴随着形变强化。表层材料的形变强化程度决定于切削深度、工具特征及材料的形变强化特性。表层材料形变强化程度越高,对零件性能影响越大。

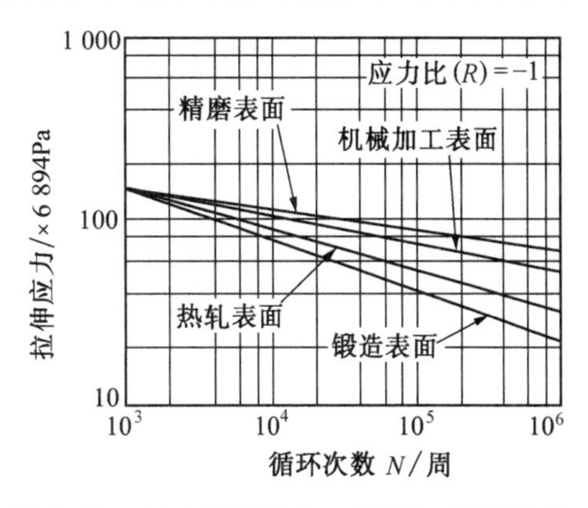

图8.66 表面粗糙度对1 140MPa强度钢试样疲劳强度的影响

切削加工表面粗糙度对零件性能,尤其是疲劳性有明显影响。几种不同的表面粗糙度试件的试验结果如图8.66所示。显然,如欲提高零件的疲劳强度,应选用较精密的切削加工方法,得到较高的表面光洁度。有时零件加工后,在表面留有刀痕,或者加工过程中,造成的表面划伤,甚至有时会把刀具碎片压(扎)入工件表面。这些缺陷,作为表面不连续因素引起应力集中,经常诱发裂纹萌生,构成零件失效的原因。例如,在一次事件中,用射线照相法对不锈钢零件进行无损检验时发现一块高密度夹杂物,后来用扫描电镜和光谱仪鉴别出该“夹杂物”是碳化钨刀具碎片。

又如,钻孔是很普通的机械加工,可以明显地降低零件的疲劳强度。然而,钻孔边缘的毛刺没有被打掉,则可进一步降低疲劳强度。在机加工内腔相互交错的复杂构件中,从钻孔处开始断裂是常见情况,因为要从这些复杂的部位上加工出合适的圆角半径是相当困难或成本相当高的。另外,在零件制造过程中,有时漏掉了打毛刺这道工序,而在钻孔边缘留下应力集中源。

8.7.2　由切削加工缺陷引起失效的实例

例 1　1040 钢花键轴因机加工刀痕和尖圆角而疲劳断裂

某受力机构用花键轴采用 1040 钢制成,热处理到 HRC 44～46,拉伸强度为 1450 MPa。该轴投入工作只两星期时间便断裂,断裂位置如图 8.67 所示。

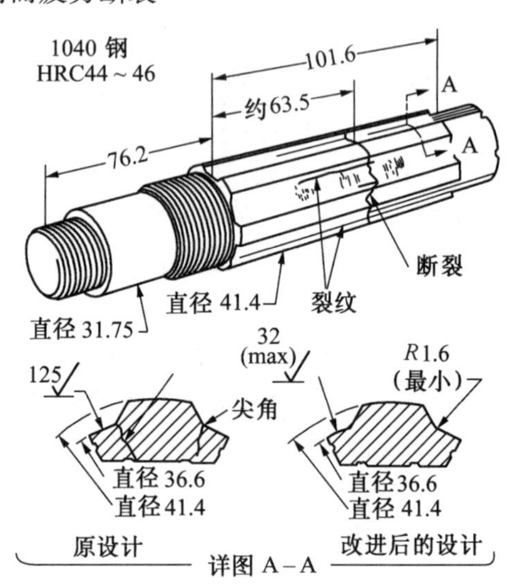

图 8.67　销轴因花键根部圆角过尖和机加工刀痕而在花键部分疲劳断裂

目视检查发现,在花键根部有严重的刀痕震纹,而在圆角区则有毛刺和撕裂。断口表面平整,属疲劳断裂,疲劳区约占整个断口截面的 75%,疲劳裂纹在花键根部尖锐圆角处起裂。因此认为花键轴断裂是由于花键根部的尖锐圆角和粗糙表面上产生的应力集中。

例 2　钢制销轴因表面尖角而疲劳断裂

某起重设备用销轴长 330.2 mm,直径 88.9 mm,淬火回火处理到 HB 285。用该销轴将 20 t 吊斗的保持架连接到压力杠杆上。该销轴工作两年半后断裂。检查销轴断口,裂纹萌生于 ϕ6.3 mm 润滑孔与表面润滑沟槽的相交处,断口呈典型的海滩特征,属疲劳断裂,疲劳区已占断口总面积的 90% 以上。根据最后断裂区位置判断,销轴工作中承受单向弯曲载荷。裂纹源区,即横向油孔与表面沟槽相交处有一尖角,相邻的沟槽表面有粗大的刀痕。销轴材料和热处理符合技术要求。上述分析得到的结论认为,销轴断裂属于单向弯曲疲劳失效,疲劳裂纹萌生于零件表面的机加工尖角,油孔和粗大刀痕都起到应力集中作用。经改进,将油孔处尖角倒圆并防止润滑油孔的粗大刀痕后,该销轴未再发生失效。

例 3　某汽车变速箱齿轮因油孔偏置而早期破坏

JN162 型汽车变速箱齿轮在台架试验时,第二、三、四、五挡的 6 个齿轮,其中四个齿轮均在油孔处开裂。组织检查表明,表层组织为马氏体+残余奥氏体+碳化物,心部组织为低碳马氏体+铁素体。齿顶硬度为 HRC 62,心部为 HRC 40。该齿轮系由 18CrMnTi 制造,渗碳淬火处理。断口检查及上述金相分析表明,该齿轮用钢及渗碳淬火质量都是符合技术要求的。断裂源位于油孔边缘,裂纹自油孔开始,向外扩展,说明油孔处是该齿轮的薄弱环节。检查油孔发现,油孔距齿根太近,由此造成齿根应力集中,另一方面也减小了齿轮的有效尺寸。因此齿轮受力后,油孔处先开裂,并导致最邻近油孔的轮齿先破坏。

例 4　球磨机齿轮因安装不对中和刀具切痕而疲劳断裂

在矿山工作的大型球磨机的人字形传动齿轮,如图 8.68 所示,采用 0.52% C 的碳钢砂型铸造。该齿轮在工作中发生断齿。现对断于齿根的两个轮齿进行检查。对断齿的直观检查发现,齿面有严重的塑性变形、麻点、刻痕和磨损等损伤。齿面塑性变形说明齿轮中心距不正确或者与小齿轮对中程度很差。两个齿的断口均为海滩特征的疲劳断口,疲劳裂纹均起源于受拉伸一侧的齿根部位的刀痕。金相组织检查发现齿面有严重的冷变形特征,说明齿轮确有塑性变形发生,基体组织为正火组织,具有细珠光体基体和原奥氏体晶界处的网状铁素体。材料化学成分和硬度值(HB 223)均符合使用要求。分析结果认为齿轮以弯曲疲劳失效,疲劳裂纹起源于受拉侧齿根的刀具切痕。在接触面上,齿的啮合位置过高,使齿根处产生很大的弯曲应力。

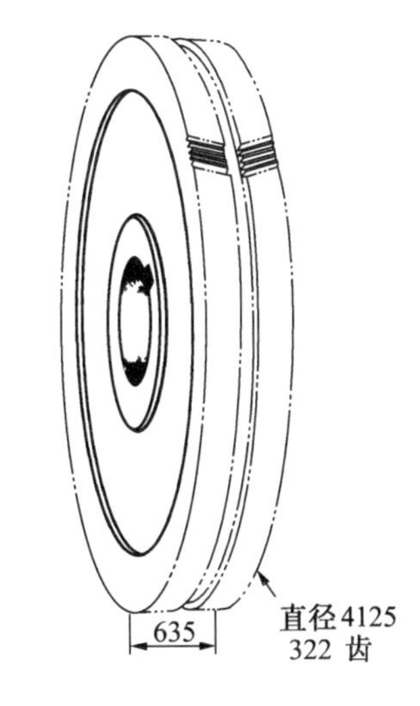

图 8.68　矿山用大型球磨机齿轮断齿失效

例 5　由于工具痕迹促成磷青铜弹簧的疲劳断裂

510 铜合金(磷青铜,含磷 5%)的弹簧于寿命试验时在 A 处断裂,如图 8.69 所示。弹簧材料的拉伸强度为 999.6 MPa,成品弹簧寿命试验直到 5×10^5 次。在水平和垂直平面内受载,其位移分别为 3.23 mm 和 0.51 mm,也有一定量的扭转载荷。垂直载荷借助于悬吊装置实现,在靠近拐弯 3 处靠塑料加载装置加冲击载荷,这时下面的塑料缓冲装置随弹簧运动 0.51 mm,这样在弹簧上沿弹簧长度方向产生很复杂的应力状态。在加载过程中定期地用显微镜进行观察,发现 1.5×10^5 次循环后在拐弯 2 处的内侧(图 8.69 中 A)出现了裂纹。

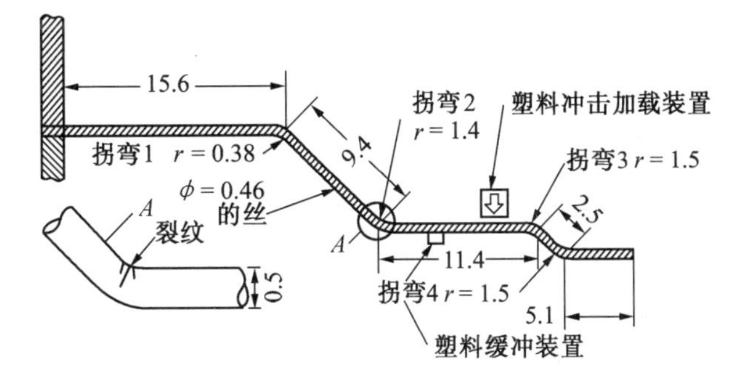

图 8.69　磷青铜弹簧

金相观察发现在拐弯 2 处内侧表面上有锯齿痕。这是在弹簧成形过程中由于模具原因所致,另外观察到在所有试验弹簧的表面上均有螺旋记号和其他表面缺陷,这些螺旋记号似乎是校直弹簧丝过程中产生的。实际上,锯齿状痕迹和其他表面缺陷就是一些缺口,它使有效截面减小,对疲劳寿命不利。断口上有两个特征区:一是光滑无色且起波纹的区域,这说明裂纹是从一个或多个裂源开始逐步扩展的;断口其余部分既有结晶状又有纤维状形貌,这说明是最终的断裂。在拐弯 2 处取纵截面,发现有一裂纹,它起源于弯角的内侧表面上的螺旋记号,并且已向外弯侧扩展。弯曲半径小会使弯曲区造成应变而使截面弱化,这是影响疲劳寿命的重要因素。显微组织正常,无引起应力集中的非金属夹杂。

所得到的结论认为,弹簧是疲劳失效。弯角处的锯齿状痕迹和校直产生的表面螺旋状痕迹是疲劳裂纹源。弯角处曲率半径小对疲劳失效也起了作用。因此建议,弹簧应避免在校直时受损伤,而弯曲成形模具应重新设计,曲率半径尤其是在弯角 2 处的应增大。

例 6　气枪弹簧的失效

弹簧是由 $\phi3$ mm 的 60Si2Mn 冷拔钢丝绕制成的外径 18.4 mm、螺距 10 mm 的螺旋弹簧,然后切成每根 33 圈的弹簧。在弹簧二端部直接通电加热进行热并头,然后把端面磨平，再进行 830 ℃淬火，390 ℃回火处理。硬度达 HRC 50～52（该工艺处理下的簧丝 $\sigma_{0.2}$=1 372 MPa，σ_b=1 626.6 MPa，δ=5%，φ=20%）。弹簧自由长度为 245 mm，装配长度为 163 mm，工作态长度为 103 mm。压缩态下承载分别为 441 N 和 735 N。设计寿命要求达 10^3 次以上，实际上约 10% 的弹簧发生早期低寿命断裂。对断簧进行观察，发现断裂几乎都在端部电加热的电源夹头夹持处，该处有弧坑存在。金相观察发现有粗大魏氏组织，说明在直接电加热时该处发生了过热现象。断口为疲劳断口。

对原处理工艺进行了分析，发现经该工艺处理后，其组织为回火屈氏体，且有大量未溶碳化物，说明淬火温度偏低，如改用 890 ℃淬火，390 ℃回火，则可得到全部回火屈氏体组织。

弹簧应力分析发现

$$C=\frac{D_2}{d}=\frac{15}{3}=5$$

$$K=\frac{4C-1}{4C-4}+\frac{0.615}{C}=1.31$$

$$\tau_{\max}=K\frac{D_2}{Z_t}P_1=\frac{D_2}{2\pi d^3/16}P_1=1.31\times\frac{15}{2\pi\times3^3/16}\times735=1\ 362.2\ \text{MPa}$$

$$\tau_{\min}=K\frac{D_2}{2Z_t}\text{P}_2=1.31\times\frac{15}{2\pi\times3^3/16}\times441=817.3\ \text{MPa}$$

估计材料 $\tau_b=\frac{2}{3}\sigma_b$=1 084.4 MPa 当 $N=10^4$ 时，允许 τ_0=0.45，σ_b=723 MPa。由此可见，工作点已落在第一类疲劳图的不安全区，且 $\tau_{\max}\gg\sigma_b$。那么为什么弹簧不发生过载一次断裂呢？因簧丝力学性能是在丝直接淬火回火后测定的，而簧丝处于 163 mm 和 103 mm 长度的压缩态受力各为 44 N 和 735 N，是在弹簧经过打簧机上打 20 次（模拟工作状态的试验）后测得的，这也就是说，弹簧材料在打簧试验的初期或未经打簧试验时的特性曲线是比较平的，也就是当簧压缩到 163 mm 和 103 mm 时所需要的力远小于 44 N 和 735 N。在打簧试验过程中（打簧速度 98 次/min）簧丝发生了硬化，故再压缩到 163 mm 和 103 mm，则所需力为 44 N 和 735 N。

所得到的结论认为，弹簧发生低寿命疲劳断裂。裂纹起源于电加热的电极夹持处的电弧坑，同时由于淬火温度偏低（仅 830 ℃），未充分奥氏体化，淬火回火后材料的 K_{IC} 值偏低，即临界裂纹长度 a_0 减小，再加上弹簧是在高应力的条件下工作的，故易发生早期断裂现象。提出下列改进措施：为了消除弧坑的不利影响，改用煤炉或其他炉子进行"间接"加热并头，并把淬火温度由 830 ℃提高到 890 ℃，试验证明弹簧寿命可达 6 000 次以上。

8.7.3 磨削缺陷与失效

磨削通常是零件加工的最后一道工序。磨削过程中，由于局部摩擦生热，容易引起烧伤和磨削裂纹等缺陷，并在磨削表面生成残余拉应力，这些都对零件力学性能有影响，甚至成为导致零件失效的原因。导致磨削失效的原因归纳起来有下列几种：①磨削量太大；②砂轮太钝；③砂轮的磨料粗细与工件材料组织不匹配；④冷却不力。

1. 磨削烧伤

根据磨削热对工件表面局部加热的程度,烧伤的程度可在很大范围内变化,从轻微的回火状态直到形成新生的未回火的马氏体。受影响层轻微时可在0.002~0.007 mm范围,但重磨削时会产生深得多的烧伤层。重磨削引起的局部发热,可将工件表面温度升至760~870 ℃的奥氏体化温度。随后又被快速冷却淬火,形成脆性的马氏体表层,而且工件表面原来存在的残余压应力(如渗碳过程形成的应力状态)在这种加热冷却过程中会完全消失。轻微烧伤时,零件表面温度不超过A_{C1},烧伤层组织为高温回火组织,尽管这种回火层不像未回火层那样脆,但与零件内部相比,材料性质也发生了变化。不同程度的烧伤对疲劳强度的影响见表8.33。

表8.33 表面烧伤对疲劳寿命的影响

齿轮和辊子磨削情况	齿轮弯曲疲劳寿命$\times 10^6$/周	齿轮接触疲劳寿命$\times 10^6$/周		辊子接触载荷下寿命$\times 10^6$/周
		初期剥落出现小坑	出现发展性麻点	
无烧伤	13.9	6.9	11.7	12
轻微烧伤	11.6	5.1	9.1	7
严重烧伤	10.79	4.3	8.3	2.6
无烧伤轻度酸洗	12.17	5.6	8.5	8.4

磨削工艺参数对磨削烧伤起着决定性作用。曾有人研究过磨削切削深度与砂粒速度之间的关系,得出提高砂轮速度必须减少切削深度的对应关系,找出了非磨损烧伤的安全区,如图8.70所示。可以看出,若要实现无烧伤磨削,砂轮圆周速度为600 m/min时,切入深度应控制在0.09 mm以下,若砂轮速度提高到1 000 m/min,切入深度应减少到0.05 mm左右。

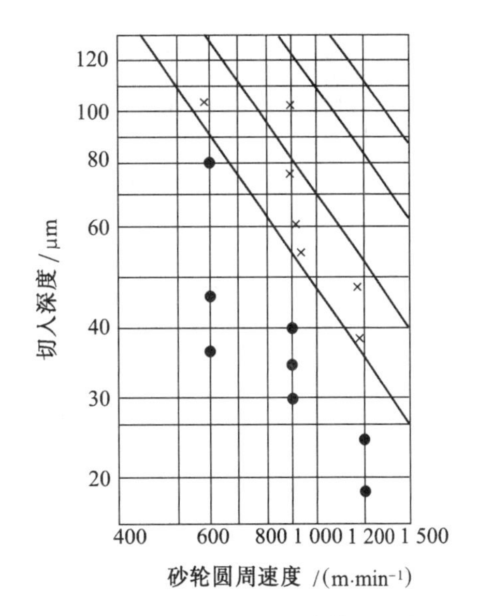

图8.70 砂轮速度和切深对烧伤的影响

如果选用的砂轮过硬,粒度过细,由于砂轮间的粘合力较强,磨削过程中磨钝的砂粒不易脱落,砂轮表面也易被磨屑堵塞,从而使砂轮和工件间形成挤压摩擦,结果使切削区产生大量的热,易导致烧伤。

另外,被磨削材料的组织均匀性、碳化物尺寸及分布特点和残余奥氏体量等都对磨削损伤有重要影响,见后述。

2. 磨削裂纹

如果磨削表面局部升温达800 ℃以上,并且冷却不够充分时,则表层材料被重新奥氏体化并淬火成马氏体，因而在表面层产生很高的组织应力，又由于磨削过程中升温极快，造成很高的热应力，组织应力与热应力的叠加很容易造成磨削开裂。

磨削裂纹的形成主要与磨削工艺有关。一般地讲，磨削量越大，速度越高，产生的磨削热越多，越容易形成磨裂。砂轮硬度、粒度选择不当，冷却不均匀、不充分，也对裂纹形成有促进作用。但即使是很谨慎的磨削，如果显微组织不合适的话，也会造成磨裂。

显微组织对磨削裂纹敏感性的影响是通过磨削过程中的组织转变产生的组织应力和不同组织具有不同的导热系数所引起热应力的差异而起作用的。对未回火的马氏体组织磨削，磨削热足以使马氏体发生转变，碳化物析出，造成零件表面与内部的比容差，引起较高的内应力，进而形成裂纹。所以，未回火和回火不足的工件容易形成磨裂。钢中铁素体、马氏体、奥氏体和渗碳体的导热系数分别为：0.184，0.070，0.035，0.017J/(cm·°C·s)，而且马氏体的导热系数随含碳量和合金元素的增加而减小。因此，当钢中存在较多碳化物和残余奥氏体时，将影响钢的导热能力，增加磨裂的敏感性。高碳高合金钢具有较高的磨裂敏感性，原因即在于此。例如，合金钢齿轮如果渗碳不当，造成渗层中碳浓度过高，碳化物呈网状或块状分布于晶界，不但削弱了晶界的结合，而且明显地影响热传导，加剧磨削裂纹的生成。

3. 烧伤与磨裂的鉴别

烧伤的表现可分为两类，一为大片烧伤，二为细小烧伤。大片烧伤的特征呈圆斑状、块状或条状，视烧伤程度不同而不同，一般在 2 ~ 5 mm 范围，甚至也可以超过 5 mm。细小烧伤呈细窄线条状，其尺寸视烧伤程度不同而不同。

磨削裂纹在工件表面呈分散平行的条状，且与磨削方向垂直，也有的呈网状或辐射状。若与磨削面成一定角度观察时，磨削裂纹有突出表面的感觉。如果垂直于磨削面取样观察，则裂纹一般较浅，一般在 0.1 ~ 0.5 mm 之间，从表面起始，由粗到细，逐渐消失。裂纹两侧无氧化脱碳现象。显微镜下以穿晶为主要特征。

磨削浅裂纹和烧伤有时很难用目视方法鉴别，可以用磁粉检验方法或稀硝酸冷浸蚀的方法处理，磁粉流线可使细微的磨削裂纹明显地显示出来，烧伤的地方在浸入酸溶液后可显示出暗黑色的花样。

8.7.4 由磨削缺陷引起失效的实例

例 1 飞机机翼系耳因磨削过热而脆性开裂

某飞机机翼架系耳，如图 8.71 所示，在使用中底表面开裂。该系耳由 ASTM6427 钢经锻造并热处理到屈服强度 σ_s = 1516 ~ 1654 MPa，底表面磨削到规定的尺寸，然后将底表面与顶端的倒角面镀镉，其余部分镀铬，装机前，往系耳上下表面涂一层润滑剂。

用荧光磁粉法检验表明，系耳的开裂穿过底表面中心线，在主裂纹旁边尚有多条小裂纹。对系耳顶面的检查则未发现缺陷的痕迹。采用冷冻方法造成脆断条件，将裂纹剖开发现，裂纹表面除局部有锈斑外，大部分面积比较干净。扫描电镜观察发现，裂纹源处为沿晶断裂，离开裂纹源处则是以沿晶断裂为主兼有韧窝断裂的混合断口特征。在裂纹截面试样上检查平行于主裂纹的小裂纹，深度为0.4 ~ 0.8 mm。剖面试样努氏硬度检查结果为靠近底表面 337 单位，内部为 550 单位(5 N 压载荷)，表明磨削表面已软化。但从系耳上切取小型拉伸试样的拉伸试验证明，材料强度仍符合技术条件规定。

由系耳底面上的裂纹特征和靠近底表面层的硬度降低说明，该底表面在磨削过程中已过热。裂纹源处的沿晶断裂特征是马氏体钢中磨削裂纹的典型象征。为避免同类失效形式重复发生，建议修改磨削工艺，减少磨削过热和开裂的可能性。

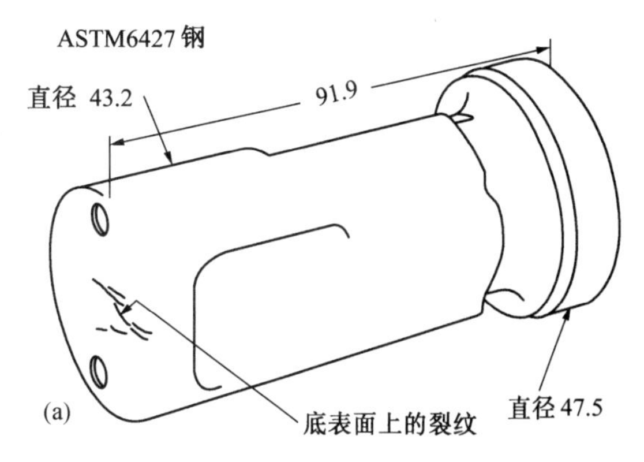

图 8.71　机翼系耳底表面的开裂

例 2　某中型载重汽车变速箱的第一轴磨削开裂的鉴定

一批中型载重汽车变速箱中的第一轴，装车前发现在其磨削平面上有裂纹，有的已发展成浅层剥离，现对这批零件进行下列分析。垂直于磨削平面切取金相试样分析发现，裂纹很浅，与磨削平面垂直，其两侧无氧化脱碳痕迹。同时观察到磨削平面表层为一较薄的白亮层；次表层为颜色较暗的回火层；再往里才过渡到低温回火处理的正常组织。上述组织分布特征说明，零件磨削过程中表层已被加热到奥氏体温度，在随后的冷却中被淬火成马氏体组织，因未经回火，质地坚硬，难以腐蚀，故在金相试样上呈白亮层。次表层温度虽也较高，但在相变温度以下，却高于低温回火温度，故在磨削过程中继续回火转变，成为回火索氏体和(或)回火屈氏体，该组织容易接受腐蚀，在金相试样上呈暗黑色。

同时对截面试样进行了硬度检验，即在垂直于磨削平面的深度上测其显微硬度，结果如图 8.72 所示。可见表面白亮层硬度很高，次层的低硬度与回火温度相对应，往内部的低温回火区过渡时，硬度却又升高，并在一定深度范围内保持一定值，直到超过渗碳层后硬度值逐渐下降。

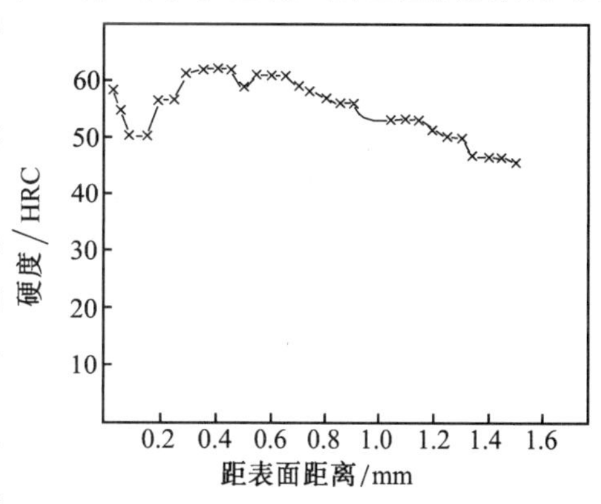

图 8.72　磨削平面下的硬度变化值

由上述显微组织观察结果与显微硬度测试结果的一致性可判断该轴磨削时，产生了磨削裂纹和浅层剥离，属于典型的磨削开裂。

8.7.5　电火花加工缺陷与失效

电火花加工是利用电火花磨蚀作用(Erosive Action)加工导电材料的一种技术，工件作阳极，电极作阴极。每个电火花都在材料表面烧出一个弧坑，使小部分金属熔化，已熔化的金属被电极与工件之间快速流动的介电液所冷却、凝固并被冲走。由于这种加工技术能够用来加工淬火钢类和其他碳化物硬质材料，并且可加工形状较复杂的结构或内腔，所以得到了广泛应用。尤其对模具，电火花加工已成为不可缺少的加工手段。

电火花加工出的工件表面有损伤，损伤的程度与所采用的工艺参数有关。由于在加工过程中的电火花熔化特点，加工表面成为具有弧坑特征的粗糙表面，常呈“飞溅状”或波纹形。对电火花加工表面的分析指出，表层组织类似于焊接接头的显微组织，表面为一次结晶的凝固层,在显微镜下呈白色,即白亮层。对于高合金化的模具钢,其表面白亮层通常含有初生马氏体、残余奥氏体和共晶型的碳化物。研究表明,白亮层中含有的非回火马氏体组织中存在显微裂纹。模具在工作中承受载荷时,这些显微裂纹很可能发展成为宏观裂纹导致模具失效。

在白亮层下面,材料被梯度加热,依加热温度的不同,从表面向内部,材料的组织和性能逐渐变化,这种变化类似于焊接接头热影响区的变化。加热温度在 A_{C3} 或 Acm 以上者,通常含有初生马氏体和残余奥氏体;加热温度在两相区者,依钢的成分不同,组织中可能有初生马氏体、碳化物等;再往内为回火组织,回火程度随深度增加而降低,直到基体组织为止。

此外,在电火花加工表面会造成残余应力,与零件已存在的残余应力叠加。所以对于某些零件,如模具,经电火花加工后要重新回火,以消除内应力。这里,重要的是要注意回火温度不能超过电火花加工前的最高回火温度。

除上述常见的情况外,在电火花加工表面偶尔可观察到渗碳或脱碳等异常现象,并且在这种表层上也可能观察到显微裂纹。

由于表面白亮层的高硬度,电火花加工表面比一般的淬火回火表面耐磨损。但电火花加工零件的疲劳抗力却比一般淬火回火件低。这是因为电火花加工表面存在的微裂纹或其他缺陷在疲劳载荷下容易发展成宏观裂纹。如果电火花加工表面经过研磨,则可消除或减轻这种表面损伤的影响。一般工具或模具,如果承受拉伸应力、冲击或周期交变应力,应将电火花加工表面去掉。

8.7.6　电火花加工缺陷引起的失效实例

例 1　某滚动工具心轴由电火花加工的孔洞表面开裂

图 8.73 为加工管接头的滚轧工具心轴。将原子反应堆用的锆管的一端胀入内径比其外径稍大的不锈钢管中形成管接头的滚轧加工就是用该滚轧工具完成的。为了方便,每次加工后将心轴抽出,在淬硬心轴的正方形一端用电火花加工出一个直径为 6.35 mm 的孔。该心轴系由 A2 工具钢制成,有锥度的部分淬火成 HRC 60 ~ 61,其余部分为 HRC 50 ~ 55。该心轴只加工了五个管接头就断裂了,断裂位置如图 8.73 所示,在心轴方头端,断口穿过 6.35 mm 直径的孔,与心轴轴线成约 45°角。断口具有明显的海滩标志,属扭转疲劳断口,静断区具有脆性断裂特征。断裂源位于孔口位置的侧壁。用放大镜观察孔壁,为非常粗糙的电火花加工表面。在断裂源处切取金相试样,观察发现,孔壁的熔凝金属层组织为不规则的未回火马氏体,并含有数条自孔表面扩展出去的放射状裂纹,距孔表面较远处的心部材料为细小的回火马氏体组织及碳化物质点。孔壁马氏体区的硬度为 HRC 68 ~ 70,心部为 HRC 60 ~ 61。

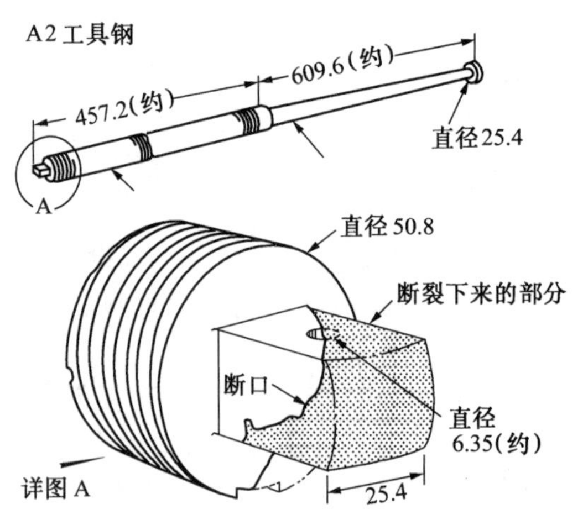

图 8.73　电火花加工表面层缺陷引起的疲劳断裂

由上述检验得出结论，心轴因扭转疲劳而失效，断裂源为位于孔壁熔凝层中的微裂纹。可以认为电火花加工表面形成的未回火马氏体及其中的微裂纹是造成这起失效事故的原因，这里的高硬度对于这种用途来说是太高了。

由该实例的分析还可以看出，心轴的工艺设计是不合理的，钻孔和扩孔加工应在热处理之前进行，此外，技术条件规定得太高，螺纹部分和方形端的硬度应改为HRC 45～50。

8.8　装配中的失误与失效

8.8.1　概　述

由装配中的失误引起失效的实例，在工程机械中并不罕见。这类失误在机械制造厂一般是不会被发现的，而且已装配完毕的产品，在初期的工作中，也不会因某些装配工艺失误或不完善而明显地妨碍其正常运转。

由装配不良引起的失效经常与机械组装件的转动部分或电气组装件有关，而且在结构件中，经常发现因装配失误引起的失效。例如，在飞机结构中，由于铆钉孔的布局不合理会引起机翼结构疲劳失效。

机器结构不良的或不当的装配，有时与不准确的、不全面的或模棱两可的装配说明书有关，但也经常与操作人员的疏忽大意或错误操作有关，尤其后者往往表现为难以预料的奇特方式，并可能造成重大损失。例如，汽车钢板弹簧表面损伤对疲劳寿命影响的研究表明，板弹簧在热处理和喷丸之后的装配过程中用锤子敲打或在搬迁过程中的碰撞，都会在钢板表面形成伤痕，影响弹簧疲劳寿命。一组典型的试验结果列于表 8.34。此外，装配规程不完善和对中不良也是比较常见的失效原因，详见后面的失效实例。

表 8.34　表面损伤对钢板弹簧疲劳寿命的影响

编号	表面状态	疲劳寿命	断片号
96	装配时碰伤了第二片侧面	29.2×10^4	第 2 片
97	与 96 号同一批材料和同样的制造工艺，表面良好	6×10^4	第 4、10 片
116	装配碰伤了第一片侧表面	48.4×10^4	第 1 片
84	与 116 号同一批材料和同样的制造工艺，表面良好	106.0×10^4	第 1、2 片
85	同 84 号	297.5×10^4	第 2 片

8.8.2　由装配失误引起失效的实例

例 1　挂车车轮螺栓因螺母拧紧不均匀而疲劳断裂

用来运煤的双轮挂车的一个轮子上的 10 个柱螺栓，在工作中都破断成两截。该螺栓直径为 19.1 mm，用 4520 钢制成。对断裂螺栓目视检查发现，断口具有海滩花样特征，属疲劳断裂。断裂都发生于第一道螺纹根部。剖面试样还发现紧靠断口的第 2 螺纹根部也存在正在扩展中的裂纹。由于轮子的全部柱螺栓都已破断，所以认为螺母拧紧不够，并且拧紧不均匀，是导致疲劳断裂的主要原因。因为如果车轮没有被螺栓牢固地拧紧，车轮与这些柱螺栓之间微小的相对位移就会引起疲劳开裂。疲劳一旦开始之后，任何一个柱螺栓的松动都将增大其余螺栓上的应力，直到它们全部失效为止。因此，认为螺栓的疲劳断裂是由于拧紧不够且不均匀引起的。

为了减少此类事故的重复发生，车轮装配改用气动套筒扳手，将这些螺母拧紧到 610～678 N·m的扭矩，并且在正常维护期间要检查全部车轮的螺栓，以保证每一根螺栓都承担均匀和适当的载荷，这样处理后，未再发生类似事故。

上述实例说明，机械失效事故的根源有时在于没有完善的装配操作规程。一旦有了完善的操作规程，按规程将螺栓拧紧到规定的扭矩，并且在机械服役中加强监护，即可有效地防止失效。

例 2　因安装不对中引起的压缩机轴疲劳断裂

某工厂利用大马力电动机带动生产上需要的大压缩机组，八个压缩机的轴均用 4340 钢制造，淬火回火到 HRC 35～39，并采用齿轮状联轴节。压缩机运行在短周期时的功率为 3.7×10^6 W，而在较长时间运行时的功率只稍高于 2.9×10^6 W，轴键和键槽设计如图 8.74 所示，两个键槽相隔 180°布置，用来传递载荷。该机组在稍高于 2.9×10^6 W 时运行仅几个月之后，八个压缩机轴中的六个在键槽内部发现有裂纹，并且其中之一已断裂。对断裂轴件的目视检查发现，裂纹是从一个键槽底部拐角处萌生，然后向轴的表面扩展的。轴的剖面检验显示，裂纹萌生后是在圆周方向扩展了相当距离之后才终止于轴表面的。这种裂纹传播特点表明，轴与联轴节之间有滑动存在。

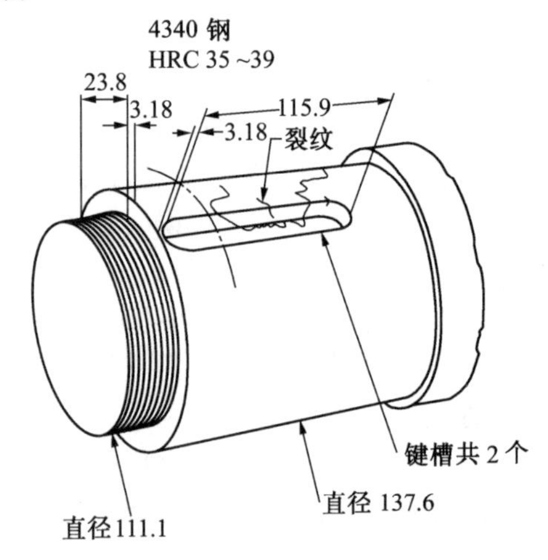

图 8.74　压缩机轴因安装不对中而疲劳断裂

在键槽内及其附近的轴件表面发现有微振磨损的痕迹，而且微振磨损发生于不受力的一侧，这意味着轴在工作中有很大的颤动。微振磨损会显著降低轴件的疲劳极限并导致疲劳裂纹萌生。键的损坏说明有滑动发生。在键的断口上也发现有疲劳断裂特征。键的断裂也是从拐角处发生呈放射状扩展的。这些迹象表明键工作中受反复冲击作用，并且表明轴件受较高的弯曲应力。材料分析证明，化学成分符合 4340 钢的技术条件，轴件截面上的硬度分布也在允许范围之内。上述分析表明，轴的较高的交变弯曲应力是电动机与压缩机之间的不对中产生的，弯曲应力通过齿轮联轴节传递给轴。用挠性圆盘型联轴节对轴件的测量表明，弯曲应力不大于6.8 MPa。

分析得到的结论认为，压缩机轴疲劳断裂，疲劳裂纹起源于键槽底部圆角处。引起键槽内微振磨损和疲劳裂纹的交变应力是电动机与压缩机之间不对中所产生的弯曲应力。因此建议采用能传递所需功率的挠性圆盘型联轴节。采用新的联轴节后证明，在$(2.9\times10^6)\sim(3.7\times10^6)$W 下运行 3 年未发生类似失效。

该案例说明轴件安装不对中，即不同心，对轴的性能是不利的。一些构件如轴承、联轴节、轴架和基础的不同心度对振动有影响，并由此影响轴件的疲劳性能。不同心度，甚至在公差范围内的同心度的变化,与诸如较深的划伤或较粗大的非金属夹杂物等应力提升源结合在一起时,即可能引发疲劳裂纹。如图8.75所示的组件中,驱动轴与引伸轴不对中,则容易在轴颈改变处发生弯曲疲劳断裂。驱动轴从固定安装在机器底座上的齿轮箱中伸出,但引伸轴是由架座支撑的,在二者不同心时,架座的固定将给驱动轴以很大的弯曲应力。

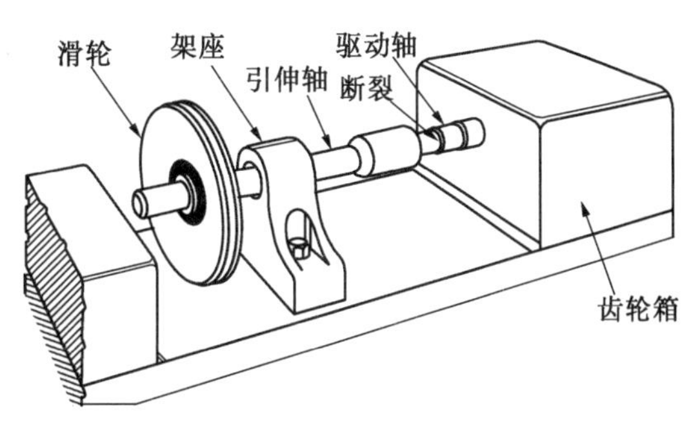

图8.75　驱动轴和引伸轴不同心产生弯曲疲劳断裂

例3　渗碳伞齿轮因安装不对中而疲劳折齿失效

轧边机驱动装置的伞齿轮如图8.76所示,系由2317钢制造,经锻造、渗碳淬火到表面硬度为HRC 56,心部为HRC 24.5。该齿轮只工作三个月即失效,表层剥落,齿根开裂,轮齿折断。对齿轮残骸目视检查发现,两个轮齿从齿根折断,断口具有疲劳断裂特征,疲劳裂纹扩展几乎穿透了整个轮齿。磁粉检验发现全部轮齿都已开裂,每一条裂纹都起源于齿轮小端的齿根处,并不同程度地向轮缘中心扩展,还可看到齿轮小端每个齿的受压侧(主动)齿面有表层剥落。材料化学分析表明,材料成分符合2317钢的技术条件。金相检验表明,渗层深度达4.76mm,并经淬火回火。硬度检验表明,硬化层为HRC52~54,心部为HRC20.5,比技术条件要求略低,但尚属合格。由上述关于齿轮疲劳开裂与折断及齿面表层剥落的特征判断,该齿轮与配对齿轮的某机械安装不对中,因而使齿轮小端受周期冲击载荷。这种连续的敲击作用引起齿根开裂,乃至折断。

例4　4150钢制模箱固定销因装配不当而疲劳失效

某拉丝机上固定拉丝模具箱的固定销,系采用4150钢制造,直径为38.1 mm,要求硬度为HB 240~270。该销在拉拔大直径冷镦线材时断裂。该固定销是用于第二级拉丝机上的,装置正常工作时,销子受弯曲载荷和拉伸载荷,销内产生应力达655 MPa。该拉丝机失效前共使用14个月,曾拉拔过直径17.8~25.4 mm的钢丝,据报告,该厂另外两台同样的拉丝机已使用18个月,未发生此类失效。

对断裂销的化学分析证明材料成分符合4150钢的技术条件,销子截面硬度也符合要求。销子断口宏观检查表明,断口齐平,光滑,断口附近无其他机械伤和腐蚀痕迹,亦无塑性变形痕迹。用放大镜观察可发现比较明显的疲劳断口特征。疲劳裂纹起源于一螺纹根部,裂纹在径向平面扩展已达210°,疲劳扩展区占断口面积约70%。瞬断区断口形貌比疲劳区粗糙得多,显示平坦的闪光刻面状,用放大镜可观察到放射花样特征,说明最后的断裂属于宏观裂纹失稳扩展,形式上是脆性的。金相检查表明,材料组织为回火马氏体及相当数量的细小的硫化物夹杂,心部存在少量细珠光体和块状铁素体,均属正常热处理组织,未见其他异常。

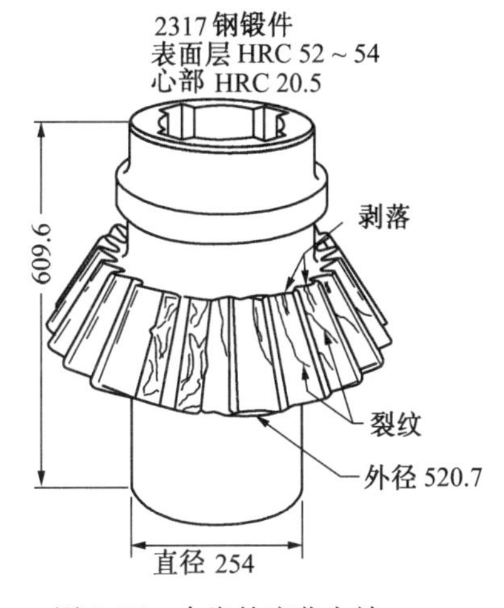

图8.76　伞齿轮疲劳失效

上述分析初步认为该断裂属于疲劳断裂，在这起断裂事故中，螺纹显然起到应力提升源的作用。从设计上考虑，销子主要受弯曲和拉伸载荷，但断口形貌特征却表现有扭转疲劳断裂特征。因此，为了弄清失效的确切原因，又进行了附加检验，发现该组合装置的装配过程中没有规定明确的装配间隙，而销子的正常工作是要与销孔保持一定间隙的。如果将尺寸过大的销子强行压入销孔内，则将引起销孔表面的冷作硬化。这种无间隙的过盈装配会对销子造成强烈的约束，使它动弹不得，从而在螺纹部分产生一扭转载荷。另外，固定销的扭转疲劳失效是较常见的失效形式，其原因在于销受约束作用太大。模箱在正常拉丝操作时，围绕枢轴作轻微的前后转动，正是因为销子与模箱之间的强烈约束对这种轻微的转动构成限制，遂在销子上产生一扭转载荷，导致在应力集中部位产生扭转疲劳裂纹并扩展。

失效分析得到的结论认为，销子的断裂属于疲劳断裂，疲劳载荷来源于销子与模箱之间因装配不当而产生的循环扭矩。更换销子，重新按 0.25 ~ 0.38 mm 间隙装配（此间隙为此类装配通常采用的间隙）后，设备经长期工作而未发生固定销的失效。

此案例说明，组合结构的装配必须按有关标准进行。此外，要达到合理的装配，应吃透结构的工作条件。否则，难以保证结构的正常工作。

例 5 因装配力过大引起的断裂

汽车轮胎螺栓发生多起一次装配断裂事故，断裂发生于与螺母配合的第一扣处，断口与轴线垂直，具有扭转剪切断裂特征。螺栓用钢为 ML 35，经调质处理，硬度要求为 HB 221 ~ 225。对该批零件进行了仔细检查，发现已断的和未断的螺栓中：回火索氏体组织约占 50%，其硬度为 HB 221 ~ 231；回火索氏体+大量块状铁素体组织约占 30%，其硬度为 HB 198 ~ 207；球化珠光体组织约占 20%，其硬度为HB 178 ~ 190。由此可见，这批零件中的一大部分金相组织和强度不合要求，应予返修。但对断裂件的分析发现，有许多断裂件的强度在合格之列。据此不能认为强度低是造成断裂的主要原因。要确切判断断裂的原因，尚需进一步的分析，为此又进行了扭转断裂试验和扭转强度计算。

该螺栓系采用多头气动扭矩扳手装配，装配扭矩要求为 150 ~ 180 N · m。经对不同组织和强度的螺栓进行剪切应力计算，得出螺栓扭转剪断的扭矩在 400 ~ 480 N · m 之间，扭断试验的扭矩在 420 ~ 450 N · m 之间，其中回火索氏体组织的螺栓居上限，球状珠光体组织的螺栓居下限，与计算结果基本吻合。又对扭矩扳手的情况进行了检验发现扳手因故重新调整不久，各个扭力头的扭矩极不均匀，低者只有几十牛米，高者可将螺栓扭断。经过上述一系列分析后认为，螺栓的一次装配断裂归因于装配扭矩失控，扭力过大。

例 6 汽车驱动桥准双曲线齿轮的齿面擦伤

（1）原始情况

自 1967 年以来，北京吉普车（BJ-212）驱动桥的准双曲线齿轮，在使用中连续出现齿面擦伤现象。大部分齿轮的运行里程在 2 000 km 以下（有的只有几十千米就严重磨损）。擦伤是一种早期失效现象。由于擦伤，破坏了正常啮合，并能较快地扩展，以致使齿轮严重磨损。

（2）实验结果

为了探索齿面擦伤产生的条件，试验中按汽车实际使用工况对润滑油的抗擦伤临界扭矩进行了测定；对不同润滑油的抗擦伤性能进行了对比实验；在实验台架上进行轮齿对比试验,并进行汽车道路试验来验证台架试验结果。

①各种润滑油的抗擦伤临界扭矩试验结果。

a. 553-1、HD-90、18#三种润滑油抗擦伤性能最佳,而上 15#、449-1、克 18#次之,茂 22#最差。

b. 按抗擦伤性能比较(指试验前后侧隙变动量的变化),553-1 最佳,茂 22#最差。

c. 抚 18#、克 18#油使齿轮严重腐蚀。

②跑合试验结果。

a. 跑合提高了光洁度,增加齿的接触面积,故提高了抗擦伤能力。

b. 不同润滑油对齿轮在跑合后的抗擦伤性能提高程度有所不同,如原来抗擦伤性能最差的茂 22#油,能提高跑合后齿轮的抗擦伤能力。

③跑道试验结果。用抗擦伤性能较好的抚 18#和抗擦伤性能较差的茂 22#的润滑油在同一工况条件下作对比试验,发现:

a. 抗擦伤性能较差的茂 22#油,在低车速试验时无擦伤出现,在中等车速下试验时出现明显擦伤,在高速下试验出现严重擦伤。

b. 抗擦伤性能较好的抚 18#,在三种车速下均未出现齿面擦伤。

c. 齿轮齿面擦伤发生在汽车高速行驶的过程中,北京吉普车驱动桥准双曲线齿轮在初期高速行驶过程中擦伤最严重。

d. 齿轮表面的轻微脱碳(0.005 ~0.03 mm)对擦伤无影响。

(3)擦伤试验结果分析

由上述试验可见,汽车驱动桥准双曲线齿轮的擦伤与润滑油的性质、齿轮转速、试验扭矩大小及齿表面状态有关。下面就从准双曲线齿轮的运动学、摩擦学和金属学对擦伤问题进行分析。

①擦伤的运动学分析。准双曲线齿轮齿面不仅在齿高方向,而且在齿长方向都存在滑移,滑移率

$$A=\frac{\sin\varepsilon}{\cos\varphi} \tag{8.17}$$

式中,A 为滑移率;φ 为从动齿轮螺旋角;ε 为偏置角,$\varepsilon=\varphi_{主动}-\varphi_{从动}$。

对 BJ-212 汽车,驱动桥主、从动齿轮的齿中点有:$\varphi_{主动}=50°25'$,$\varphi_{从动}=25°55'$,所以 $\varepsilon=24°30'$,则 $A=0.652$。

因 BJ-212 中齿轮经过修正(从动轮的齿顶高很短,主动轮的齿根高很短),故在整个齿面上只能看到一个方向上的滑移痕迹。齿面各点的滑移速度都不相同,在节线处最小,在接近齿顶和齿根处滑移速度最大。各点的滑移速度为该点齿高方向和齿长方向滑移速度的矢量之和。北京吉普车驱动桥被动齿轮齿面相对滑移速度见表 8.35。车速越高,各点相对滑移速度越大,再加上较大的接触应力,齿面容易发生擦伤。

②润滑对擦伤的影响。润滑油的抗擦伤性能好坏主要体现在抗擦伤临界扭矩的高低,各种润滑油随转速增加,抗擦伤临界扭矩下降(抗擦伤性能变差),到 4 500 r/min 时达最低值,以后又回升。在润滑油中加入极压添加剂,抗擦伤临界扭矩大大提高,常用的极压添加剂由 Cl,S,P 和金属有机物组成。

表 8.35 BJ-212 驱动桥被动齿轮齿面的相对滑移速度

序　号	部　位	速 度 名 称	速度大小/($m \cdot s^{-1}$)	备　注
1	中点处节点上	相对滑移速度	5.99	汽车车速 60km/h 被动齿转速为 440r/min
2	接近齿顶处	齿高方向滑移速度	0.716	
3		齿长方向滑移速度	6.37	
4		相对滑移速度	6.40	
5	接近齿根处	齿高方向滑移速度	2.74	
6		齿长方向滑移速度	7.43	
7		相对滑移速度	7.90	

③齿面擦伤伴有齿面金属材料的塑性流动。

a. 擦伤对齿面金相组织的影响。正常齿面的金相组织为马氏体+少量奥氏体或少量碳化物，齿面硬度为 HRC 60，擦伤齿轮的齿面金相组织发生明显的变化，最表面为白亮层，次表层为回火屈氏体层，再次层才是马氏体层，擦伤越严重，白亮层越厚，回火屈氏体层也越厚，表面白亮层为淬火马氏体，硬度达 HRC 67，回火屈氏体层硬度仅为 HRC 45 左右，再次层的马氏体层硬度在 HRC 50 以上，从擦伤时发生的组织和硬度变化，可知擦伤时表面温升可达 750 ℃以上。

b. 擦伤时齿面金属材料的塑性流动。因擦伤是摩擦副在高速滑动条件下润滑已失效的情况下发生的，擦伤表面有一白亮层，这是接触表面相对滑动时发生塑性变形，导致温升，引起相变后发生自淬火的结果。它硬度高、耐腐蚀，但质脆、易剥落。从宏观上也直接见到被动齿轮凸面的塑性变形，其塑性变形方向是向齿顶的。

总之，擦伤是在较大接触应力和较大相对滑速下，滑动磨损的结果。擦伤过程中，瞬时啮合温度较高，金相组织发生变化(硬度也变化)，表面金属材料发生塑性流动。在运转过程中，这种白亮硬化层不断脱落和产生，就导致齿轮擦伤并很快发展成为严重磨损。

(4)防止措施

①最主要的措施是使用具有抗擦伤性能的双曲线齿轮油(或加有极压添加剂的双曲线齿轮油)，即保证接触表面有润滑油膜。目前国际上已研制成功抗擦伤性能高的合成液(聚乙二醇和合成烃(SHC))。经试验，国内 553-1 润滑油抗擦伤能力最好，抚 18#润滑油的抗擦伤性能也较好，其他几种润滑油对各种特点车型的齿轮也有一定的适应性，因此，每种车型都应规定相应的双曲线齿轮油。

②齿轮副应采用全齿面研齿保证齿形，并采用齿面磷化、镀铜或渗硫处理，以提高齿面抗擦伤性能，初期跑合时车速不要过大(BJ-212 的车速不应高于 40 km/h)。

③设计时汽车驱动桥准双曲线齿轮的偏置量应选择适当，减少相对滑动速度，接触应力不应过大。

④控制齿轮的金相组织，严重脱碳和金相组织不合理会造成齿面擦伤。

附录　CVDA—1984《压力容器缺陷评定规范》摘要

一、CVDA—1984 规范的适用范围

CVDA—1984 规范(以下简称规范)属于合于使用原则的缺陷评定标准,因此,它主要适用于在役压力容器中的缺陷评定。对于尚未投产的压力容器,为保证产品达到一定的质量水平,应首先满足质量控制标准,如对于球形储罐,仍按 GBJ94—1986 规范执行。特殊情况可由设计、制造和使用三方面参照 CVDA—1984 规范协商解决。

CVDA—1984 规范适用于壁厚 $t \geqslant 100$ mm、屈服强度 $\sigma \leqslant 500$ N/mm^2 的钢制压力容器。而且,该规范仅适用于容器本体中的缺欠,对于容器接管部位的安全评定技术,尚在研究中。

二、缺陷评定方法

1. 缺陷的简化

平面缺陷(包括裂纹、未熔合、未焊透、咬边、叠层等)比非平面缺陷危险,为安全起见,表面断开的非平面缺陷或尚未确定的缺陷均作为平面缺陷处理。

首先将不规则的平面缺陷分别简化为图 1 中的表面裂纹、埋藏裂纹和穿透裂纹中的一种,并确定计算尺寸 a 和 c。

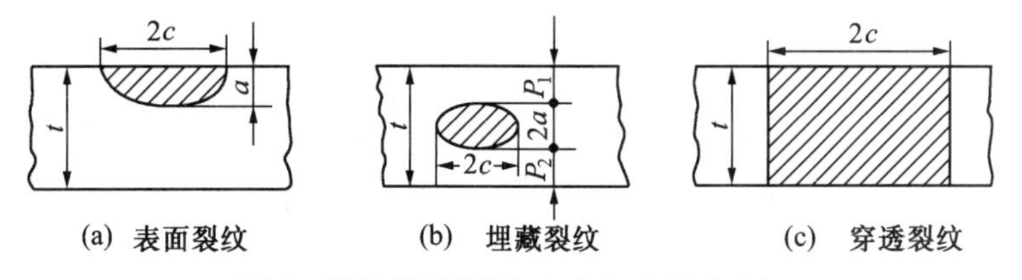

图 1　裂纹简图(外加应力与之面垂直)

再分别参照图 2、图 3 和图 4 简化为规则裂纹,裂纹群的简化则参照图 5。这些简化处理方法基本上借鉴了国外有关规定,即如果一个缺陷的应力强度因子受另一缺陷或自由表面的影响而提高 20% 以上,即考虑另一缺陷或自由表面的影响,采取合并等措施。

最后,将上述规则裂纹的计算尺寸 a 和 c,按下列公式求出相应于穿透裂纹的等效尺寸。

对于长 $2a$ 的穿透裂纹

$$\bar{a} = c$$

对于长 $2c$、高 $2a$ 的埋藏裂纹

$$\bar{a} = a\left(\frac{\Omega}{\psi}\right)$$

式中,Ω 和 ψ 系数可查表 1 和表 2。

对于长 $2c$、深 a 的表面裂纹

$$\bar{a}=a\left(\frac{F}{\psi}\right)^{2}$$

$\bar{a}$ 也可由 a/t 和 a/c 可查表 3，t 为壁厚。

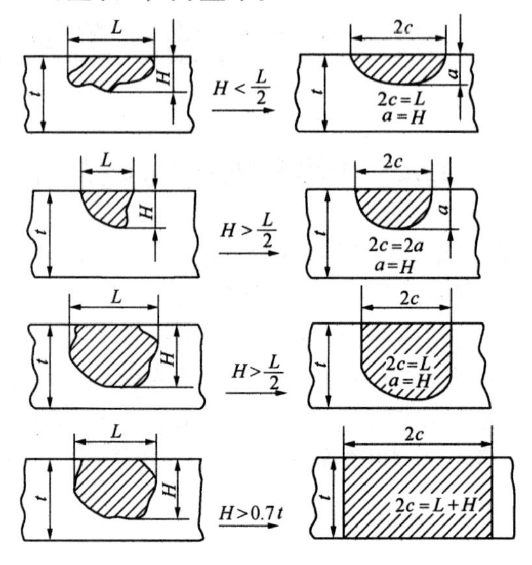

图 2　表面缺陷的简化

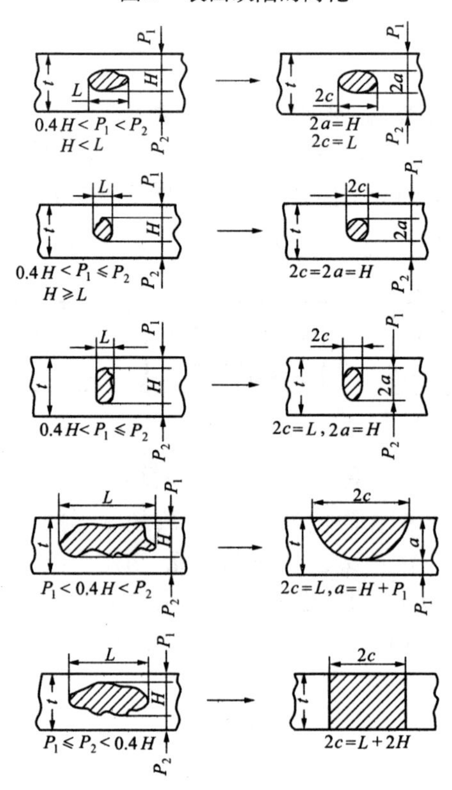

图 3　埋藏平面缺陷的简化

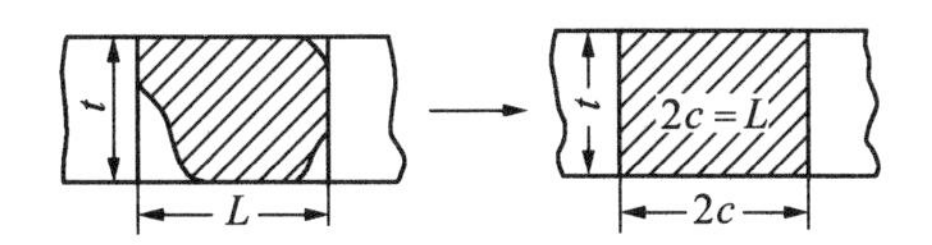

图4　穿透缺陷的简化

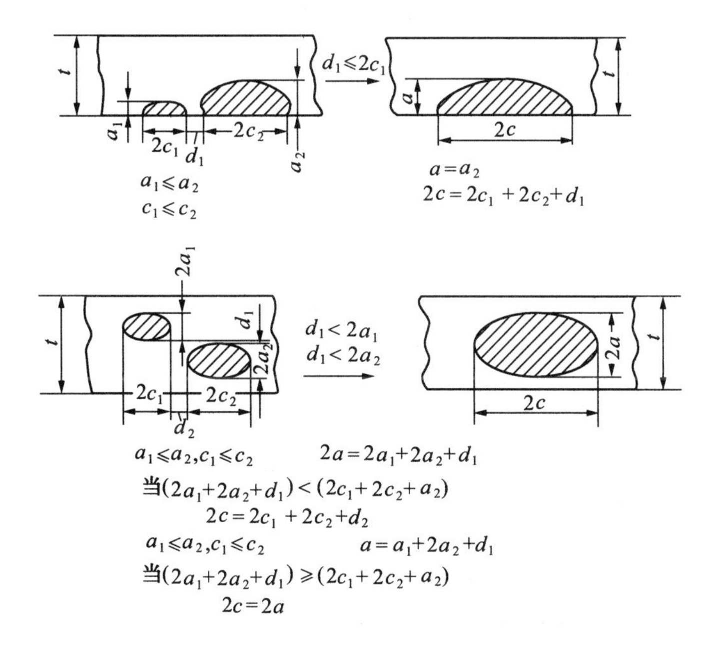

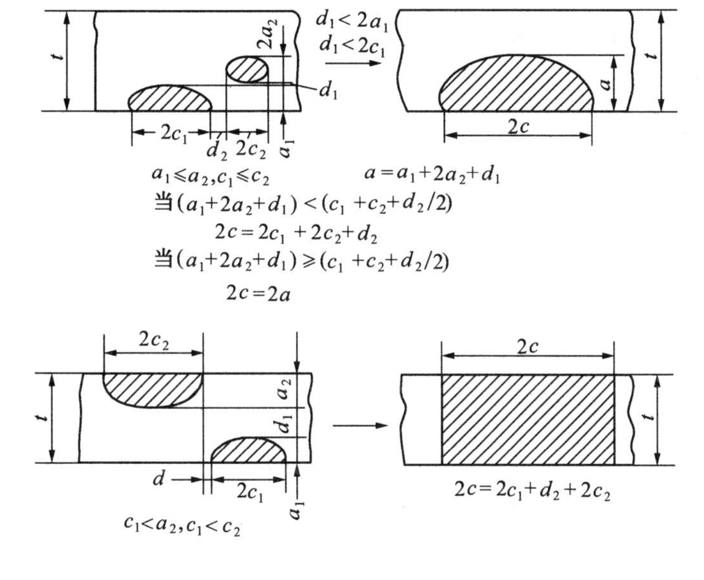

图5　共面裂纹的复合

表1　Ω的值

$\lambda=\frac{a}{p_1+a}$	$0.4\leqslant\lambda\leqslant0.5$	$0.3\leqslant\lambda\leqslant0.4$	$\lambda<0.3$
Ω	1.13	1.05	1.01

表2　ψ的数值

a/c	0.00	0.05	0.10	0.15	0.20	0.25	0.30
φ	1.000	1.005	1.015	1.031	1.051	1.072	1.100
a/c	0.35	0.40	0.45	0.50	0.55	0.60	0.65
φ	1.123	1.151	1.180	1.211	1.243	1.276	1.311
a/c	0.70	0.75	0.80	0.85	0.90	0.95	1.00
φ	1.346	1.382	1.417	1.456	1.493	1.532	1.571

表3　由a/t与a/c求$\bar{a}/t$

a/t	a/c																				
	0.00	0.05	0.10	0.15	0.20	0.25	0.30	0.35	0.40	0.45	0.50	0.55	0.60	0.65	0.70	0.75	0.80	0.85	0.90	0.95	1.000
0.05	0.06	0.06	0.06	0.06	0.06	0.05	0.05	0.05	0.05	0.04	0.04	0.04	0.04	0.04	0.03	0.03	0.03	0.03	0.03	0.03	0.02
0.10	0.14	0.13	0.13	0.12	0.12	0.11	0.10	0.10	0.09	0.09	0.08	0.08	0.07	0.07	0.07	0.06	0.06	0.06	0.05	0.05	0.05
0.15	0.24	0.23	0.21	0.20	0.18	0.17	0.16	0.15	0.14	0.13	0.13	0.12	0.11	0.10	0.10	0.10	0.09	0.09	0.08	0.08	0.07
0.20	0.38	0.33	0.31	0.29	0.26	0.24	0.22	0.21	0.20	0.18	0.17	0.16	0.15	0.14	0.14	0.13	0.12	0.11	0.11	0.10	0.10
0.25	0.56	0.51	0.45	0.40	0.36	0.33	0.30	0.28	0.26	0.24	0.22	0.21	0.20	0.18	0.17	0.16	0.15	0.14	0.14	0.13	0.12
0.30	0.83	0.73	0.63	0.55	0.48	0.43	0.39	0.35	0.32	0.30	0.27	0.25	0.24	0.22	0.21	0.20	0.18	0.17	0.17	0.16	0.15
0.35	1.21	1.03	0.88	0.74	0.64	0.56	0.49	0.44	0.40	0.36	0.33	0.31	0.28	0.27	0.25	0.23	0.22	0.21	0.19	0.18	0.17
0.40	1.77	1.49	1.18	0.98	0.83	0.72	0.62	0.55	0.49	0.44	0.40	0.37	0.34	0.31	0.29	0.27	0.25	0.24	0.22	0.21	0.20
0.45	2.64	1.96	1.59	1.30	1.10	0.91	0.78	0.68	0.60	0.53	0.48	0.43	0.39	0.36	0.34	0.31	0.29	0.27	0.26	0.24	0.23
0.50	4.00	2.65	2.11	1.70	1.40	1.15	0.97	0.83	0.72	0.63	0.56	0.51	0.46	0.42	0.39	0.36	0.33	0.31	0.29	0.27	0.26
0.55	6.18	3.54	2.78	2.20	1.77	1.45	1.21	1.02	0.87	0.76	0.67	0.59	0.53	0.48	0.44	0.40	0.37	0.35	0.32	0.30	0.29
0.60	9.73	4.66	3.62	2.83	2.25	1.82	1.49	1.24	1.05	0.90	0.78	0.69	0.61	0.55	0.50	0.46	0.42	0.39	0.36	0.34	0.32
0.65	15.54	6.07	4.68	3.62	2.85	2.27	1.84	1.51	1.26	1.07	0.92	0.80	0.71	0.63	0.57	0.51	0.47	0.43	0.40	0.37	0.34
0.70	25.00	7.83	5.98	4.59	3.57	2.82	2.26	1.84	1.52	1.27	1.08	0.93	0.81	0.71	0.64	0.58	0.53	0.48	0.44	0.41	0.38

2. 应力和应变值的确定

已知压力容器的膜应力 σ_m 以及焊缝应力集中系数 K_t（可查表4），可用下式求得应力集中引起的附加应力 σ_1

$$\sigma_1 = K_t \sigma_m$$

式中，K_t 为焊缝形状应力集中系数，由表4和图6查出；σ_m 为压力容器的薄膜应力。

若外载在容器截面上引起的应力不均匀，该规范将其分解为两部分，即沿截面均匀分布的张应力和线性分布的面外弯曲应力 σ_B，见图7。面外弯曲应力 σ_B 和焊接剩余应力 σ_R 分别用张应力的当量值 σ_2 和 σ_3 表示，即

$$\sigma_2 = \alpha_B \cdot \sigma_B$$

$$\sigma_3 = \alpha_r \cdot \sigma_R$$

式中，α_B，α_r 分别查表5、表6。

上述各应力的等效总应力 σ 和 e 总应变为

$$\sigma = \sigma_1 + \sigma_2 + \sigma_3$$

$$e = e_1 + e_2 + e_3$$

式中

$$e_1 = \frac{\sigma_1}{E};\ e_2 = \frac{\sigma_2}{E};\ e_3 = \frac{\sigma_3}{E}$$

表4　由焊缝形状引起的应力集中系数 K_t 取值的几个例子

（曲壳按平板近似处理）

焊缝种类	形　状	K_t	备　注
对接焊缝	图6(a)	$\eta \leq 0.15t$　取1.5 $\eta > 0.15t$　取1	无焊缝增高量时，取 $K_t = 1$
	图6(b)	$\eta \leq 0.5t$，取 $K_t = 1 + \frac{3(\omega+h)}{t}$ $\eta > 0.5t$，取 $K_t = 1 + \frac{3(\omega+h)}{2t}$	考虑焊缝增高量时，求得的 K_t 值应加上0.5；对埋藏裂纹，按 $\eta > 0.5\delta$ 计算 K_t；对凸侧的表面裂纹，取 $K_t = 1$
	图6(c)	1	
	图6(d)	1	焊接顺序为②→①时，同图6(a)
	图6(e)	$\eta \leq 0.1t$，取1.5 $\eta > 0.1t$，取1	焊接顺序为②→①$K_t = 1$
角焊缝	图6(f)	$\eta \leq 0.1t$，取 $1.5\eta > 0.1t$，取1	内、外壁取值相同

η 对不同的裂纹有不同的定义

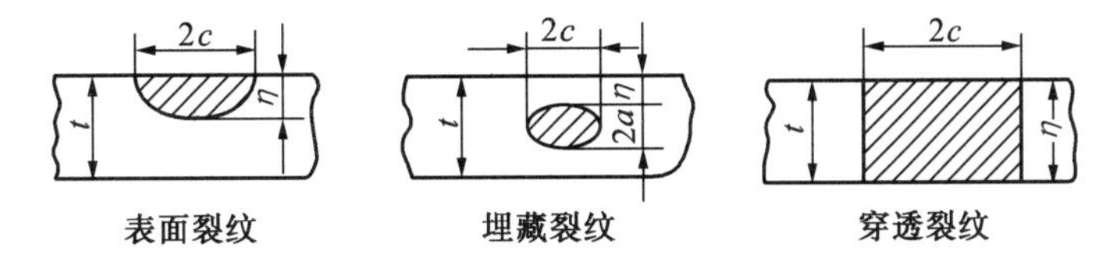

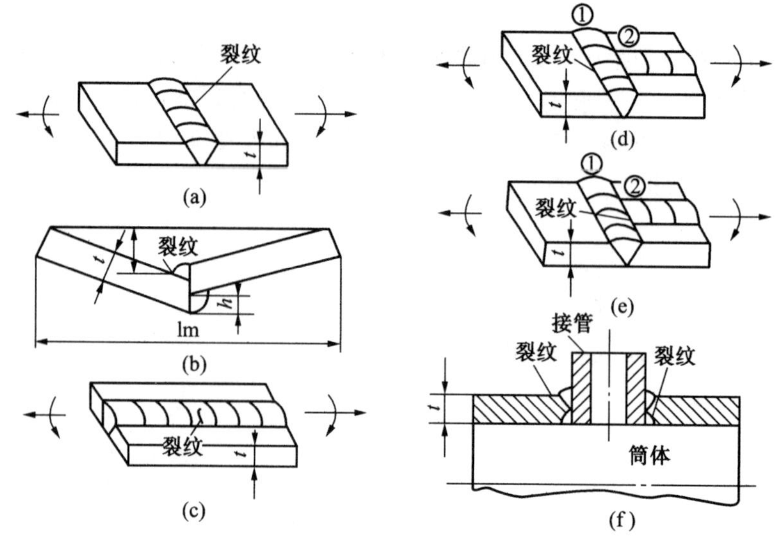

图 6　焊缝形状与裂纹示意

(a)、(b)、(c)、(d)、(e)—对接焊缝;(f)—角焊缝

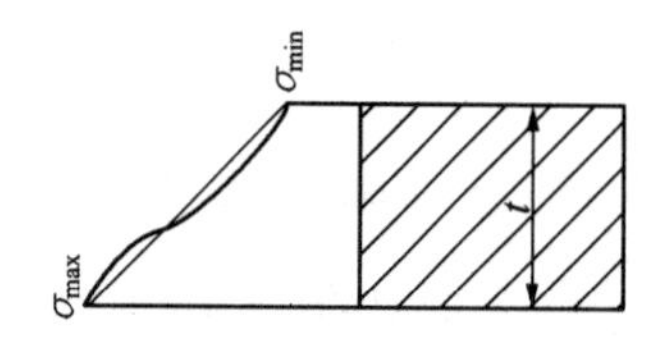

图 7　σ_1 和 σ_B 的分解示意图

$$\sigma_1=\frac{1}{2}(\sigma_{max}+\sigma_{min})\qquad \sigma_B=\frac{1}{2}(\sigma_{max}-\sigma_{min})$$

表 5　α_B 的值

裂纹种类		α_B
埋藏裂纹		0.25
穿透裂纹		0.5
表面裂纹	拉伸侧	0.75
	压缩侧	0.1

表 6　α_r 的值

裂纹种类	与熔合线平行的裂纹	与熔合线垂直的裂纹	填角焊缝裂纹
穿透裂纹	0	0.6	0.6
埋藏裂纹	0	0.6	0.6
表面裂纹	0.2～0.6①	0.6	0.6

①对球罐和补焊部位取 0.6。

3. 材料性能的确定

缺陷评定中需要的材料性能数据应优先采用有关标准试验方法实测的结果。由小试样测出的 $\delta_{0.05}$ 可按下式换算成 K_{IC} 值

$$K_{\delta_{0.05}}=\sqrt{\frac{1.5E}{1-\upsilon^2}\sigma_S\delta_{0.05}}$$

式中,$\delta_{0.05}$ 为裂纹起动 0.05 mm 时的 δ 值。

4. 脆断评定

(1)应力强度因子法。当缺陷部位的总应力 σ 低于材料的屈服强度时,可用此法。若

$$K_t \leqslant 0.6 K_{IC}$$

则被评定的缺陷是可以接受的。

(2)COD 法。允许裂纹尺寸为

$$\bar{a}_m = \frac{\delta_c}{2\pi e_s (e/e_s)^2} \qquad (e/e_s \leqslant 1)$$

$$\bar{a}_m = \frac{\delta_c}{\pi (e+e_s)} \qquad (e/e_s > 1)$$

当 $\bar{a} < a_m$ 时,该缺陷是允许的。

若容器为球形,还应考虑鼓胀效应。

5. 泄漏评定

为防止泄漏事故,裂纹尺寸不得超过壁厚的 70%。

参考文献

[1] 涂铭旌,鄢文彬. 机械零件失效分析与预防[M]. 北京:高等教育出版社,1993.

[2] 陈南平,顾守仁,沈万慈. 脆断失效分析[M]. 北京:机械工业出版社,1993.

[3] 美国金属学会. 金属手册(第10卷)[M]. 北京:机械工业出版社,1986.

[4] 陈南平,顾守仁,沈万慈. 机械零件失效分析[M]. 北京:清华大学出版社,1988.

[5] 王大伦. 轴及紧固件的失效分析[M]. 北京:机械工业出版社,1988.

[6] 庹鹏. 机械产品失效分析与质量管理[M]. 北京:机械工业出版社,1988.

[7] 刘民治,钟明勋. 失效分析的思路与诊断[M]. 北京:机械工业出版社,1993.

[8] 郭志德. 齿轮的失效分析[M]. 北京:机械工业出版社,1992.

[9] 西安交通大学. 金属材料强度研究与应用[M]. 北京:科学技术文献出版社,1984.

[10] 冶金部钢铁研究院. 合金钢断口分析金相图谱[M]. 北京:科学出版社,1979.

[11] 美国金属学会. 金属手册[M]. 第9卷下. 北京:机械工业出版社,1986.

[12] 李维拥. 汽车零部件失效分析文集[M]. 长春:吉林科学技术出版社,1998.

[13] 陈伯蠡. 焊接工程缺欠分析与对策[M]. 北京:机械工业出版社,1998.

[14] 中国航天科学技术研究院. 飞机结构抗疲劳断裂强度工艺手册[M]. 北京:航空工业出版社,1993.

[15] 王迪. 钢铁微量元素的偏析与晶界脆化[M]. 北京:冶金工业出版社,1985.

[16] 佐藤邦彦. 焊接接头的强度与设计[M]. 北京:机械工业出版社,1983.

[17] HERTZBERG R W. 工程材料的变形与断裂力学[M]. 王克仁,译. 北京:机械工业出版社,1982.

[18]《锻件质量分析》编写组. 锻件质量分析[M]. 北京:机械工业出版社,1985.

[19]《金属断口分析》编写组. 金属断口分析[M]. 北京:国防工业出版社,1979.